全球鱿鱼渔业

World Squid Fisheries

李惠玉　杨林林　徐强强　编译

[英]Alexander I.Arkhipkin　[英]Paul G.K.Rodhouse

[英]Graham J.Pierce　等　著

中国农业出版社

北　京

内容简介

头足类枪形目包含大约290种鱿鱼，其中30～40种鱿鱼在世界范围内具有重要的商业价值。全球鱿鱼捕捞的上岸量在渔业捕捞中贡献较小，但最近出现的一些迹象表明，其所占渔业捕捞产量的比例在过去十年中稳步增加。本书概述了全球所有重要的鱿鱼渔业；展示了全球每种商业鱿鱼捕捞种群的主要生物学特征、生态特征及渔业管理措施。此外，本书还描述了鱿鱼渔业的历史和各种捕捞方式，重点关注了鱿鱼渔业与海洋生态系统之间的相互作用，包括渔具的影响，以及鱿鱼在因底栖鱼类过度捕捞引发的生态系统变化和基于生态系统的渔业管理中的角色。

编 著 者 名 单

Alexander I. Arkhipkin（福兰克群岛渔业部，斯坦利，福兰克群岛），Paul G. K. Rodhouse（英国南极调查局，自然环境研究委员会，英国剑桥），Graham J. Pierce（阿伯丁大学海洋实验室，纽堡，英国）（阿威罗大学生物系，阿威罗，葡萄牙），Warwick Sauer（敦罗兹大学鱼类学和渔业科学系，格拉汉斯，南非），Mitsuo Sakai（东北渔业研究所，渔业研究机构，青森，日本），Louise Allcock（皇后大学生物科学学院，贝尔法斯特，英国），Juan Arguelles（秘鲁海洋研究所，卡亚俄，秘鲁），John R. Bower（北海道大学渔业科学学院，北海道函馆，日本），Gladis Castillo（秘鲁海洋研究所，卡亚俄，秘鲁），Luca Ceriola（FAO MedSudMed，罗马，意大利），Chih-Shin Chen（台湾海洋大学海洋事务与资源管理研究所，基隆，中国），Xinjun Chen（上海海洋大学海洋科学学院，上海，中国），Mariana Diaz-Santana（跨学科海洋科学中心-IPN，拉巴斯，南下加利福尼亚，墨西哥），Nicola Downey（西北地区生物研究中心，拉巴斯，南下加利福尼亚，墨西哥），Angel F. González（海洋研究所，维戈，西班牙），Jasmin Granados Amores（西北地区生物研究中心，拉巴斯，南下加利福尼亚，墨西哥），Corey P. Green（环境和第一产业部，昆斯克利夫，维多利亚，澳大利亚），Angel Guerra（海洋研究所，维戈，西班牙），Lisa C. Hendrickson（国家海洋渔业服务局东北渔业科学中心，伍兹港，马萨诸塞，美国），Christian Ibáñez（圣地亚哥大学环境科学系，圣地亚哥，智利），Kingo Ito（渔业研究所，工业技术研究中心，青森，日本），Patrizia Jereb（伊斯普拉，罗马，意大利），Yoshiki Kato（东北渔业研究所，渔业研究机构，青森，日本），Oleg N. Katugin（太平洋渔业研究中心，符拉迪沃斯托克，俄罗斯），Mitsuhisa Kawano 山口县渔业研究中心，长门，山口，日本，Hideaki Kidokoro 日本海渔业研究所，渔业研究机构，新潟，日本，Vladimir V. Kulik（太平洋渔业研究中心，符拉迪沃斯托克，俄罗斯），Vladimir V. Laptikhovsky 渔业部，环境、渔业和水产养殖科学中心，洛斯托夫特，萨福克，英国，Marek R. Lipinski（阿威罗大学生物系，阿威罗，葡萄牙），Bilin Liu（上海海洋大学海洋科学学院，上海，中国），Luis Mariátegui（秘鲁海洋研究所，卡亚俄，秘鲁），Wilbert Marin（秘鲁海洋研究所，卡亚俄，秘鲁），Ana Medina（秘鲁海洋研究所，卡亚俄，秘鲁），Katsuhiro Miki（国家渔业科学研究所，金泽，横滨，神奈川，日本），Kazutaka Miyahara（兵库渔业技术研究所，富田，明石，兵库，日本），Natalie Moltschaniwskyj（纽卡斯尔大学环境与生命科学学院，乌里姆巴，新南威尔士，澳大利亚），Hassan Moustahfid（国家海洋和大气管理局，海洋综合观测系统，行动部，银泉，马里兰，美国），Jaruwat Nabhitabhata（泰国半岛生物多样性英才中心、宋卡王子大学，宋卡，泰国），Nobuaki Nanjo（渔业研究所，丰山县农林渔业研究中心，丰山，日本），Chingis M. Nigmatullin（大西洋海洋渔业和海洋学研究所，加里宁格勒，俄罗斯），Tetsuya

Ohtani（田岛渔业技术研究所，兵库县农业、林业和渔业技术中心，香住，美香町，美方，兵库，日本），Gretta Pecl（海洋和南极研究所，塔斯马尼亚大学，霍巴特，塔斯马尼亚，澳大利亚）（地球和海洋技术科学中心，伊达贾伊山谷大学，伊达贾伊，南卡罗），J. Angel A. Perez（来纳，巴西），Uwe Piatkowski（莱布尼茨海洋科学研究所，基尔，德国），Pirochana Saikliang（渔业专家局，渔业部，卡赛特克朗，恰图恰，曼谷，泰国），Cesar A. Salinas-Zavala（西北地区生物研究中心，拉巴斯，南下加利福尼亚，墨西哥），Michael Steer（南澳大利亚研究和开发研究所（水生科学），亨利海滩，南澳大利亚，澳大利亚），Yongjun Tian（日本海渔业研究所，渔业研究机构，新潟，日本），Yukio Ueta（德岛农业、林业和渔业技术支持中心，渔业研究所，德岛，日本），Dharmamony Vijai（渔业科学研究所，北海道大学，函馆，北海道，日本），Toshie Wakabayashi（国立水产大学，下关，日本），Tadanori Yamaguchi（佐贺县玄界渔业研究开发中心，唐津，佐贺，日本），Carmen Yamashiro（秘鲁海洋研究所，卡亚俄，秘鲁），Norio Yamashita（北海道国家渔业研究所，渔业研究机构，钏路，北海道，日本），Louis D. Zeidberg（加利福尼亚鱼类和野生动物部，蒙特利，加利福尼亚，美国）

译 者 序

头足类现存约800种，是海洋渔业资源的重要组成部分，与鱼类和虾蟹类构成主要的捕捞对象。俗称的鱿鱼属于头足类的枪形目，主要由柔鱼科和枪乌贼科组成，目前全球有30～40种鱿鱼具有商业开发价值，其中商业价值较高的主要为极少数大洋性鱿鱼种类。在过去40年里，头足类被认为具有很大的开发潜力，其捕捞量从1970年的约100万t增长到2007年的超过430万t。尽管鱿鱼渔业对全球渔业总产量的贡献相对较小，但其所占比例在近几十年内一直稳定增加。

我国自20世纪90年代初以来，相继规模化开展了近海和远洋头足类的开发利用。经过20多年发展，我国已成为头足类资源的主要利用国家之一。据统计，我国2001—2005年头足类年产量为50万～145万t，最高年份产量可占世界头足类总产量的17%，主要作业渔场遍布西北太平洋、西南大西洋、东南太平洋、西印度洋和中东大西洋等海域。其中，我国近海渔场作业方式以光诱敷网和拖网为主，大洋渔场作业方式以钓为主。目前，我国头足类约60%的产量来自远洋鱿钓渔业，该渔业现已成为我国远洋渔业的重要组成部分。

国际上十分重视对渔业产业情报信息的收集与整理工作，世界上一些渔业发达国家均有一批专门的研究人员从事情报收集与整理，为相应的产业部门提供参考。针对我国远洋渔业信息服务质量不高的现实问题，为更好地贯彻执行国家关于渔业“走出去”的战略方针，国家渔业主管部门于2007年起，组织国内有关科研院所开展了远洋渔业数据库的建设与世界渔业信息编译工作。中国水产科学研究院东海水产研究所作为承担单位之一，主要负责世界渔业信息尤其是“一带一路”相关国家的渔业信息收集与编译工作，旨在为我国远洋渔业管理和生产部门提供全球渔业资源、渔场、政策、法规、市场以及科技发展动态等方面的信息支持，以增强我国在世界远洋渔业方面的综合竞争力。

近期，译者收集到2015年由泰勒弗朗西斯出版集团（Talor & Francis）出版的《全球鱿鱼渔业》科技论文，该论文对世界重要经济头足类资源、渔场、捕捞方式以及开发利用技术等进行了系统、客观的概括与总结，其内容新颖、全面，具权威性和科学性。译者在征得泰勒弗朗西斯出版集团授权许可后，将《全球鱿鱼渔业》资料编译并整理成册出版。本书可为我国渔业管理和生产部门提供远洋渔业资源、渔场以及政策、法规等方面的信息支持和参考，也可作为涉海类相关高校和科研院所的师生的参考资料。

本书的编译、校对及资料整理均由译者共同完成。由于译者水平所限，错误及不当之处在所难免，欢迎批评指正。

译　者

2019年1月

目 录

第一章 全球鱿鱼渔业概况

一、绪论

人类社会与渔业资源之间的相互影响在历史中扮演着重要角色。令人遗憾的是，人类在很多案例中都未能保护好海洋物种，也未能从海洋环境中获取最大的社会和经济利益。不过，在渔业领域，涉足头足类的科学家和管理者们面临的状况比负责有鳍鱼类的同行们要好得多。虽然来自海洋和淡水鱼类资源的全球总渔获量已经达到峰值且可能正在下降，但头足类的捕捞量还在持续增加，这是捕捞重点从更传统的有鳍鱼类资源转移的后果。这并非是现在才出现的状况，May 等人指出，海洋生物资源利用对象正在向非常规资源转移，这些资源生物通常占据较低的营养水平。在过去 40 年里，头足类捕捞量从 1970 年的约 100 万 t 增长到 2007 年的超过 430 万 t。不过，我们并不能通过这些数据提出头足类捕捞量会继续增加的假设，且有迹象表明最近的上岸量水平有所下降。在 2007 年达到 430 万 t 的峰值之后，全球头足类上岸量迅速下降到 2009 年的 350 万 t 以下，2012 年又恢复到超过 400 万 t。2007 年后产量的下降可以归因于阿根廷滑柔鱼（*Illex argentinus*）资源的崩溃；2009 年产量恢复主要是因为秘鲁、智利、中国的茎柔鱼（*Dosidicus gigas*）上岸量的增加以及阿根廷滑柔鱼 2011 年之后的资源恢复。这些数据提醒人们，全球鱿鱼产量有很大比例是依赖于极少数的大洋性鱿鱼种类。

现存头足类约有 800 种，依照不同的目可分为三个大类。鱿鱼属于枪形目，它们残留有软体动物的壳，其形状类似短剑，这是一个位于外套膜背肌表层内部的坚硬几丁质结构。这种软体动物有 8 个腕和 2 个触腕，后者在一些鱿鱼种类中是没有的；触腕带有吸盘，有的带有与吸盘吻合的齿。鱿鱼用鳍或通过喷射水流的方式游泳，即利用外套膜将水从外套腔中通过漏斗喷射出。鱿鱼约有 290 种，其中 30～40 种具有可观的商业价值（表 1）。其他主要作为食物开发的头足类有墨鱼和章鱼，以及相对较少的僧头乌贼类。

表 1　联合国粮食及农业组织（FAO）发布的鱿鱼种类及未辨别种类

科	学　名	分　布	栖息地	捕捞方法
Ommastrephidae（柔鱼科）	*Todarodes pacificus*	西北太平洋 20°—60°N	陆架和主要陆坡	大型灯光鱿钓、部分底拖网和围网
	Todarodes sagittatus	大西洋东部 70°N—10°S	浅海/大洋	拖网兼捕渔获
	Nototodarus sloanii	新西兰南部副热带辐合带	浅海/大洋	灯光鱿钓、拖网

（续）

科	学名	分布	栖息地	捕捞方法
Ommastrephidae（柔鱼科）	*Illex argentinus*	西南大西洋 22°—54°S	陆架和主要陆坡	灯光鱿钓、部分底拖网
	Illex illecebrosus	西北大西洋 25°—65°S	陆架和主要陆坡	灯光鱿钓、底拖网
	Illex coindetii	大西洋西部 5°—40°N 和大西洋东部 20°S—60°N	陆架和主要陆坡	拖网兼捕渔获
	Ommastrephes bartramii	环地球的两半球亚热带 30°—60°N 和 20°—60°S	大洋	灯光鱿钓
	Dosidicus gigas	太平洋东部 50°N—50°S	大多海洋性，延伸到美国西岸的狭窄陆架	灯光鱿钓
	Martialia hyadesi	极地附近、南极洲锋区，北延伸到巴塔哥尼亚陆架和新西兰	大洋性，遍布陆坡	灯光鱿钓
Loliginidae（枪乌贼科）	*Doryteuthis*（*Loligo*）*gahi*	南美洲，瓜亚基尔湾到北巴塔哥尼亚陆架北部	陆架	底拖网
	Doryteuthis（*Loligo*）*opalescens*	西北和中美洲，阿拉斯加南部到加利福尼亚半岛	陆架	鼓形围网、围网、大型抄网
	Doryteuthis（*Loligo*）*pealeii*	美洲东部，纽芬兰到委内瑞拉湾	陆架	底拖网、陷阱、
	Loligo reynaudii	非洲南部	陆架	鱿钓
	Loligo forbesii	大西洋东部 20°—60°N 和地中海	陆架	底拖网、在马德拉和亚速尔群岛用鱿钓
	Sepioteuthis lessoniana	印度—西太平洋，日本到澳大利亚、新西兰北部，红海和莫桑比克，马达加斯加北部到夏威夷	陆架	拖网、陷阱、围网、鱿钓、钩钓、鱼枪等
Onychoteuthidae（爪乌贼科）	*Onykia*（*Moroteuthis*）*ingens*	极地附近亚南极，北延伸到巴塔哥尼亚陆架、智利中部、澳大利亚南部和新西兰北部	底栖/浮游	
Gonatidae（黵乌贼科）	*Berryteuthis magister*	北太平洋，日本海到加利福尼亚南部（经由阿留申群岛）	陆坡底层、海洋中层	拖网

资料来源：ftp://ftp.fao.org/fi/CDrom/CD_yearbook_2010/root/capture/b57.pdf。

鱿鱼的很多特性（这些特性是很多头足类共有的）使得它们有别于其他商业开发的海洋物种。鱿鱼寿命短，单次繁殖且生长快速，捕食率和转化率高。鱿鱼的繁殖率也高，虽然枪乌贼类产卵数量通常少于柔鱼类。这些特征使得鱿鱼成为生态机会主义者，可以快速利用适宜的环境条件，而相对地，它们数量的增长也造成了环境条件恶化，所以补充率和丰度在年际时间尺度上可能会剧烈变化。也有迹象表明，某些地区鱿鱼种群（的增长）受益于底层鱼类的过度开发所带来的生态变化。最近的美国西海岸茎柔鱼的地理分布范围大幅扩张出现在1997—1998年厄尔尼诺和南方涛动（Southern Oscillation）事件后。这种扩张是由物理驱动还是由捕捞所引发的生态系统变化所导致，尚存争议。这也表明区别环境变化和捕捞效应对鱿鱼种群的影响极具挑战性。

鱿鱼渔业对全球渔业总产量的贡献相对较小，尽管产量最近有所下降，但所占比例在近几十年内稳定增加。鱿鱼产量相对鱼类来说较少，但全球鱿鱼捕捞量有很大部分是由少数种类组成，这些种类的渔业资源在当地海洋生态系统中具有很高的生物量。

对很多有脊椎的捕食者（包括很多鱼类、齿鲸类、鳍足类动物和海鸟）来说，鱿鱼是重要的饵料生物。对全球捕食者消耗的鱿鱼评估显示，这些捕食者消耗的鱿鱼数量要超过全球鱿鱼的总捕捞量。鱿鱼本身也是捕食者，它们一生会进行长途迁徙，这也是它们出现数量庞大的空间转移并可能成为基石物种的原因。鱿鱼渔业和海洋生态系统之间有重要联系，这在生态系统为基础的渔业管理（EBFM）中尤为明显。鱿鱼渔业自身的管理需要考虑对生态系统的影响，而且鱿鱼资源在很多生态系统渔业管理中的地位也十分重要。

鱿鱼资源具有能从不适宜的环境条件下恢复生物量的本能，这种能力使得它们受到过度捕捞引起数量减少的威胁减小。但是沉重的捕捞压力和恶劣的环境条件也可能使种群进入临界崩溃点。鱿鱼的生物学特性引发了很多有趣的学术问题，如种群会如何应对未来的气候变化。某些情况下，机会主义会使得种群在变化的环境中扩张。

对鱿鱼种类来说，为了商业开发需要，它们个体的大小必须合适（中等体型或大型）且质地可口。中性浮力的鱿鱼会将较轻的氨储存在肌肉组织的液泡或体腔液中，如小头乌贼科，这样的鱿鱼肉会有氨的味道，且质地松弛，这对消费者来说是不可接受的。不过，海洋捕食者不会拒绝这些含氨的鱿鱼，这些鱿鱼是某些物种的主要食物。有人提出含氨的鱿鱼肉经过化学处理后也可以成为供人类消费的可口食物。

鱿鱼捕捞需要以靠近表层的鱿鱼聚集区为目标来满足商业开发需要，所以那些生活史中有部分阶段不会聚集的种类通常不受重视，只在其他渔业中作为兼捕渔获。大部分开发的经济鱿鱼种类的生活史和生物学研究由 Rosa 等（2013）科研工作者提供。

全球鱿鱼渔获的主体由两个科的种类组成，即柔鱼科和枪乌贼科。FAO 发布的物种捕捞产量数据列于表 2 中，表中还包括具体的分布、栖息地和捕捞方法。FAO 的数据只提供全球渔业信息，但由于存在未报告、缺少物种辨别（或辨别错误）等情况，所以数据的不完整性不可避免。关于能从这些数据中得出多少结论，目前看法很多，因此使用这些数据的时候需要谨慎。不过，可以确定的是柔鱼科在前 5 个主要商业种的生物量中占据了重要地位。这其中的 4 种——太平洋褶柔鱼（*Todarodes pacificus*）、双柔鱼（*Nototodarus sloanii*）、阿根廷滑柔鱼（*I. argentinus*）和滑柔鱼（*Illex illecebrosus*）栖息于流速迅疾的太平洋和大西洋西边界流系统中；第 5 个物种——茎柔鱼，栖息于流速缓慢的东太平洋东边界流系统中，这里有沿岸上升流。另一个浅海/大洋种——澳洲双柔鱼（*Nototodarus gouldi*）未被 FAO 报告，但在澳大利亚南部和新西兰北岛附近有捕捞记录。

枪乌贼科也有很多渔获种类，它们中的一部分包含在表 1 中。主要的种类包括巴塔哥尼亚枪乌贼（*Doryteuthis gahi*）、皮氏枪乌贼（*Doryteuthis pealeii*）、长枪乌贼（*Loligo bleekeri*）和好望角枪乌贼（*Loligo reynaudii*）。除了这些在表 1 中辨别出的，Jereb 等指出还有 20 种枪乌贼具有渔业价值。

除了柔鱼科和枪乌贼科，也有以武装乌贼科、黵乌贼科、爪乌贼科和菱鳍乌贼科为目标的渔业。有一些柔鱼种类的经济价值尚未被发掘，包括翼柄柔鱼（*Sthenoteuthis pteropus*）、柔鱼（*Ommastrephes bartramii*）、七星柔鱼（*Martialia hyadesi*）、褶柔鱼（*Todarodes sagittatus*）、鸢乌贼（*Sthenoteuthis oualaniensis*）、菲律宾双柔鱼（*Nototodarus philippinensis*）和南极褶柔鱼（*Todarodes filippovae*）。茎柔鱼起初包含在这份名单之中，2004 年之后其全球产量提高到了每年 100 万 t。其他具有显著渔业潜力的种类还有黵乌贼（*Gonatus fabricii*）和菱鳍乌贼（*Thysanoteuthis rhombus*）。这些都是栖息于近海的大中型鱿鱼。

2001—2010 年期间 FAO 发布的每个种类的年捕捞产量列于表 2 中。2010 年头足类（鱿鱼、章鱼和墨鱼）全球总捕捞量为 365 万 t。这比 2001—2010 年的最大值（2007 年达到峰值 431 万 t）要低 15%。2010 年，所有头足类中有 298 万 t 是鱿鱼，其中 48%是柔鱼科，30%是枪乌贼科，2%是黵乌贼，其余 20%的鱿鱼为未辨别种类。

表 2　2001—2010 年 FAO 发布的主要鱿鱼种类的捕捞产量

单位：t

类　别	2001 年	2002 年	2003 年	2004 年	2005 年	2006 年	2007 年	2008 年	2009 年	2010 年
Todarodes pacificus	528 523	504 438	487 576	447 820	411 644	388 087	429 162	403 722	408 188	357 590
Todarodes sagittatus	1 915	3 163	954	594	574	526	1 112	774	980	973
Nototodarus sloanii	44 862	63 096	57 383	108 437	96 398	89 403	73 921	56 986	47 018	33 413
Illex argentinus	750 452	540 414	503 625	178 974	287 590	703 804	955 044	837 935	261 227	189 967
Illex illecebrosus	5 699	5 527	10 583	28. 103	13 837	21 619	10 479	20 090	22 912	20 660
Illex coindetii	2 596	2 559	2 006	2 264	5 533	4 650	4 132	4 573	4 349	3 889
Ommastrephes bartramii	23 870	14 947	18 964	11 478	14 430	9 401	22 156	24 400	36 000	16 800
Dosidicus gigas	244 955	412 431	402 045	834 754	779 680	871 359	688 423	895 365	642 855	815 978
Martialia hyadesi	117	2	37	59	3	0	4	0	4	0
Doryteuthis (*Loligo*) *gahi*	76 865	36 411	76 746	42 180	70 721	52 532	59 405	58 545	48 027	71 838
Doryteuthis (*Loligo*) *opalescens*	85 829	72 879	39 330	39 596	55 732	49 205	49 447	36 599	92 376	129 936
Doryteuthis (*Loligo*) *pealeii*	14 211	16 684	11 929	13 537	16 967	15 899	12 327	11 400	9 293	6 689
Loligo reynaudii	3 373	7 406	7 616	7 306	10 362	6 777	9 948	8 329	10 107	10 068
Loligo forbesii	70	140	536	261	272	472	721	664	455	554
Loligo vulgaris	2	2	2	1	3	5	7	7	6	22
Sepioteuthis lessoniana	5 574	5 826	6 333	5 500	3 811	3 584	3 646	4 528	4 523	4 526
Loliginids	198 893	218 551	261 907	209 894	209 110	202 616	206 861	208 218	216 658	236 499
Onykia (*Moroteuthis*) *ingens*	—	—	—	—	109	22	68	34	87	36
Moroteuthis robusta	—	—	—	—	5	13	6	—	—	—
Berryteuthis magister	—	—	—	1 132	1 068	1 084	48 981	54 868	60 639	59 306
其他种类鱿鱼	230 214	281 935	317 097	303 241	327 225	316 989	337 574	356 864	372 825	430 416
合计	2 218 020	2 186 411	2 204 699	2 235 131	2 435 074	2 746 047	2 913 424	2 938 860	2 238 529	2 389 160

资料来源：ftp://ftp. fao. org/fi/CDrom/CD _ yearbook _ 2010/root/capture/b57. pdf。

主要渔业数据在 10 年里有剧烈的年际变化，阿根廷滑柔鱼的变化率最高达 500%，且在种内或种间没有明显的趋势。虽然年际变化可以反映出资源规模的潜在变化，但捕捞产量数据可能会受到报告的不确定和捕捞努力量变化的影响，这些反过来又受到管理限制、市场条件、燃油价格等因素的影响。

Hunsicker 等曾评估头足类作为商业开发种类和支持生态系统的饵料供应者（其他商业开发物种的食物）对全球海洋渔业的贡献，其评估涵盖了不同的生态系统，包括大陆架、主要洋流及上升流区、海湾、浅海和开放大洋。每个生态系统中，前 25 个分类组对渔业上岸量的贡献数据都被用于分析。依据头足类支持的各项产业来看，其在很多海洋生态系统中都有巨大的贡献。例如，在巴塔哥尼亚陆架区，头足类占全部渔业上岸量和总价值的比例分别达到 55% 和 70%。纵观所有生态系统研究，头足类在商品和饵料贡献方面的平均估值分别占到总渔业上岸量和总价值的 15% 和 20%。该评估还比较了头足类分别作为商品和饵料物种的重要性。28 个被评估的生态系统中有 8 个头足类直接的上岸量的贡献要高过它们的捕食者上岸量的贡献。不过，另外 8 个生态系统情况相反。总的来说，头足类作为商品的贡献在沿岸生态系统中最大，而作为饵料的贡献则在开放大洋系统中最大。在上岸价值方面，很多生态系统的头足类平均每吨的价格要高于或接近其捕食者的价格。Hunsicker 等指出，渔业正在向如鱿鱼等低营养级物种扩张，但并不等于向低价值的物种扩张，对于这一点 Pauly 等有进一步讨论。如果考虑头足类渔业的扩张，Hunsicker 等指出，在头足类既有商品价值又具有饵料支持能力的生态系统中，对贸易进行进一步审查是必要的。未来，管理者合理辨清商业头足类和商业捕食鱼类之间的联系，会有助于当下和未来生态系统开发水平提高条件下的可持续管理。

二、鱿鱼渔业简史

人们由于对古代渔业的认知非常粗浅，即便是 18 世纪和 19 世纪的信息也很少。据报道，最早的海洋渔业可追溯到 16 万年前的南非海岸（Erlandson & Rick，2010）。这里的古代社群似乎已经对海洋生态系统造成了很大影响，导致开发的种群规模逐渐缩小。不过，不同于陆地栖息地（特别是岛屿）的常见现象，这种开发很可能不会导致灭绝。头足类在相关的研究中并未被特别提及，但史前沿岸社群或类似的群体可能开发沿岸章鱼资源，且很可能将鱿鱼用作饵料、肥料和饲料以及用于人类消费。和原始社会一样，鱿鱼很可能通过鱼叉捕获，或用带锤子的钓钩（类似于现代木制的钓钩，如日本用 amaiki 和 kusaiki 制作的钓具）来钓捕。关于古代使用的捕捞网尚无相关信息。克里特文明的中后期，东地中海克里特岛上的章鱼文化中有章鱼形象出现在很多陶壶和棺木上，这至少证明了古代人类十分了解头足类。

在古希腊文学中有对头足类的生物学和渔业开发的记载（著名哲学家 Diogenes Laertios，1925）。另两个哲学家，亚里士多德和他的弟子泰奥弗拉斯托斯，也记录了关于头足类生物的信息，但不幸的是，只有泰奥弗拉斯托斯的植物卷遗留了下来，有关动物的 12 卷（它们中包含变色动物）已经遗失。亚里士多德（1970，1991）在他的《动物史》（4～10 册保留至今）中描写了褶柔鱼（*Tadarodes sagittatus*）和欧洲枪乌贼（*Loligo vulgaris*）。他描述了这些鱿鱼的形态学、解剖学、行为学和部分生活史。他没有明确地提到捕捞，但他的观察说明很容易获取活的且状态良好的鱿鱼。他的著作也显示出他和渔民们有着密切的联系。

在古罗马文学中，唯一对头足类进行系统记述的是普林尼；其他作家，例如克劳狄俄斯·埃里安、盖伦和阿忒那奥斯，对头足类仅仅是一笔带过。然而，普林尼并没有特意提到头足类相关的渔业，而是主要着笔于头足类从养殖场偷鱼的故事。

阿纳扎布斯（或科力卡斯）的 Oppian 首次撰写了海洋捕捞的专著——*Halieutica* 或 *Halieutika*，覆盖了公元 177—180 年的时间段。该著作是罗马皇帝马克·奥留斯和他的儿子科莫多斯所著，其中描述了各种海洋动物的交配和捕食，以及渔民、捕捞工具和捕捞技术。这其中包括船上使用的抛网、以铁环撑开的抄网、鱼枪、三齿鱼叉和各种捕鱼陷阱的使用方法，同时该著作多次特别提到了头足类。例如，有关鱿鱼（*L. vulgaris*）捕捞的描述："为了捕获枪乌贼，人们需要准备一根带有锭子的棒状物，将它与许多钩子紧紧地固定在一起，将彩虹濑鱼穿刺在上面来隐藏青铜弯钩，之后在碧绿的海水中以绳子拖曳这个诱饵。当乌贼发现它的时候，会迅速地冲过去，并将它抱进滑腻的触手中，这时触手会被青铜弯钩刺穿，无论其如何挣扎都无济于事，只会让其缠绕更甚。"

意料之中的是，古代日本也有头足类渔业的记载。从今天地中海（与 Oppian 所描述的相似）和远东手工渔业来看，其方法和经验都是相似的。Ogura（2002）描述了日本鱿鱼渔业的发展历史：在平安时代（794—1185 年），根据被称作 *Engishiki* 的古代法律规定，鱿鱼是皇室的贡品；不过，鱿鱼的捕捞方法方面没有准确的描述。1458 年，日本海佐渡岛地区发明了一种用于小规模钓捕太平洋褶柔鱼的"现代"设备。它是一种手持且分节的鱿钓工具，沿轴排列多个鱼钩，并具有铅坠。日本的鱿钓工具是独立发展的，不比地中海巴芬湾晚。Yoshikawa（1978）描述了传统的鱿钓方法。

鱿鱼和其他头足类在西地中海文学中再次出现的时间则晚得多，如 Conrad Gesner（*Historiae animalium*，1551—1558），Guillaume Rondelet（*Libri de piscibus marinis*，1556）和 Ulysse Aldrovandi（*De reliquis animalibus exanguibus libri quarto*，1606）的著作。

可以算得上是鱿鱼生物学方面的现代文学始于 Lamarck（1815—1822）和 Cuvier（1817），并由 Verrill（1879—1882）和 Tryon（1879）承继。然而，一直到 20 世纪初仍缺少鱿鱼上岸量的信息。Tryon（1879）提到在新西兰区域，有很多将滑柔鱼作为诱饵的捕捞活动，但相关渔获量统计信息并未给出。该作者还提到日本靠近函馆区域有捕捞太平洋褶柔鱼的记载："人们驾驶小船在夜间利用灯光捕捞鱿鱼，并将其风干供人类消费（鱿鱼干）"；同时，他提供了一些定量的信息："1872 年 6 月（季度末），中国晋江（Kinkiang）、上海和宁波三港从日本的进口总量为 4 198 piculs* （265 t）"。19 世纪在其他地区，如果有鱿鱼渔业统计，也主要都是些定性描述和有关轶事。

伴随着机械捕捞船的出现、特殊拖网和鱿钓设备的发展，现代鱿鱼渔业于 20 世纪早期发展起来。尤其在二战以后，随着远洋捕捞船只的发展，鱿鱼捕捞量（尤其是鱿鱼的捕捞量）开始从每年数百吨、数千吨上升到每年数百万吨。此后，它们开始在人类消费的海洋产品中占据重要位置。渔获量巨大的重要商业鱿鱼种类的捕捞史将在后文给出。

---

* 编辑注：piculs 为中国古代重量单位"担"。

三、鱿鱼资源开发与管理

(一) 捕捞方法

一般的头足类，尤其是鱿鱼，拥有与鱼类十分相似的生态学和行为学特征。事实上，Packard（1972）曾指出头足类在功能上就是鱼类，Pauly（1988）进一步论证了这种观点。很多鱿鱼会像中上层鱼类一样进行密集的群体迁徙，两者的捕捞方法也是互通的。Boyle 和 Rodhous（2005）细致地描述了鱿鱼的捕捞方法。这里简单地介绍主要的捕捞方法，并具体介绍物种数据。

1. 网具捕捞

从早期开发开始，鱿鱼捕捞就已经使用各种类型的以网为基础的捕捞设备。这其中包含各种手工渔业中常用的陷阱网、定置网和围网。目前，加利福尼亚的乳光枪乌贼（*Doryteuthis opalescens*）渔业在灯光聚集鱿鱼的过程中使用围网，有时也使用泵把鱿鱼从网中取出。在东亚国家，不同陷阱的定置网被应用于滑柔鱼（*I. illecebrosus*）、皮氏枪乌贼（*D. pealeii*）和萤乌贼（*Watasenia scintillans*）及其他特殊种类的捕捞，陷阱种类依鱿鱼种类不同而异。

20 世纪早期机动船的出现，为以中上层和近底层鱿鱼群体和鱼类群体为目标的渔业创造了机会。拖网船使用各种类型的拖网设备（表层、中层和底层），白天下网捕捞聚集于大陆架海床上的鱿鱼，所用拖网设备基本与有鳍鱼类渔业类似。在西南大西洋，表层拖网被用来捕捞靠近底层的阿根廷滑柔鱼。而大西洋北部和东北部，中层拖网则被用来捕捞褶柔鱼和安哥拉褶柔鱼（*Todarodes angolensis*）；底拖网主要被用来捕捞聚集在底层水域的枪乌贼群体，如马尔维纳斯群岛附近的巴塔哥尼亚枪乌贼（*Doryteuthis gahi*）（图 1）。

商业的单船拖网有两个水翼，叫作网板或门板（每侧一个），用以在水平方向上将网伸展开。一种叫作龙套的缆绳被用来连接网板和拖网翼。缆绳的运动造成水的扰动，这种扰动会被鱼类的侧线感知，鱼群就会从网的中线位置靠近。和鱼类不同，鱿鱼主要使用视觉来确定它们在水中的方向，网板缆绳造成的水体扰动对它们在拖网前面的行为影响较小。为了将广阔区域的鱿鱼群聚集到拖网两翼中，人们使用了多重椭圆形的网板。网板刮过海床，造成淤泥迷雾使得鱿鱼躲避，这样便将鱿鱼聚集到网的中线附近。这种方法对海底有负面影响，因为网板掠过海床会破坏底栖生物群落。由于环境原因，越来越多的底层拖网被禁止。

拖网也使用声学目标定位技术来锁定鱿鱼群。不过，鱿鱼产生的声学信号很弱，因为它们没有游泳鱼类的鳔，所以该技术只在捕获目标同时为鱿鱼与有鳔鱼类的渔业中使用。鱿鱼群也会与体型类似的无鳔鱼类混在一起，如拉式南美南极鱼（*Patagonotothen ramsayi*）。在马尔维纳斯群岛渔业中，其捕捞对象的形态和种群优势程度和巴塔哥尼亚枪乌贼相似，以至直到拖上船之前都不能确定渔获物种类。

由于拖网会捕捞大部分比网目大的个体，所以总渔获中经常混合有多个目标种。鱿鱼表皮的质地使其比有鱼鳞保护的鱼类更容易被损坏，所以在混合捕捞中经常受损。有时会因为和网衣或其他捕捞设备粘连而使其表皮被完全从身体上撕下。表皮损坏的鱿鱼价值比

图1　鱿鱼捕捞船

A. 工业拖网　B. 大型远洋鱿钓　C. 灯光鱿钓　D. 流刺网

表皮完整的要低，所以拖网捕捞的总价值依据兼捕渔获类型的不同会有不同的损失。网中的鱿鱼和其他小鱼混在一起时还会出现另外一个问题，即在拖网收紧时小鱼会穿透鱿鱼的外套膜。手工将小鱼从外套膜中取出很耗时间，同时捕捞的效益会再一次减损。如果拖网太重并搅动海底，那么淤泥和沙子也会进入鱿鱼体内。总的来说，拖网鱿鱼的质量要低于鱿钓和陷阱方法捕获的鱿鱼。不过，以鱿鱼为目标的拖网渔业，也可以捕到“干净”的鱿鱼。在马里湾（英国），鱿鱼目标捕捞作业中收获的鱿鱼渔获则相当干净，很少有大量兼捕鱼类，只是偶尔会同时捕捞到大量的牙鳕（超过渔获量的25%）（Hastie et al，2009）。

2. 鱿钓

鱿钓捕捞鱿鱼对海洋环境的破坏较小，并产出更高价值的产品。这种技术利用鱿鱼夜间上浮到水体表面的自然行为，使用灯光将鱿鱼吸引至捕捞船和鱿钓机。很多捕捞柔鱼和枪乌贼的大规模渔业使用灯光鱿钓机。这种方法令鱿鱼可以整只出售，产品价值更高，因为生产过程中只对表皮造成很少的损伤或没有损伤。虽然鱿钓船停留在水域原地，但能源耗费上没有节约或只有很少的节约，因为用于供给捕捞灯光的发电能耗基本与拖网消耗的能源相当。

商业鱿钓捕捞是在佐渡岛于19世纪的明治时期发明的，鱿钓机于1883年首次在一个渔业展览上展出（Igarashi，1978）。当时的手动鱿钓设备配备一对用线连接在一起的钩子，这种方法被用来捕捞水面到100 m水深的鱿鱼。后来捕捞船引擎动力的提高，使得北海道北部出现了每个鱿钓机配一根绳的鱿钓捕捞设备。现代鱿钓设备的设计，是将多个鱿钓装置按序连接到一根绳上，这种设计发明诞生于1951年。同时用于鱿钓的无倒刺钩也被发明，这使得在甲板上将捕获的鱿鱼从钓钩上解下更加容易。从 20 世纪 50 年代开始，手工渔业使用一根绳上有 10～40 个钓钩的手动钓具。在 20 世纪 60 年代中期，电力驱动的自动鱿钓机被引进，逐步提高了鱿鱼渔获量。手动钓钩只能在靠近表面的区域使用，而电动设备拥有足够的动力来捕捞更深层的鱿鱼（50～200 m）（Inada & Ogura，1988）。

现代鱿钓船有三个要素：①一个大型伞状设备，像锚一样保证船在水中不动；②一排白炽灯在夜间吸引鱿鱼自然上浮觅食；③鱿钓机，拉起、放下连接着一串有色或荧光钓具的重绳，每个钓具都有无刺钩。一些船会使用一两个 2～5 kW 的辅助灯。这些灯顺着缆绳下沉，之后慢慢拖向表面以聚集鱿鱼并向上将它们引向船只（图 1B）。

在中央系统的控制之下，捕捞作业是自动或半自动的，这降低了劳动力并使得设备被充分利用。大于 30 t 的中型船和大于 100 t 的大型船分别装备有 10～50 个自动鱿钓机（Mikami，2003）。钓具被分别装在 100 根或更多的绳上，每根约有 25 个钓具。一个大型鱿鱼鱿钓船可以运行 150 个或更多的金卤灯，这些灯通常每个 2 kW（也可以是 1～3 kW）。这些灯通常是白色，但有时也有少量是绿色（Inada & Ogura，1988）。小于 10 t 的小型手工鱿钓船大都属于高效劳动力型，因为只要两个渔民就能完成所有工作——操作鱿钓机器和打包渔获等（Mikami，2003）。尽管大型鱿钓船捕捞作业的自动化水平很高，但渔获分类和鱿鱼打包仍由船员完成。操作大型船上的海锚，控制捕捞绳防止其缠绕等仍属于劳动密集型工作。

3. 流刺网

日本捕捞鱿鱼的流刺网渔业出现于西北太平洋，该渔业在 20 世纪 70 年代太平洋褶柔鱼（*Todarodes pacificus*）资源大幅下降而减产的时候补偿了鱿鱼产量（图 1D）。从 1974 年到 1978 年，流网作业在太平洋 150°E 的日本东岸开展，但它与鱿钓渔业有冲突（Yatsu et al，1993）。因此，日本政府 1981 年实施了准入许可制度，并规范了流刺网可以作业的捕捞季和捕捞区（图 2）。

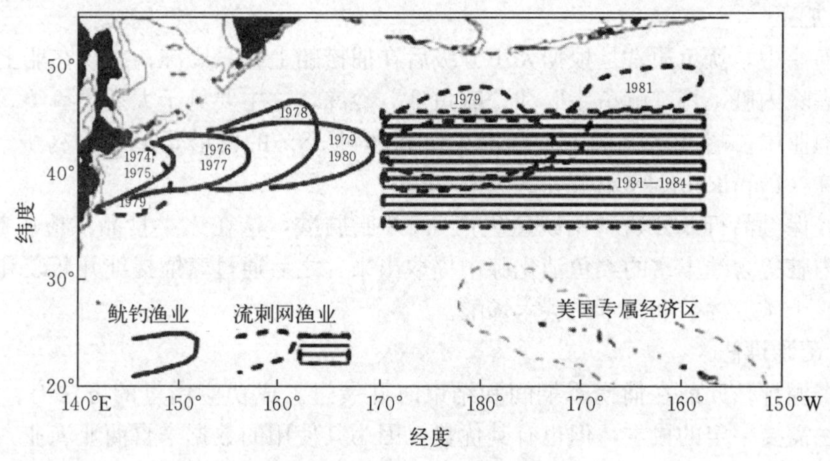

图 2　日本鱿钓和流刺网渔业区

由 Araya（1978）和 Murata（1990）修订

日本流刺网捕捞鱿鱼的渔民来自其他渔业，或同时从事于其他渔业，如鲑流刺网渔业、金枪鱼渔业、太平洋秋刀鱼渔业、鱿鱼鱿钓渔业、远洋拖网渔业、北太平洋延绳钓和刺网渔业（Nakata，1987）。

1981—1990 年，有 400～500 艘、59.5～499.9 GRT* 的流刺网船投入使用。日本鱿鱼流刺网由直径 0.5 mm 的尼龙线制成；每一个网面的浮子绳长 45～50 m，布放开的网面深度通常为 7～10 m；标准网目的拉伸尺寸为 110～120 mm；一个漂流结构可以有 70～200 个网面连接在一起，太阳落山前布放，太阳升起前 2～3 h 回收；一些结构通常连在一起，分离开 2～3 n mile；一次作业的时间为 5～15 h。1982—1986 年，每天使用的网面的平均数量从 663 个增加到 1 000 个（Yatsu et al，1993）。

20 世纪 80 年代初，韩国也开始了流刺网渔业。1984 年有 99 艘韩国流刺网船，1989 年有 150 艘。它们在日本东北外围到 150°E 的水域作业（Gong et al，1993a，1993b）。在秋季和冬季初，韩国流刺网渔业集中在 142°—160°E 日本鱿钓船作业的区域（图 3）。船只吨位在 100～500 GRT，但主要是在 200～300 GRT。流刺网捕捞的柔鱼（*Ommastrephes bartramii*）的数量增长迅速，从 1983 年的 3.7 万 t 到 1990 年的 12.4 万 t。

中国台湾捕捞北太平洋柔鱼的流刺网始于 20 世纪 70 年代末。从 20 世纪 80 年代初开始，油价上涨促使了鱿钓渔业（20 世纪 70 年代初引进）被流刺网所取代（Yeh & Tung，1993）。柔鱼流刺网渔业和鱿钓渔业同时存在一直持续到 1983 年，但之后流刺网取代了鱿钓机。1985—1988 年，中国台湾流刺网渔业集中在 155°—165°E。1983—1990 年，每年有 94～179 艘船共作业 6 000～18 000 d。每年的捕捞量在 1 万～3 万 t。

主要的兼捕渔获是日本乌鲂（*Brama japonica*），但蓝鲨（大青鲨）（*prionace glauca*）、长鳍金枪鱼（*Thunnus alalunga*）、惠氏拟五棘鲷（*Pseudopentaceros wheeleri*）、鲣（*Katsuwonus pelamis*）的渔获量也很高。大量的海鸟，特别是黑海鸥，海洋哺乳动物和海龟被作为兼捕渔获物捕捞。由于存在大量的兼捕渔获，以及丢弃的网具会在无法确定的时间里无法计量地继续捕捞，所以它们在 1991 年被联合国在全球范围内禁止。柔鱼渔业现在转向灯光诱捕鱿钓。

（二）加工

很多渔业中，鱿鱼通常是根据大小分级后在捕捞船上整只冷冻；或仅在船上进行简单的加工，去除内脏，将"鱿鱼头"和"鱿鱼爪"冷冻，这主要见于大型柔鱼类。在马尔维纳斯群岛渔业中，超过 92%的阿根廷滑柔鱼和超过 98%的巴塔哥尼亚枪乌贼（*D. gahi*）是整只冷冻（Laptikhovsky et al，2006）。

最近，保健品行业开始利用鱿鱼生产 ω-3 脂肪酸，这在人类食品供应中越来越多。原油被从内脏等含油丰富的柔鱼消化腺中提取出来，之后通过蒸馏提纯并瓶装和封存。这种油富含二十碳五烯酸和二十二碳六烯酸。

（三）资源评估

鱿鱼资源评估此前在捕捞季期间和结束时开展过。成功应用过的方法有：①耗散方法，该方法需要一定的成本，但也有其优势，因为其使用的数据来自商业渔业（通常实时操作，需要船上和陆上人力来搜集和处理渔获量、努力量、生物学信息）；②区域扫海面积法（使用网）（Cadrin & Hatfield，1999）；③声学。此外，一种"生态学方法"也被用

* 注：GRT 是容积总吨或注册总吨。

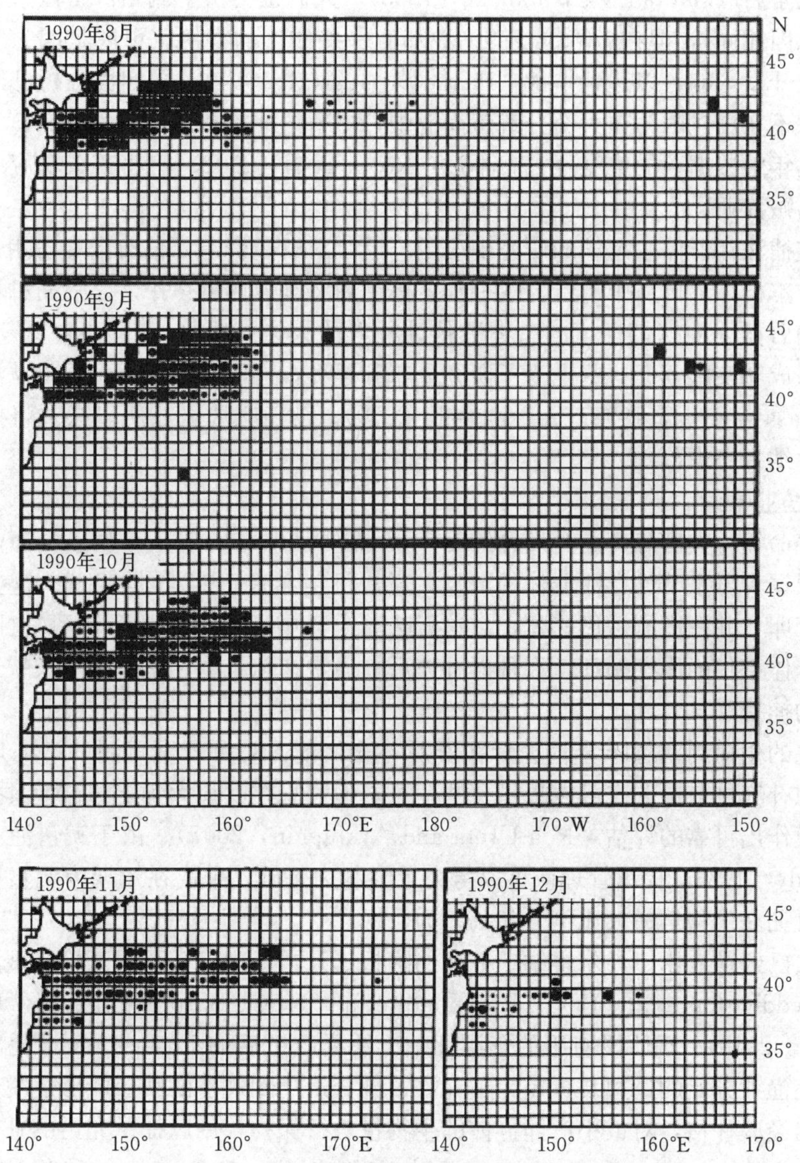

图 3　1989 年韩国流刺网渔业分布区
点表示每一度单位面积的相对单位捕捞努力量（CPUE，kg/网）

来为 CCAMLR（南极海洋生物资源保护委员会）区域内的七星柔鱼（*M. hyadesi*）这一潜在的新兴渔业设置预捕量（Rodhouse，1997）。该方法通过评估捕食者（海鸟、海豹和有齿鲸）的总消费来设置可捕量（TAC），对依赖其的捕食者的影响微乎其微，同时也符合 CCAMLR 采用的以生态系统为基础的渔业管理办法。

一些其他方法也被提出用于鱿鱼资源评估（Rodhouse et al，2014）。对幼体数量的调查在补充之前已经开展，但被发现没有太多实际用处（Okutani & Watanabe，1983）。尽管学者们检测了资源和补充率的关系，但由于鱿鱼群体的资源量和补充率间的关系微弱，其结果自相矛盾（Okutani & Watanabe，1983）。人们也尝试了剩余产量法，有时并不成功（可能原因相同），但在撒哈拉浅滩渔业却有一些成功的案例，可能是因为头足类资源会快速适应开发影响，以达到平衡（Pierce & Guerra，1994）。同期群分析已经被尝试多次，但通常不实用，因为在大部分鱿鱼渔业中，短暂的捕捞季期间切片和解读大量耳石信息（以收集年龄数据）的难度巨大。不过，Royer et al（2002）曾将其成功应用于英吉利海峡的枪乌贼渔业。

标记重捕法在群体生态学的研究中应用广泛，对鱿鱼资源评估有潜在可用性。该方法需先选取样本群体，再从中进行二次抽样，标记后将其放回群体中。之后对种群重新取样并根据重捕后群体中携带标记的个体数估计种群的大小（Krebs，1999）。虽然大规模标记鱿鱼已经成功实施，但这些是为了研究分布和迁徙，还没有使用标记重捕法进行过资源评估（Nagasawa et al，1993；Sauer et al，2000）。鱿鱼很脆弱，所以必须将标记造成死亡的可能性纳入考虑范围。

（四）渔业管理

鱿鱼寿命短（大部分商业开发种约 1 年），需要采取与大部分有鳍鱼类渔业不同的管理方法。根据种群季节性产卵群体的数量，通常每年会有 1～2 个同生群。这些群体同时或分批次产卵，并在产卵后迅速死亡。这意味着一年中通常有成年个体消失且种群被卵、幼体和新个体替代的周期循环。在种群补充后，通常在增长率和生物量增长快速的时段有相对较短的捕捞季。

一年生的生命周期意味着管理者在资源补充之前，对可开发资源的潜在规模了解很少。在资源补充之前预调查可以提供一些信息，但它只在鱿鱼大到能够被渔具捕获时才能对资源规模作出可靠的评估（Roa-Ureta and Arkhipkin，2007）。由于鱿鱼渔业管理的挑战性，Caddy（1983）提出管理应该以努力量限制为基础，采取在短期内调整努力，并以每年减少可捕获生物量最大比例（40%）为目标。

该方法已经被应用于马尔维纳斯群岛的阿根廷滑柔鱼和巴塔哥尼亚枪乌贼渔业，并得到改进（Beddington et al，1990；Rosenberg et al，1990；Beddington et al，1990；Rodhouse et al，2013）。现阶段使用的资源评估方法是改进后的 Leslie-Delury 耗散方法。阿根廷滑柔鱼渔业开始的逃逸装置是为了允许一部分未达到规格的鱿鱼能够逃脱，但这之后变成了依据经验评估，对最小产卵群体的生物量进行保护，用以提供充足的补充率（Basson et al，1996）。该方法已经被用于皮氏枪乌贼（*D. pealeii*）和好望角枪乌贼（*L. reynaudii*）等其他渔业的管理，但未被广泛使用（Brodziak and Rosenberg，1999；Augustyn et al，1992）。

日本的太平洋褶柔鱼渔业管理已经在 Okutani（1977）、Caddy（1983）、Okutani（1983）、Murata（1989，1990）和 Suzuki（1990）的研究中描述。渔业管理要考虑市场需求、价格因素以及确保资源可持续捕捞（Boyle & Rodhouse，2005）。通过限制渔获来维持价格及市场，对抑制过度捕捞有一定效果，但资源下降到很低水平时，价格上涨将导致抑制作用失效而产生捕捞压力。

茎柔鱼（*D. gigas*）渔业在智利到加利福尼亚的美洲西岸开展，虽然该物种分布现已向北延伸到阿拉斯加。该渔业在秘鲁、智利、下加利福尼亚、墨西哥外围开展，具体可见

Rosa et al（2013c）的综述。秘鲁通过设置配额管理渔业资源，这些配额以声学调查数据和渔业数据为基础。在墨西哥，渔业管理以剩余40%资源可产卵为基础。实际上，存活资源的产卵比例更高，渔业仍处于未充分开发状态。在智利，渔业通过限制准入和限制人类消费来管理。TAC是灵活变化的，并以历史捕获率和当季捕获率为基础。

Boyle & Todhouse（2005）给出了其他地区使用的渔业管理方法。这些方法包括空间性和季节性限制、网口尺寸限制、引进个人转让配额等，这消除了竞争性捕捞。未来，海洋保护区（MPA）无疑会在鱿鱼渔业管理中具有一席之地。

值得一提的是，小型鱿鱼渔业在世界上很多地方都有，例如欧洲南部沿岸水域。除了一些区域有最小上岸规格（MLS）限制外，一些小型渔业通常没有被合理地管理。如果进一步管理，大型渔业中使用的方法可能不太合适。以区域和局部地区为基础的措施，包括共同管理被提出用于小型头足类渔业，这些措施可能对小型鱿鱼渔业较为合适。

第二章

各海区鱿鱼渔业现状

第一节　西北大西洋

西北大西洋区域包含了加拿大和美国东岸外围的沿岸、陆架和大洋水域。陆架向北延伸并主要处于这两国的管辖之下，而弗莱明角和纽芬兰东南面的大浅滩（Grand Bank）的头尾部则位于国际水域。区域内的海洋环境主要受到西南流向且盐度较低的拉布拉多寒流和东北流向且含盐量较高的西边界流，即墨西哥暖流的影响。本区开发的鱿鱼主要有两种，一是滑柔鱼（*I. illecebrosus*）（也称北方短鳍鱿鱼），是一种在美国、加拿大和国际水域捕捞的大洋鱿鱼；二是皮氏枪乌贼（*D. pealeii*）（也称长鳍近岸鱿鱼），是一种在美国陆架上捕捞的浅海种。两个种群的开发都始于19世纪末，起初主要作为诱饵，但本区的捕捞压力快速增加，并在20世纪70年代末达到最大，当时来自日本、苏联和西欧的大型工业化拖网船都将这两种鱿鱼作为目标种捕捞。

一、滑柔鱼

（一）范围和分布

滑柔鱼广泛分布于西北大西洋的各个纬度，从佛罗里达东部沿岸（26°—29°N）到66°N的陆架、陆坡和大洋水域，包括南格陵兰岛、巴芬岛和冰岛（Roper et al，2010）。

鱿鱼的分布受水温和水团影响显著。在美国东部陆架上，秋季的温度直接决定个体尺寸（Brodziak & Hendrickson，1999）。该种类栖息于底部温度高于6 ℃的斯科舍陆架和高于5 ℃的纽芬兰陆架上（Mercer，1973a）。在美国陆架上，滑柔鱼秋季主要聚集在底部温度在8～13 ℃的区域以及春季在10～14 ℃的区域。虽然该种类夏、秋季节在缅因湾的近岸水域很常见，但在美国陆架区的浅水区（＜18 m）却不常见（Hendrickson & Holmes，2004）。

种群迁移至捕捞区的时间每年都有变化，且最早从南方的种群开始迁移（Fedulov & Amaratunga，1981）。3—4月，陆架上的迁移与美国陆架、陆坡边缘的迁移同时开始，从卡罗来纳南部到斯科舍陆架南部的布朗浅滩（Browns Bank），鱿鱼密度在最南、最深的区域以及布朗浅滩最高（Hendrickson，2004）。向斯科舍陆架的迁移也始于4月，但向纽芬兰大浅滩（Grand Banks）的迁移则总体要晚一些（Fedulov & Amaratunga，1981；Black et al，1987；Squires，1957）。5—6月，密度最高的区域位于西北大西洋渔业组织（NAFO）3O和3N分区中的海底高原（Bank）边缘（图4）（Squires，1957；Black et al，1987；Hendrickson，2006）。在5月末，胴长（ML）达到40 mm的幼体和成年个体在靠近美国陆架边缘区域被捕获（Hendrickson，2004）。到7月，该物种广泛分布于美国陆架、斯科舍陆架和圣劳伦斯湾，并向近岸的纽芬兰捕捞区迁移（Dawe，1981；Black et al，1987；Hendrickson，2004）。秋季的离岸迁移也是最早从南方种群开始。在9月和10月，鱿鱼仍分布于美国陆架上，但胴长超过100 mm的个体密度和规格随着深度增加而增加，说明整个美国陆架上都有离岸的迁移（Hendrickson，2004）。不过，纽芬兰近岸捕捞区的鱿鱼迁移要晚一些，一般是在11月（Dawe，1981）。

滑柔鱼在一年各季同时栖息于陆架、陆坡和大洋水域。不过，美国和加拿大的底拖调查深度限制（约336 m）以外的取样比较有限。东北渔业科学中心（NEFSC）4月的底拖调查（水深381～460 m）中只在缅因湾和哈特拉斯角之间的上层陆坡上捕到了很少的滑柔鱼（Azarovitz，1981）。除了美国在大陆架上的捕捞，7月滑柔鱼也在熊海山附近被捕捞，捕捞最深可达2 510 m。在秋季，乔治浅滩（Geoges Bank）和佛罗里达卡纳维拉尔角，在384～1 038 m水深范围内，捕获率随着深度增加和底层温度下降而下降（Rathjen，1981）。除了纽芬兰7月开展的近岸鱿钓渔业，滑柔鱼也在3M区被弗莱明角的底拖调查所捕获，深度可达1 460 m（图4）（Hendrickson & Showell，2013）。

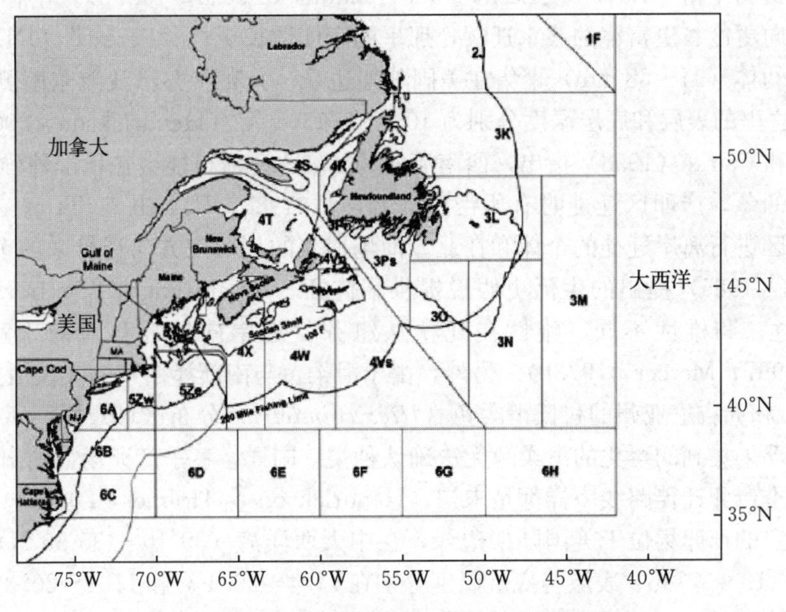

图4 西北大西洋渔业组织（NAFO）报告区域

西北大西洋有渔业活动的3～6个亚区和相关渔业部门

（二）资源组成

人们认为滑柔鱼种群在西北大西洋范围内是一个单独资源（Dawe & Hendrickson，1998）。通过同工酶多态性分析，纽芬兰和科德角的滑柔鱼种群没有明显的基因异质性（Martínez et al，2005a，2005b）。该资源在1974—1976年被NAFO作为单一资源来管理；之前由西北大西洋渔业委员会（ICNAF）管理（Amaratunga，1981a）。不过，自从1977年实行了美国和加拿大200 n mile捕捞限制，这种跨边界种类开始被作为两个分开的资源来管理。北方资源包含了来自加拿大和国际水域的鱿鱼，由 NAFO 管理。北方资源（NAFO3+4 亚区）的鱿鱼来自 3 亚区，包括大浅滩、弗莱明角和纽芬兰近岸水域，以及 4 亚区，包括斯科舍陆架、芬迪湾和南圣劳伦斯湾（图 4）。南方资源（NAFO5+6 亚区）来自美国水域，在缅因湾和佛罗里达东部海岸之间，由美国中部大西洋渔业管理委员会进行管理。

（三）生活史

滑柔鱼的生命周期离不开陆架、陆坡和海洋栖息地，成年个体要在北方、温带和亚热带水域之间进行长距离的迁徙。和一些其他头足类一样，滑柔鱼的生命周期是在西边界流系统中进行，即墨西哥湾暖流（Coelho，1985；Hatanaka et al，1985a）。该洋流被认为是卵、浮游幼体和幼年个体向东北大浅滩扩散的主要机制（Trites，1983）。漂浮性的卵囊尚未在自然界中发现，但实验室的研究显示胚胎发育可在最低 12.5 ℃下 16 d 完成孵化，在最高 26 ℃用 6 d 完成孵化（O'Dor et al，1982；Balch et al，1985；O'Dor & Dawe，1998）。滑柔鱼孵化出时胴长大约为 1.1 mm（Durward et al，1980）。大部分年份里，在中佛罗里达和南纽芬兰之间的墨西哥湾暖流—陆坡水汇集区均可捕获到滑柔鱼浮游幼体，那里的海水温暖而且富含营养，但 2 月和 3 月，在温跃层以上温度高于 13 ℃的水域中滑柔鱼最为丰富（Dawe & Beck，1985；Hatanaka et al，1985b）。在春季，浮游幼体从交汇区向更冷、更富饶的浅水迁移，那里的个体增长更快（Perez & O'Dor，1998）。在 5 月末，幼体（34～68 mm）聚集在美国陆架边缘，分布于乔治浅滩东南侧水深 140～260 m 处，这里的表层和底层温度分别为 10.6 ℃和 9.9 ℃（Hendrickson，2004）。

Bakun 和 Csirke（1998）指出，西南流向的陆坡水逆流可能会在秋季种群向位于哈特拉斯角南部的冬季产卵区迁徙时有所帮助（Trites，1983；Rowell & Trites，1985）。秋季，所有渔区进行离岸迁徙的个体和在北方渔场捕获的从西南方向迁徙来的个体为 Rowell 和 Trites（1985）提出的生活史假说提供了佐证（Amaratunga，1981b；Dawe et al，1981）。不过，和雄性不同，雌性在晚秋从纽芬兰近岸向外迁移时尚未达到性成熟（Squires，1967；Mercer，1973b）。另外，由于滑柔鱼与南新泽西州的尖狭滑柔鱼（*Illex oxygonius*）和弗吉尼亚州的科氏滑柔鱼（*Illex coindetii*）分布区域重叠，所以冬季在哈特拉斯角南部采集到的孵化的滑柔鱼无法确认种类。同样，冬季产卵场如同南北方资源迁徙模式和秋季产卵迁徙路线一样都是未知（Hendrickson & Holmes，2004）。

唯一确定的产卵场位于美国陆架边缘，在中大西洋湾（39°10′—35°50′N），5 月末冬生群在水深 113～377 m、表层与底层温度分别在 13.4～20.1 ℃和 11.4～20.3 ℃的区域产卵。美国底拖网渔业在 6—9 月也曾经捕获到成熟和产卵个体（Hendrickson & Hart，2006）。因此，中大西洋湾至少在 5—9 月是主要的产卵场，但在墨西哥湾暖流—陆坡水域前区也有产卵行为，浮游幼体和幼体在冬季的大部分月份里均可在那里捕获到（Hatanaka et al，1985b）。产卵群体在 5—9 月出现，11 月到翌年 6 月被证实为孵化期，说明滑柔鱼整年都有产卵行为（Dawe & Beck，1997；Hendrickson，2004）。

该种的最大胴长和重量记录分别是 350 mm 和 700 g，雌性的个体比雄性大（O'Dor & Dawe，1998）。美国陆架上冬季成熟雌性寿命为 115～215 d，有记录的最长寿的个体是纽芬兰鱿钓渔业捕捞的一条雌性个体，为 250 d，而且该鱿鱼尚未性成熟（Dawe & Beck，

1997；O'Dor & Dawe，1998）。种群的生长率和性成熟大小随纬度变化，因此栖息于中大西洋湾温暖水域的个体比纽芬兰外围较冷水域的个体增长率和成熟率更高，很可能寿命更短（Hendrickson，2004）。

（四）补充率

补充率变化很大，特别是在种群分布范围的北边界，主要是因为水温变化和大尺度海洋环境的影响。Dawe et al（2007）发现，陆架—坡锋（SSF）的变化与滑柔鱼和皮氏枪乌贼的分布和丰度密切相关，这两种鱿鱼夏、秋季在美国陆架的分布重叠。对滑柔鱼来说，SSF 向南更替和墨西哥湾暖流的北边界与纽芬兰外围温暖的海洋环境相关，在提高墨西哥湾暖流向东北输运效率的同时，也提高了来自冬季产卵期的浮游幼体和幼体的成活率（Dawe et al，2007）。Coelho & O' Dor（1993）和 O' Dor & Coelho（1993）提出设想，最北的捕捞区，纽芬兰外围的鱿鱼丰度在冬季群体占据主导的时候为最高。

5 月时，冬季群体（即主要是在 11 月到翌年 1 月孵化的鱿鱼）主要位于美国陆架上，在捕捞季初期为美国鱿鱼提供补充（Hendrickson，2004）。不过，在 7—11 月，来自冬季群体的鱿鱼在纽芬兰鱿钓渔业中并不是主体。相反，7—12 月鱿钓捕捞的鱿鱼主要是在 3 月孵化的，3 月孵化的幼体在 5 月出现在美国北部陆架（Dawe & Beck，1997；Hendrickson，2004）。在 10—11 月，纽芬兰鱿钓渔业的渔获主要是 4—5 月孵化的鱿鱼，对应着美国陆架 5 月出现的产卵鱿鱼子一代的孵化期。

（五）渔业

渔业的开始和持续总体反映了鱿鱼在每个捕捞区的迁徙时间，并且每年都有变化。自 1996 年起，5+6 亚区持续开展的美国底拖网渔业也已开始受到休渔的影响，当时上岸量占了年配额很大比例（如 1996 年为 80%，1997—2014 年为 95%），这导致鱿鱼捕捞每航次限制在 45 359 kg（图 5）。每个捕捞区的季节峰值每年也随捕捞努力量、鱿鱼可利用群体和丰度变化而改变。自 1992 年，4 和 5+6 亚区渔业主要是在 6—10 月开展，其中上岸峰值出现在 7 月或 8 月，3 亚区近岸渔业的开展约滞后 1 个月，在 7—10 月或 11 月，其中峰值出现在 9 月（Hendrickson et al，2002）。

在 3 亚区，捕捞主要是由纽芬兰近岸水域（深度<20 m）的小型开放船只的鱿钓渔业完成（图 5B，5C，5D）。在 1970—1980 年，国际中层与底层拖网渔船以及鱿钓船在 3 和 4 亚区近海水域捕捞（Hatanaka & Sato，1980；Dawe，1981）。1963—1969 年，少量的滑柔鱼在 4 亚区于 7—11 月由近岸陷阱渔业所捕获（Amaratunga et al，1978）。

（六）总捕捞量

自 1963 年以来，3～6 亚区的总上岸量（名义捕捞量）变化较大，有三个不同的水平。虽然最高上岸期（1976—1981 年）出现在国际捕捞船活跃在所有捕捞区的作业期间，但 1963 年以来仍属于渔获量较低的时期（图 6）（Hendrickson & Showell，2013）。总上岸量主要来自 1963—1967 年最北的捕捞区域（3 亚区鱿钓渔业，平均 7 354 t）以及来自 1968—1974 年最南区域（5+6 亚区的国际渔业，平均 1.347 万 t）。1976—1981 年 3+4 亚区高上岸期过后（平均 10.03 万 t），北方渔业崩溃；从 1979 年的 16.209 2 万 t 下降到 1983 年的 426 t。不过，5+6 亚区的上岸量同期维持稳定，且没有超过 2.5 万 t，部分是因为捕捞努力量限制。1987 年后，总上岸主要来自 5+6 亚区的美国渔业。

图 5　滑柔鱼渔业中使用的渔具

A. 利用美国底拖网（冷冻船）捕捞的鱿鱼进行包装和冷冻之前经过狭长通道被推送到传送带，以便在甲板进行分拣　B. 在纽芬兰沿海水域，渔民手动操作机械型鱿钓机　C. 纽芬兰近岸水域进行鱿鱼捕捞的小型渔船（船长 4～14 m）鱿钓机的全貌，图示一天的捕捞量　D. 渔民在纽芬兰湾进行鱿钓

图片来源：Lisa C. Hendrickson（图 A）；downhomelife. com（图 B）

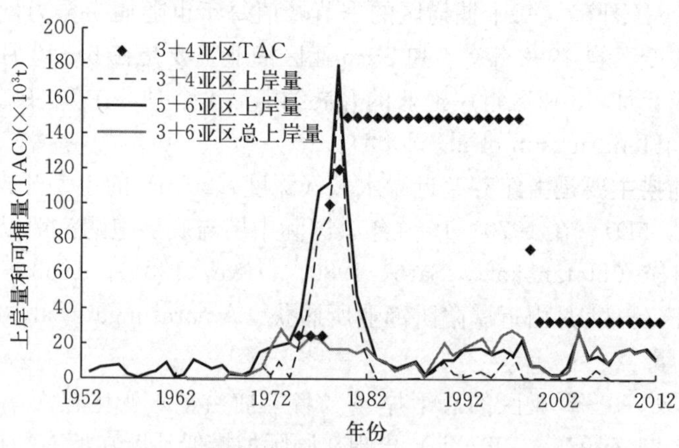

图 6　1953—2012 年 3+4 亚区和 1963—2012 年 5+6 亚区滑柔鱼的上岸量和可捕量（TAC）

1. 3+4 亚区

3 亚区近岸鱿钓渔业始于 19 世纪末，但到 1911 年以后上岸量才被统计。在 1911—1952 年，大部分年份的总量低于 1 000 t（Dawe，1981）。1920—1952 年，来自 4 亚区的上岸量平均为 269 t，其中 1926 年 1990 t。3+4 亚区的上岸量主要来自 1953—1969 年 3

亚区内近岸鱿钓渔业（平均 4 647 t），这要归功于出口市场需求增长和 1965 年机械型鱿钓机的应用（Dawe，1981）。近岸鱿钓渔业曾被多次评价为“被动”，并总体受到鱿鱼供应变化的驱使（Mercer，1973c）。不过，由于没有 1990 年之前的鱿钓渔业捕捞努力量数据，也没有近岸丰度和分布数据，所以无法确定上岸波动是否因为资源变化或捕捞努力量或丰度变化。20 世纪 70 年代期间 3＋4 亚区的上岸量随着离岸国际船只的发展而快速增长，从 1970 年的 1 485 t 增加到 1979 年 16. 209 2 万 t 的峰值（图 6）（Hendrickson & Showell，2013）。在 1970—1978 年，3＋4 亚区的上岸量主要来自 4 亚区的国际船只（1. 865 9 万 t）。同期，3 亚区上岸量主要来自近岸鱿钓渔业（平均 1. 017 2 万 t）。3 亚区内的离岸国际船只上岸量主要产于 1975—1979 年且较低，其中 1978 年的峰值只有 5 700 t（Dawe，1981）。由于有强烈的出口市场需求，鱿钓渔业上岸量的利润快速增长，从 1976 年的 4 100 美元涨到 1978 年的 900 万美元（Hurley，1980）。3＋4 亚区的上岸量在 1976—1981 年最高，平均 8. 064 5 万 t。在 1979 年上岸量到达峰值（16. 209 2 万 t）后，3＋4 亚区的渔业崩溃；上岸量在 1983 年降到 426 t 且在之后除少数几年外一直维持很低水平。1987—1999 年，上岸量主要来自 4 亚区国际渔业捕捞的双线无须鳕（*Merluccius bilinearis*），滑柔鱼和 *Argentian* sp.（Hendrickson et al，2002）。但 2000 年后，上岸量主要来自 3 亚区近岸鱿钓渔业（Hendrickson & Showell，2013）。3＋4 亚区拖网渔业的滑柔鱼丢弃量未知。

2. 5＋6 亚区

美国东岸外围的鱿鱼上岸量 1887 年便开始记录，在 1928—1963 年，分别平均有 1 232 t 和 700 t 来自新英格兰（缅因州至康涅狄格州）和中大西洋（纽约州至北卡罗来纳州）水域（Lange & Sissenwine，1983）。1982 年前，美国滑柔鱼上岸量主要来自夏、秋季靠近海岸的使用诱饵的陷阱渔业和近海底拖网渔业（Lange，1978）。5＋6 亚区的上岸量有两个不同时期（1968—1986 年和 1987—2012 年）。1968—1982 年，上岸量主要来自国际船只，平均 1. 508 6 万 t，1976 年峰值 24 936 t（第二高水平）（图 7）（Hendrickson & Showell，2013）。大部分上岸量来自西班牙（33%）、日本（17%）、苏联（16%）、意大

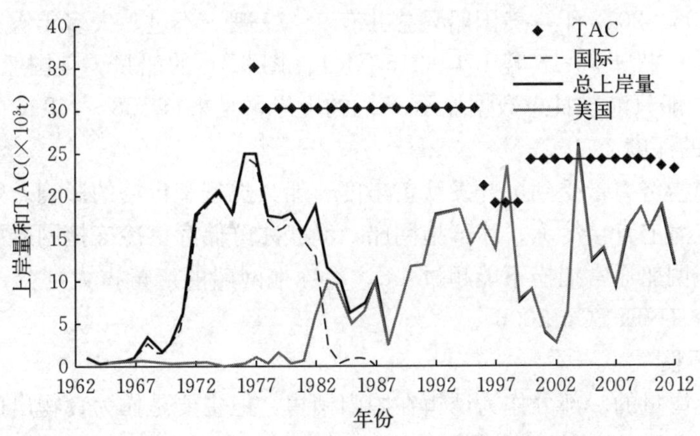

图 7　1963—2012 年 5＋6 亚区滑柔鱼的上岸量和 TAC

利（12%）和波兰（13%）（图 8）。1976 年后，上岸量逐步下降到 1988 年的 1 958 t。下降原因是捕捞努力量和国际船只允许捕获率受到限制，后者在 1982—1986 年被进一步降低以发展国内鱿鱼渔业，国内渔业起初包含了外国加工船和美国捕捞船的合资企业。1987—2002 年，美国渔业上岸量平均为 1.172 8 万 t。在 1998 年增长到 2.356 8 万 t 后（这导致 8 月渔业关闭），2002 年下降到 2 750 t；这是国内渔业 1987 年以来的最低水平。上岸量 2004 年达到记录高值，之后又下降，2005—2012 年平均 1.445 3 万 t。直接渔业中滑柔鱼和皮氏枪乌贼的丢弃量较小，两种渔业的总丢弃量 1995—2004 年占直接渔业上岸量的 0.5%～6%（NEFSC，2006）。

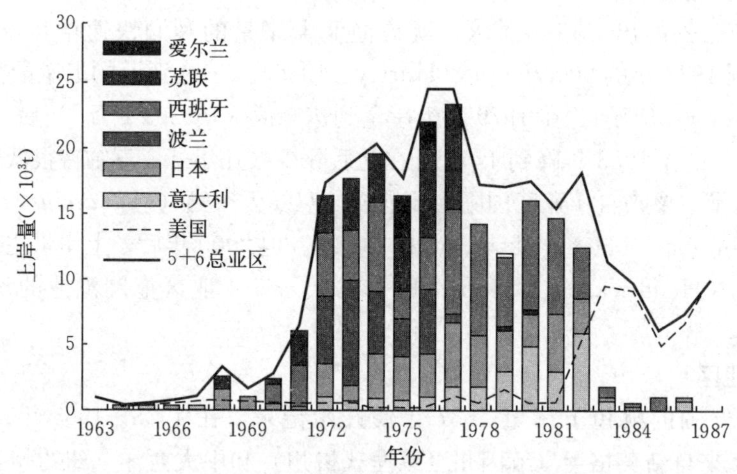

图 8　1963—1987 年主要国家在 5+6 亚区滑柔鱼的上岸量

3. 捕捞船只

1977 年，在 5+6 亚区的国际捕捞船有 95 艘鱿钓船、底拖船和中层拖网船，其大小在 34～87 m（298～3 697 GRT），这些船主要在白天于 165～200 m 水深水域作业。美国底拖船较少，最高产的年份里总共约 30 艘（2004 年），但大多数年份里只有 10～20 艘（图 9A）。在 1996—2012 年，美国船只总共有 9～37 艘。不过，大多年份里，主要的上岸量（56%～89%）来自 6～15 艘 151～215 GRT（图 9B）的船只。美国船只在白天捕捞，1996—2012 年，船只渔捞日志数据显示 95%的上岸量是来自 128～238 m 的深度，69%来自 146～201 m 的深度。

美国船只捕捞努力量受到可开发鱿鱼丰度、船只类型和价格的影响。船只类型有冷冻拖网船，渔获在海上直接冷冻；冰鲜拖网船，渔获冰鲜储存。冷冻拖网船可以一次性生产约 14 d，冰鲜拖网船通常捕捞不能超过 4 d。冷冻拖网船的产量占大部分，除了一些上岸量异常高的年份（NEFSC，2006）。

4. 经济重要性

美国船只上岸量的一部分作为诱饵在国内销售，但主要是作为食物出口。价格受到全球鱿鱼市场的显著影响，特别是受马尔维纳斯群岛开发的阿根廷滑柔鱼（*I. argentinus*）产量的影响（NEFSC，1999）。滑柔鱼的平均价格在美国国内渔业发展期间几乎翻了一

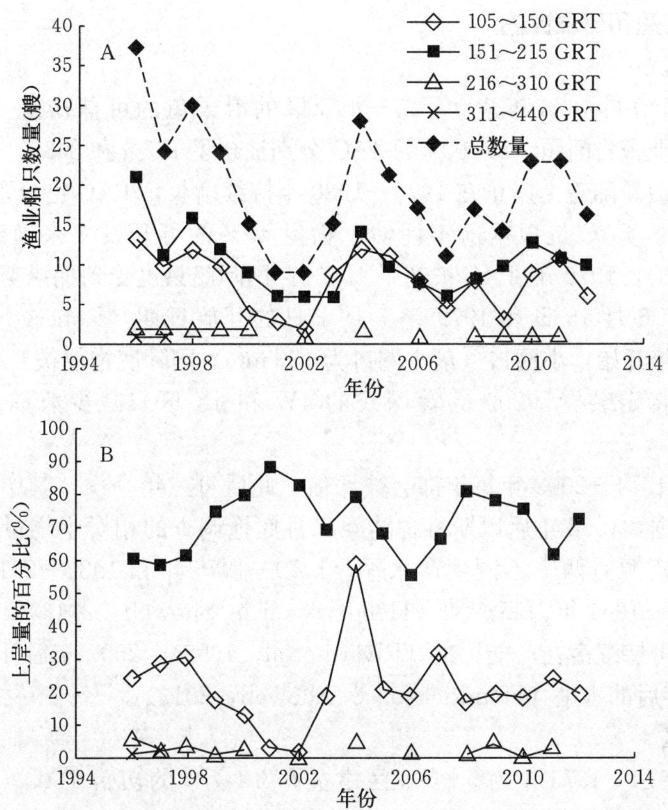

图 9　1996—2012 年美国底拖网船只大小及数量（A）和滑柔鱼每年上岸量的百分比（B）

倍，从 1982 年的 511 美元/t 上涨到 1991 年的 1 013 美元/t，但之后逐渐下降到 2000 年的 627 美元/t。1990—1999 年和 2000—2009 年，平均价格分别为 877 美元/t 和 723 美元/t。平均价格在 2011 年达到峰值 1 017 美元/t，2012 年为 908 美元/t。1982—2012 年，总利润的变化趋势与上岸量变化趋势相同（图 10），从 1983 年的 110 万美元上升到 2004 年的 2 310 万美元峰值。总利润在 1990—1998 年、2004—2006 年和 2009—2012 年的平均值高于 1982—2011 年（900 万美元）。

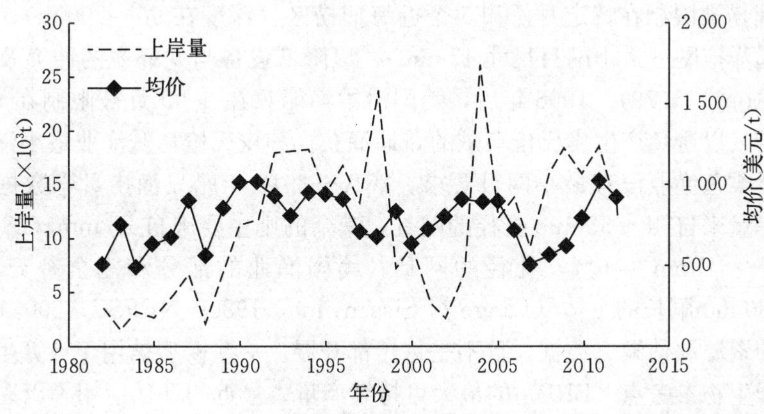

图 10　1982—2012 年美国滑柔鱼的上岸量和均价（通货膨胀以生产价格指数调整）

（七）渔业管理和资源评估

1. 3+4 亚区

ICNAF/NAFO 自 1976 年建立了 3+4 亚区的滑柔鱼的可捕捞量（TAC）。1976—1977 年，由于渔业报告问题，25 000 t 的 TAC 分别被超了 167%和 343%（图 6）（Lange & Sissenwine，1983）。随着上岸量在 1978—1980 年持续增长，TAC 也分别涨到了 10 万 t、12 万 t 和 15 万 t。TAC 是根据前年评估生物量 40%的可开发率来确定的（Lange & Sissenwine，1983）。1979 年 TAC 被超了 135%。国际船只也受到捕捞努力量限制，其中包括延迟 1978 年 6 月 15 日和 1979 年 7 月 1 日的开放日期（Roberge & Amaratunga，1980）。从 1977 年开始，小网口（最小网口为 130 mm）国际底拖船被要求在 4 月 15 日到 11 月 15 日使用特定装置（200 m 等深线的 4W 和 4X 区）减少兼捕渔获（Waldron，1978）。

北方资源在 1974—2002 年每年都会被评估，此后每三年一次，其中有年中的监测简报。评估缺乏数据，1998 年后以斯科舍陆架 7 月底拖调查的相对生物量和个体尺寸指数作为基础。北方资源有两个不同生产水平。1970—1975 年和 1982—2012 年为两个低产期，中间的 1976—1981 年为高产期（Hendrickson & Showell，2013）。3.4 万 t 的 TAC 为低生产率下的可持续潜在产能评估（Rivard et al，1998）。2000 年后开始实施，但上岸量仍低于 1982 年后的水平（Hendrickson & Showell，2013）。

2. 5+6 亚区

ICNAF 在 1974—1975 年为 5+6 亚区建立了 7.1 万 t 的初始 TAC（滑柔鱼和皮氏枪乌贼总和），以作为预先措施来限制国际鱿鱼渔业的扩展（Lange & Sissenwine，1983）。ICNAF 于 1976—1977 年在 5+6 亚区也为滑柔鱼设置了 TAC，1977 年 TAC 被美国用作渔业管理计划的一部分，该计划在美国退出 NAFO 后开始执行（图 7）。1976—1995 年的 TAC 为 3 万 t，1996—2012 年在 1.9 万～2.4 万 t 变化。1998 年和 2004 年这两年出现了休渔期，其 TAC 分别为 1.9 万 t 和 2.4 万 t，前者的使用额度达到饱和，而后者则超过预期（图 7）。

从 1977 年 3 月开始，以鱿鱼为目标的国际底拖船必须每周记录捕获率，雇佣美国渔业观察员，服从努力量和网目尺寸限制。1977 年和 1978 年的最小网目限制分别为 40 mm 和 60 mm，捕捞被限制在特定月份和 5 个近海捕捞区（深度在 90～200 m），某些区域和月份里需要远洋拖网（最小网目尺寸 45 mm），以降低设备与龙虾笼的冲突及降低兼捕率（Kolator & Long，1979）。1996 年后，美国滑柔渔船只在 6—9 月被限制在 91 m 深度以内的区域捕捞，以避免产生皮氏枪乌贼的兼捕渔获。和皮氏枪乌贼渔业最小网目尺寸要求不同，美国滑柔鱼渔业没有最小网目要求。2010—2012 年船只渔捞日志数据显示，42%的滑柔鱼上岸量来自 48～53 mm 孔径的网具，其余的则主要来自 28 mm（28%）、38 mm（10%）和 61～64 mm（16%）孔径的网具。美国渔业的部分和完全补充率分别来自 110 mm 和 180 mm胴长的个体（Lange & Sissenwine，1980；NEFSC，2003）。

滑柔鱼的资源评估缺乏数据，且不是每年都开展。一些模型被用于计算生物量、捕捞死亡率和基于生物参考点（BRP）的最大可持续产量。最近的评估应用了以周龄为基础的模型模拟未捕捞个体，这被用来评估未产卵个体和产卵个体的成熟率和自然死亡率。自然死亡模型的输出结果被结合到前期补充模型来估算 BRPs、生物量和捕捞死亡率，该模型利用是基于拖网的生物和渔业数据。

二、皮氏枪乌贼

（一）范围和分布

皮氏枪乌贼（*Doryteuthis pealeii*）栖息在纽芬兰南部和委内瑞拉湾之间的陆架和上层陆坡水域，包括墨西哥湾和加勒比海（Jereb et al，2010）。在西北大西洋，皮氏枪乌贼在乔治斯浅滩和哈特拉斯角之间以及卡罗来纳北部最丰富，这里有商业捕捞（图 4）（Serchuk & Rathjen，1974）。在乔治斯浅滩北部，该物种在缅因湾内的夏季到秋季较为丰富，主要在深度<90 m，但在更北的地方就十分稀少（NEFSC，2011）。不过，几年来，随着北方水温异常偏暖，皮氏枪乌贼已经出现在北至纽芬兰南部（Dawe et al，2007）。美国东海岸水域内的南方分布边界尚未知，因为皮氏枪乌贼与普氏枪乌贼（*Doryteuthis plei*）分布重叠，主要在哈特拉斯角，这两种鱿鱼无法通过大体形态进行直观分辨（Cohen，1976）。

哈特拉斯角北部，皮氏枪乌贼有季节性的南北向和近远岸向的迁移，这种迁移受到水温的强烈影响。通过 NEFSC 在缅因湾和哈特拉斯角之间的春、秋季底拖调查可以获知其分布模态（Azarovitz，1981）。该物种最北可以从乔治斯浅滩开始，向南和向陆架边缘迁移，到秋季末后开始向近岸湾内迁移，并在春季返回秋季停留的区域（Summers，1983；Black et al，1987；NEFSC，2011）。近岸水温在春季逐渐变暖，近岸迁移在纬度偏南的区域开始较早（Whitaker，1978；Black et al，1987）。皮氏枪乌贼比滑柔鱼更喜欢暖水。NEFSC 春季底拖调查的皮氏枪乌贼捕获率在 111～185 m 深度和底温 10～12 ℃的区域最高，但春、秋季调查的捕获率在底温低于 8 ℃的区域大幅下降（Serchuk & Rathjen，1974）。在 NEFSC 秋季底拖调查中，皮氏枪乌贼在深度 37～75 m 和底温 11～15 ℃的区域较丰富（Brodziak & Hendrickson，1999）。

（二）资源辨别

栖息于缅因湾和哈特拉斯角的皮氏枪乌贼种群被作为单一资源来管理，管理是以遗传学研究和季节性迁移向近岸产卵地的连续性为基础的（Black et al，1987；NEFSC，2011）。Herke & Foltz（2002）和 Shaw et al（2010）所作的遗传学研究发现，缅因湾和佛罗里达东岸的亚种群之间没有遗传差异。Buresch et al（2006）在他们的一些取样点发现了种群差异。不过，Shaw et al（2012）接下来的遗传学分析中，发现这种种群差异不具备时间稳定性。皮氏枪乌贼种群中的大部分遗传结构具有广泛的遗传一致性（Shaw et al，2010）。

（三）生活史

皮氏枪乌贼的寿命短于 1 年，且全年产卵（Macy，1995；Brodziak & Macy，1996；Macy & Brodziak，2001）。产卵在近岸春季末到秋季进行，产卵群体出现于缅因湾到特拉华湾深度<50 m 的区域（Bigelow，1924；Haefner，1964；Summers，1969）。虽然渔民发现了一些离岸冬季产卵区，但冬季主要的产卵区位置仍是未知（Hatfield & Cadrin，2002）。皮氏枪乌贼幼体的分布不能用来确定哈特拉斯角南部是否有产卵，因为色素体类型不能用来分辨皮氏枪乌贼和普氏枪乌贼的幼体（Vecchione，1988）。皮氏枪乌贼的卵附

着在温度 10～23 ℃和盐度 30～32 水域中的基板、海藻和固定物体上。胚胎发育与温度有关，孵化过程在 12～18 ℃需要 27 d，在 15.5～21.3 ℃需要 19 d，在 21.5～23.0 ℃需要 11 d（McMahon & Summers，1971）。

刚孵化的个体胴长只有 1.8 mm（McMahon & Summers，1971）。幼体是浮游性的，中大西洋沿岸水域靠近海表区域曾捕捞到胴长 15 mm 的幼体和个体，但只在 5 月至 11 月初于盐度 31.5～34 和水温 10～25 ℃的水域内被捕到（Vecchione，1981）。NEFSC 秋季底拖调查中，胴长小于 10 mm 的个体经常在浅水域内被捕到，在春季调查中也有较少的捕获，这说明规格小于 10 mm 的个体也进行昼夜垂直迁移。

春、秋季底拖调查发现皮氏枪乌贼的生长也存在深度上的差别，大的鱿鱼所在水域深于小的鱿鱼（Summers，1969；Serchuk & Rathjen，1974；Brodziak & Hendrickson，1999）。NEFSC 秋季底拖调查中，胴长大于 80 mm 的鱿鱼捕获率在 111～185 m 深度和 11～16 ℃底温的区域最高，而小鱿鱼的捕获率则在 27～55 m 深度和底温超过 16 ℃的区域最高（Brodziak & Hendrickson，1999）。NEFSC 春季调查中，大于 80 mm 的个体主要是在 101～160 m 深度和 8～14 ℃底温的水域中所捕获，而小鱿鱼有双峰型的深度分布（101～140 m 和 21～30 m 深度）且主要捕获于底温在 7～13 ℃的水域，其中 11～13 ℃水域捕获率最高（Jacobson，2005）。

皮氏枪乌贼白天栖息于海床并在底层摄食，晚上则分散到上层水域（Stevenson，1933；Summers，1969；Sissenwine & Bowman，1978）。昼夜垂直迁移在幼体（≤80 mm）中要比成年个体中更频繁（Brodziak，1998；Brodziak & Hendrickson，1999）。NEFSC 1976—2008 年春、秋季丰度指数调查中，≤80 mm 的个体占了白天调查渔获量的大多数，平均分别占到 75%和 78%（NEFSC，2011）。昼夜垂直迁移可能受到水体季节性分层的影响，因为昼夜对捕获率的影响在秋季更大，秋季的水体有热分层，而春季和冬季的水体则混合均匀（Hatfield & Cadrin，2002；NEFSC，2011）。

水温对皮氏枪乌贼的生长率有很大影响，水温升高对生长率的影响主要是在生命的前三个月内（Hatfield et al，2001）。由于全年产卵且不同个体生长率不同，皮氏枪乌贼的规格组成极为复杂（Macy & Brodziak，2001）。夏季孵化的群体（5—10 月孵化）生长率要比冬季孵化群体（11 月到翌年 4 月孵化）高（Brodziak & Macy，1996；Macy & Brodziak，2001）。雄性个体生长率比雌性高，且体型更大（Brodziak & Macy，1996）。NEFSC 渔业和调查数据最大的体型记录是胴长 510 mm，但大部分个体都<300 mm。

（四）资源补充

资源补充全年进行，其中生长快速和多变的重叠“小群体”会带来季节性补充高峰。11 月到翌年 4 月孵化的鱿鱼为近岸渔业（5—10 月）提供补充，其他的则为冬季近海渔业提供补充（Brodziak & Macy，1996；Macy & Brodziak，2001）。补充主要受到环境因素影响，2000 年 8—9 月，皮氏枪乌贼在纽芬兰南部出现了异常的高丰度，这里的水体温暖且北大西洋涛动（NAO）的天气事件异常向东偏移（Dawe et al，2007）。在幼体阶段，补充也可能受到海洋酸化的负面影响（Kaplan et al，2013）。

（五）渔业

皮氏枪乌贼渔业曾在 NAFO 5+6 亚区中开展。美国滑柔鱼和皮氏枪乌贼总上岸量从

1887 年开始有记录（图 4）。1928—1963 年，新英格兰和中大西洋区域分别为平均 1 232 t 和 700 t（Lange & Sissenwine，1983）。鱿鱼被作为诱饵，主要来自夏季底拖网渔业的意外捕获和马萨诸塞州近岸的陷阱渔获（图 11）。在 1887—1963 年，来自中大西洋和新英格兰的鱿鱼上岸种类主要是皮氏枪乌贼和滑柔鱼两种（Lange & Sissenwine，1983）。从 1964 年开始，苏联商业船队捕捞的鱿鱼开始被报告。此后不久，由于国际船只开始以鱿鱼为目标，其上岸量快速增长。1967—1984 年皮氏枪乌贼的上岸量主要来自国际近海渔业和此后的美国底拖网渔业（图 12）。传统近岸陷阱渔业的上岸量在 2012 年达到有记录以来的最低水平，比 1988 年的 1 656 t 下降了 97%。1989 年后，大部分陷阱渔业的上岸量都来自马萨诸塞州，这里的上岸量下降是因为捕捞努力量下降（图 13）。

图 11　渔民从马萨诸塞州科德角南部海岸的浅水堰上捕捞皮氏枪乌贼

极点被驱动到海床上的心形结构，上面附着小网。垂直于海岸线的网引导鱿鱼和有鳍鱼类游到收集区。收集区的渔获物集中到较小的区域后，利用特殊的抄网把渔获物传送到船上

图片来源：Lisa C. Hendrickson

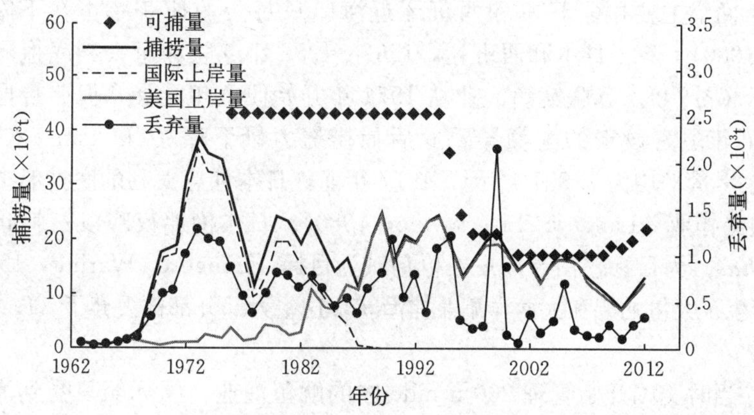

图 12　1963—2012 年皮氏枪乌贼在 NAFO 5+6 亚区的上岸量、丢弃量、捕捞量和可捕量

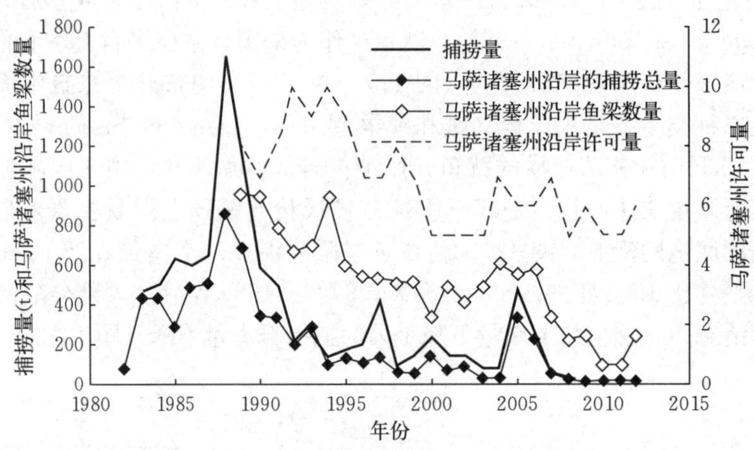

图 13　1982—2012 年皮氏枪乌贼的鱼梁/陷阱渔业在马萨诸塞州沿岸的捕捞量（t）和捕捞努力量（鱼梁数量和许可量）及在所有州的捕捞总量

（六）捕捞量

1964—2012 年，捕捞量平均为 1.667 4 万 t，其中 1973 年最高，为 3.889 2 万 t，当时国际船只在美国东海岸外围捕捞（图 13）。1987—2012 年，捕捞量只来自国内渔业，且平均为 1.632 7 万 t，其中 1994 年最高（2.456 6 万 t）。鱿鱼渔获物价值较高，皮氏枪乌贼在渔获中丢弃所占比例较低，且丢弃主要出现在其他小网目（网孔＜63 mm）底拖网渔业中（NEFSC，2011）。

（七）上岸量

1967—2012 年，皮氏枪乌贼总上岸量变化经历了 4 个不同的时期。随着国际鱿鱼渔业的发展，总上岸量从 1967 年的 1 677 t 快速增长到 1973 年 3.761 3 万 t 的峰值，主要（1969—1975 年超过 90%）来自国际船只（图 14）。日本、西班牙、罗马尼亚和保加利亚 1973 年开始按种报告鱿鱼上岸量，这些占了全部皮氏枪乌贼上岸量的大多数（Lange & Sissenwine，1980）。1973 年后，总上岸量快速下降到 1978 年的 1.083 1 万 t，同时 1972—1976 年两个主要国家日本和西班牙近海船只每天的捕获率也在下降（Lange & Sissenwine，1980）。除了日本和西班牙，1967—1986 年苏联和意大利底拖网船也以皮氏枪乌贼为目标（图 14）。苏联鱿鱼渔业从 1974 年开始便全年开展，但弗吉尼亚外围的底拖禁令和 1976 年国家设定的配额导致此后捕捞努力量下降（Chuksin，2006）。1967—1978 年，总上岸量平均为 1.991 4 万 t。1977 年前，日本和意大利的底拖船 10 月到翌年 3 月在大陆架边缘作业（Lange & Sissenwine，1980）。日本渔船夜晚以三刺低鳍鲳（*Peprilus triacanthus*）为目标，白天以皮氏枪乌贼为目标（Lange & Waring，1992）。西班牙的鱿鱼渔业产生了大量的鲳和大西洋鲭兼捕渔获，这些大部分都被丢弃了（Lange & Sissenwine，1980）。

1977 年，当时美国开始管理 200 n mile 内的鱿鱼渔业，国际船只受到渔获和兼捕渔获分配、设备、时间、区域限制。1977 年，国际鱿鱼船只有 95 艘船（鱿钓、底拖和近底拖），长度为 34～87 m，吨位在 298～3 697 GRT（Kolator & Long，1979）。1978—1999

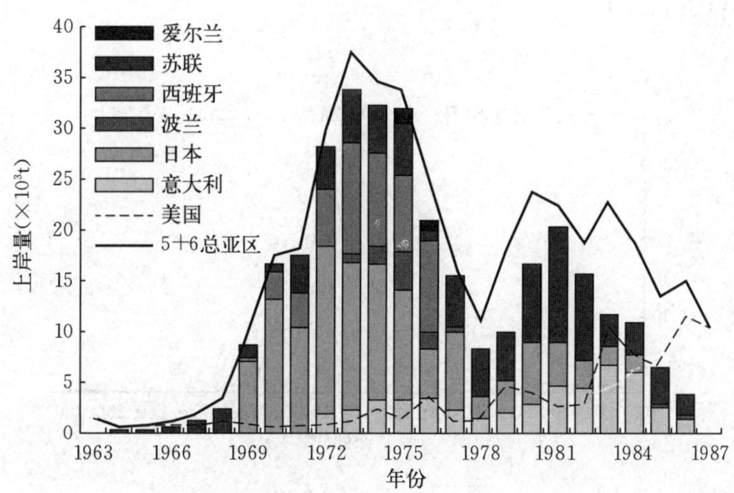

图 14　1963—1987 年皮氏枪乌贼在西北大西洋渔业组织（NAFO）5+6 亚区的各国上岸量

年，总上岸量有增长和下降两个时期（图 12）。第一个时期（1978—1986 年）内，大部分年份里的上岸量都是来自国际船只，平均 1.821 7 万 t；第二个时期（1987—1999 年）内，上岸量主要来自国内渔业。1978—1986 年的总上岸量平均为 1.821 7 万 t，在 1980 年到达 2.374 6 万 t 的峰值，1985 年随着国际船只的鱿鱼配额减少又下降到 1.344 8 万 t。国际渔业分配减少是为了发展国内近海渔业，该渔业始于 20 世纪 80 年代初（图 12）。1985 年秋，一部分国际皮氏枪乌贼渔业被关闭，当时西班牙超出了其鲳兼捕渔获的配额（Lange & Waring，1992）。

（八）美国渔业

小型船只（<50 GRT）皮氏枪乌贼底拖网渔业的发展始于 1973—1976 年，主要在近岸海域，当时的 CPUE 从 1.3 t/d 涨到 5.9 t/d（Lange & Sissenwine，1980）。1970—1976 年，5—6 月大部分美国上岸量来自两个近岸产卵区，产量分别有 58%和 25%，剩下的则来自其他底拖网渔业在其他时间内的意外捕捞。美国上岸量在 1970—1976 年平均为 336 t，1977—1986 年为 4 043 t。1987 年后，总上岸量基本来自底拖网渔业。1987—1999 年，上岸量平均为 1.845 3 万 t，1989 年到达 2.373 8 万 t 的峰值。

美国渔业全年开展，主要在白天进行。一般拖网时间为 3 h（1～5.2 h），拖网速度为 5.6 km/h（Hendrickson，2011）。渔业的深度和持续时间反映了该物种全年的迁移模式。近岸渔业开展的地方有部分是产卵区，在长岛西部和科德角东部，深度<50 m 区域，时间在 5—8 月（图 15）（NEFSC，2011）。9—11 月，渔业跟随物种向南以及近海迁移，这导致空间上与 140～220 m 深度水域的滑柔鱼渔业出现重叠（图 15）。近海皮氏枪乌贼渔业在大陆架边缘开展，主要位于乔治斯浅滩和马里兰之间（41°—38°N），但 11 月至翌年 4 月也有一些捕捞在南至 36°N 的 110～200 m 深的区域开展（NEFSC，2011）。2000—2012 年，除 2010 年近岸和近海渔业关闭外，皮氏枪乌贼季节配额每年至少一次，上岸量在 2000—

2010 年逐渐下降，从 1.754 万 t 下降到 6 913 t（图 12）。2012 年的上岸量（1.323 6 万 t）略高于 2000—2011 年的平均值 1.320 6 万 t。

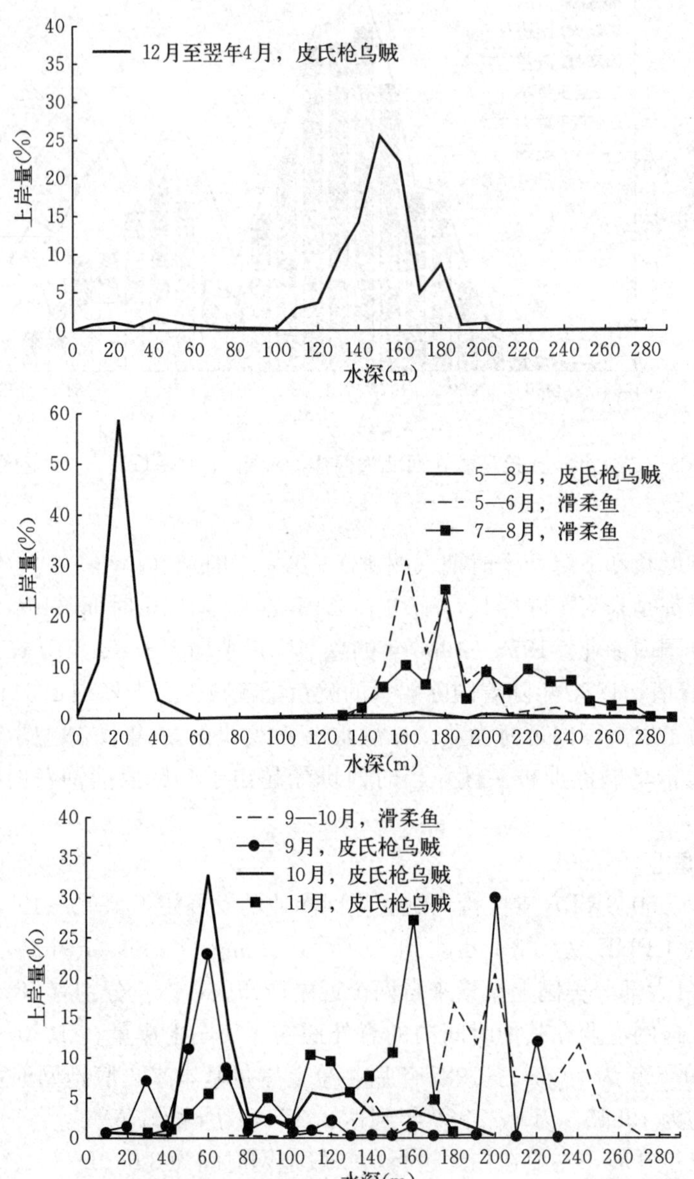

图 15　1997—2004 年皮氏枪乌贼和滑柔鱼在目标渔业中不同水深（m）的上岸量（%）

滑柔鱼和皮氏枪乌贼每次的上岸量分别大于 45 359 kg、1 134 kg。滑柔鱼在近岸作业时的水深极限为 91 m

2000 年后（除 2010 年），月上岸量的分布受到皮氏枪乌贼季节配额的影响，2011 年后，则受到基于季度的鲳捕捞配额影响，这导致每年都有 1 次或多次直接的渔业关闭。月上岸量在 1987—1995 年变化最小，没有峰值，8 月则下降约 6%，但报告上岸量到 1996 年以后才被强制执行。1996—1999 年上岸量变化与 2001—2006 年（这段时期配额按季节制定）类似，总体从 2 月的峰值下降到 6 月，之后到 10 月开始增长。在目前基于季度配额的管理体系下（2007—2012 年），上岸量峰值转移到了 7 月和 10 月，上岸量在前三个（T1—T3）季度分别占了 36%、37%和 28%（图 16）。2007—2012 年前三个（T1—T3）季度的配额设置分别为 43%、17%和 40%，但 2010 年 T2 季度的配额被允许提高 150%，因为当年 T1 季度的配额被显著低估。

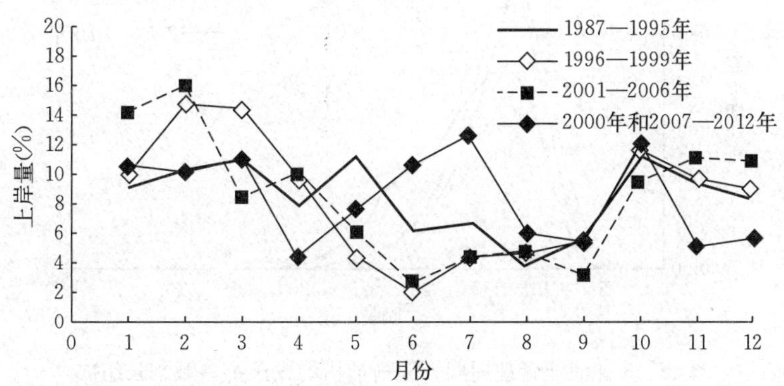

图 16　4 种渔业管理周期下皮氏枪乌贼每月的上岸量（%）

具有强制性上岸量报告的年度配额（1987—1995 年）；没有强制性上岸量报告的年度配额（1996—1999 年）；季节配额（2001—2006 年）；季度配额（2000 年和 2007—2012 年）

自从季节配额实施以来，渔业方向性也发生了变化。渔业关闭季将渔获重量限制在 1 134 kg，这导致方向性（如上岸渔获中皮氏枪乌贼所占百分比）提高。在年度配额时期（1996—1999 年）之前上岸的大部分皮氏枪乌贼（90%）占每航次总渔获量的 31%～40%（图 17）。不过，在季节配额时期（2000—2009 年）上岸的大部分（90%）皮氏枪乌贼占每航次总渔获量的 51%～60%。

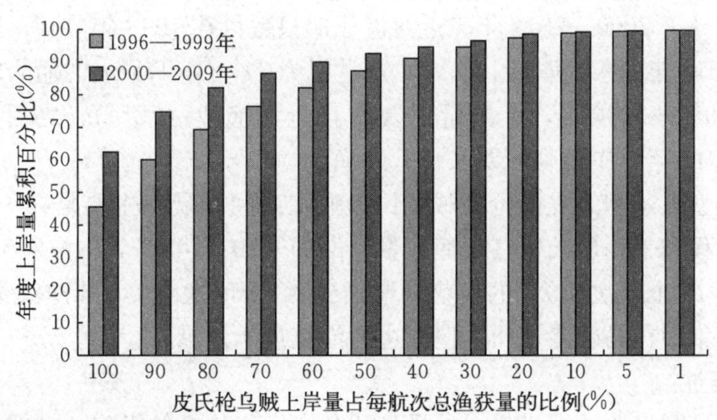

图 17　皮氏枪乌贼在年度配额（1996—1999 年）和季节配额（2000—2009 年）周期下上岸量累积百分比关系（%，重量）

渔业对皮氏枪乌贼的选择性随着季节因不同的生长率而变化。上岸胴长在 1996—1999 年配额期和 2000—2010 年配额期差不多（120 mm），这段时期的最小网孔要求为

48 mm（网囊型）和 114 mm（助力型）。不过，2011—2012 年（此时网囊型和助力型的最小网孔分别扩大到 54 mm 和 127 mm），渔获规格明显提高（130 mm），超过 160 mm 的大鱿鱼所占比例翻倍，而小于 100 mm 的小鱿鱼大部分都被丢弃，其比例也减少（图 18）。

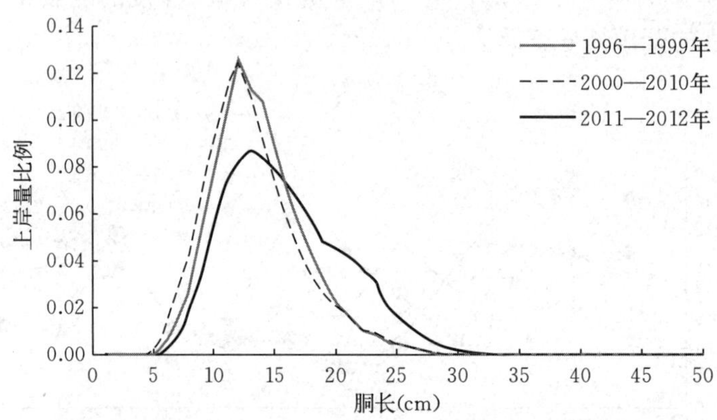

图 18　3 种渔业管理周期下底拖捕捞的皮氏枪乌贼胴长组成

1996—1999 年（年度配额）；2000—2010 年（季节配额，网囊型和助力型网目最小尺寸分别为48 mm、114 mm）；2011—2012 年（网囊型和助力型网目最小尺寸分别为 54 mm、127 mm）

1. 美国捕捞船

美国底拖船包含单日和多日航次船，这些船将鱿鱼冷藏保存于海水或冰上，更大的多日航次船则将鱿鱼冷冻（NEFSC，2011）。1997—2000 年，5—10 月近岸渔业中作业的船只数量（149～190 艘）要远高于 2001—2012 年季节配额时期（72～120 艘）。船只规模从 2000 年 190 艘的峰值降到 2005 年的 72 艘，之后又在 2006—2012 年上升到 95～120 艘（图 19A）。大部分近岸船队都为 51～104 GRT 的船，这些船的规格在 1999—2005 年下降，之后到 2012 年又有所提高（图 19B）。1996—1999 年，11 月至翌年 4 月近海渔业中作业的船只数量高于 2000—2012 年。近海渔业船只数量在 1998 年最高，达到 197 艘，之后快速下降到 2012 年的 46 艘（图 19A），这是因为 3 个 GRT 最大的船队船只数量快速减少（图 19C）。1996—2007 年，上岸量主要来自近海渔业（72%），之后 2008 年下降一半，但 2009—2012 年上岸量则主要来自近岸渔业（59%）。

也有一些小型娱乐型的皮氏枪乌贼鱿钓渔业在夜间开展，主要是在 4—6 月。船只渔捞日志显示的航程和平均皮氏枪乌贼渔获量，2004—2012 年较 1994—2003 年分别增长了两倍多，分别从 15 个航次和 2 t 的渔获量增长到 42 个航次和 6 t 的渔获量。2012 年，鱿钓捕捉鱿鱼通常集中在马萨诸塞州，但岸边的渔获量未记录。

2. 经济重要性

美国皮氏枪乌贼渔业的捕捞努力量受到鱿鱼丰度和价格的影响。大部分渔获都作为食物售往国内，其余的则出口。价格受到全球鱿鱼市场的影响，但不及滑柔鱼价格影响大，因为皮氏枪乌贼出口的比例较小（NMFS，2013）。新英格兰和中大西洋海关区的国外贸易统计显示，1991—2012 年皮氏枪乌贼产品主要销往意大利（29%）、中国（19%）、西班牙（16%）、希腊（6%）和日本（4%）。

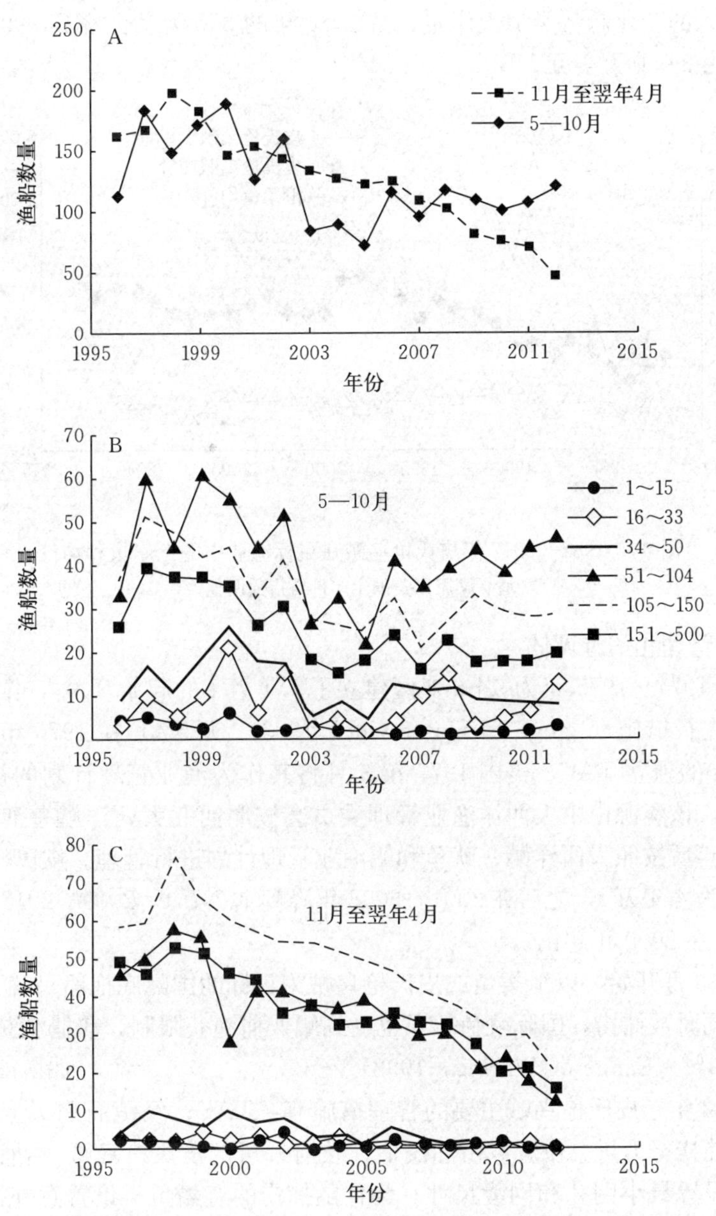

图 19　1996—2012 年皮氏枪乌贼渔业渔船数量

长鳍鱿鱼上岸量超过 1 134 kg

A. 作业渔船数量　B. 5—10 月登记吨位的渔船数量　C. 11 月至翌年 4 月登记吨位的渔船数量

由于通货膨胀原因，皮氏枪乌贼和滑柔鱼的年平均价格（2012 年）和总收入用美国生产价格指数来调整。平均价格随着国内近海渔业的发展而上升，从 1984 年的 1 070 美元/t 上涨至 1998 年 2 769 美元/t 的峰值，但之后下降到 1999—2000 年的 600 美元/t。尽管 2000—2009 年上岸量总体上有所下降，但平均价格相对稳定，在 2 147～2 422 美元/t，且平均价格 2 308 美元/t 与 1990—1999 年的 2 235 美元/t 差不多（图 20）。2000 年开始价格稳定，适逢管理从年度配额变成季度配额，但这不是平均价格的唯一决定因素。1982—

2012 年，总收入的变化趋势类似上岸量，从 1982 年的 370 万美元涨到 1994 年的5 360 万美元，年平均为 3 050 万美元。

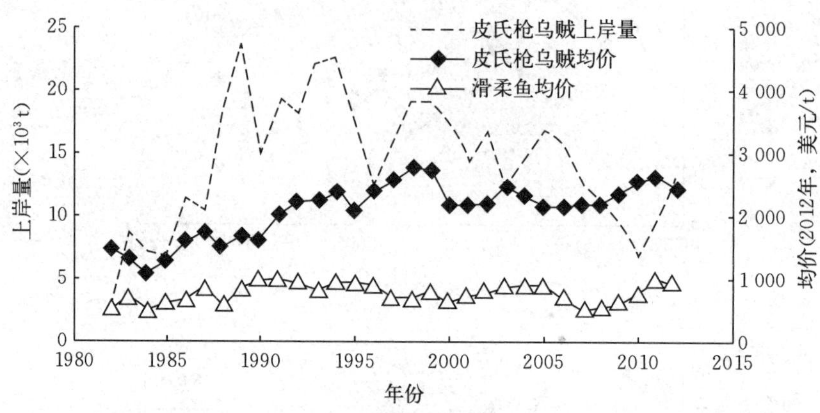

图 20　1982—2012 年皮氏枪乌贼在目标渔业中的上岸量和均价
通货膨胀以美国生产价格指数调整

（九）渔业管理和资源评估

ICNAF 在 1974—1975 年为 5+6 亚区建立了 7.1 万 t 的起始 TAC，作为限制国际鱿鱼渔业扩张的先行措施（Lange & Sissenwine，1983）。ICNAF 在 1976 年为皮氏枪乌贼建立了 4.0 万 t 的独立 TAC，美国 1977 年 3 月将其作为渔业管理计划的初级部分引进。1978—1982 年，该资源由中大西洋渔业管理委员会按照西北大西洋鱿鱼渔业管理计划进行管理，1982 年后按照大西洋鲭、鱿鱼和鲳渔业管理计划进行管理。皮氏枪乌贼 TAC 在 1976—1994 年为 4.4 万 t，之后在 2001—2008 年降到 1.7 万 t，2009—2012 年为 1.9 万 t。各年的 TAC 只在 2000 年超出。

从 1977 年 3 月开始，以滑柔鱼或皮氏枪乌贼为目标的国际底拖船只就受到管理约束。由于鱿鱼和鲳同时被捕捞，国际鱿鱼船只也受到鲳兼捕渔获限制，兼捕渔获不能超过皮氏枪乌贼配额的 6%（Lange & Waring，1992）。

1996—2012 年，皮氏枪乌贼主要的管理措施有：TAC；经销商购买上岸渔获强制报告；强制报告捕捞努力量、位置和由渔民估计政府许可的皮氏枪乌贼/鲳捕捞数据；休渔季和捕捞区；设置最小网孔和网囊尺寸；为伴随捕捞的有鳍鱼类设置意外捕捞上限阈值。在 2000—2012 年，建立起每 3 个月配额（2000 年和 2007—2012 年）和季度配额（2001—2006 年）来保证捕获率能进行季节内调整，以保持产卵生物量维持在足够的水平。

皮氏枪乌贼资源评估缺少数据且不是每年都开展。由于法律以及渔业管理计划的需要，各种评估模型被用于计算资源生物量、捕捞死亡率、基于 BRPs 的 MSY。该资源最近被评估是基于调整后的可捕量、扫描区域内春季和秋季群体生物量评估，分别用 NEFSC 春季和秋季底拖网渔业调查的白天捕捞数据（NEFSC，2011）。捕捞死亡率通过季度开发指数来估算。两个皮氏枪乌贼群体的最小消费量以及每半年内有鳍鱼类捕食的皮氏枪乌贼生物量被初步评估，数据来自 NEFSC 春季和秋季底拖调查。大部分年份里（1987—2009 年），皮氏枪乌贼的评估消费量要高于同期半年内的渔获量（NEFSC，2011）。

第二节 中西大西洋

中西大西洋从委内瑞拉西部到巴西南部的水域内至少有 7 种已知的枪乌贼，分别为圆鳍枪乌贼（*Lolliguncula brevis*）（Blainville，1823）、拟乌贼（*Sepioteuthis sepioidea*）（Blainville，1823）、矮小枪乌贼（*Pickfordiateuthis pulchella*）（Voss，1953）、皮氏枪乌贼（Lesueur，1821）、苏里南美洲枪乌贼（*Doryteuthis surinamensis*）（Voss，1974）、圣保罗美洲枪乌贼（*Doryteuthis sanpaulensis*）（Brakoniecki，1984）和普氏枪乌贼（*D. plei*）（Blainville，1823）（Haimovici & Perez，1991a；Haimovici et al，2009；Jereb & Roper，2010）。圆鳍枪乌贼和所有的美洲枪乌贼属（*Doryteuthis* spp.）都曾经出现在区域内的商业渔获记录中，但普氏枪乌贼曾是唯一被视作有商业价值的、当地可持续利用的渔业物种，并在委内瑞拉和巴西区域上岸的鱿鱼中占据了绝大部分（Juanicó，1980；Arocha，1989；Costa & Haimovici，1990；Perez，2002a）。这里集中介绍巴西东南部和南部区域，分布范围处于纬度的最南端，那里捕捞的沿岸鱿鱼与社会和经济息息相关，而且近十年来获取了很多普氏枪乌贼的生活史、生态和渔业信息。

一、群体辨别

中西大西洋主要捕捞区中的群体至今还没有被正式辨别出来。Juanicó（1972）通过分析覆盖巴西外海大范围（23°—30°S）的拖网调查数据，发现南北两个集中区的群体在成熟规格上差异很大，且可以形成不同的地理群体。基于鱿鱼商业渔获，最新的研究发现鱿鱼的成熟规格存在着季节和更小空间尺度上的差异（Perez et al，2001a；Rodrigues & Gasalla，2008）。鱿鱼成熟类型的差异也许直接揭示了当地的环境条件特征以及鱿鱼对该环境条件的适应性。鱿鱼群体是否存在基因隔离依旧是一个需要研究的问题。

二、分布和生活史

普氏枪乌贼栖息于西大西洋哈特拉斯角（36°N）到南巴西（34°S）的陆架和陆坡上层，偶尔也报告于此范围之外（新英格兰和北阿根廷）（Jereb & Roper，2010）。本种属于暖水种，通常出现在墨西哥湾和加勒比海。在委内瑞拉外海，报告最深出现在 185 m，但最丰富的区域位于内陆架，水深 20～55 m（Arocha，1989；Arocha et al，1991）。在南巴西湾（SBB，22°—28°S），其可栖息于陆架 250 m 水深，但通常集中出现在夏季的内陆架（10～40 m 水深）（Haimovici et al，2009）。在本种聚集区，通常会有南大西洋中心水体（SACW）向海岸的流动，这会季节性地提高生产力进而提高中上层种群的饵料可获得性（Costa & Fernandes，1993；Martins et al，2004；Rodrigues & Gasalla，2008）。28° S 以南，普氏枪乌贼在温暖月份里栖息于外海水域，并受巴西洋流流经陆架边缘和陆坡的影响（Haimovici & Perez，1991a，1991b）。

Jackson 和 Forsythe（2002）通过耳石年龄方法，估计出普氏枪乌贼可能是在出生 100 d 后在墨西哥湾进入性成熟阶段，此后生存时间不超过 6 个月。Jackson（2004）将该种归入热带短生命周期的枪乌贼科（少于 200 d），种群更替快速且全年产卵。南巴西外海，该物种的寿命会长一些，出生后 200 d 达到性成熟，很可能活到 300～350 d。其生命周期可能具有一定的灵活性，例如，靠近分布范围最南端的个体可被近似地列入 Jackson（2004）提到的"中等"寿命（200～365 d）组，而这个分组通常在温性或冷温性的物种中更为常见（Perez et al，2006）。

SBB 的商业鱿鱼渔获具有明显的大小差异，通常雌雄个体的胴长都集中在 100～130 mm 范围内，但胴长达到 250～350 mm 的雄性所占比例有所变化（Perez et al，2001a；Rodrigues & Gasalla，2008）。这些大个体的雄性胴体上一般都有条纹状的特征色，且相对更容易在夏天被近岸手工鱿钓和陷阱捕捞（Martins & Perez，2007）。成熟的雌性个体在全年的商业渔获中比较普遍，这说明索饵和产卵全年都在进行。不过，繁殖似乎主要是在夏季的内陆架（20～40 m 水深）和岛屿沿岸浅水中进行（Perez et al，2001a；Martins & Perez，2007；Rodrigues & Gasalla，2008）。所有数据表明，该物种产卵后死亡。

巴西外围具体的产卵地点尚不明确，但卵囊和新孵化的幼体曾出现在圣塞巴斯蒂昂岛的 6～20 m 深的泥底上，这里似乎在一年大部分时间里为幼体提供了一个大型潜在的保育场（Gasalla et al，2011；Martins et al，2014）。在圣卡塔琳娜岛附近，新孵化的幼体也出现在浮游生物取样中，但它们的来源尚未可知（Martins & Perez，2006）。有连续的迹象表明，未成熟个体全年会在近海区聚集（100～200 m 水深），但也有假说提出一些未成熟的个体会聚集在沿岸产卵区（Haimovici & Perez，1991b；Haimovici et al，2008；Rodrigues & Gasalla，2008）。例如，近海幼体可能在沿岸区域孵化并向外陆架迁移，然后停留在那里一直到成熟，之后返回近岸产卵地，或者幼体可能来源于冬季和夏季在较深区域产的卵并终生停留在近海区域。这些种类相比浅水区域繁殖的个体，生活环境相对恶劣，会在个体较小时就达到性成熟（Haimovici et al，2008）。生活史模态的可塑性、时间和空间上的生长变化以及 SBB 的生存条件和普氏枪乌贼的高流动性，可能带来的区域内生命周期的变化，时间是短还是长（6～10 个月），是迁移还是滞留，是在体型较小的生命早期产卵还是在体型较大的生命晚期产卵，仍存在着不确定性。不过，值得注意的是，不管如何变化，渔业捕捞都与这些生命周期息息相关，与 SBB 沿岸区域夏季群体大量产卵联系紧密。

三、渔场和渔期

历史上普氏枪乌贼捕捞于 SBB 的近岸和近海区。在近岸水域，渔场分散在沿岸和海岛附近的浅海湾（5～15 m 水深），最有名的是圣塞巴斯蒂昂岛和圣卡塔琳娜岛。夏季月份里鱿鱼在这些区域聚集，容易被沿海而居的渔民以手钓的方式捕获，而这种捕捞行为通常是夜以继日进行的（Perez et al，1999；Perez，2002a；Martins et al，2004；Gasalla，2005；Postuma & Gasalla，2010）。在这些海湾的浅水区内，一年中的绝大部分时间中都可以使用陷阱来捕获普氏枪乌贼（Perez et al，1999；Martins & Perez，2008）。在圣卡塔琳娜岛附近，陷阱捕捞被视作手工鱿钓捕捞季开始的标志。夏季里约热内卢北部沿岸和卡布弗里乌的 SACW 上升流区，也有用抄网和浅海围网的鱿鱼捕捞作业（Costa &

Haimovici，1990）。

近海的普氏枪乌贼主要由拖网捕捞，这些拖网作业于圣埃斯皮里图（22°S）到南圣卡塔琳娜岛（29°S）之间的陆架上（Perez et al，2005）。历史上拖网作业是为了捕捞对虾和石首鱼，但在最近几十年里，各种高价值的有鳍鱼类和贝类在不同区域和季节内都被系统地保护或有针对性地捕捞（Perez & Pezzuto，1998）。在 20 世纪 90 年代初以后，拖网船才开始将夏季捕捞转向 SBB 中心的有限区域（25°—26°S，14～45 m 等深线间），以开发聚集的、有价值的、成熟或产卵的普氏枪乌贼（Perez，2002a；Perez et al，2005）。

普氏枪乌贼的捕捞有很强的季节性。1998—2012 年，在 SBB 的两个主要港口，伊塔雅伊和桑托斯，有 87%～92%的拖网捕捞渔获在 12 月到翌年 3 月末上岸。在其余月份里，捕捞量下降，普氏枪乌贼变得零星并和圣保罗美洲枪乌贼混在一起。这种鱿鱼在 SBB 的两极较为丰富（29°S 以南和 23°S 以北）（Costa & Fernandes，1993；Perez & Pezzuto，1998）。近岸的捕捞也在 12 月到翌年 3 月开展。在圣卡塔琳娜岛附近，大部分手工鱿钓捕捞都是在 2～3 周内进行，不同海湾内的作业时间不同（Perez et al，1999）。这种捕捞的时间和空间模态反映出普氏枪乌贼群体在海岛沿岸和间歇性 SACW 上升流区（小型中上层饵料鱼类在不同海湾内聚集，这些群体为当地手工渔业提供了机会）存在索饵洄游（Martins et al，2004）。

四、经济和社会重要性

渔民手工开展的鱿鱼捕捞与社会息息相关，也是里约热内卢、圣保罗和圣卡塔琳娜岛可以维持的传统人类活动之一。这些传统活动有各种近岸捕捞、贝类养殖和其他农业活动（Diegues，1983；Medeiros et al，1997）。圣卡塔琳娜岛附近的捕捞社区以陷阱捕捞的渔获作为全年主要的收入来源（Medeiros，2001）。在夏季，高鳍带鱼（*Trichiurus lepturus*）和普氏枪乌贼占陷阱渔获的 80%以上（Martins & Perez，2008）。此外，鱿钓捕捞只在鱿鱼群进入并停留在浅湾摄食小型鲱科鱼类的这段较短的时间内开展（Perez et al，1999；Martins et al，2004）。由于普氏枪乌贼的价值较高，每个鱿鱼捕捞日的收入（30 美元）相比其他当地资源还是比较高的。不过鱿鱼给渔民总收入带来的贡献通常较低且时有时无（Medeiros，2001）。在圣卡塔琳娜岛的一些渔村中，渔民等鱼群来后在岛屿附近布置陷阱捕捞 1～3 d，虽然收入未知，但这些渔民每天的捕捞率比那些只捕捞近岸鱿鱼的渔民要明显高很多（Perez et al，1998）。

Medeiros（2001）分析了圣卡塔琳娜岛、南潘塔诺湾的捕捞动态，发现普氏枪乌贼手工鱿钓渔业的社会重要性要高于经济重要性。事实上，当该渔业在夏季开展之时，社会上很多人都参与其中，即使是那些全年不捕鱼的人。圣保罗和南里约热内卢沿岸也有类似的情况，这里大部分渔民家庭，尤其是女人和孩子，夏季都被雇来操作手工鱿钓机来捕捞普氏枪乌贼。由于渔获可以直接以较高的价格销售给沿海城镇的游客，家庭收入似乎有所增长（Gasalla，2005）。

在近海海域，普氏枪乌贼曾被在 SBB 内作业的拖网船作为兼捕渔获物，并一直持续了接近 60 年。由于传统目标种类，如虾和石首鱼在 20 世纪 80 年代末生物量出现大幅下降，非目标种的市场价值开始受到渔民重视，以作为提高收入的方法（Perez et al，2001b；Haimovici et al，2006）。这过程中出现了特殊区域和季节的捕捞策略，这些策略主要为捕捞的多样化以及利用价值较高的聚集的有鳍鱼类或贝类。这些被利用的物种有牙鲆（*Paralichthys* spp.）、扇贝（*Euvola ziczac*）、真蛸（*Octopus vulgaris*）、海螯虾（*Metanephrops rubellus*）、拟蝉虾（*Scyllarides deceptor*）、枪乌贼以及阿根廷滑柔鱼（Perez & Pezzuto，1998；Perez & Pezzuto，2006）。鱿鱼通常寿命短且单次繁殖，在底拖网作业中十分丰富，故而在内陆架（普氏枪乌贼）和陆坡（阿根廷滑柔鱼）水域都有季节性的鱿鱼渔业。因此，鱿鱼对提高 SBB 内作业的拖网船总收入全年都有贡献。虽然鱿鱼的种类具有季节变化，但其地位举足轻重。

Benincá（2013）以圣卡塔琳娜岛连续 3 年（2008—2010 年）的资料为基础，计算了每月上岸的渔获比例和拖网船的收入。在粉虾（*Farfantepenaeus* spp.）拖网船的总收入中，普氏枪乌贼在所有渔获中的贡献排第 10，这些拖网船有的将渔获储存在碎冰上，还有的将渔获储存在冷库里。鱿鱼价格在 0.86～2.4 美元/kg 波动，其价格不到粉虾的 1/5。尽管如此，对这些拖网船来说，普氏枪乌贼一直都是 12 月到第二年 3 月的主要目标种，这段时期虾的捕获率很低。在这段时间内，鱿鱼对上岸量和收入的相对贡献分别提高了 2～4 倍和 2～6 倍，这种提高在不同年份里的变化较大（图 21）。在 2010 年，捕捞量报告出现峰值（紧接着 2008 年的低谷期）（图 22），冷冻船的鱿鱼最高分别占了上岸量和收入的 44.2%和 50.3%（图 21）。

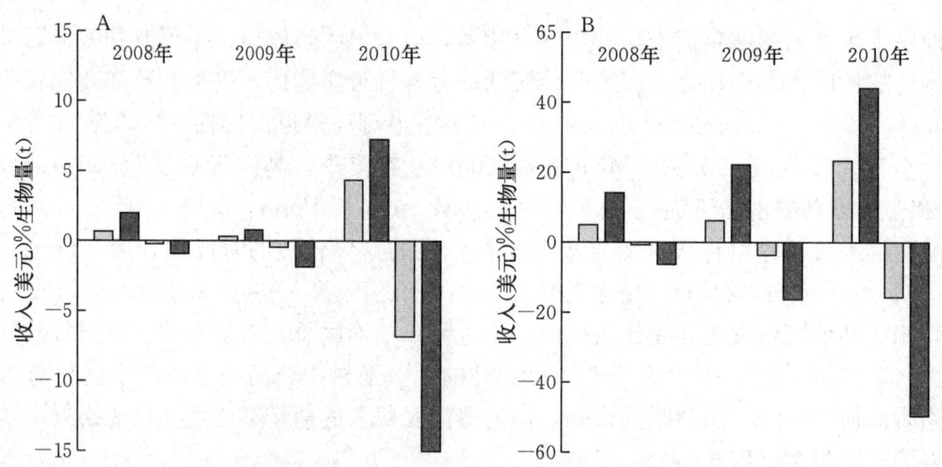

图 21　2008 年、2009 年和 2010 年鱿鱼的上岸量（正值）和收入（负值）的相对贡献

鱿鱼用双拖捕捞储存在（A）碎冰上和（B）冷库里。总收入（深色）与夏季捕捞季（12 月到翌年 3 月）的收入（浅色）数据进行比较

五、捕捞船

近岸水域的手工鱿钓通常是在独木舟或小型机动船上开展，这些船一般用来拖网捕捞一种虾（*Xiphopenaeus kroyeri*）。捕捞在白天和晚上都可以开展，晚上会有灯光来吸引鱿鱼（Perez et al，1999；Gasalla，2005）。大量描述本区内这种渔业活动的数据都是不

连续的。据2009年后对圣保罗沿岸的持续监测，那里的捕捞活动曾记录有11～156艘船，这些船在每个鱿鱼捕捞季都进行捕捞（Instituto de Pesca，2013）。它们的鱿鱼捕捞量在该地区很大，在桑托斯港的拖网报告生物量中占了10%～40%。圣卡塔琳娜岛在1991—1995年也有同样数据，记录有来自5～8个村子的41～96艘船在捕捞季开展鱿钓作业（表3）（IBAMA，未发表的数据）。同期鱿鱼的上岸记录也来自沿岸不同村子的9～21个陷阱（表3）。手工鱿钓和陷阱共同构成了每年夏天普氏枪乌贼的手工捕捞活动，占圣卡塔琳娜港口拖网报告鱿鱼总渔获量的7%～15%。

表3　巴西南部圣卡塔琳娜州美洲枪乌贼属（*Doryteuthis* spp.）在1990—1997年和2000—2012年两个周期的渔业数据

	双帆	尾拖	双拖	手工鱿钓	陷阱
1990—1997年					
船只数	32（15～46）	0	16（5～32）	79（42～96）	18（9～21）
上岸记录数	48（18～90）	0	49（7～108）	377（150～559）	126（66～183）
上岸量（t）	131.8 (54.7～278.6)	0	244.0 (28.8～512.0)	22.8 (7.9～37.9)	25.0 (11.6～38.5)
2000—2012年					
船只数	65（35～97）	6（4～19）	9（2～15）	—	—
上岸记录数	110（48～197）	15（3～28）	12（6～31）	—	—
上岸量（t）	405.2 (95.0～833.2)	110.4 (0～613.4)	57.1 (6.5～205.7)	—	—

注：夏季捕捞季（12月到翌年3月）船只数、上岸记录数和上岸量每月根据不同的捕捞渔具评估其平均值、最大值和最小值。尽管各个种类的捕捞统计量没有显示，但捕捞季90%以上渔获被鉴定为普氏枪乌贼（详见正文）。

普氏枪乌贼在SBB陆架区主要由双帆、双拖等船只捕捞。这些船长10～25 m，由木头或铁制成，引擎功率735～367 500 W（Castro et al，2007；Perez et al，2007；Tomás et al，2007）。鱿鱼上岸集中在伊塔雅伊和桑托斯，这里不同类型的拖网船对鱿鱼总渔获的贡献每年都在变化。在圣保罗，虾和鱼类拖网兼捕渔获中的鱿鱼报告可以追溯到1959年（Gasalla et al，2005a）。从20世纪90年代一直到现在，夏季超过80%的鱿鱼上岸量都来自双帆拖虾船（Tomás et al，2007；Instituto de Pesca，2013）。在圣卡塔琳娜，20世纪90年代有30～60艘拖网船在鱿鱼捕捞季作业，它们中的部分配备了双帆，起初是建造用来捕虾的。双拖船同期也很普遍，为每个捕捞季鱿鱼的总渔获量做出了巨大贡献（Perez，2002a）。21世纪，双拖船数量大幅减少，而在夏季以鱿鱼为目标的双帆拖网船数量几乎翻了一番（表3），贡献了50%～90%的上岸渔获量。

六、捕捞量和捕捞努力量

巴西东南部和南部的捕捞统计并未将普氏枪乌贼从圣保罗美洲枪乌贼中分离。不过，由于接近90%的鱿鱼上岸是在夏季，此时普氏枪乌贼占主要地位（差不多占上岸生物量的90%），所以总数据受到圣保罗美洲枪乌贼的影响很小（Gasalla et al，2005b）。南里奥格兰德州和里约州的情况则并非如此，这里的圣保罗美洲枪乌贼占主导地位（Juanicó，1981；Costa & Fernandes，1993）。圣保罗和圣卡塔琳娜近岸和近海报告的捕捞量每年在100～1 200 t 波动（1979—1998 年）（Perez et al，2005）。总的来说，捕捞量在 1986 年后增长，维持在每年 600 t 以上。不过这段时期之后，记录的鱿鱼年捕捞量被低估，因为圣卡塔琳娜的手工渔业上岸量在 2000 年以前没有被监测（图 22）。2000—2012 年，估计的上岸量在 2008 年的 230 t 到 2002 年的 1 702 t 峰值之间波动（图 22）。

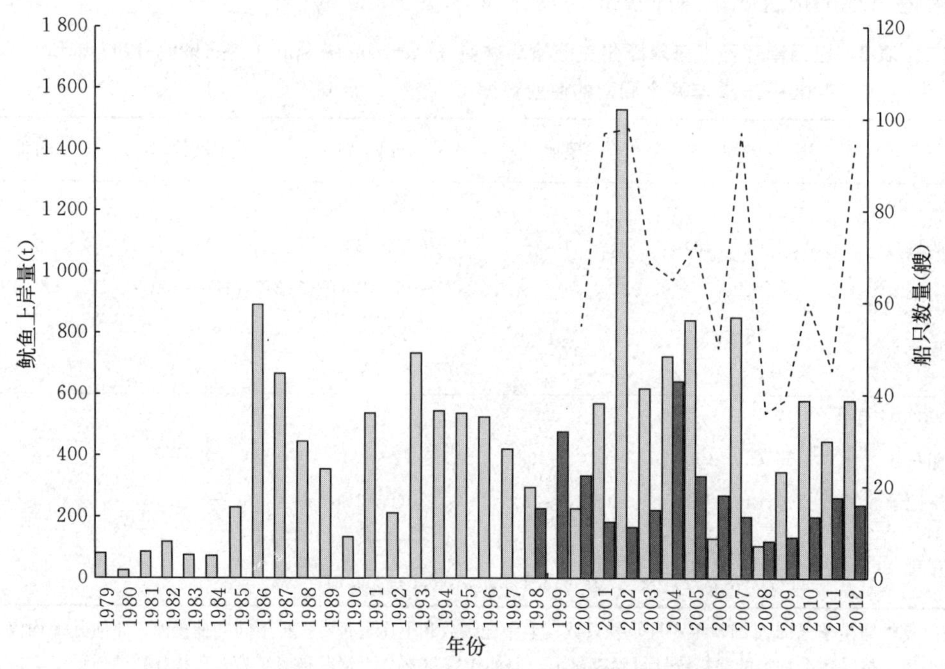

图 22　圣卡塔琳娜（深色）和圣保罗（浅色）渔港的鱿鱼上岸量

圣保罗产量仅包括 2000 年以后数据。圣卡塔琳娜夏季双拖捕捞的鱿鱼渔获量（虚线）以捕捞努力量表示

资料来源："Instituto de Pesca/APTA/SAA/SP"（www. pesca. sp. gov. br）和"Grupo de Estudos Pesqueiros/Universidade do Vale do Itajaí"（www. univali. br/gep）

普氏枪乌贼的捕捞努力量在 1990—1997 年不断发展，该数据仅考虑了夏季在圣卡塔琳娜港外作业的拖网船（Perez，2002a，2002b）。研究显示，标准捕捞努力量的增长持续到 1995 年，并在接下来的两年里下降，此时双拖船盛行（表 3）。上岸量 1993 年达到峰值 718 t，之后降到 453 t（Perez，2002b）。在 1998—2000 年的捕捞量较低，在接下来的年份里由于双帆拖网的捕捞努力量在夏季增长以及双拖船数量的减少，捕捞量又开始增长（表 3）。圣卡塔琳娜拖网船贡献的捕捞量在 2000 年后随着双帆拖网船数量变化而波动（图 22）。这说明夏季 SBB 内普氏枪乌贼的捕捞是随机的，并和渔民操作双帆拖网船能否从其他有价值的目标种类中获利有很大关系（Perez & Pezzuto，1998）。

本区近岸渔业的捕捞努力量评估尚不可知。不过 Postuma et al（2010）指出，圣塞巴斯蒂昂岛附近的手工鱿钓船只数量和作业天数在 2005—2009 年增加，同时捕捞量大幅下降。

七、资源评估和管理

不同地区采用了一些非常规的依赖渔业或独立于渔业的方法进行资源评估。Perez（2002a）分析了标准拖网的单位捕捞努力量（CPUE），发现夏季捕捞季一般会在17周内结束，这段时间里鱿鱼的生物量逐步积累，并在第6～14周急剧增加，此后由于产卵死亡而大幅下降。利用扩展的Leslie消耗模型，Perez（2002a）评估了5个捕捞季中峰值期内可获取的普氏枪乌贼生物量，在210.5～1 583.3 t波动；而逃逸率因每个季节内不同拖网船的直接捕捞努力量不同而在20%～69%波动。

Perez（2002b）将广义线性模型应用到圣卡塔琳娜1990—1997年的拖网CPUE变化，以研究SSB内的季度丰度变化（Perez，2002b）。研究显示，生物量的波动有显著的4年循环周期。模型显示生物量峰值与此前描述的捕捞峰值联系甚微，这说明拖网船可能无法以鱿鱼的大量聚集来确定捕捞时间（Perez et al，2005）。Postuma & Gasalla（2010）也对圣保罗外围的手工鱿钓渔业进行了类似的分析，结果显示CPUE与海表温度和叶绿素a存在正相关。

Haimovici et al（2008）在2001年冬春和2002年夏秋两次覆盖巴西东部和南部的外陆架和上部陆坡区的调查中，评估出普氏枪乌贼的总生物量分别为1 442 t（±49%）和9 474 t（±66%），捕捞区域面积约为10.8万km^2，分布于整个调查纬度（34°40′—23°S）的100～200 m水深带。由于普氏枪乌贼夏季沿着内陆架聚集，这些数据相比实际生物量很可能被低估。不过值得注意的是，约有53%的评估生物量集中在28°—24°S，夏季的鱿鱼捕捞主要是在这里开展。

巴西有三种拖网捕捞许可，根据主要捕捞目标种分为粉虾、*X. kroyeri*以及石首鱼（*Micropogonias furnieri*）、阿根廷短须石首鱼（*Umbrina canosai*）、乌拉圭犬牙石首鱼（*Cynoscion guatucupa*）、楔尾皇石首鱼（*Macrodon atricauda*）、牙鲆类（*Paralichthys* spp.）、鳕类（*Urophycis* spp.）和锯鲂类（*Prionotus* spp.）。这些许可规定了可以作为预期兼捕渔获捕捞和上岸的物种，但没有规定配额或占总捕捞量的最大比例。事实上，由于枪乌贼在预期的兼捕鱼获名单中，大型拖网船可以在没有具体限制的情况下捕捞普氏枪乌贼，只受到少量主要来自虾类渔业的政策管理。在圣保罗和圣卡塔琳娜沿岸，MPAs已经成立，该机构致力于限制普氏枪乌贼沿岸产卵场的捕捞和其他人类活动。

八、保护措施和生物参考点

巴西目前的底层捕捞管理模式未能认识到各目标种的重要性及资源保护，这些目标种被逐步纳入此前的虾类和石首鱼拖网渔业。这些渔获已经成为拖网船总收入的重要部分，但仍被当成兼捕渔获，因此也没有专门的保护措施（Benincá，2013）。普氏枪乌贼是目前管理模式最终改革需要重视的要素之一，这不光是因为夏季它在相对有限的区域内承受着专一和不受控制的捕捞，更是因为它在SBB的食物网中有重要作用，一些重要的经济捕食种类都依赖它（Perez et al，2001b；Gasalla et al，2010）。

迄今，巴西外围的普氏枪乌贼尚未建立具体的保护措施或参考点。然而，上述大多数研究提出了管理建议，其基本概念可归纳如下。普氏枪乌贼目前在SBB内既是兼捕渔获也是主要目标种，这样一来，该物种既应该有严格得多的物种管理策略，也应该有针对单独物种的管理来约束夏季在渔场作业的拖网船（Perez，2002a；Rodrigues & Gasalla，2008）。

对巴西近海普氏枪乌贼捕捞死亡率的关注主要集中在12月到翌年3月于SBB内陆架上产卵的群体。因为该物种是单次繁殖，所以在捕捞季内设置逃逸阈值将是为该物种建立参考点的工作重点。在沿岸浅水区，MPAs可以严格保护当地的产卵场。鱿鱼的丰度在不同季度内变化很大，部分受到海洋波动的影响。可持续的捕捞限制措施因此不能确定，只能依赖于补充率灵活制定。在低产年份，任何针对鱿鱼的管理活动都应当以保护为优先选择（Perez et al，2005；Postuma & Gasalla，2010）。普氏枪乌贼在SBB生态系统食物网中已经成为关键种，所以在本区的生态系统管理中应当被优先对待（Gasalla et al，2010）。

第三节　西南大西洋

通过比较1990—2004年全球大型海洋生态系统渔业中头足类的相对重要性，Hunsicker et al（2010）发现头足类对渔业上岸量的直接贡献在不同地区的变化很大，其中在巴塔哥尼亚陆架的占比最高，约占上岸量的40%。

1999年，根据FAO数据，来自西南大西洋的头足类上岸量达到120万t，这个数字只有西北太平洋曾经超越过（FAO，2011）。不过，这只发生在20世纪70年代末，当时阿根廷滑柔鱼的上岸量首次突破1万t，这种鱿鱼渔业在本区非常重要，此后每年的上岸量稳定增长，一直到1999年出现峰值。阿根廷是本区最重要的捕捞国，该国捕捞量在1950—2010年约占头足类上岸量的25%。其他重要的捕捞国家和地区包括中国、韩国、日本、波兰、西班牙和马尔维纳斯群岛（20世纪80年代群岛附近建立保护区之后）。本区的鱿鱼渔获主要是阿根廷滑柔鱼，1950—2010年占本区头足类上岸量的84.5%，虽然上岸量在1999—2004年下降了几乎一个量级。此后渔业进一步经历了繁荣与萧条的循环，这几乎可以完全归咎于过度捕捞，也反映出本区缺少国际合作。FAO的数据中唯一在种的水平上识别出来的其他较大渔获种类是巴塔哥尼亚枪乌贼（*D. gahi*），约占8.9%。其他两种鱿鱼在渔获中也被识别出来，虽然量比较少，分别是七星柔鱼（*M. hyadesi*）（0.34%）和强壮桑椹乌贼（*Onykia ingens*）（0.002%）。这些和未被按种识别出来的鱿鱼一起上岸，组成了本区头足类上岸量中的99.75%，其余的是章鱼。本区中其他具有潜在商业价值的鱿鱼种类有柔鱼（*O. bartramii*），对该鱿鱼的开发调查已经展开（Brunetti & Ivanovic，2004）。

本区鱿鱼的高生物量可以从鱿鱼种类的能量和营养转化的重要性看出来。因此，过度捕捞会带来灾难性的影响。如Arkihipkin（2013）所述，鱿鱼种群的可变化性质提高了它们应对过度捕捞和环境变化的脆弱性。任何原因造成的这些重要生物学途径中断，都会为生物多样性和资源丰度带来长期的不可挽回的影响。

一、阿根廷滑柔鱼

（一）分布

阿根廷滑柔鱼是西南大西洋最丰富的商业鱿鱼种类。这是一种广泛分布于巴西、乌拉圭、阿根廷和马尔维纳斯群岛外围浅海水域的鱿鱼，主要分布在巴塔哥尼亚陆架的温带水域（Nesis，1987）。其分布范围超过陆架区，远至南极极锋的开放水域也能捕到这种鱿鱼个体（Rodhouse，1991；Anderson & Rodhouse，2001）。这种鱿鱼被观测到最集中在马尔维纳斯群岛西北的陆架和 45°—47°S 的陆架和陆架边缘（Haimovici et al，1998）。

（二）种群结构和生活史

人们曾经认为本物种有两个产卵季节不同的种群：一个丰富的冬季产卵种群（占总资源量的 95%以上）和一个较小的夏季产卵种群。Brunetti（1988）将冬季产卵鱿鱼细分成两个资源（组），北巴塔哥尼亚资源和更丰富的南巴塔哥尼亚资源，两者之间通过觅食区（分别在46°S 以南和以北）和成年个体大小（分别为中型和大型）来区分。这些资源（组）的分类状态仍不清晰。长度频率分析显示，所有阿根廷滑柔鱼种群的生命周期大约为 1 年（Hatanaka，1986）。这点此后被耳石年龄研究所证实（Arkhipkin，1990；Rodhouse & Hatfield，1990）。

冬季产卵的南巴塔哥尼亚资源群体拥有最长的个体发育迁徙路线。鱿鱼在后幼虫期于8—9 月在巴西和乌拉圭开放水域和陆架上度过（Leta，1987；Santos & Haimovici，1997）。之后，幼体于 9—10 月迁移到乌拉圭和阿根廷外围的陆架，并在 1—4 月继续在巴塔哥尼亚陆架上进行捕食迁移（Brunetti，1988；Hatanaka，1988；Parfeniuk et al，1992）。在捕食期，其资源结构相对稳定。在以 10 d 为一个周期的调查中，4～5 月龄的群体经常被观测到（Uozumi & Shiba，1993）。不同月龄群体的相对重要性会逐渐改变，2 月时在 6 月孵化的鱿鱼相对重要，而 3—4 月时在 7 月孵化的鱿鱼相对重要。它们在 4—5 月性成熟之后，预产卵的鱿鱼群体会沉降到马尔维纳斯群岛北部陆坡上的深水（600～800 m）中，并在 5—7 月沿着阿根廷和乌拉圭外围的陆坡进行迁移（Hatanaka，1986，1988；Arkhipkin，1993）。产卵在 7—8 月于北阿根廷、乌拉圭和巴西外围陆架和陆坡上进行（Brunetti，1988；Santos & Haimovici，1997）。

南巴塔哥尼亚资源曾被进一步分为两组，中等规格成熟的陆架组和大规格成熟的陆坡组（Arkhipkin，1993）。陆架组的阿根廷滑柔鱼具有浅海类型的生命周期，在分布范围（27°—36°S）北部的温暖陆架水域产卵，小于 100 mm 的幼体在巴塔哥尼亚陆架上向南迁移捕食，鱿鱼在中等尺寸达到性成熟（雄性 180～260 mm，雌性 220～320 mm），沿着陆架向北迁移产卵。陆坡组的阿根廷滑柔鱼具有大洋陆坡型的生命周期，在分布范围（27°—36°S）北部的陆坡产卵，小于 100 mm 的幼体向南迁移到阿根廷海盆的开放水域捕食，在大规格达到性成熟（雄性 240～340 mm，雌性 280～400 mm），沿着陆坡向北迁移产卵。

（三）捕捞船、捕捞季和捕捞量

20 世纪 30 年代后，阿根廷拖网船在鳕渔业中通常会出现兼捕渔获。在 Castellanos（1960）对其进行描述后，阿根廷滑柔鱼在 FAO 渔获统计中开始被单独列出。这种鱿鱼的年渔获量首次出现高峰值是在 1967 年，该渔获量由苏联拖网船在阿根廷刚建立的专属经济区（EEZ）中完成（1.2 万～1.5 万 t）（Prosvirov & Vasiliev，1969；Vovk & Nig-

matullin，1972)。1967 年后，苏联船只不再拥有在 EEZ 捕捞的资格，阿根廷滑柔鱼则主要作为少量兼捕渔获由阿根廷和乌拉圭的鳕拖网船在巴塔哥尼亚陆架北部捕捞（1 000～8 000 t）(Brunetti，1990)。在 20 世纪 70 年代末，一些捕捞公司开始以阿根廷和巴塔哥尼亚陆架上阿根廷滑柔鱼的聚集区为目标，年渔获量在 1978 年达到 7.3 万 t，1979 年达到 12.2 万 t（Csirke，1987)。1979 年，一艘日本调查船“新海丸”，对巴塔哥尼亚陆架进行了拖网调查，并评估出阿根廷滑柔鱼向北迁移至陆坡预产卵之前，冬季产卵群体（南巴塔哥尼亚）至少有 900 万 t 的现存生物量（Sato & Hatanaka，1983)。

阿根廷滑柔鱼的国际渔业在 1980—1986 年有所发展，特别是在阿根廷 EEZ 之外深度在 105～850 m 的“公海水域”(41°—47°S，马尔维纳斯群岛更南一些)。总的来说，这些海域上每年有来自 10～14 个国家的 40～90 艘大型拖网船和 50～120 艘鱿钓船作业（Sato & Hatanaka，1983；Csirke，1987)。日本的渔获量从 1978 年的 6 900 t 逐渐上升到 1986 年的 7.37 万 t（Sato & Hatanaka，1983；Brunetti，1990)。波兰船只（拖网船和组合船）的渔获量从 1978 年的 4 300 t 快速增长到 1984 年的 11.34 万 t，但之后下降到 1986 年的 2.83 万 t。波兰渔民的重大创新之一就是在拖网船上装备了鱿钓机，这样就可以全天进行高效捕捞，白天拖网，夜间鱿钓（Karnicki et al，1989)。苏联大型拖网船（2 000～4 000 GRT）的渔获量从 1982 年的 1.7 万 t 增长到 1984 年的 7.37 万 t（Nigmatullin et al，1995)。船只在巴塔哥尼亚陆架上追随着鱿鱼个体的发育迁移。1 月至 3 月初，鱿鱼觅食聚集区位于 130～160 m 水深范围内的陆架上，鱿鱼群靠近底部，渔船主要是在白天作业。在 4—6 月，船只在 600～650 m 水深范围内的陆坡上捕捞预产卵种群，开始是在 47°—48°S，之后在 45°—47°S，再往后到 42°S 深度 700～750 m 的区域。由于鱿鱼聚集在底部，自带触底设备的大型远洋拖网要触及底部，其垂直开口有 40～50 m。在阿根廷 EEZ 中，阿根廷滑柔鱼在鳕渔业中作为兼捕渔获，2—7 月也会成为一个特定渔业，其年总渔获量可达 30 万 t（图 23）(Brunetti，1990)。

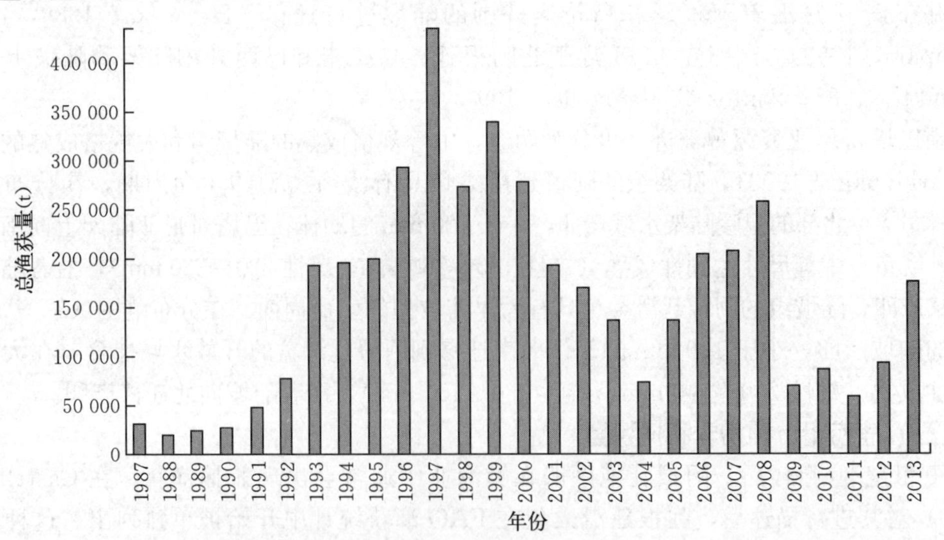

图 23　阿根廷专属经济区拖网和鱿钓捕捞的阿根廷滑柔鱼年渔获量

(SagPaya，2013)

1986 年马尔维纳斯群岛临时渔业保护和管理区（FICZ）成立，阿根廷滑柔鱼渔业发生了巨大变化，延伸至马尔维纳斯群岛周围 150 n mile 的水域。此前，波兰、日本和苏联拖网船在附近岛屿捕捞没有任何限制。FICZ 渔业管理的建立逐渐改变了渔业参与者。许可证主要被亚洲的鱿钓船获得（每年 170 艘），其中 100～120 艘鱿钓船在 2—6 月捕捞鱿鱼。1987—1992 年 FICZ 每年的阿根廷滑柔鱼总渔获量在 10.2 万～22.4 万 t 波动。苏联解体和东欧剧变严重影响了远洋鱿鱼渔业，到 2000 年在西南大西洋作业的船只减少到了几十艘。此后，浅海水域（130～160 m）主要是西班牙和韩国拖网船将阿根廷滑柔鱼作为鳕渔业的兼捕渔获进行捕捞，而深水拖网渔业已经消失。

1993 年，阿根廷政府简化了外国船只进入阿根廷 EEZ 捕捞的许可程序，同时建立了国内鱿钓船队。从 1993—2000 年，这支船队规模从 40 艘增加到 90 艘。1993 年，该国引入了一项禁令，2 月 1 日到 4 月 30 日禁止在 44°S 以北捕捞鱿鱼以及 7 月 1 日到翌年 1 月 31 日在 44°S 以南禁止捕捞鱿鱼。这些管理措施使得阿根廷的鱿鱼渔获量从 1993 年的 20.32 万 t 增长到 1999 年的 43.2 万 t（Brunetti et al，2000）。此后，渔获量在 7.34 万～27 万 t 波动（Secretaria de Pesca，1993—2013）。

1998—2013 年，马尔维纳斯群岛周围的鱿鱼渔获量在 2009 年的 44 t 到 2007 年的 16.1 万 t 之间巨幅波动。每年会有 43～125 艘船获得许可证（平均每年 80 艘）。有来自 15～20 个国家和地区的鱿钓船捕捞鱿鱼，主要包括中国台湾和韩国，也有日本（直到 2004 年）（图 24）（FIFD，2012）。在公海上（41°—47°S），有 30～40 艘拖网船（主要来自西班牙和韩国）和 120～150 艘鱿钓船（主要来自中国和韩国）在 1—6 月作业，每年至少捕获 20 万 t 鱿鱼（Nigmatullin，2007）。乌拉圭的渔民在他们的水域里每年也能捕捞 1 600 t 到 2.08 万 t 鱿鱼（FAO，2010）。巴西南部沿海也发展出了地方性的阿根廷滑柔鱼渔业（Perez & Pezzuto，2006；Perez et al，2009）。

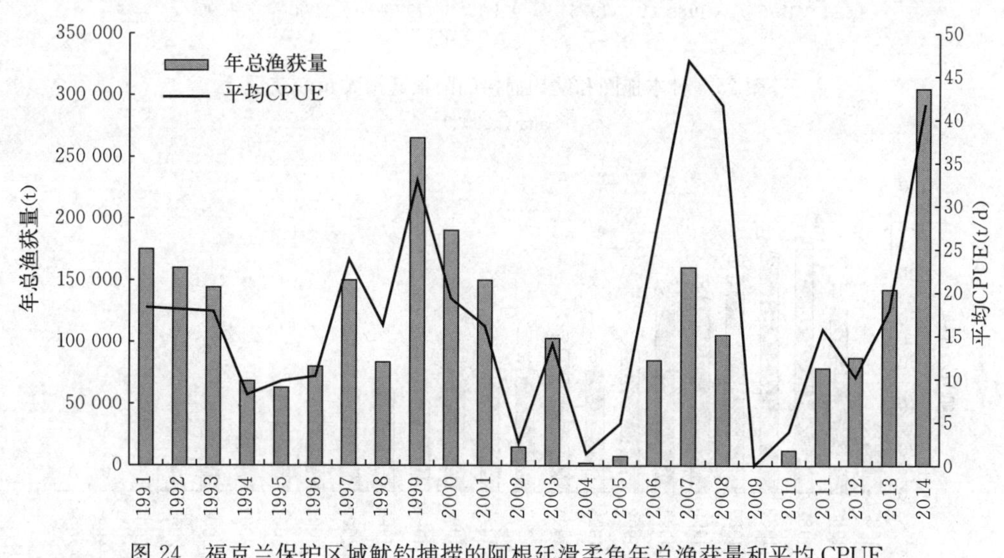

图 24 福克兰保护区域鱿钓捕捞的阿根廷滑柔鱼年总渔获量和平均 CPUE

日本的阿根廷滑柔鱼渔业开始于 20 世纪 70 年代末的拖网渔业。在 20 世纪 80 年代，拖网船广泛地在公海上作业，渔获量持续增加。鱿钓捕捞始于 1985 年，并在 1987 年和

1988年扩张开来，当时的年渔获量接近20万t（图25）。当时，日本渔民被禁止进入阿根廷EEZ，其主要的捕捞场地是在43°—47°S的陆架上和近海区内，且靠近马尔维纳斯群岛。1993年，通过一个正式租赁体系，渔民被准许进入阿根廷EEZ，主要的捕捞场地也随之进入EEZ（Japan Large Squid Jigging Boats Association，2008）。2002年，一个裸船租赁合同体系开始实施，该体系对EEZ中的外国鱿钓船施加了严格限制。1985—2006年期间，1987年最多有117艘日本船在此捕捞。之后，鱿钓船数量在20世纪90年代维持稳定（约50艘），后来从2002年开始减少。到2006年，只有4艘在该区内作业，这也是日本阿根廷滑柔鱼鱿钓渔业的最后一年（图26）。2007年后，阿根廷保护本国鱿钓渔业发展的政策迫使日本鱿钓船彻底从阿根廷海域退出。日本鱿钓船的平均CPUE为10～15 t/d，并具有一些波动（图27）。2000年，平均CPUE为26.8 t/d，为历史最高值，但之后快速下降到2004年的5.9 t/d，这也是1985年以来的最低值。2005年和2006年，CPUE增加，资源被认为有所恢复。

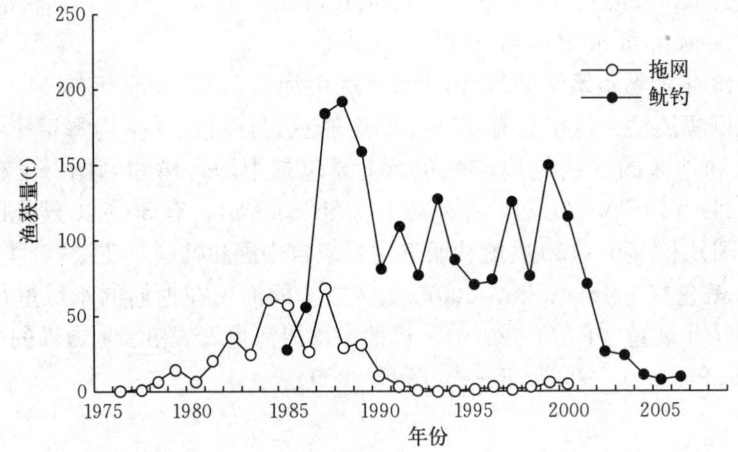

图25　日本拖网和鱿钓捕捞的阿根廷滑柔鱼渔获量

(Sakai，2002)

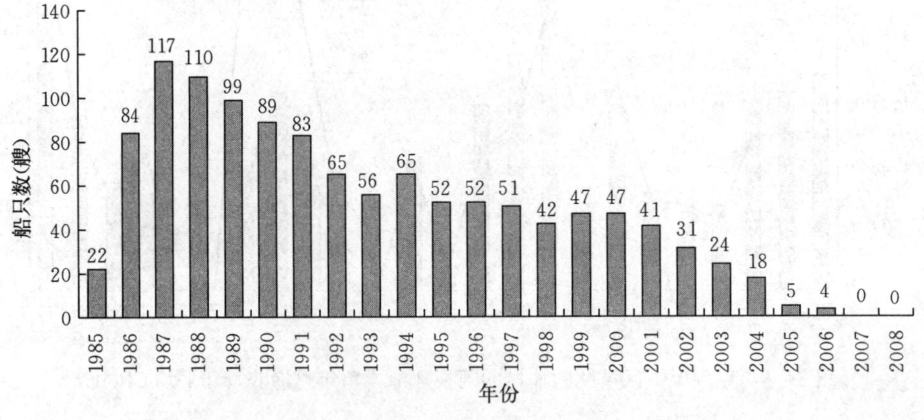

图26　西南大西洋进行阿根廷滑柔鱼渔业的日本鱿钓船只数

(Sakai & Wakabayashi，2010)

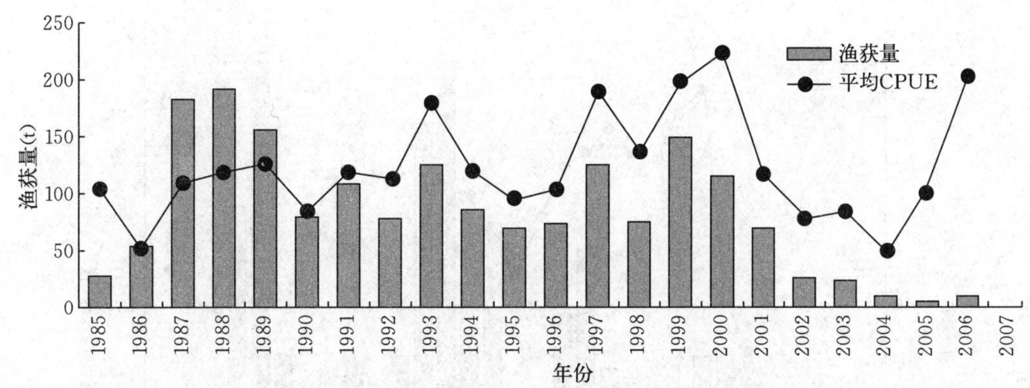

图 27　1985—2006 年日本鱿钓船捕捞的阿根廷滑柔鱼的渔获量和平均 CPUE

（Sakai & Wakabayashi，2010）

中国鱿钓渔业首次开发阿根廷滑柔鱼是在 1997 年，在公海以及后来的阿根廷 EEZ 作业。1999 年，更多的鱿鱼捕捞船加入这片海域，每年的捕捞量达到 6 万 t（Wang & Chen，2005）。2001 年，渔获量增加到 9.9 万 t，平均每艘船 1 044 t。2004 年，随着补充率下降，鱿鱼产量快速减少，中国渔船的总渔获量只有 1.34 万 t。2005 年后，渔获量在 2007 年和 2008 年分别增长到 18.4 万 t 和 19.7 万 t。不过，渔获量在 2011 年大幅下降到 1.2 万 t（图 28）。

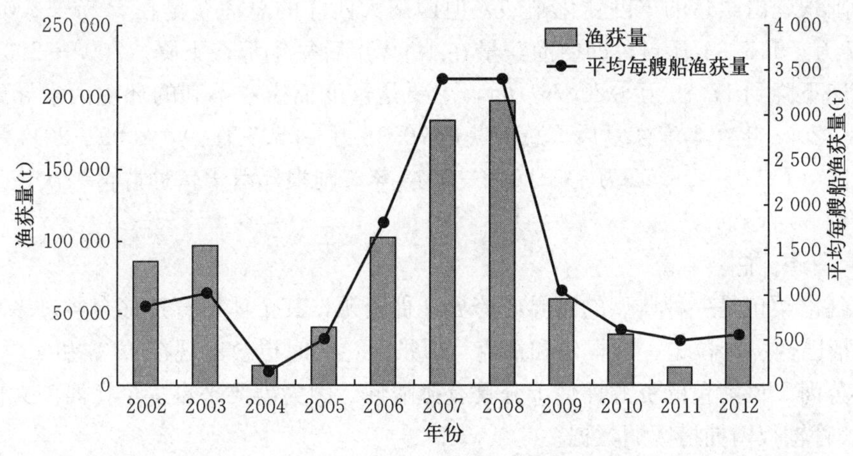

图 28　中国鱿钓船在西南大西洋阿根廷滑柔鱼年渔获量和平均每艘船渔获量

中国台湾的鱿钓船主要于 12 月到翌年 6 月在 45°—46°S 的公海和马尔维纳斯群岛北部区域捕捞。一些捕捞船获得当地许可在阿根廷 EEZ 和 FICZ 中作业。当鱿鱼产量过低时，如 2004 年和 2009 年，捕捞船最早会在 5 月离开并转移到东南太平洋捕捞茎柔鱼（*D. gigas*），或到西北太平洋捕捞秋刀鱼（*Cololabis saira*）。1986—2011 年，中国台湾的鱿钓渔业每年的阿根廷滑柔鱼产量在 9 000 t（2004 年）到 28.4 万 t（2007 年）波动，平均每年产量约 12 万 t，占全球阿根廷滑柔鱼产量的 20%～30%。每年的船只数量在 8～132 艘波动，近年来平均每年约 80 艘（图 29）。

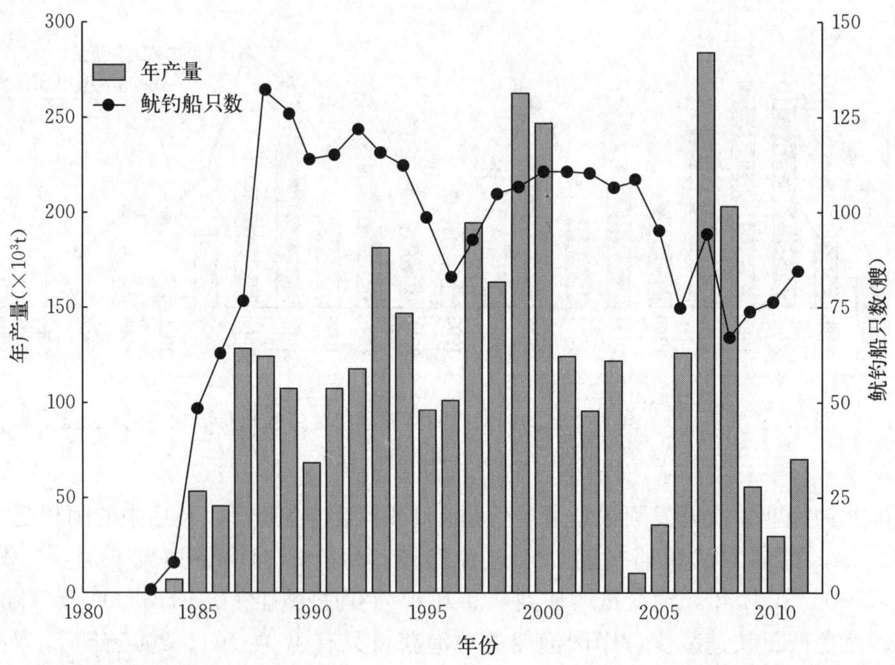

图 29 1983—2011 年中国台湾的公海鱿钓渔业在西南大西洋阿根廷滑柔鱼的年产量和船只数

尽管阿根廷滑柔鱼的丰度变化剧烈，但西南大西洋的总渔获量在 1987—2003 年较高（41.011 7 万～115.33 万 t），即便渔获量在 1999 年后每年都在下降。2004—2005 年，总渔获量快速下降到 17.89 万～28.76 万 t，主要是过度捕捞或不利的环境因素导致丰度降低。2006—2008 年在丰度恢复后（总渔获量 70.38 万～95.5 万 t），2009—2011 年的丰度又一次下降（1.9 万～26.12 万 t）。2012—2013 年，阿根廷滑柔鱼种群再一次恢复，总渔获量达到约 50 万 t。

（四）资源评估

阿根廷滑柔鱼是一种典型的跨界或跨界迁徙资源，其个体发育迁移会经过多个国家的 EEZ，包括巴西、乌拉圭、阿根廷和福克兰保护区，同时也会出现在 42°S 和 45°—47°S 不受管理的公海。该鱿鱼的资源评估十分具有挑战性，因为需要来自多个在西南大西洋不同（或没有）管辖权内捕捞区的数据。

在大型商业开发开始之前，R/V Walter Hering（1978）、Shinkai Maru（1978，1979）和 Dr Holmberg（1981，1982）对整个巴塔哥尼亚陆架进行了生物量调查。扫海面积法所评估出的生物量在 63.596 8 万～260.5 万 t。1990 年，一个双边南大西洋渔业委员会（SAFC）成立，其中就有阿根廷和英国。其主要的目的就是交换阿根廷滑柔鱼的渔获量和位置数据以及进一步提供资源保护建议。SAFC 组织了联合拖网调查来评估 2 月捕捞季开始之前巴塔哥尼亚陆架上的冬季产卵资源的补充率。阿根廷调查船使用扫海面积法对丰度和生物量进行了评估。

在捕捞季，资源丰度通过一个修正的 DeLury 模型（假设 3—4 月鱿鱼停留在同片水域，没有大幅度迁移）来评估（Beddington et al，1990；Rosenberg et al，1990）。此后，Basson et al（1996）考虑了鱿鱼在捕捞季开始后不断向捕捞场地迁移，对衰减模型进行了改进。研究阐明，如果西南大西洋的产卵资源生物量下降到4万t阈值以下，SAFC就应该建议提早关闭阿根廷和马尔维纳斯群岛的阿根廷滑柔鱼渔业。提早关闭的做法使用了多年。不幸的是，2005年后SAFC失效，因为阿根廷政府减少合作、减少参加会议以及暂停了联合科学调查活动。目前，西南大西洋区域缺少管理和保护跨界阿根廷滑柔鱼资源的有效措施，因为缺少区域渔业管理组织（RFMO）。一个RFMO应该包含所有或主要开发这些资源的国家。目前西南大西洋还没有这样的组织，成为特殊的没有综合渔业管理计划的区域。捕捞区域内开发阿根廷滑柔鱼的国家现在各自执行各自的保护措施。这种情况无疑会增加阿根廷滑柔鱼资源的脆弱性。2000年后，阿根廷滑柔鱼的丰度更加多变，很可能是因为气候变化和过度开发（Falkland Islands Government，2012）。

二、巴塔哥尼亚枪乌贼

（一）分布

巴塔哥尼亚枪乌贼（*D. gahi*）栖息于南美洲的陆架上，从秘鲁南部和智利的太平洋水域到阿根廷南部和马尔维纳斯群岛的大西洋水域（Jereb & Roper，2010）。这是一种相对较小的鱿鱼，通常胴长130～170 mm。巴塔哥尼亚枪乌贼是亚南极冷水与陆架水混合区枪乌贼种类里最耐低温的种类。在太平洋，该鱿鱼分布在北至秘鲁北部陆架4°S洪堡特海流的浅水区（Villegas，2001）。秘鲁水域该鱿鱼的丰度很低，整个秘鲁沿岸总渔获量每年不超过数千吨。在智利水域，巴塔哥尼亚枪乌贼会出现在北至瓦尔帕莱索、南到好望角的地区，丰度很低，很可能低到不能维持任何的专门渔业（Arancibia & Robotham，1984）。秘鲁和智利外围的种群被认为与智利北部的鱿鱼种群有联系（Jereb & Roper，2010）。不过，在20°—34°S的区域内没有巴塔哥尼亚枪乌贼出现的记录。

在西南大西洋，巴塔哥尼亚枪乌贼广泛分布于整个巴塔哥尼亚陆架，并在福克兰（马尔维纳斯）流区到38°—40°S的阿根廷陆架上出现。该鱿鱼在马尔维纳斯群岛南部、东南部和东北部最丰富，那里的鱿鱼是特定底拖网渔业的目标种（Patterson，1988；Hatfield et al，1990）。其在福克兰陆架的分布，与陆架水和亚南极福克兰流混合的“过渡区”紧密相关。

（二）种群结构和生活史

马尔维纳斯群岛附近主要有两个分类状态不明确的季节性群体，一个春季产卵群体和一个秋季产卵群体（Patterson，1988）。秋季产卵群体的补充是从10月到翌年1月在索饵场进行，而春季产卵群体则是3—4月。两个鱿鱼群体都有一年的生活史，但由于产卵和孵化日期不同，它们相似的个体发育阶段会在一年中的不同时间和不同的环境条件中出现（Patterson，1988；Hatfield，1991；Arkhipkin et al，2004a）。夏季（温度较高）孵化的鱿鱼比同一生长阶段的冬季孵化的个体明显要大（Hatfield，2000）。巴塔哥尼亚枪乌贼的个体发育有两个阶段，一个是幼年期（加速生长），一个是成年期（生长速度下降）。雄性个体生长曲线的拐点与成熟度曲线的拐点一致，但雌性个体的生长曲线拐点要早很多（Arkhipkin & Roa，2005）。

等位酶标记的巴塔哥尼亚枪乌贼遗传学研究发现，在一年中每个月收集的样本间没有基因差异，这说明所有季节的巴塔哥尼亚枪乌贼群体都属于一个杂交种群（Carvalho & Loney，1989；Carvalho & Pitcher 1989）。后来对马尔维纳斯群岛附近的巴塔哥尼亚枪乌贼种群的研究显示，亚种群间也没有显著的基因差异（Shaw et al，2004）。这说明不同产卵群体和地理区域的个体之间有广泛的基因交流，也就是说不同群体间有杂交（Patterson，1988；Agnew et al，1998；Arkhipkin & Middleton，2003）。

两个鱿鱼群体都栖息在福克兰流和陆架“过渡区”最温暖的近底层（Arkhipkin et al，2004b）。巴塔哥尼亚枪乌贼群体在其索饵场的分布范围可以通过“过渡区”在陆架上的位置来预测。这些区域是它们在福克兰陆架上的捕食场地。夏季，未成熟的秋季产卵的鱿鱼会出现在近岸与“过渡区”边界的暖水中，一旦达到成熟它们就会尽快向浅水陆架区迁移。秋季，产卵的鱿鱼从它们的索饵场开始迁移，这些鱿鱼被未成熟的春季产卵群体取代，而春季产卵群体此时刚刚抵达共享的索饵场。秋末，近岸 200 m 深度的水温均匀，这使得春季产卵鱿鱼可以在较深的“过渡区”聚集。冬季，陆架水较冷，“过渡区”150～250 m 深度会形成暖水，将鱿鱼基本束缚在这里，它们的移动也受到深层和浅层的冷水限制。所以，所有春季产卵群体在冬季停留在索饵场较深的水域中，数量持续增长，且生物取样中成熟的个体很多。一旦 10 月末的水温开始上升，春季产卵鱿鱼便开始向浅水区迁移产卵，首次从过渡区的较深水域消失。

鱿鱼的产卵行为和产后的卵都在海藻床上。首批（秋季产卵）和第二批（春季产卵）巴塔哥尼亚枪乌贼的胚胎发育时间不同。秋季产卵群体的产卵高峰在 5—6 月（南半球秋季），它们的卵在冬季发育缓慢，其孵化个体出现在初春（Hatfield & des Clers，1998）。春季产卵鱿鱼群体在南半球春季（10—11 月）进行，它们的卵在暖水环境中快速发育，其孵化个体出现在初夏。所以，两个群体的产卵时间有 5～6 个月的差异，而孵化时间却只差 2～4 个月（Arkhipkin & Middleton，200）。这种策略会令两个群体的补充群体遇上西南大西洋春季至初夏的浮游动物暴发，这可以提高它们的存活率（Boltovskoy，1999）。

（三）捕捞船的组成和数量

马尔维纳斯群岛的巴塔哥尼亚枪乌贼渔业始于 20 世纪 80 年代初，当时波兰和西班牙的拖网船在大陆架区靠近 Beauchene 岛的区域发现了鱿鱼密集区，并使用小网目底拖网船开展捕捞，几十艘工业化渔船的年渔获量在 4 万 t 左右，渔业行为总体不受管理（Csirke，1987）。1986 年马尔维纳斯群岛建立了 150 n mile FICZ，对区域内所有商业资源实施了管理制度。此后，所有拖网船都必须在取得马尔维纳斯群岛渔业部门颁发的许可证后才能捕捞巴塔哥尼亚枪乌贼。1988—1990 年，有来自 10 个国家（主要是西班牙，占 50%～70%）的 46 艘拖网船被许可捕捞巴塔哥尼亚枪乌贼。此后许可船只数量逐步下降到 1998 年的 21 艘，捕捞船逐渐演变为以马尔维纳斯本地渔船为主体（70%～80%）。2000 年后，船队中只有 16 艘工业化渔船（大部分是马尔维纳斯的船只）。

（四）捕捞渔场和时间

巴塔哥尼亚枪乌贼的渔业空间有限，拖网船被限制在马尔维纳斯群岛东部和南部生产。被称为“鱿鱼盒子”的范围在陆架到陆架边缘 100～350 m 水深，约有 10 000 n mile^2。

已建立两个捕捞季，第一个是 2—5 月，第二个是 8—10 月。2003 年后，为了保护资源，捕捞季被缩短。目前，第一个捕捞季规划为 50 d，从 2 月 24 日到 4 月 14 日；第二个捕捞季规划为 78 d，从 7 月 15 日到 9 月 30 日。第一个捕捞季，开发的主要是首批秋季产卵群体，而第二个捕捞季中开发的主要是第二批春季产卵群体。

（五）捕捞量和动态

在过去 20 年里，马尔维纳斯群岛的巴塔哥尼亚枪乌贼年总渔获量在 2.4 万～9.8 万 t，平均 5.1 万 t。CPUE 也在变化，20 世纪 90 年代下降，2000 年后增长（图 30）（Arkhipkin et al，2013）。偶尔在公海 46°—47°S 阿根廷 EEZ 之外的 8—9 月也会有巴塔哥尼亚枪乌贼捕获，但通常每个秋季不超过 5 000 t。

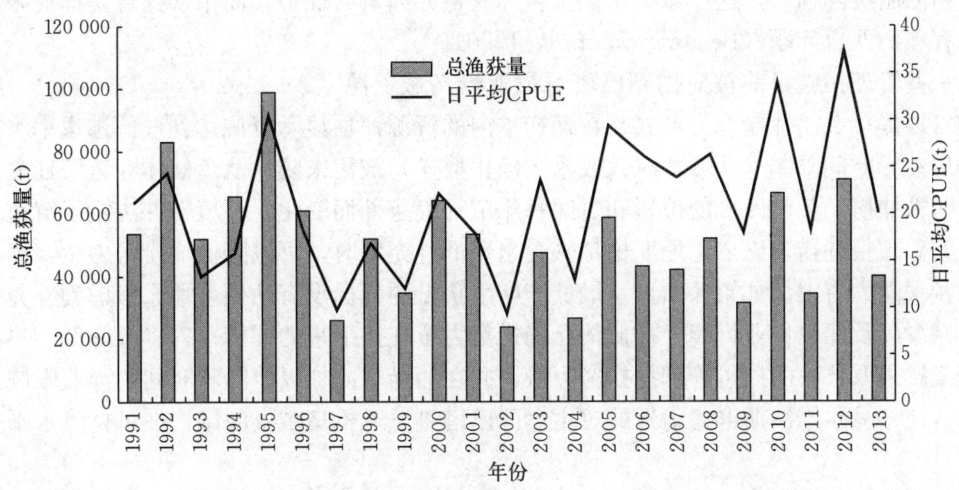

图 30　西南大西洋马尔维纳斯保护区的巴塔哥尼亚枪乌贼年总渔获量和日平均 CPUE

（六）资源评估

马尔维纳斯群岛难得有机会对巴塔哥尼亚枪乌贼开展衰竭模型的资源评估，因为鱿鱼的所有发育阶段都在一个管理区内。一个适应标准的 Leslie-DeLury 方法侧重于利用来自商业渔业的渔获和捕捞努力量数据（Rosenberg et al，1990）。不同于忽略死亡率的假设，一个固定的死亡率和考虑多船而不是单船的捕捞努力量序列做法被引入。每个时期的 CPUE 到达峰值后就会进行评估。事实上，使用这种方法的评估并不能在所有捕捞季开展，主要是因为某些年份的每周 CPUE 序列和假设的从初始峰值持续下降的模态有偏差（Rosenberg et al，1990；Agnew et al，1998）。这一问题在第一个捕捞季尤其明显，第二群体的补充经常会覆盖掉第一群体的衰减。和假设 CPUE 模态之间的偏差，也可能因为其他原因出现，包括渔业种群的空间结构（Arkhipkin & Middleton，2002）。巴塔哥尼亚枪乌贼资源的联合模型使用随机生物量投影模型来进行季前和季后评估，使用资源衰减模型（SDM）来评估捕捞季期间的资源（Roa-Ureta & Arkhipkin，2007）。另外，SDM 中船只的时空动态是巴塔哥尼亚枪乌贼资源评估的有效部分。这是因为在一个捕捞季或有限区域的捕捞渔场，同一区域内很短距离内可能会出现多个衰减，其中一些时间很短（Roa-Ureta & Arkhipkin，2007）。

（七）渔业管理

巴塔哥尼亚枪乌贼的渔业管理是基于严格的捕捞努力量限制，而不是更常见的限制捕捞措施。选择捕捞努力量限制作为主要管理工具是考虑每年的生命周期和丰度高度变化。在资源补充关系很弱的时候，管理目标是保持产卵逃逸的生物量在避免补充率减少的水平之上。鱿鱼的补充量在渔业开展之前不能评估，Beddington et al（1990）呼吁渔业管理应致力于通过持续的捕捞率来维持持续而适量的逃逸率。有些年份的补充率低导致捕获率不能维持，捕捞季内的监测对保证降低这些年份的捕捞努力量很重要。持续而适量的逃逸率已经通过设置允许捕捞努力量、可捕系数、船只可能花费的捕捞时间和颁发适当的许可数量来实现（Beddington et al，1990）。许可证的发放是基于船只捕捞功率的预评估，且不会严格限制实际捕捞，这在减少错误报告渔获量方面具有优势，而错误报告是捕捞限制渔业中存在的严重问题（Beddington et al，1990）。

一些管理措施目前被应用到巴塔哥尼亚枪乌贼资源（Arkhipkin et al，2008）。时间限制（以提早关闭捕捞季为形式）在捕捞季内的资源评估显示资源达到最低逃逸率水平时就会启动。空间限制（区域暂时性或永久停止捕捞）被用来防止鱿鱼幼体在近海捕食迁移聚集时被捕捞。关闭区域的位置和时间每年依环境条件而变化，环境条件决定了鱿鱼幼体的分布。预报捕捞季巴塔哥尼亚枪乌贼会出现低补充率时，可以降低捕捞努力量，虽然目前的预报能力有限。如果评估显示最低产卵生物量的目标没有达到，那么考虑到补充率可能会减少以及船只作业可能会被低估，捕捞努力量在接下来的捕捞季内将会降低。目前的管理实践采取严格的许可管理捕捞努力量，并在捕捞季内加以空间和时间的渔业限制，足够灵活地将马尔维纳斯群岛附近的短生命的巴塔哥尼亚枪乌贼资源维持在可持续水平上。

第四节　东北大西洋

ICES将东北大西洋的FAO 27区分成14个渔区（图31）。在这片海域中，大部分头足类捕获来自陆架上的Ⅳ～Ⅸ区。头足类渔业在东北大西洋相对不太重要，这在Caddy & Rodhouse（1998）的综述和Hunsicker et al（2010）的研究中被指出。事实上，根据Caddy & Rodhouse（1998）所述，全球唯一头足类总上岸量25年没有明显增长的区域就是东北大西洋。该区域头足类的总渔获量在1950年后在FAO捕捞区中只排第11，其年上岸量峰值只有6万t，相比之下，西北太平洋峰值几乎达到150万t（FAO，2011）。

对有鳍鱼类资源的持续压力让一些研究人员认为头足类，尤其是鱿鱼，作为一种渔业资源会变得越来越重要。不过，除了1980—1985年的一段短暂时期内，褶柔鱼（*T. sagittatus*）在挪威曾是重要渔业，鱿鱼在本区域内一直不如章鱼和墨鱼；1979年后头足类上岸量的总体增长（2004年达到6万t的峰值）得益于墨鱼上岸量的增长。在东北大西洋北部，头足类捕捞的发展受阻于当地有限的头足类消费。例如，大部分苏格兰上岸的鱿鱼都出口到欧洲南部（Pierce et al，2010）。不过，近些年英国水域有间断的鱿鱼捕捞，罗科尔浅滩和马耳湾也有直接的鱿鱼捕捞（Hamabe et al，1982；Pierce et al，1994a；Young et al，2006a；Hastie et al，2009a；Smith，2011）。从英吉利海峡向南，头足类作为资源种的地位重要很多，其中有商业和手工捕捞墨鱼、章鱼和相对较少的鱿

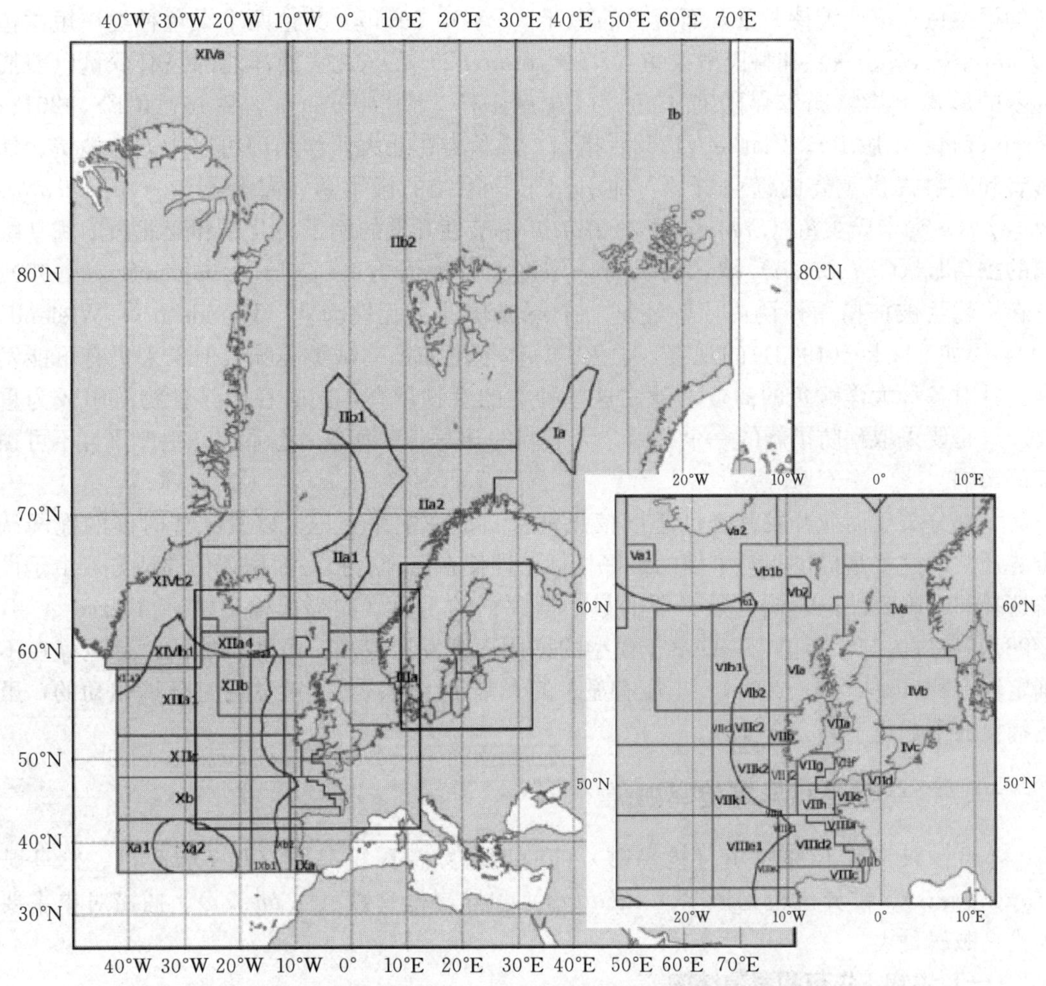

图 31　ICES 将东北大西洋的 FAO 27 区分成 14 个渔区

鱼。不过，直到最近才有以鱿鱼为目标种的更加广泛的捕捞，例如，西班牙在比斯开湾的拖网作业，反映出鳕资源的枯竭（ICES，2013）。

在东北大西洋北部，目前最重要的头足类渔业资源是福氏枪乌贼（*Loligo forbesi*）。从英吉利海峡往南，其他头足类，特别是乌贼（*Sepia officinalis*）和真蛸（*O. vulgaris*），在渔获重量和价值上都很重要。福氏枪乌贼在渔获中正逐步取代枪乌贼（*Loligo vulgais*）。有些迹象表明，福氏枪乌贼的丰度 20 世纪早期在其分布范围南部显著下降，这使得枪乌贼的主导地位加强（Chen et al，2006）。英吉利海峡墨鱼渔业目前是东北大西洋价值最高的头足类渔业（Pierce et al，2010；ICES，2012）。另外两个枪乌贼种类，即锥异尾枪乌贼（*Alloteuthis subulata*）和异尾枪乌贼（*Alloteuthis media*），在东北大西洋的渔业重要性较低。这两种在西班牙和葡萄牙作为次要目标或兼捕渔获上岸和销售。不过，它们相互间没有区分开来，有时也会和枪乌贼属的渔获一起上岸（Moreno，1995；García Tasende et al，2005；Jereb et al，出版中）。

和世界上很多地方不同，东北大西洋最重要的鱿鱼资源是枪乌贼科，虽然历史上柔鱼科的褶柔鱼在挪威维持了重要而短暂的渔业（FAO，2011）。其他两个柔鱼种类，短柔鱼（*Todarpsis eblanae*）和科氏滑柔鱼（*Illex coindetii*）在东北大西洋北部只有少量以兼捕渔获的形式上岸，偶尔伴随有柔鱼（*O. bartramii*）（Pierce et al，2010；ICES，2012；Jereb et al，出版中）。Clarke（1963）指出，柔鱼类在北大西洋东部可以为人类消费、捕食者和肥料提供重要的渔业资源。他引用了马德拉的褶柔鱼、翼柄柔鱼（*Stenoteuthis pteropus*）和卡氏柔鱼（*Stenoteuthis caroli*）季节性开发的例子。北极和亚北极的黵乌贼属的黵乌贼（*G. fabricii*）被认为具有一定渔业开发潜力（Bjørke & Gjøsæter，1998）。它在格陵兰被捕捞用作诱饵，曾经是一个不成功的试验性渔业（Frandsen & Wieland，2004）。如Clarke（1963）的观察，柔鱼类总体上不如枪乌贼类美味，但未来仍有可能发展出针对各种大洋鱿鱼的商业渔业。这些种类的生物量高，同时在海洋食物链中较为重要，这是要采取预防措施的一个原因，无节制的开发会对海洋生态系统产生严重且不可预期的影响。

大部分关于商业开发种类的丰度信息都来自渔业上岸登记，以及某些时候的拖网调查。通常，这些是提供相对丰度的最好指标。即使在已经有扫海面积评估的地方，由于设备选择的不确定性，它们也是必要的最小值评估的手段（如福氏枪乌贼）（Pierce et al，1998）。在过去二十年里，一些基于模型的评估逐渐发展起来，虽然自然死亡率也存在不确定性（Young et al，2004）。丰度有显著的大幅年际震荡，一般认为是环境驱动的，虽然捕捞的影响也不能完全排除。

一、枪乌贼属和异尾枪乌贼属

本区内被叫作长鳍鱿鱼（枪乌贼）的有四种：福氏枪乌贼（*L. forbesii*）、枪乌贼（*L. vulgaris*）、锥异尾枪乌贼（*A. subulata*）和异尾枪乌贼（*A. media*）。捕捞对象主要为枪乌贼属种类。

（一）生物、生态和资源结构

1. 福氏枪乌贼

福氏枪乌贼的分布范围为沿着从挪威到北非的大西洋陆架，在波罗的海没有分布，其在大西洋南部的边界范围描述模糊。它也会出现在亚速尔群岛和加纳利群岛，以及整个地中海。似乎在其分布范围的北部最丰富，特别是在英国附近（Chen et al，2006）。福氏枪乌贼是温带和亚热带的浅水种，通常出现在温带超过 8.5 ℃的陆架上，以及垂直深度在 50 m到超过 700 m 的大陆沿岸；虽然和枪乌贼会出现在同一水域中，但通常分布在比其更深的水层。在亚速尔群岛，那里的深层水靠近海岸，它甚至可以出现在深达 1 000 m 的水层中。

雄性的最大胴长和重量要比雌性大很多，虽然相同长度的雌性个体重量一般大于雄性（Pierce et al，1994c）。雄性可以长到超过 900 mm，而雌性只有约 460 mm，事实上大部分成年个体都在 200～300 mm。成熟胴长变化较大；雌、雄个体的成熟胴长模式会有两个甚至更多，但这种不同的成熟胴长模式在雄性个体中更为明显（Collins et al，1999）。在葡萄牙水域，最小的雄性成熟胴长为 80 mm，最小的雌性成熟胴长为 103 mm。不过，在大陆沿岸，大部分雄性成熟的最小规格约为 150 mm，而雌性约为 170 mm。在亚速尔群岛，最小成熟胴长更大一些，雄性和雌性分别为 240 mm 和 200 mm（Jereb et al，2010）。

福氏枪乌贼生命周期为一年，繁殖与补充会有连续的季节性高峰也说明了这一点。耳石读数显示，个体可以存活 16 个月，另外极个别的可以存活 2 年（Boyle et al，1995）。在苏格兰，该种通常是冬季产卵，年轻个体补充进入渔业主要是在夏季和秋季（Boyle & Ngoile，1993a；Pierce et al，1994b；Boyle et al，1995；Rocha & Guerra，1999；Jereb et al，出版中）。不过，产卵会在全年进行，且季节高峰随区域而不同，还有可能出现第二产卵高峰，例如夏季在英吉利海峡。Rocha et al（2001）将该物种归为间歇性产卵。

该种具有沿岸—近海式的个体发育迁移，这也是枪乌贼科的特性。夏季从陆架边缘（100～200 m）向近岸水域迁徙，冬季产卵。某些年份，苏格兰水域的秋季会有显著的 S－E 向迁移（Waluda & Pierce，1998）。在马里湾、苏格兰，最小的个体在夏季靠近海岸的区域被捕获，此后会有远离沿岸的个体发育迁移，再往后成熟个体会返回沿岸水域产卵（Viana et al，2009）。

苏格兰的一些研究指出，该种类有两个主要的补充期，即 4 月和 11 月，另外全年都有少量补充群体出现，虽然很明显只有一个主要的繁殖期（Lum-Kong et al，1992；Boyle & Pierce，1994；Pierce et al，1994b；Boyle et al，1995；Collins et al，1997，1999）。生命周期的生物气候学似乎变化很大，不同年份亦是，这显然反映出物种对环境条件变化以及不同年份较为敏感，因为任何时候上岸群体都能分辨出 2～4 个微群体（Collins et al，1999；Sims et al，2001；Pierce & Boyle，2003；Pierce et al，2005）。总体来说，尚不清楚生命史特征的变化是由环境驱动还是由基因驱动，还是两者混合，但肯定的是至少存在 1 个以上的种群。一些对苏格兰鱿鱼上岸的研究已经可以确定可预期的季节模态，沿岸水域的最高上岸通常发生在秋季，且可能来自主要的季节性补充和增长。不过，检查几十年的数据，很容易发现上岸的这种季节模态每年的变化很大，很可能是因为冬季和夏季繁殖群体的相对主体地位发生了转移（Pierce et al，2005）。虽然 20 世纪 90 年代的上岸峰值通常是在 10 月和 11 月，2012 年和 2013 年的峰值却分别出现在 8 月和 9 月（Wangvoralak，2011）。这需要进一步的研究，最好能有每月规格分布的常规监测作为支撑，这是任何正式资源评估都需要的。

渔业上岸和调查捕获数据显示该种有大幅波动，一些尝试开展的正式资源评估也支持这一结论（Pierce et al，1994b，1998；Young et al，2004）。很多研究指出，头足类丰度和环境变化之间存在联系，通常与海水温度和大尺度指数如 NAO 指数有关。关于机制有很多假说，但大部分研究认为是受食物变化、代谢、生长和存活率的影响（Pierce & Boyle，2003；Pierce et al，2008）。环境驱动也可能对生命周期的物候学和分布有强烈影响。苏格兰枪乌贼科的上岸数据分析显示，丰度具有潜在的周期，约为 15 年的循环变化（Pierce et al，1994a）。不过，近年来的峰值比较接近，且上岸量增长共同说明，繁荣—萧条的循环至少部分是由渔业活动驱动的。

福氏枪乌贼是活跃的捕食者，较大的个体主要捕食鱼类。食物的季节变化与随机捕食有关（Pierce et al，1994c；Collins & Pierce，1996；Daly et al，2001；Wangvoralak et al，2011；Jereb et al，出版中）。同时它也会被各种海洋捕食者捕食，包括鱼类、海鸟、海豹和鲸。

由于大部分鱿鱼种类都是高度移动且有时会进行大范围的个体发育迁移，所以福氏枪乌贼难以分成很多独立的资源群体。不过，各种对福氏枪乌贼生命史和形态变化的研究表明，其存在不同的资源群体，有时会有重叠。Thomas（1973）指出罗克尔区域沿岸和近海群体之间存在不同，至少和两个拥有不同迁移模态的资源群体有关。罗克尔和沿岸水域个体的成熟（罗克尔的个体成熟明显要早）和形态物候学特征进一步佐证了两个区域个体间的不同（Boyle & Ngoile，1993b；Pierce et al，1994d，1994e）。Holme（1974）指出，在英吉利海峡该种类存在冬季和夏季繁殖群体，这也进一步证明罗克尔的个体是夏季繁殖，与冬季繁殖群体的模态相反（Pierce et al，1994a，1994b，2005）。另一个能证明生命周期存在交替现象的就是雄性（至少）有两个不同的成熟模态，虽然这和交配策略选择有关，而非有独立繁殖的资源群体存在（Boyle et al，1995）。

欧洲大西洋陆架水域资源遗传学不同的证据仍不充分，一项基于等位酶数据的研究显示没有差异，而 Shaw et al（1999）指出来自不同沿岸区域的样本间没有显著不同，但近岸和近海个体间有一些基因差异（Brierley et al，1995）。

亚速尔有一个地理独立和基因独立的福氏枪乌贼资源群体。其与众不同的形态、同位酶和遗传特征说明这些个体组成了一个高度独立的种群，其建立始于 100 万年之前（Shaw et al，1999）。Brierley et al（1995）指出亚速尔种群应该被视作一个独立的亚种。

2. 枪乌贼

枪乌贼的地理分布从 20°S（非洲西南沿岸）到约 55°N，延伸至北海、斯卡格拉克海峡、卡特加特海峡和波罗的海西部，虽然目前它只在英吉利海峡有所报告。它出现于加纳利群岛和马德拉外围，但在亚速尔则没有分布（Jereb et al，出版中）。在大陆架上，个体发育迁移也会发生。在法国沿岸和比斯开湾深水越冬的个体很显然会在夏季向北迁移，分别进入北海和英吉利海峡的浅水进行产卵；向南的迁移则在秋季进行。

枪乌贼通常可以存活 12 个月，虽然葡萄牙南部水域的个体只能活 9 个月（Rocha & Guerra，1999）。与福氏枪乌贼一样，其生命周期似乎是一年，具有类似的生长、成熟过程中的两性异形。性成熟的一般形态没有太大变化；雄性达到成熟的时期早于雌性，尺寸和重量高于雌性，但相同胴长的雌性一般重于雄性。成熟胴长也会变化，大西洋大部分区域的雄性都具有两个模态的成熟胴长。枪乌贼在其分布范围内产卵全年进行，通常在南方水域有两个季节高峰；在分布范围北部主要是一个冬季繁殖群体（Guerra & Rocha，1994；Arkhipkin，1995；Jereb et al，出版中）。Rocha et al（2001）将该种类归为间歇式产卵。

使用微卫星数据，Garoia et al（2004）指出，大西洋的枪乌贼样本一直与地中海东部和西部的样本不同，后两者之间也彼此不同。

和福氏枪乌贼一样，枪乌贼的捕食习惯随着个体发育转变，从主要捕食小型甲壳动物到主要捕食鱼类（Rocha et al，1994）。关于枪乌贼被捕食的大部分报告指出，枪乌贼科被鱼和鲸捕食；由于头足类的辨别通常是基于残留的角质颚形态，所以种类的辨别通常只限于属的水平（Jereb et al，出版中）。

3. 锥异尾枪乌贼和异尾枪乌贼

两个异尾枪乌贼属的分布范围与枪乌贼属不同，它们不会从海岸向外延伸那么远；另外，它们都不会出现在加那利群岛和亚速尔群岛，而异尾枪乌贼是否会出现在北至爱尔兰海和北海南部尚不确定（Jereb et al，出版中）。异尾枪乌贼属最大存活时间约 12 个月，其生命周期持续 6～12 个月，或许会有多个产卵季（Rodhouse et al，1988；Moreno，1990，1995；Arkhipkin & Nekludova，1993；Moreno et al，2007；Hastie et al，2009b；Oesterwind et al，2010）。

和枪乌贼属一样，锥异尾枪乌贼的捕食习惯随着个体发育转变，从主要以小型甲壳类为食到主要以鱼类为食。有关异尾枪乌贼的摄食描述不多。关于它们的捕食者身份，大部分已发布的记录指出，这些种类被鱼类和鲸类捕食；因为辨别通常是基于残留的角质颚形态，所以被捕食的鱿鱼通常只在属的水平上被辨别（Jereb et al，出版中）。

目前没有异尾枪乌贼属存在不同资源的相关报道。不过，该属存在更大的分类问题需要解决，特别是现存的数量和种类辨别，以及其和已识别的锥异尾枪乌贼的关系（Anderson et al，2008；Jereb et al，出版中）。

（二）渔业

枪乌贼科捕获于东北大西洋的陆架水域以及沿岸浅滩和岛屿附近，通常全年进行，但是季节性高峰反映出其生命周期的时间特征。在本区域，很多枪乌贼科的渔获是作为底拖网渔业的兼捕渔获，当然也有一些手工渔业，特别是在南方。鱿鱼的捕捞全年进行，一些种类具有显著的季节性高峰，并且是本区渔民重要的收入来源。某种程度上，不同种类所占比例可以从已知的上岸鱿鱼的规格和种类的分布来推测（所以苏格兰上岸的枪乌贼一般是福氏枪乌贼，而爱尔兰半岛上岸的较大种类主要是枪乌贼），另外一些不同种类所占比例的信息是基于项目的研究和区域渔业监测计划（如西班牙西北的加利西亚政府所做渔业监测）。

ICES 的头足类渔业和生活史工作组（WGCEPH）关于东北大西洋枪乌贼科的总上岸数据是变化的（见 www. ices. dk 网站关于 1995—2003 年的报告），但因为不同国家的报告具有缺陷，该数据只能作为近似值来看待，事实上这些数据也在被频繁地修订。1988—2012 年，枪乌贼科每年报告的上岸量在 7 124～12 464 t。1990 年后的趋势是下降的。目前，本区南部（ICES Ⅷ和Ⅸ）的渔业要比北部更加重要；2012 年，欧洲 ICES 区宣告上岸的 9 000 t 长鳍鱿鱼中约有5 550 t 来自Ⅷ和Ⅸ区（ICES，2013）。不过，此前的 10 年里，来自Ⅷ和Ⅸ区的上岸量只占总上岸 9 800 t 的约 1/3。近年来南部地区的鱿鱼渔业越来越重要，这主要是因为比斯开湾法国和西班牙的报告渔获在增加（ICES，2013）。

1. 福氏枪乌贼

福氏枪乌贼全年捕捞，目前主要作为英国水域底拖网渔业的兼捕渔获，其上岸因生命周期特点而具有季节性高峰。2000—2012 年，英国的枪乌贼属上岸量（主要是福氏枪乌贼）在 1 500～3 500 t，而法国同期的上岸量在 2 800～6 400 t（ICES，2012，2013）。

捕捞可能受到丰度剧烈波动的影响，事实上福氏枪乌贼在过去 70 年里已经在不同地区成为目标种（Young et al，2004，2006a）。福氏枪乌贼在 1948—1953 年支撑起了北海和斯卡格拉克海峡的渔业，而小型船只的目标捕捞也于 20 世纪 70 年代中期在英吉利海峡出现（Arnold，1979）。在 Shaw 对欧洲鱿鱼渔业经济状况的综述中，描述了英国水域的福氏枪乌贼渔业，指出英国西南外围的捕捞从夏季末持续到秋季。英国最重要的鱿鱼上岸港口是德文郡的布里克瑟姆港，这里有 2～3 队约 45 艘拖网船在沿岸 20 n mile 于白天捕捞福氏枪乌贼。另外，有 3～4 队的 8～10 艘渔船从康沃尔郡的纽林或美瓦吉赛出海。在其他地区，如果有报告鱿鱼大量出现，船只也会以鱿鱼为目标。

20 世纪 80 年代，苏格兰大陆以西 480 km，在罗克尔发展出了针对福氏枪乌贼的直接渔业，其通常以黑线鳕和白鲑为目标，但在鱿鱼丰富的时候会转向鱿鱼（Shaw，1994）。罗克尔的福氏枪乌贼渔获主要在 7—8 月，这个时候沿岸水域中捕捞的是个体最小的补充个体，这也佐证了存在一个不同的资源群体（Pierce et al，1994a）。罗克尔鱿鱼渔业在 1986 年、1987 年和 1989 年获得较高的上岸量，但之后几乎消失，虽然 2008 年后又有一定程度的复苏，2011 年有 700 t 上岸（Pierce et al，1994a，2005；ICES，2012）。

马里湾（北海，苏格兰）近岸现在有一个小型的针对福氏枪乌贼的直接拖网渔业。该渔业具有强烈的季节性（主要在 9—10 月），起初有约 20 艘 10～17 m 的拖网船。21 世纪初期，参与该渔业的船只逐渐增多（从 2000 年的 20 艘增长到 2003 年的 65 艘）（Young et al，2006a）。不过，高渔获量不能维持，利润也随之下降（Smith，2011）。

Stroud（1978）指出，在英国水域福氏枪乌贼主要是作为拖网或捕捞白鲑的围网兼捕渔获，最近的分析显示也是如此（Pierce et al，1994a）。因为鱿鱼会游离海底，所以中层拖网或较高的底拖网可以获得最大的渔获，很大比例的小鱿鱼可以从一般网口中逃脱。Boyle 和 Pierce（1994）描述了苏格兰使用的特殊设计的鱿鱼拖网。在马里湾，船只在夏末鱿鱼丰富的时候换成小孔网（Young et al，2006a）。Hamabe et al（1982）主张在英国水域使用鱿钓捕捞鱿鱼，但英国 20 世纪 70—80 年代出现的各种不成功的商业鱿钓机似乎阻碍了这些设备的进一步应用（Pierce et al，1994a）。

枪乌贼科捕获存在于整个英国水域，特别是英吉利海峡、凯尔特海和马里湾，虽然渔获量的空间分布每年在变。某些年份中，罗克尔浅滩会有高渔获量，而历史上该种类是英国船只在法罗浅滩和比斯开湾捕获。在这片区域，苏格兰的上岸渔获主要是福氏枪乌贼，但更南边的枪乌贼变得越来越重要，英国、威尔士和法国登岸的鱿鱼通常是这两种枪乌贼属混合组成。法国上岸的取样数据曾被用来评估两个枪乌贼属在渔获中所占比例，结果显示两种鱿鱼具有不同的季节循环（Robin & Boucaud，1995）。

在苏格兰，鱿鱼上岸记录（主要是福氏枪乌贼）可以至少追溯至 1904 年（图 32），虽然渔业在 20 世纪 50 年代中期才变得可观，这很可能是得益于深海冷冻设备的出现（虽然大部分苏格兰水域的鱿鱼渔获仍是以覆冰的方式冰鲜上岸）以及向欧洲大陆的出口（Thomas，1969）。某种程度上，上岸量可以反映丰度，这对高价值的没有配额的非目标种来说有一定道理（Pierce et al，1994a）。不过，即便新鲜未损坏的鱿鱼具有较高的价格，但它们并不能总是完整上岸，因为它们和鱼一起被拖网捕捞时经常被损坏，而且也不能用冰存放很多天。Stroud（1978）指出冰鲜鱿鱼存放一周以上是不能接受的。捕捞努力量自 20 世纪初以来无疑在增加，其他人类因素如二战对鱿鱼的上岸有显著影响。不过，丰度变化仍然可以描述为反复出现波峰和波谷。

苏格兰枪乌贼科上岸的主要高峰对应本区枪乌贼总上岸的高峰，虽然苏格兰自 1990 年后上岸量就在增长，这和整个区域的状况相反。这说明福氏枪乌贼越来越丰富而枪乌贼在减少（ICES，2013）。

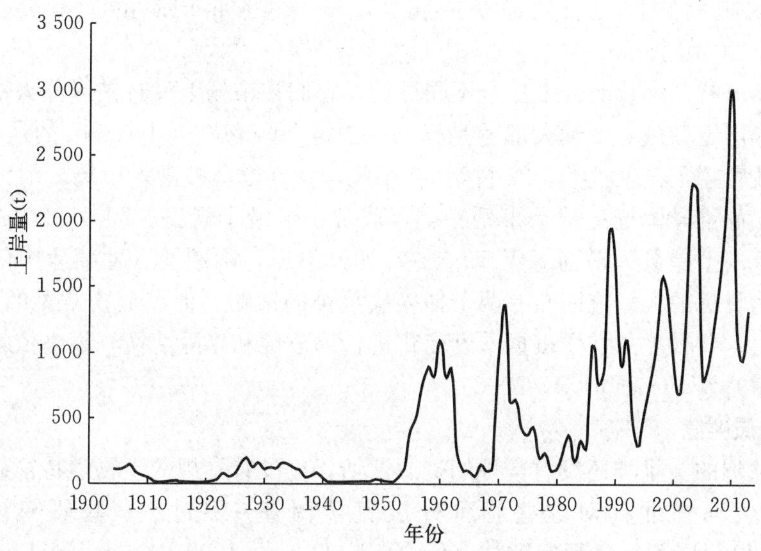

图 32　1904—2013 年苏格兰枪乌贼的上岸量

福氏枪乌贼也在伊比利亚半岛的沿岸水域有捕获，来自拖网和手工渔业，但和别处一样，在官方上岸数据中并没有和枪乌贼分开。之前的研究和最近的观察显示，福氏枪乌贼在本区的长鳍鱿鱼上岸量中只占很小的比例。在亚速尔群岛，福氏枪乌贼只被装备了手线和自制钓具的手工船只所捕捞（Martins，1982；Porteiro，1994）。马德拉也有福氏枪乌贼捕捞，既被人类消费也被用作诱饵。

2. 枪乌贼和异尾枪乌贼属

枪乌贼在分布范围内全年被捕捞。它和福氏枪乌贼一起作为在 ICES Ⅷ和Ⅶ区法国拖网渔业的兼捕渔获；这两个种类在官方上岸统计中并未区分。2001—2010 年，法国年平均长鳍鱿鱼的上岸为 5 705.5 t（4 690～6 292 t）。

在欧洲南部，枪乌贼科（主要是枪乌贼，也有部分福氏枪乌贼和异尾枪乌贼属）被拖网船捕捞的同时，也有重要的小型渔业（使用钓钩、海滩围网、流刺网等）在枪乌贼秋季和冬季进入沿岸水域产卵时候捕捞（Cunha & Moreno，1994；Guerra et al，1994）。

在加利西亚（西班牙西北部），2004—2012 年官方枪乌贼的年平均总上岸量为 418.9 t（292～560 t）。拖网上岸占了总量的约 95.5%，剩下的捕获主要来自在夏季开展的使用手工设备的小型渔业，如手工钓钩、海滩围网等；海滩围网许可是在 7 月和 8 月。2001—2013 年，这些种类在加利西亚港口的拍卖价格在每千克 5.67～19.7 欧元。海滩围网会捕捞小于法定最小规格（100 mm）的鱿鱼以及异尾枪乌贼属。欧洲鱿鱼主要是新鲜售卖，可以达到很高的市场价值。在加利西亚南部（西班牙西北部）沿岸，枪乌贼在 7—9 月成为围网船的目标种，并占据了过半的渔获；异尾枪乌贼属本渔业第二目标种，也会被拖网和围网所捕捞（Tasende et al，2005）。

在加的斯湾（西班牙西南部），枪乌贼主要捕获于多物种的底拖网渔业。1994—2010 年，底拖网渔获量在 30～575 t（平均 497 t），这占据了加的斯湾 99%的总上岸量。该鱿鱼渔业具有显著的季节特征，10月和11月会有较高的上岸量。异尾枪乌贼属的两个种类也会被本区底拖网船作为兼捕渔获捕获，1996—2006年记录的上岸量在55～290 t（Pierce et al，2010）。

葡萄牙长鳍鱿鱼渔获混合了三个不同种类，它们在市场上没有被区分为枪乌贼、福氏枪乌贼和锥异尾枪乌贼，虽然大部分是枪乌贼。枪乌贼有一个100 mm的最小尺寸规定，这项规定有效覆盖了三个种类。20世纪90年代，只有枪乌贼进入市场，因为福氏枪乌贼的数量不多，而锥异尾枪乌贼是小型种类，通常小于最小规格。2001—2010年，葡萄牙官方这类鱿鱼的上岸量为平均每年514 t。在西部沿岸，阿威罗（葡萄牙中部）外围，主要以竹筴鱼为目标的大型拖网船有两个捕捞头足类的策略。他们捕捞常见的章鱼（真蛸）和枪乌贼，对这些种类的捕捞根据丰度变化进行季节性和年际切换（最终依赖于这些种类年内的补充量）（Fonseca et al，2008）。

（三）资源评估

目前对欧洲的头足类还没有常规的资源评估，也没有常规的生物学特征研究的市场取样和在西北大西洋北部对这些物种开展直接调查。不过，一些研究计划和ICES WGCEPH已经开展了一些开发评估（Robin & Denis，1999；Denis et al，2002；Royer et al，2002；Young et al，2004；Challier et al，2005；ICES，2010，2011，2012）。

头足类如福氏枪乌贼的各种特点使得它们难以适用传统的资源评估方法，包括短暂的生命史、确定年龄困难且耗费时间、变化的增长率（导致长度—年龄关系弱）、缺少生命周期事件的同步性（各种微群体共同存在）和生命周期事件的年间差异，反映出其对环境条件变化的高度敏感（Boyle & Pierce，1994；Pierce & Guerra，1994；Young et al，2004；Pierce et al，2008）。缺少资源—补充关系，反映出的短暂生命周期和对环境的高度敏感意味着季后评估的预报价值有限。事实上，预报丰度的困难在所有头足类渔业中对管理者来说都是一个难题（Rodhouse，2001）。

鱿鱼资源评估的选项包括预报、补充调查、季内评估（例如使用衰竭模型）和季后评估（例如使用生产模型或基于种群动态的更明确的模型）（Pierce & Guerra，1994）。丰度和环境条件之间存在的关系说明丰度具有可预报性，虽然这种关系的预报能力比较弱（Pierce & Guerra，1994；Rodhouse，2001）。

在西北大西洋，只有葡萄牙曾直接对头足类开展过常规的拖网调查（Pereira et al，1998）。针对鱼类的标准拖网调查收集的数据可以生成丰度指标，其结果由拖网调查得出的丰度指数和年渔业上岸量的正相关性支持（Pereira et al，1998）。通过对拖网调查数据使用扫海面积法来评估绝对丰度也是有可能的。不过，相对和绝对丰度评估目前难以做到。很多调查（直接对鱼类）的时间不适合拿来预测补充强度；枪乌贼科的生命周期在任何情况下都可能在不同年份里发生变化（Pierce et al，2005）。设备选择需要理性，这样才能选择合适的网口尺寸。而且，由于物种分布高度呈现片状，重要的聚集区很容易被调查错过，或因调查而造成额外的死亡率（Hastie，1996；Pierce et al，1998）。将小型枪乌贼属从成年异尾枪乌贼属中分辨出也存在困难。

Royer et al（2002）使用消耗法和月断代分析法来研究英吉利海峡的枪乌贼属的两个种类。在消耗方法中，假设自然死亡率为20%，初始种群规模福氏枪乌贼为370万～

1 900 万尾，枪乌贼为 210 万～1 000 万尾。月断代分析法则给出了 240 万～1 400 万尾枪乌贼和 630 万～2 230 万尾福氏枪乌贼的结果。对枪乌贼属的这两个种类，英吉利海峡的开发水平高于最佳水平。引入年龄数据和考虑个体生长率变化可以改进模型，虽然必要的数据收集都是劳动密集的工作（Challier et al，2006）。

Young et al（2004）使用消耗法评估了 20 世纪 90 年代福氏枪乌贼的丰度，得出了 1995—1996 年从最多约 600 万尾下降到只有几千尾。另外，一套基于渔民访问调查的评估捕捞努力量和上岸的方法在苏格兰被尝试应用到枪乌贼属渔业（Young et al，2006b）。

资源评估面临烦人的关键挑战，包括获得标准 CPUE 指数、评估重叠区域枪乌贼属两个种类的比例、评估补充强度和长度与年龄的关系。

（四）枪乌贼科的渔业管理

欧洲头足类捕捞的管理很大程度受限于欧洲南部的 MLS 管理。在西班牙和葡萄牙，枪乌贼属的 MLS 为 100 mm（Fonseca et al，2008）。在加利西亚，异尾枪乌贼属的 MLS 为 60 mm（Tasende et al，2005）。Collins et al（1997）提议对福氏枪乌贼的直接渔业可以在控制开放下管理，以防止过度捕捞、减少产卵期捕捞、防止补充群体被过度捕捞。不过，作者承认这会导致捕捞的窗口期非常短。

分析发现，捕捞的水平高于最佳水平，上岸量就会具有繁荣和萧条的动态变化，这都说明了管理的必要性。另外，卵的减少，既有产卵场拖网的因素，也有卵附着在设备上的重要原因。有迹象显示，马里湾的过度捕捞（小个体鱿鱼的渔获量很高，之后的季内的渔获量较低）在加剧。大量卵附着在葡萄牙西北外围水域渔网等固定设备上，这可能会导致死亡率显著上升。

枪乌贼资源管理大部分考虑了兼捕渔获在上岸渔获中持续占优势的管理方法，是为了让管理致力于保护基本栖息地如产卵区，而不是限制一般渔获或捕捞努力量。最近的模型研究工作尝试定义了福氏枪乌贼在苏格兰水域的栖息地和移动，但该种类主要的产卵区仍未知（Viana et al，2009；Smith et al，2013）。有很多枪乌贼属的卵附着在陷阱、笼和渔网、渔线上的记录（Holme，1974；Lum-Kong et al，1992；Porteiro & Martins，1992；Martins，1997；Craig，2001；Pham et al，2009；Smith，2011）。Lordan & Casey（1999）指出，福氏枪乌贼很可能在岩石底上产卵，这里附着到基底层的概率更高，事实上底拖网的破坏也更小。在枪乌贼的案例中，一些产卵地已经被辨别出，例如葡萄牙西南外围水域（Villa et al，1997）。在英吉利海峡的鱼类栖息地，Vaz et al（2007）描述了头足类和小型甲壳类群落，包括枪乌贼属两个种类的亚群落。

二、柔鱼科

（一）生物学、生态学和资源结构

三种柔鱼在东北大西洋可以成为商业性渔业，分别为褶柔鱼（*T. sagittatus*）、短柔鱼（*T. eblanae*）和科氏滑柔鱼（*I. coindetii*）。本科的一些其他种偶尔也有捕获。这三种都有明显的丰度波动，高丰度不时会出现，更多细节见本章前面的描述。

1. 褶柔鱼

褶柔鱼分布于东大西洋的冰岛、巴伦支海和喀拉海，南至几内亚，西至大西洋中脊以及整个地中海区域。褶柔鱼栖息的水域较广，不仅栖息于陆坡表层到超过 1 000 m 水深的海域，也栖息于陆架和开阔的海域。

和很多其他鱿鱼一样，耳石得出的年龄数据显示褶柔鱼寿命在向下调整，且它基本是一年生种。最高年龄纪录是大约 14 个月（假设耳石生长每日发生）（Lordan et al，2001）。在西非外围，记录全年都有产卵但在冬季是高峰，而 Lordan et al（2001）发现了夏季和冬季的繁殖高峰（Arkhipkin et al，1999）。

褶柔鱼主要捕食鱼类，小型中层鱼类在其食物中占很高比例。它反过来也会被很多鱼类和甲壳类以及海鸟和海豹等动物捕食（Breiby & Jobling，1985；Piatkowski et al，1998；Lordan et al，2001；Jereb et al，出版中）。

在该物种的分布范围内，至少有三个种群，即在大西洋中脊繁殖的东北大西洋迁徙性种群，在北至冰岛和挪威外围觅食的种群以及在地中海和非洲西北部海域定居的种群（Dunning & Wormuth，1998；Nigmatullin et al，2002；Vecchione et al，2010）。由于这些资源之间的基因比对尚未开展，所以它们的种群状态尚未知。对这些种群目前也没有具体的管理措施。

2. 科氏滑柔鱼

科氏滑柔鱼呈现广泛和间断的地理分布。在东大西洋，它栖息于挪威沿岸（60°N）到纳米比亚水域（20°S）。和褶柔鱼不同，科氏滑柔鱼的出现仅局限于浅水，且不在冰岛附近出现。它也栖息于地中海（Jereb et al，出版中）。在西大西洋，最北的分布记录是弗吉尼亚沿岸（37°N）。其在西大西洋分布的南部边界尚未知，但它出现在墨西哥湾和加勒比海，在法属圭亚那也有报告。

该种类是生活在陆架和上层陆坡的底层、浅海种，栖息于大西洋表层到 1 000 m 水深的海域，主要集中于 150～300 m 水深。生命周期很可能是一年，最长寿命是大约 15 个月（González et al，1996）。繁育全年存在，虽然不同区域的高峰季节不同（Rasero et al，1996）。它主要捕食鱼类，虽然较小的个体主要捕食甲壳类，捕食的鱼类分布范围很广，既有中上层鱼类也有底层鱼类。它的捕食者包括鱼类和甲壳类，以及海鸟和其他头足类。在东北大西洋区域科氏滑柔鱼只有一个单一种群（Martínez et al，2005a，2005b）。

3. 短柔鱼

短柔鱼分布广泛，栖息于东大西洋 61°N 到 36°S 的陆架水域，以及波罗的海和整个地中海。其分布范围最北和褶柔鱼一样，为挪威北部（Golikov et al，2013）。不过，它也出现在西印度洋、西太平洋、中国南海、澳大利亚水域、帝汶海，澳大利亚西部和东北沿岸到塔斯马尼亚东侧。

短柔鱼是中型底层种类，通常栖息于沙质和泥质海底，温度在 9～18 ℃，水深为20～850 m 的区域。通常，短柔鱼栖息于陆架坡折区，那里的边界流和中尺度海洋事件如下降涡和上升流提供了丰富的食物。目前没有明确的迹象表明其具有季节性迁徙或其他类型的迁徙行为。它很可能是一种不大迁徙的柔鱼种类（Jereb et al，2005）。

目前研究的种群性别比通常为 1∶1。不同性别的个体体长不同，雌性生长速度快于雄性（雌性最大胴长 290 mm，雄性 220 mm），且成熟个体也略大。雌性最小的性成熟胴长为 120 mm，而雄性为 100 mm。另外，成熟中和性成熟的雄性触腕茎化（Sabirov et al，2012）。其生命周期很可能是一年，虽然记录的最大年龄只有 255 d（Robin et al，2002）。繁育全年存在，尽管不同区域的高峰季节不同。在 44°N 以南的大西洋水域，全年都有孵化，但高峰出现在夏末秋初（González et al，1994；Hastie et al，1994；Robin et al，2002；Zumholz & Piatkowski，2005；Jereb et al，出版中）。

和科氏滑柔鱼一样，短柔鱼主要捕食鱼类，随机捕食鱼类、甲壳类和其他头足类，重要性逐次降低，也会同类相食。其捕食者包括鱼类和甲壳类，以及海鸟和其他头足类（Jereb et al，出版中）。

东大西洋有三个短柔鱼种群资源，但在东北大西洋只有一个短柔鱼种群资源（Dillane et al，2005）。

（二）渔业

褶柔鱼的丰度高度变化，可能一系列海洋因素会影响其补充强度。北大西洋种群暴发出现在 1885 年、1891 年、1930—1931 年、1937—1938 年、1949 年、1958 年、1962 年和 1965 年，这几年由于鱿鱼的入侵，挪威和波罗的海成为全球最大的渔场（Zuev & Nesis，2003）。Wiborg（1978）提到，1949—1971 年褶柔鱼每年夏季都会来到挪威沿岸，只有 1951 年、1952 年、1956 年和 1961 年除外；同时也指出该种类的渔获很多被用作长线渔业的诱饵。

1980—1985 年的鱿鱼高丰度期间，该种类的渔业曾出现过大幅而短暂的发展（Sundet，1985）。此前类似的事件也出现在大西洋另一侧——另一种柔鱼，即滑柔鱼（*I. illecebrosus*）渔业在 20 世纪 70 年代开始繁荣起来。在这两个事件之前，日本国内鱿鱼的渔获量下降，导致整条冷冻和干鱿鱼市场的发展（O'Dor & Dawe，2013）。目前，褶柔鱼在其分布范围里作为兼捕渔获被捕捞，在挪威足够支撑起目标渔业的时机仍具有周期性（Pierce et al，2010）。

短柔鱼和科氏滑柔鱼全年在拖网渔业中作为兼捕渔获捕捞。这两个种类通常在官方上岸的数据中并未区分开来。不过，在加利西亚和西班牙西北部，市场取样被用来获得两种类的不同特征。两者的上岸量都很大，虽然有不同的空间和季节模态。两种类通常捕获于 100～400 m 水深区域（González et al，1994；Bruno et al，2009）。根据 Robin et al（2002）的研究，短柔鱼主要生活在 200 m 水深。不过，某些年份里，苏格兰的短柔鱼可以在临近海岸的海域被捕获。科氏滑柔鱼通常在法国和西班牙北部比短柔鱼更重要（Robin et al，2002；Bruno & Rasero，2008）。Nigmatullin（1989，2004）提到北大西洋的柔鱼（*Ommastrephes bartramii*）没有持续的聚集，该种类没有渔获上岸的数据。柔鱼广泛分布于地中海和东北大西洋北至冰岛水域，在所有柔鱼类的渔获上岸中只占很小比例。

（三）捕捞方式

捕捞褶柔鱼的方法因区域而异，通常使用的捕捞工具起初是设计用来捕捞其他物种的。在挪威，捕捞进入峡湾的鱿鱼的主要方法是使用鱿钓机（Wiborg & Beck，1984；Sundet，1985）。1984 年，有多达 1 800 艘渔船参与了该渔业（Sundet，1985）。不过，在整个欧洲，最重要的捕捞方法是底拖（Wiborg & Beck，1984；Joy，1990；Jonsson，

1998；Roper et al，2010）。该渔业在希腊、苏格兰、挪威和冰岛只是占比很小的兼捕渔获。褶柔鱼在挪威的远洋拖网和围网，法国和西班牙的流刺网，美国的围网和苏格兰的围网，葡萄牙的流刺网和三层刺网，卡那里岛和意大利的手工鱿钓，希腊的手工鱿钓、围网和三层刺网渔业中均有所记录（Wiborg & Beck，1984；Pierce et al，2010；Escánez Pérez et al，2012）。

曾有一些针对本种类发展特定渔业的尝试。20世纪80年代，褶柔鱼在挪威和北海北部的鳕、鲭和鲱商业围网渔业中作为兼捕渔获捕捞。每天的渔获量从几千克到50 t不等。不过，挪威1981年10—11月开展的一个实验性的目标渔业以失败告终。通过探测仪定位鱿鱼，并用停泊小船上的灯光来聚集鱿鱼。不幸的是，被吸引的鱿鱼数量很少，最大渔获量约200 kg（Wiborg et al，1982）。传统鱿鱼鱿钓被证明更加成功。1981年秋季，一个拖虾船装备了5个具有双线骨的鱿钓机。在6周的捕捞期内，最大日渔获量为3.3 t，而另一个装备了8个单线鼓的鱿钓机在一个月里捕获了100 t鱿鱼，其中最大日渔获量为10～12 t（Wiborg et al，1982）。1981年秋季，一次在巴伦支海苏联水域开展的实验性鱿钓渔业中，每夜鱿鱼的渔获量为1～10 t（PINRO，2011）。挪威的鱿鱼渔业尝试使用日本流刺网，一如在北太平洋用于柔鱼渔业那样，但并不成功（Wiborg et al，1982；Wiborg & Beck，1983）。

1982年4—5月，苏联的蓝鳕拖网船每周捕捞4 t的鱿鱼兼捕渔获，但由于渔获量太低，20世纪80年代在苏联水域和挪威开展的特定拖网渔业都没能成功（Wiborg & Beck，1983；PINRO，2011）。远洋拖网似乎不能在拖网过程中聚集褶柔鱼，一如滑柔鱼和枪乌贼。蓝鳕商业拖网捕捞的鱿鱼（210～470 mm）大部分来自翼拖网，很少的一部分来自有囊拖网（Wiborg & Beck，1983）。苏联在西北非使用半远洋拖网（垂直开放约30 m，水平开放40～50 m，网口10～34 mm）调查时也出现了同样的情况，捕获的鱿鱼大小多在120～240 mm，大部分渔获卡在两翼。

西北非外围，褶柔鱼在布朗角到23°—23°30′N的远洋和底层拖网渔业（鲭、马鲛、鳕和其他鱼）中偶尔作为兼捕渔获被捕获。渔获通常在6—7月达到峰值，日产量300～500 kg，虽然在大年有些船只每日能捕到2～6 t甚至10～15 t。最高渔获量来自10:00—17:00的底层拖网。由于在渔获中主要是鱼类，特别是马鲛，整只鱿鱼经常表皮受损严重。将鱿鱼的胴体和触手做成罐头产品能很好地解决该问题。1992年，俄罗斯承认这些水域的摩洛哥管辖权，零散的鱿鱼捕捞被停止（Nigmatullin et al，1998）。1983年前，该种也会偶尔在毛里塔尼亚被苏联船只捕获，当时苏联引入了一项头足类兼捕渔获禁令。

短柔鱼主要来自拖网船，但也有的来自流刺网、三层刺网、长线钓和夹具。科氏滑柔鱼大部分来自底层和远洋拖网，一小部分来自流刺网、三层刺网和钩钓（Jereb et al，出版中）。

（四）渔获产量

和枪乌贼一样，柔鱼类报告的上岸数据通常没有按种类分，提交ICES和FAO的上岸数据的准确性令人怀疑，虽然国家的数据可能更可靠。根据ICES数据，2000—2012年，这些种类在欧洲ICES区的年上岸量在970～5 600 t（ICES，2012，2013）。同期，FAO数据显示，从27区进入欧洲的年上岸量在835 t至1.027万t（FAO，2014）。虽然两个数据都显示西班牙的上岸量占本组在欧洲总上岸量的大头，但两个数据的一致性较差，ICES数据的最低值是在2007年，而FAO数据的最低值则是在2004年。另外，虽然FAO数据在东北大西洋也区分了不同种类的柔鱼的产量，但目前西班牙上岸渔获中占比最大的是滑柔鱼，而东北大西洋却没有该种类。

褶柔鱼高丰度期内只有两个该种类的目标渔业。一个在1974年的西北非外围水域，另一个在1981—1985年的挪威。1974年，俄罗斯拖网船在布朗角（21°—23°N）捕捞了约1.8万t。胴长140～200 mm（体重70～150 g）的未成熟个体似乎会在当年5月聚集，并在6—7月达到最高；聚集在100～300 m水深。这种情况可能是褶柔鱼丰度的突然爆发式增长，其下一代进入陆架觅食。俄罗斯R/V“大西洋NIRO”船1995—1998年在18°—32°N开展的密集调查显示，该尺寸的鱿鱼主要在400～800 m水深，而小于300 m水深的水域则被科氏滑柔鱼和短柔鱼所占据。

1980—1985年，挪威和波罗的海的褶柔鱼渔业逐步发展。从1977年只有1 683 t渔获开始，褶柔鱼每年都进入挪威沿岸和临近海域且越来越密集。将鱿鱼引进挪威消费市场是成功的，且其需求逐渐增加。鱿鱼总体上是大型个体，近岸水域鱿鱼的规格在捕捞季内逐渐增加，从10月的280～350 mm长到3月的390～450 mm（Wiborg，1978；Wiborg et al，1982；Wiborg，1987）。在大洋和浅滩水域，鱿鱼会小于20 mm（Wiborg et al，1982）。鱿鱼渔业使用多种设备，但在沿岸和浅滩水域，鱿钓机似乎是最好的捕捞褶柔鱼的方法。渔获物主要是未成熟个体，其中雌性占92%～100%。雄性的丰度在大洋水域稍高（有时到20%～25%）。在挪威和北海边界的维金浅滩，雄性在1982年3—4月的总渔获中占比超过80%（Wiborg et al，1982）。最大渔获量出现在1982年和1983年，为1.838 5万t和1.802 5万t。随后渔获量逐渐下降并有大幅的年际波动，直到1986年该种类消失。此后1987年和1988年出现了一个短暂的商业捕捞期，总渔获分别为3 936 t和1 183 t。

现今，该种类只作为一种有价值的兼捕渔获。近年在东北大西洋，大部分渔获由西班牙报告，1997年约2 500 t，2004年下降到373 t，此后又略微下降。英国也有报告该种上岸，从1998年的293 t下降到2010年的只有6 t（FAO，2011）。褶柔鱼的上岸数据覆盖不同历史时期，渔获量峰值通常持续几年，此前是长期的低丰度期。在过去60年里，报告的渔获量在0～2万t，1950—2009年平均每年2 934 t（图33）。挪威水域的最大渔获量出现在1982—1983年，约1.8万t，1988年后商业捕捞在该区域内消失（FAO，2011）。

科氏滑柔鱼和短柔鱼在硬骨鱼类（无须鳕和翻车鱼等）和甲壳类（挪威龙虾）渔业中被法国、西班牙和葡萄牙的拖网船作为兼捕渔获捕捞，捕捞全年开展。不过，上岸量只能反映被保留的渔获量，丢弃的部分则未知，且依赖于市场价格和目标种类的渔获量。在西班牙，这两个种类2002—2012年的平均价格为每千克1.5欧元，这意味着总销售收入可达到每年600万～800万欧元。西班牙2012年约有85艘底拖和双拖船，使用钓钩和三层刺网捕捞的小型渔业尚不清楚有多少艘船参与捕捞。

科氏滑柔鱼在西班牙过去10年底拖网柔鱼类的上岸量中所占平均比例在56%～88%，而短柔鱼则为12%～44%。对于双拖网，这两个种类的重要性发生反转。科氏滑柔鱼占上岸量的11%～28%，而短柔鱼占72%～89%。这种差异似乎是捕捞船只造成的，

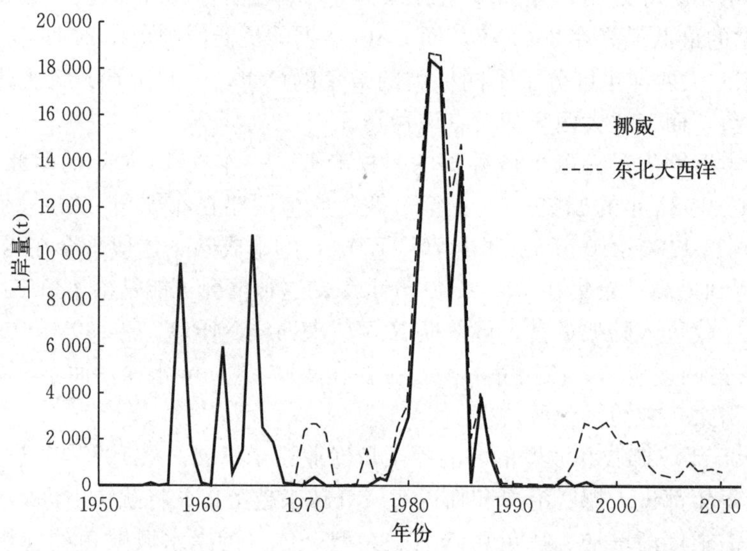

图 33　挪威和东北大西洋的褶柔鱼（*Todarodes sagittatus*）上岸量
（改编自 FAO，2011）

但生物学和海洋学条件也可能会有影响。

法国捕捞的科氏滑柔鱼占总渔获量的 8%～10%，主要捕捞自 ICES Ⅷ a、b 和 c 区；西班牙占总渔获量的 76%～80%；葡萄牙来自 ICES Ⅸ a 区的渔获量占总渔获量的 12%～14%。在西班牙的渔获中，加利西亚港接收了约 78%的 ICES Ⅷ c 西区和Ⅸ a 北区捕捞的柔鱼。其中，75%来自底拖船，22%来自双拖，3%来自钓钩和流刺网。在比斯开湾（ICES Ⅷ c 东区），底拖网柔鱼渔获量占 49%，双拖网占 37%，钓钩和流刺网占 14%。

科氏滑柔鱼在西班牙的上岸量数据显示其具有高度年际变化，但大部分年份里能观察到季节模态，主要是因为加利西亚沿岸的上岸量具有季节变化，春季（30%）和秋季（26%）的产量比例高，夏季最低（19%）。从西班牙底拖船上岸数据可以观察到科氏滑柔鱼的月体重分布也具有季节模态。较大的个体（平均 90～100 g，亚成年和成年个体）在春季要比在夏秋季（平均 50 g，新补充和幼年个体）更丰富。来自双拖网上岸的科氏滑柔鱼总体要比底拖网大。在双拖网上岸渔获中，超过 120 g 的科氏滑柔鱼占总渔获量的 42%，而在底拖网中只占 24%。

虽然短柔鱼月体重分布的季节趋势在大部分年份里不明确，但数据显示补充量在 1—5 月显著增加，这段时期有 75%的个体体重小于 50 g。

（五）资源评估和管理

目前没有任何针对欧洲水域的各个柔鱼种类的资源评估，也没有针对这些种类的捕捞规范。这反映出头足类资源面临的一般性问题，如之前所描述的枪乌贼一样。由于捕获不定时发生，且一些鱿鱼种类不如枪乌贼受消费者欢迎，这种情况在柔鱼渔业中尤为严重。另外，能用来开展评估的数据有限。除了之前提到的上岸数据的问题（包括未知的丢弃比例），由于缺少或没有直接的捕捞信息，这些种类的捕捞努力量数据无法获得。此外，它们也不在市场取样的常规物种范围内（Bruno，2008；Bruno & Rasero，2008；Bruno et al，2009）。

第五节 地 中 海

虽然地中海有时被视作大西洋的一部分，但由于地理、生态、历史、社会和经济特点，其构成了一个明显的独立区域。地中海拥有约 46 000 km 的海岸线，几乎被陆地完全包围，这种特点决定了其特有的环境条件特性，进而影响到该海域的渔业资源生物学特性，这为地中海地区的沿岸居民从事渔业活动提供了最好、最适宜的环境。

对海洋生物资源的开发始于几千年以前。自远古以来，地中海就是被研究和描绘的对象——“海洋生物和捕捞具有崇高的地位”（Margalef，1989；Farrugio et al，1993）。对地中海头足类的兴趣在亚里士多德的研究之后便被很好地描述，且持续到古希腊和罗马时代。地中海在 20 世纪成为头足类研究的核心区域，这要归功于意大利那不勒斯的动物研究站、法国 Banyuls-sur-Mer 地区的 Laboratoire Arago 和其他重要机构。借助精良的工作设备，那不勒斯推出了两份主要刊物 *Publications of the Zoological Station at Neaples* 和专著 *Fauna and Flora of the Gulf of Neaples*。在专著中，Giuseppe Jatta 关于那不勒斯头足类的一篇文章是头足类研究的里程碑，专著中一些被 Merculiano 引用的经典说明今天依旧被很多刊物引用（Orsi Relini et al，2009）。瑞士动物学家 Adolf Naef 20 世纪 90 年代访问了那不勒斯，在那里完成了他的博士论文并继续 Jatta 的研究工作。Naef 的专著为现代头足类的系统研究建立了基础，且依旧是对地中海头足类（鱿鱼）最综合系统的工作。

对于地中海鱿鱼的生态学，Katharina Mangold-Wirz（1936）的专著 *Biologie des Cephalopodes bentiques et nectoniques de la Mer Catalane* 为地中海主要鱿鱼种类，如枪乌贼（*L. vulgaris*）、科氏滑柔鱼（*I. coindetii*）和短柔鱼（*T. eblanae*），以及褶柔鱼（*T. sagittatus*）和异尾枪乌贼（*A. media*）提供了重要的参考。

从公元 1 世纪开始，鱿鱼便出现在地中海的一些渔业场景图画中，如保存在苏塞考古博物馆中的一些原始图画（图 34 A，B）（Donati & Pasini，1997）。一副展示上帝、海洋和主要生物的绘画中也出现了美丽的鱿鱼形象，确切地说是一只枪乌贼，这说明鱿鱼被视作海洋生命中的重要一部分（图 34C）（Donati & Pasini，1997）。

A

B

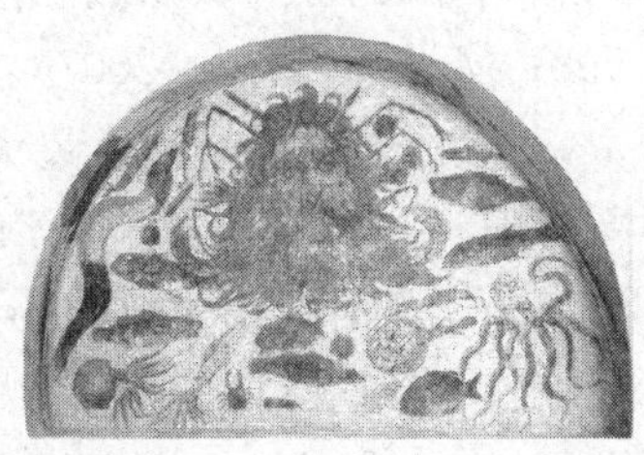
C

图 34 沿岸渔业场景图画（A，B）及海洋与海洋生物锦砖（C）
（Donati & Pasini，1997）

鱿鱼，特别是枪乌贼，依旧是地中海人民食物的重要组成部分，特别是在西班牙、意大利和希腊，鱿鱼在当地鱼类市场的地位很重要，无论是它们特别的价值（枪乌贼）还是丰度（科氏滑柔鱼和短柔鱼）(Jereb & Roper，2010)。

虽然地中海只有少量以这些种类为目标的渔业，但整个地中海盆地都有捕捞鱿鱼作业，小型和手工沿岸渔业以及大型多种拖网渔业都参与其中。20 世纪 80 年代末，南西西里（意大利对头足类上岸贡献最大的区域）的主要上岸监测结果表明，头足类贡献了本区 37%的总产量，其中鱿鱼（主要是科氏滑柔鱼和短柔鱼）在西西里一些港口占头足类总上岸量的 30%以上（Andreoli et al，1995；Jereb & Agnesi，2009）。

根据 FAO 数据，鱿鱼占地中海渔获产量的约 1/4（FAO，2011—2013），其中包括枪乌贼和福氏枪乌贼（*L. forbesi*）以及异尾枪乌贼和锥异尾枪乌贼（*A. subulata*），柔鱼类的科氏滑柔鱼、短柔鱼和褶柔鱼。柔鱼（*O. bartramii*）也有捕获，不过，虽然该种在地中海比原先设想的要更加普遍，但捕捞量稀少且很少成为手工和休闲渔业的目标（Orsi Relini，1990；Ragonese & Jereb，1990a；Bello，2007；Potoschi & Longo，2009)。

一、主要鱿鱼种类的生物学信息

（一）枪乌贼

枪乌贼遍布地中海，包括地中海西部和中部水域，整个亚得里亚海、爱奥尼亚海、爱琴海和黎凡特盆地。该种类也曾出现在马尔马拉海（Katağan et al，1993；Ünsal et al，1999；Jereb et al，出版中)。

从对地中海取样枪乌贼耳石分析来看，它很可能是一年生种类，虽然在地中海外也有一些长于或短于一年的生命周期记录，其中雌雄个体都出现过最大 15 个月的个体（Natsukari & Komine，1992；Bettencourt et al，1996；Raya et al，1999；Moreno et al，2007)。

在地中海观测到不同时间跨度的产卵季。在西地中海和中亚得里亚海，全年都有成熟个体，这说明产卵可能全年进行。不过，产卵集中在 3—7 月或 2—8 月，西地中海的补充高峰出现在夏末，亚得里亚海的补充高峰在 1—5 月（Lloret & Lleonart，2002；Krstulović Šifner & Vrgoč，2004)。最近的研究进一步证实产卵活动全年进行，其高峰出现在春季的巴利亚里群岛（Cabanellas-Reboredo，2014a，2014b)。

东地中海有其他产卵季的报告，这些数据来自色雷斯海，显示产卵集中在 2—5 月，来自希腊海的额外数据表明产卵季是从 11 月开始持续到翌年 4—5 月（Lefkaditou et al，1998；Moreno et al，2007)。

雄性个体比雌性大，最大雄性胴长为 640 mm，雌性为 485 mm，这些记录来自西非沿岸（Raya，2001)。在地中海，最大规格记录出现在里昂湾，雄性为 540 mm，雌性为 340 mm，规格 300～400 mm 的个体比较普遍（Worms，1979)。

枪乌贼通常在 100 m 以内的水深更丰富，一般在沿岸到陆坡（200～500 m）的边界之间，地中海出现的最深记录是在爱奥尼亚海 545 m 水深（Krstulović Šifner et al，2005；Jereb et al，出版中)。在枪乌贼与福氏枪乌贼分布重叠的区域，它一般出现在较浅水域，支配地位从一个种过渡到另一种的区域是在 70～80 m 水深范围（Ragonese & Jereb，

1986；Ria et al，2005）。

在地中海，枪乌贼的迁徙主要与性成熟和产卵有关，通常局限于向岸/离岸式运动，成熟个体在冬末春初到达沿岸浅水，而幼体在秋季移回较深水域（Mangold - Wirz，1963；Worms，1980；Sanchez & Guerra，1994；Valavanis et al，2002）。夜间为了捕食，枪乌贼也会向海表面垂直迁移。这种行为被人熟知，并被商业和休闲渔业利用，在夜间和日落后人们聚集在浅海渔场，使用鱿钓捕捞鱿鱼（Cabanellas Reboredo et al，2012a）。

和大部分生长快速、擅长游泳的鱿鱼一样，枪乌贼是随机捕食者，不仅以鱼类为食，同时也捕食甲壳类和头足类，其食谱随着索饵场和猎物丰度的变化而有季节性变化。反过来，它会被一些中上层鱼类、底栖鱼类、鲨鱼和海洋哺乳动物所捕食（Jereb et al，出版中）。

在地中海，枪乌贼主要是多目标种的底拖网渔业的兼捕渔获，和福氏枪乌贼一起全年上岸。不过，也有直接以近岸产卵群体为目标的小型渔业，使用手工鱿钓、沙滩围网和其他手工设备如流刺网和三层刺网进行捕捞，另外还有休闲渔业（Lefkaditou & Adamidou，1997；Lefkaditou et al，1998；Morales-Nin et al，2005；Adamidou，2007；Cabanellas-Reboredo et al，2012a，2012b，2014a，2014b）。

（二）福氏枪乌贼

福氏枪乌贼也广泛分布于地中海，包括地中海中西部海域、亚得里亚海中南部、爱奥尼亚海、爱琴海和黎凡特盆地（Jereb et al，出版中）。该种在马尔马拉海尚无记录。

该种曾经比较丰富，特别是在某些地中海海域。20 世纪 90 年代之后在其分布范围的南部突然减少，包括地中海（Jereb et al，1996；Chen et al，2006）。不过，最近的研究显示福氏枪乌贼在埃及地中海水域的枪乌贼渔业中依旧是重要的资源，既是拖网的兼捕渔获也是手工渔业的直接目标。

在大西洋对该种年龄和生长的不同研究结果显示，其寿命约为 16 个月，最大估计为 18 个月，虽然大部分取样个体都表现出一年的生命周期（Rocha & Guerra，1999；Jereb et al，出版中）。地中海该种类的生物学信息匮乏，但来自大西洋的数据显示其产卵季较长，其产卵高峰时间在不同地理区域会有所不同。在西西里海峡（地中海中部）的初步观察显示该区域的福氏枪乌贼产卵集中在冬季，从 11—12 月持续到翌年 2—3 月，而且在春末夏初可能会有第二个高峰（Ragonese & Jereb，1986）。最近的埃及地中海的观测显示本区福氏枪乌贼产卵在春季和夏初进行（Riad & Werfaly，2014）。

在地中海，福氏枪乌贼可栖息于水深超过 700 m 的海域（在爱奥尼亚海 715 m）（Lefkaditou et al，2003a）。虽然浅于 50 m 的水域也有记录，但福氏枪乌贼主要集中在靠近陆架区，地中海东部和西部 200～500 m 水深范围内（Quetglas et al，2000；Cuccu et al，2003）。如上所述，在其分布与枪乌贼重叠的区域，福氏枪乌贼会处于更深水层，支配地位从一个种过渡到另一种的区域是在水深 70～80 m 的范围（Ragonese & Jereb，1986；Ria et al，2005）。迁徙模式已在东部大西洋一节描述，但仍有很多未知（Jereb et al，出版中）。

福氏枪乌贼是高度随机捕食者，会捕食鱼类、甲壳类、头足类、多毛类和其他任何潜在猎物以及同类；该种被一些中上层和底栖鱼类、鲨鱼和海洋哺乳动物所捕食。

在地中海，福氏枪乌贼主要是作为多种类的底拖网渔业的兼捕渔获，全年上岸，通常和枪乌贼混在一起。不过，福氏枪乌贼在某些区域也是手工渔业的目标种（Riad & Werfaly，2014）。

（三）异尾枪乌贼和锥异尾枪乌贼

异尾枪乌贼和锥异尾枪乌贼广泛分布于地中海，不过由于这两种的分类问题尚未解决，它们各自真实的地理界限和位置以及在地中海的真正分布仍存有很多疑问（Jereb et al，出版中）。

异尾枪乌贼和锥异尾枪乌贼都被认为栖息于地中海中西部、亚得里亚海和东爱奥尼亚海（Mangold & Boletzky，1987；Belcari & Sartor，1993；Jereb & Ragonese，1994；Relini et al，2002；Cuccu et al，2003；Krstulović Šifner et al，2005）。异尾枪乌贼也广泛分布于爱奥尼亚海和爱琴海，在西马尔马拉海也有记录（Tursi & D'Onghia，1992；Salman et al，1997；Katağan et al，1993；Ünsal et al，1999；Lefkaditou et al，2003a，2003b）。最近的形态分析对东地中海的异尾枪乌贼进行了一次形态分类，后来的基因分析证实地中海的两个种实际上是一个种（Laptikovsky et al，2002，2005；Anderson et al，2008）。异尾枪乌贼，从东部向西延伸到地中海；而另一种，锥异尾枪乌贼，则是在亚得里亚海。最近证实锥异尾枪乌贼也存在于爱奥尼亚海（Lefkaditou et al，2012）。

异尾枪乌贼是整个地中海的陆架系统中最丰富的头足类，从西边界延伸到中部海域、亚得里亚海和爱琴海（Mannini & Volpi，1989；Sanchez et al，1998；Ungaro et al，1999；González & Sánchez，2002；Massutí & Reñones，2005；Krstulović Šifner et al，2005；Katsanevakis et al，2008）。它栖息于约 600 m 以内的浅水区（爱奥尼亚海 585 m）（Lefkaditou et al，2003b）。

关于地中海异尾枪乌贼属的生物学只有少量信息，最全面的信息依旧是来自加泰隆海的异尾枪乌贼（Mangold-Wirz，1963）。其生命周期很可能是 1 年，爱琴海的异尾枪乌贼的年龄评估略短，非洲沿岸的锥异尾枪乌贼的寿命只有 6 个月（Mangold-Wirz，1963；Auteri et al，1987；Rodhouse et al，1988；Arkhipkin & Nekludova，1993；Alidromiti et al，2009）。

根据对那不勒斯湾异尾枪乌贼的观测和东地中海最近的研究，异尾枪乌贼属产卵全年进行，虽然加泰隆海报告的产卵时间更多地集中在春季（3—5 月）（Lo Bianco，1909；Naef，1921—1923；Mangold-Wirz，1963；Laptikhovsky et al，2002）。

两个异尾枪乌贼属种类都是作为底拖和沙滩围网渔业的兼捕渔获被捕捞，即便有些地区会将这两种丢弃，但它们在其他地区能带来波动的商业利润并在西班牙和意大利上岸和销售（Ragonese & Jereb，1990b；Sartor et al，1998；Machias et al，2001）。在南西西里，它们在市场上被归为"鱿鱼（calamaretti）"进行销售。

（四）科氏滑柔鱼

科氏滑柔鱼存在于整个地中海，包括地中海中西部海域、整个亚得里亚海、爱奥尼亚海、爱琴海和黎凡特盆地（Jereb et al，出版中）。该种在马尔马拉海也有记录（Katağan et al，1993；Ünsal et al，1999）。

在地中海，其生命周期很可能是 1 年，虽然不同的年龄分析技术和不同区域估算出或长或短的寿命（西西里海峡：14～15 个月；希腊海：10～15 个月；北爱琴海：13～14 个月；利古里亚海：12～15 个月）(Jereb & Ragonese，1995；Arvanitidis et al，2002；Lefkaditou，2007；Cavanna et al，2008)。耳石信息分析出短至 6～7 个月（西西里海峡）和长至 18 个月（地中海西部）的寿命，而加泰隆海的模态进展分析则显示其有 17～18 个月和 2 年的寿命（Mangold-Wirz，1963；Sanchez，1984；Sanchez et al，1998；Arkhipkin et al，2000)。

科氏滑柔鱼是中型鱿鱼，通常在其分布范围内能长到 200～250 mm（Jereb et al，出版中)。雌性大于雄性。地中海也曾报告过有很多长达 300 mm 的个体（Ceriola et al，2006；Profeta et al，2008；Perdichizzi et al，2011)。这意味着种群中存在极端情况，猜测认为特大个体是前一年晚孵化出、没达到性成熟且在继续生长的个体（Jereb et al，出版中)。

在该种类的大部分分布范围内，产卵全年进行，不过观察发现，整个地中海存在产卵高峰，如意大利某些海域的春季和夏季（Maragliano & Spedicato，1993；Soro & Paolini，1994；Jereb & Ragonese，1995；Sanchez et al，1998；Arkhipkin et al，2000；Arvanitidis et al，2002；Gentiloni et al，2001；Ceriola et al，2006)。

在地中海，记录显示科氏滑柔鱼在表层到超过 700 m 的水域栖息（爱琴海南部 776 m)，密度最高的区域是在 100～200 m 和 400～600 m 水深（Tursi & D'Onghia，1992；Jereb & Ragonese，1995；Salman et al，1997；Lefkaditou et al，2003)。其栖息于泥质、沙质和碎屑丰富的海底，通常和十足目甲壳类如深水玫瑰虾（*Parapenaeus longirostris*）和欧洲鳕（*Merluccius merluccius*)、短柔鱼、墨鱼以及中型鱿鱼混居在一起（Mangold-Wirz，1963；Lumare，1970；Jereb & Ragonese，1991；Gentiloni et al，2001；Krstulović Šifner et al，2005，2011；Ciavaglia & Manfredi，2009)。

幼体和成体在某些地中海区域处于相同水深范围，幼体样本主要集中在浅于 200 m 水深范围内（Sanchez et al，1998；Ceriola et al，2006)。成体夜间会从底部垂直迁移到上层，且在地中海中西部具有季节性迁移，大量种群春季迁往浅海（70～150 m)，秋季扩散到更广阔的深海区域（Mangold-Wirz，1963；Soro & Paolini，1994；Sanchez et al，1998；Gentiloni et al，2001)。

在地中海，科氏滑柔鱼全年作为底拖网和上层拖网的兼捕渔获，另外较少作为深度在 100～400 m 的流刺网和三层刺网渔业的兼捕渔获。

（五）短柔鱼

短柔鱼广泛分布于地中海，包括地中海中西部、整个亚得里亚海、爱奥尼亚海、爱琴海和黎凡特盆地（Jereb et al，出版中)。该种在马尔马拉海也有记录（Katağan et al，1993；Ünsal et al，1999)。

关于地中海该种类的生物学信息局限于加泰隆海和少量意大利海域的研究（Mangold-Wirz，1963；Belcari et al，1999；Lelli et al，2005；Cavanna et al，2008)。在地中海，最近的年龄研究显示其生命周期很可能是一年（在利古里亚海 12 个月)，虽然在加泰隆海对该种类的直接观测估计其有长达 2 年的寿命（Mangold-Wirz，1963；Cavanna et al，2008)。

短柔鱼是中型鱿鱼。在地中海，最大胴长出现在西西里海峡，雌性 210 mm，雄性 200 mm（Ragonese & Jereb，1990)。产卵季很可能延伸至全年，加泰隆海的 5—11 月都曾发现成熟雌性（Mangold-Wirz，1963）。

该鱿鱼主要栖息于地中海的浅海和深海上层（Mangold-Wirz，1963；Ragonese & Jereb，1990；Belcari & Sartor，1993；Salman et al，1997；Giordano & Carbonara，1999；Quetglas et al，2000；Gonzales & Sanchez，2002；Cuccu et al，2003；Lefkaditou et al，2003a，2003b；Krstulović Šifner et al，2005）。最深的记录出现在爱奥尼亚海东北部（848 m），但该种类在 20～500 m 深度和陆架坡折区（100～200 m）资源特别丰富且高产（Belcari and Sartor，1993；Lefkaditou et al，2003a；Colloca et al，2004；Krstulović Šifner et al，2005）。

在地中海，短柔鱼全年作为底拖和上层拖网的兼捕渔获，另外较少作为深度在 100～200 m 和 600～800 m 的流刺网和三层刺网渔业的兼捕渔获。

（六）褶柔鱼

褶柔鱼栖息于整个地中海，包括地中海中西部、整个亚得里亚海、爱奥尼亚海、爱琴海和黎凡特盆地（Jereb et al，出版中）。过去的文献显示，该种存在于马尔马拉海（Demir，1952；Ünsal et al，1999）。不过，该海域最近的调查并没有该种的记录（Katağan et al，1993；Ünsal et al，1999）。

关于地中海该种类的生物学信息主要局限于地中海西部（Morales，1958；Mangold-Wirz，1963；Quetglas et al，1988，1999；Cuccu et al，2005）。褶柔鱼是一种典型的肌肉强壮的柔鱼，一般雌性规格为 350～400 mm，雄性为 200～250 mm。地中海曾报告过特别大的个体，雌性 600 mm，雄性 380 mm（撒丁岛南部）；而巴利亚里群岛曾报告过最大 418 mm 的雌性个体（Quetglas et al，1998；Cuccu et al，2005）。

大部分个体能活 12～14 个月，虽然最大的个体可能超过 2 年。产卵似乎是在陆坡进行，如 Clarke 关于褶柔鱼属的文章所述（Clarke，1966）。鉴于成熟雌性和雄性全年都有，产卵很可能是全年进行，虽然不同季节不同地区可能会出现产卵高峰（Quetglas et al，1998）。在西地中海的主要产卵时间是秋冬季（在加泰罗尼亚海和巴利阿里群岛是 9 月和 11—12 月）（Mangold-Wirz，1963；Quetglas et al，1998）。

褶柔鱼栖息于开放海域和靠近沿岸的区域，在整个地中海的浅海到 800 m 水深都能发现它们（Jereb & Ragonese，1990；Tursi & D'Onghia，1992；Belcari & Sartor，1993；Salman et al，1997；Casali et al，1998；Giordano & Carbonara，1999；Quetglas et al，2000；Gonzalez & Sanchez，2002；Cuccu et al，2003；Lefkaditou et al，2003a，2003b；Krstulović Šifner et al，2005）。根据夏季在其分布范围内的某些区域有较高渔获量分析，它们具有夜间在海表、白天在近底、冬季可能会向更深水域迁移的特点（如爱奥尼亚海）（Lefkaditou et al，2003a；southern Tyrrhenian Sea；Potoski & Longo，2009）。

如上所述，该种主要为地中海某些区域的人工手钓渔业利用，同时也作为拖网渔业的兼捕渔获（如伊特鲁里亚海）（Potoski & Longo，2009；Battaglia et al，2010）。虽然褶柔鱼在 FAO 统计中作为独立的分类被报告，但至目前为止还没有地中海国家有关该渔业的报告数据。

二、渔业

地中海的鱿鱼种类繁多，相比其他开阔海域的栖息种类，这里没有大型、单独特异的资源，沿岸有多种小型渔业作业，需要23个沿海国之间协调，每个国家在自己的水域内都有自己的海域资源管理办法，这些都使得地中海的渔业环境不同寻常（Caddy，1993；Farrugio et al，1993），尤其是捕捞活动在不同区域有很大不同，这些不同不仅与地理和生态限制有关，也和毗邻国家的社会、经济和历史有关。

Lefkaditou et al（2010）对欧洲水域的头足类渔业进行了概述。地中海的渔业统计信息在FAO数据库和Fishstat J软件上进行更新（FAO，2011—2013）。

（一）上岸量

地中海的头足类上岸数据通过以下主要商业分类来收集和分组。

墨鱼：除了乌贼（*S. officinalis*），还有雅乌贼（*S. elegans*）和粉红乌贼（*S. orbignyana*）。

章鱼：主要是真蛸（*O. vulgaris*）、尖盘爱尔斗蛸（*Eledone cirrhosa*）和爱尔斗蛸（*E. moschata*）。

长鳍鱿鱼：主要是枪乌贼（*L. vulgaris*）和福氏枪乌贼（*L. forbesii*），但也有异尾枪乌贼（*A. media*）和锥异尾枪乌贼（*A. subulata*）。

短鳍鱿鱼：科氏滑柔鱼（*I. coindetii*）、短柔鱼（*T. eblanae*）和褶柔鱼（*T. sagittatus*）。

地中海渔业总捕捞量从1950年的50万t增长到20世纪80年代末的约160万t，此后在140万t附近波动。头足类占地中海总渔业产量的比例在20世纪60年代曾高达7%，但主要在4.5%附近波动（图35）；章鱼和墨鱼为主要捕捞种类（图36），1950年后其上岸量总体维持少量而持续的增长。

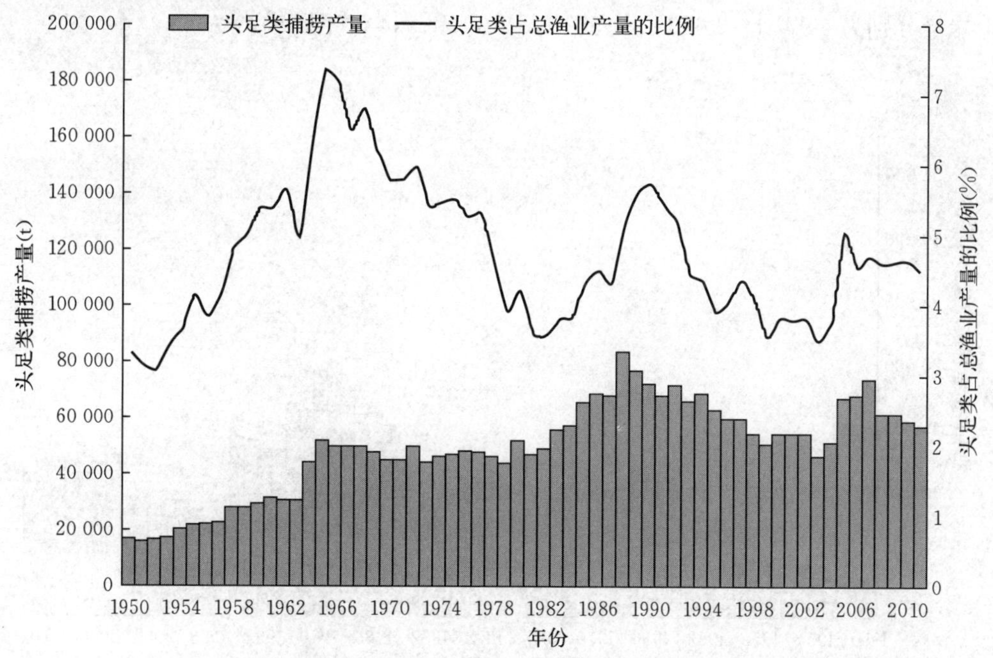

图35　地中海头足类捕捞产量和占地中海总渔业产量的比例

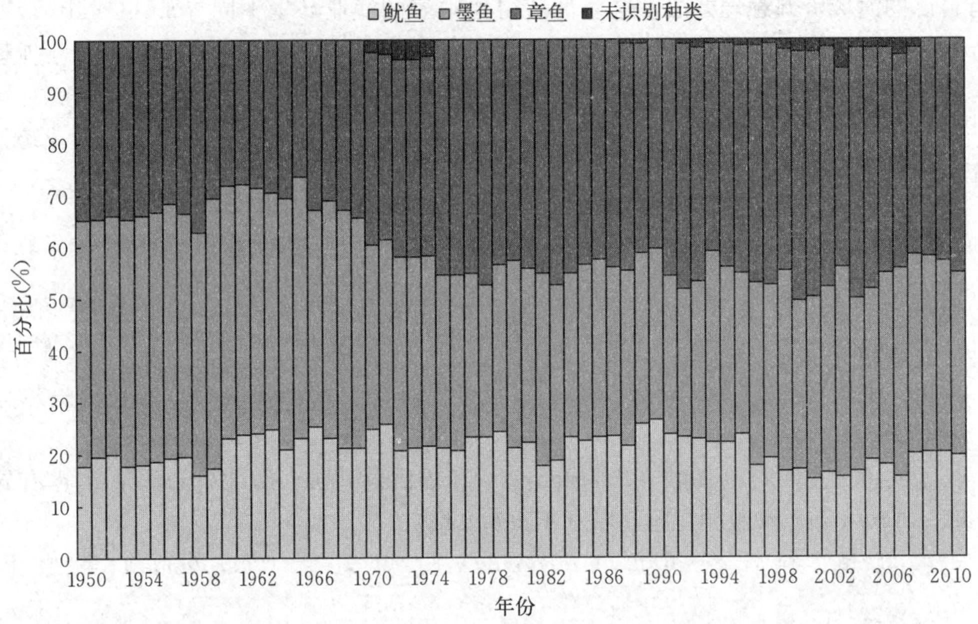

图 36　地中海鱿鱼、墨鱼和章鱼在头足类捕捞产量中的比例

鱿鱼捕捞量增长了约 20 年，从 1950 年到 20 世纪 60 年代末，且此后保持稳定，其中 80 年代末出现过峰值，2000 年初出现低谷（图 37）。鱿鱼对头足类总捕捞量的贡献在 25%附近波动。意大利、西班牙、希腊、利比亚、土耳其是主要生产国，其 2011 年记录的上岸量分别为 4 971 t、2 629 t、1 551 t、470 t 和 394 t（图 38）。

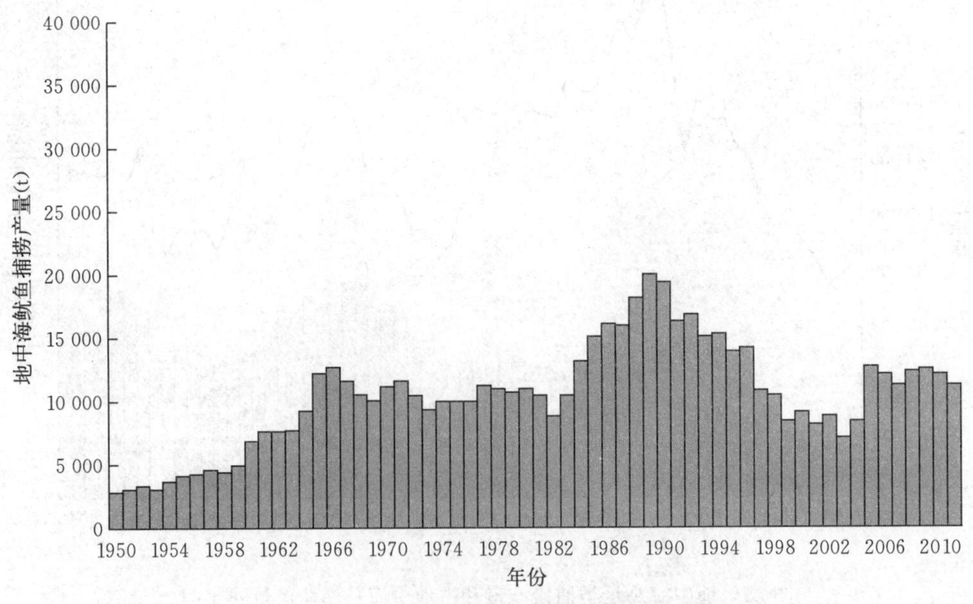

图 37　地中海鱿鱼捕捞产量

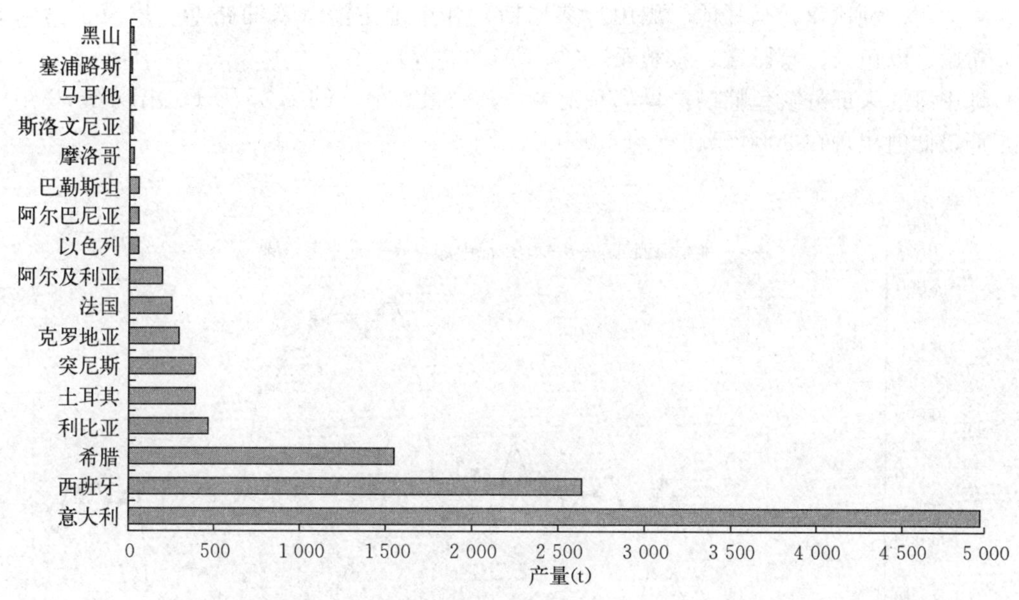

图 38　2011 年地中海国家有记录的鱿鱼捕捞产量

地中海大部分鱿鱼捕捞种类（52%～100%）都未分类进行报告。短鳍鱿鱼在 20 世纪 80 年代末 90 年代初曾有峰值，2000 年后便大幅减少（图 39）。长鳍鱿鱼首次作为单独分类来记录是在 70 年代中期，70 年代末其产量达到峰值（图 39）。不过，尚不清楚此次增长是因为捕捞效率提高还是因为报告的准确性提高。

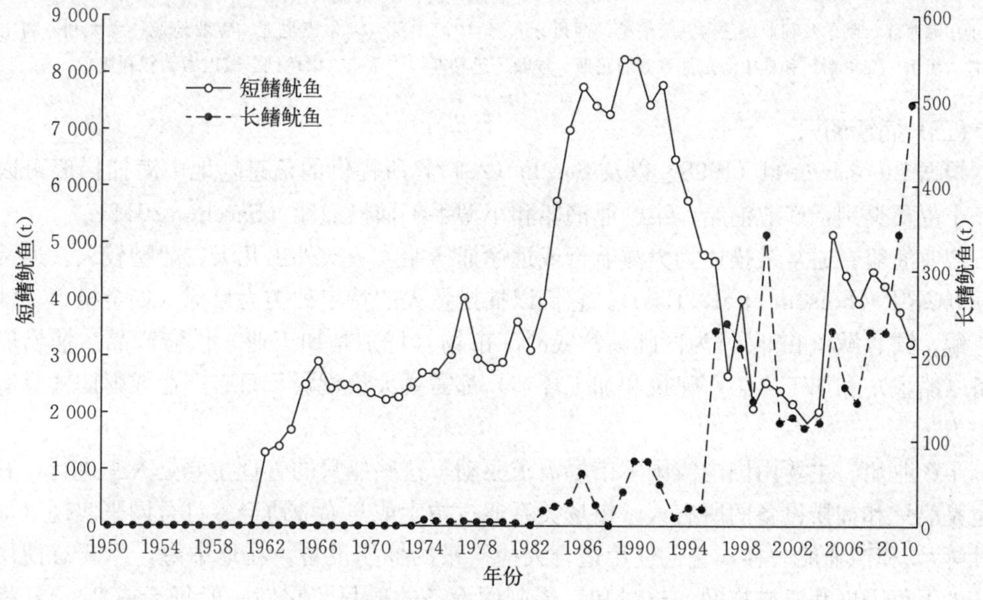

图 39　地中海短鳍鱿鱼和长鳍鱿鱼捕捞产量

根据 FAO 地中海渔业委员会最近实际采用的工作方法，这块水域被分为三个主要区域：西地中海（阿尔及利亚、法国、摩洛哥、西班牙），中地中海（阿尔巴尼亚、克罗地亚、意大利、利比亚、马耳他、黑山、突尼斯）和东地中海（塞浦路斯、埃及、巴勒斯坦、希腊、以色列、黎巴嫩、叙利亚）（GFCM，2007）。

地中海的大部分鱿鱼捕捞产量都有记录，其中最高值（约 1.35 万 t）出现在 80 年代末，而最低值出现在 2000 年初（约 4 000 t）（图 40）。

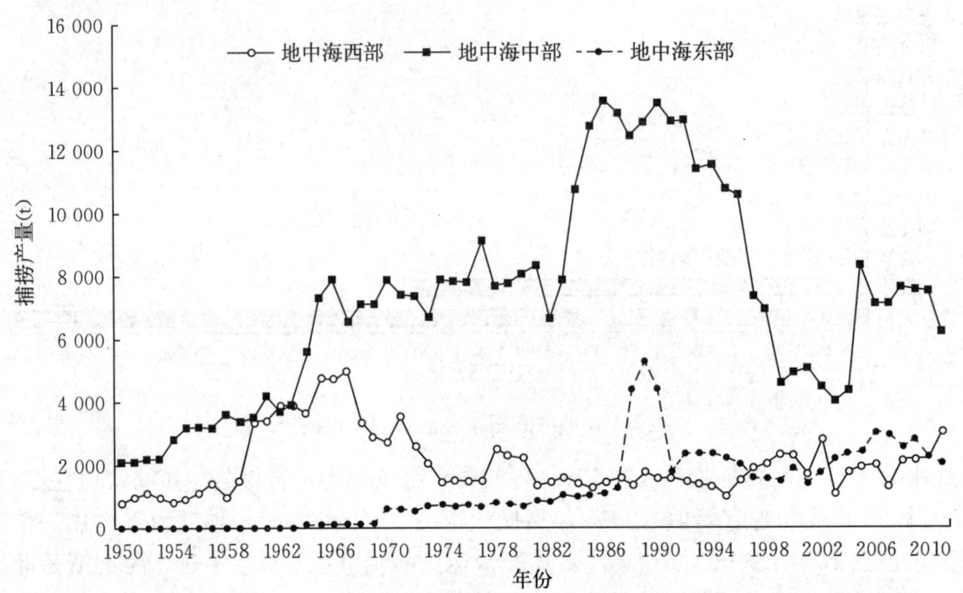

图 40　1950—2011 年地中海鱿鱼捕捞产量

地中海西部（阿尔及利亚、法国、摩洛哥、西班牙），地中海中部（阿尔巴尼亚、克罗地亚、意大利、利比亚、马耳他、黑山、突尼斯）和地中海东部（塞浦路斯、埃及、巴勒斯坦、希腊、以色列、黎巴嫩、叙利亚）

（二）捕捞船只

根据 Lleonar et al（1998）以及 Sacchi（2011）所提供的信息，地中海捕捞船可以分为三个主要类别：产业渔船、半产业渔船和小型手工捕捞渔船（Sacchi，2011）。

产业渔船。通常被描述为大洋航行或远途捕捞船，一次外出几天，船型较大，通常超过 500 GRT（Folsom et al，1993）。它们以捕捞量大的特定种类为目标（如金枪鱼、沙丁鱼、鳀、鳕、鱿鱼和虾），为国际新鲜或冷冻市场（特别是加工业）供应产品。捕捞船及设备（船主）和加工（工厂建设和加工环节）都需要大量投资，只有产业或财团才具有这种财力。

半产业船。主要由国内或国际市场需求驱动，这些船只的管理主要是人工进行，其船长也是船只和捕捞设备的所有人。市场关系通过拍卖或与渔业协会签订合同来实现（如合作社等）。和产业船一样，它们使用适合大捕捞量的捕捞设备。在地中海，主要有使用拖网、沙丁鱼围网和机械拖网、长绳和三层刺网设备的船只。它们一般每天或 2～3 d 将渔获物上岸一次，且主要在陆架和陆坡附近作业。

小型手工捕捞船。这些船只主要以当地市场上的各种产品为目标，主要直接销售给消费者。不过，它们也可能会把产品大量销往出口市场。它们通常在潟湖和陆架沿岸水域作业。主要使用没有或只有小引擎的小吨位船只，通常船长不超过 12 m，都是小型渔船（由只需较少投资的船只组成）。船体长度不是绝对标准，在某些国家超过 12 m 的专门从事延绳钓和流刺网捕捞的多用途船只也可以被看作是手工捕捞船。手工捕捞船使用很多种捕捞技术（地中海分辨出了 45 种捕捞设备），捕捞约 100 种不同的底栖生物和较少的中上层种类。它们雇佣不同数量的渔民（依赖于不同海域的实际需要），一般来说每艘船上有一或两个注册渔民和一或两个季节性的临时雇员帮手。

需要强调的是，小型手工渔业与产业及休闲渔业明显不同，即便在《确保小型渔业在食品安全和消除贫困背景下可持续发展自愿准则》的章程中，也承认“小型渔业”和“手工渔业”词义相同，并可以互换使用，但从技术层面上来看这两个词的内涵在捕捞单位尺寸和相对技术水平及投资、船上人员上都有一些不同（FAO，2012；Farrugio，2013）。

（三）捕捞方式

一般来说，所有鱿鱼种类都是作为一些在地中海作业的不同规模拖网渔业的兼捕渔获，拖网是这些上岸头足类的主要来源。不过，也有一些其他捕捞方式被使用，且一些种类会成为区域性和季节性的目标种。

以褶柔鱼的情况为例，该种类在南意大利是娱乐和手工渔业的目标种。根据最近在伊奥利亚群岛开展的研究，手工渔业使用经典的手摇绳钓，其中有一簇钩子安装在不锈钢筒上，诱饵在中央，额外安装一个小型闪烁灯（伊特鲁里亚海南部）（Battaglia et al，2010）。较大的钢筒会有诱饵，但在 400～600 m 近底层不会有钩子来诱捕鱿鱼。这些捕捞设备被投放到约 120 m 水深，渔民则通过手摇绳来捕捞。船长在 5.4～9.8 m，引擎功率在 6.6～133 kW。根据 Battaglia et al（2010）的分析，在当地小型渔业中（三层刺网、鱿鱼手摇绳钓和长鳍金枪鱼漂流绳钓），渔民的夏季平均收入应该是最高的。

不同类型的手摇捕捞在不同国家叫法不同：在希腊叫“calamarieres”，在葡萄牙叫“palhacinhos”或“toneiras”，在西班牙叫“poteras”，这些方法被手工和休闲渔业用来捕捞枪乌贼和柔鱼（*O. bartramii*）（Battaglia et al，2010；Lefkaditou et al，2010）。经典的手摇方式是使用铅筒，在一端装备一簇金属钩，在另一端装备金属环，环上绑上捕捞绳。渔民抓住捕捞绳，令设备有节奏地跳动。手摇捕捞大部分是在太阳落山前或夜间使用灯光聚集来开展（Ragonese & Bianchini，1990；Potoschi & Longo，2009；Lefkaditou et al，2010）。

西班牙和希腊沿岸的船使用带网囊的围网，在枪乌贼聚集到沿岸区域时捕捞（Lefkaditou et al，2010）。西班牙使用的“boliche”和“chinchorro”有两翼，每个 75 m 长，网囊长 10 m，上面的网口为 18～60 mm（最小法定网口为 17 mm）。枪乌贼似乎是本渔业中最重要的渔获（例如 1999—2003 年占总捕捞量的 45.5%）（Lefkaditou et al，2010）。

希腊使用的“pezotrata”或“vintzotrata”有一个主体（或“肩”），两个相对长的翼、网袋和网囊。围网的总长度通常在 200～450 m。两翼构成了网最长的部分，长 140～400 m，拉伸网孔 350～600 mm。网袋是网的中部，长 13～40 m，拉伸网孔 20～28 mm。网袋的最后部分是网囊，长 1～7 m；网囊的拉伸网孔通常为 16～20 mm（Adamidou，2007）。这种捕捞方式在希腊渔业统计中被注册，产量占全国枪乌贼总捕捞量的 25%～30%（Lefkaditou et al，2010）。沙滩围网和三层刺网也被用来捕捞枪乌贼和科氏滑柔鱼

(Guerra et al，1994；Lefkaditou et al，1998；Colloca et al，2004)。

在西地中海马洛卡南部水域有一个捕捞枪乌贼的近岸休闲渔业（巴利阿里群岛），这里的休闲渔业是主要的娱乐活动（Morales-Nin et al，2005；Cabanellas-Reboredo et al，2012a，2012b）。这是季节性的活动，当地渔民在鱿鱼进入浅海繁殖时使用带鱼饵的手绳鱿钓进行捕捞。当地捕捞活动局限在较浅的深度范围（25～30 m），捕捞作业主要是在日落时分，此时的鱿鱼正在活跃觅食（Cabanellas-Reboredo，2012a，2012b，2014a)。

三、资源评估和管理

基于前面所提的特点，生物学家和决策者在研究和管理地中海渔业时面临很多困难(Caddy，1993；Farrugio et al，1993；Papaconstantinou & Farrugio，2000；Scovazzi，2011)。

大部分的地中海头足类资源都未被评估。在地中海，渔业管理措施会直接影响鱿鱼的捕捞产量，因为它们包含在各种开发的渔业之中。所以，国家层面上对底拖网渔业实施的措施，如产能控制、限制捕捞天数和限制捕捞区域，会直接影响鱿鱼的捕捞量。

旨在保护育幼区和改善底拖网选择性的管理措施对头足类渔业有着直接的影响。例如，禁止在沿岸 3 n mile 以内、深度小于 50 m 和 Posidonia 海床（包括头足类在内的很多物种的育幼区）区域拖网，会直接保护头足类的幼体。同样，网囊采用 50 mm 菱形网目和 40 mm 方形网目而不是传统的 40 mm 菱形网目，可以提高对章鱼和鱿鱼幼体的选择性。

联合国海洋法公约（UNCLOS）为海洋空间划分和属性建立的一般规则也适用于半封闭的海域，如地中海（Montego Bay，1982）。不过，在这片海域，23 个沿岸国家构成了一个复杂的环境（Scovazzi，2011）。虽然大部分地中海国家都建立了 12 n mile 的领海，但不是所有都建立了 EEZ。不过，有国家已经宣布领海以外的捕捞区、生物保护区或两者皆有。虽然地中海仍有一些公海区域，但该区域已经分为受到不同体制管理的几个亚区，其中一些国家的管理措施在法律上不适用于地中海（如配额捕捞系统）。

对于公海，UNCLOS 渔业制度是基于各国负有合作保护和管理生物资源的义务，这不缺少司法解释，在原则上应当包括一般资源的保护并最终惠及所有生物（Scovazzi，2011）。不过，事实上，诸如无管理渔业、船只换旗逃逸、选择性较低的设备、不可靠的数据库、超标的渔船长度和国家间缺少充分合作等问题，阻挠和抵消了地中海渔业保护和管理想要实现的积极效果。

不过，地中海渔业管理已经成立了两个重要的委员会：FAO 地中海一般渔业委员会(GFCM，2007）和大西洋—地中海金枪鱼保护国际委员会（ICCAT，1996）。另外，FAO 还建立了一个网络来促进地中海渔业的合作和发展。

GFCM 目前有 24 个成员（包括日本和欧盟），覆盖了公海和各个国家的管辖海域，其目的在于促进海洋生物资源的保护、管理和持续利用。

FAO 渔业相关项目通过为成员提供必要工具以满足国家和国际需要，最终实现目标。GFCM 对金枪鱼捕捞的配额管理采用 ICCAT 的决策。

欧盟通过其 8 个地中海沿岸国家（克罗地亚、塞浦路斯、法国、希腊、意大利、马耳他、斯洛文尼亚和西班牙）在地中海渔业中起着重要作用。

由于地中海海区存在多种类型，状况复杂，这在渔业中也有所反映，所以人们期待未来 GFCM 能采用共同认可的渔业管理方法；欧盟渔业政策能够更多地考虑地中海渔业共同体的特点。

四、结束语

2011 年，地中海的鱿鱼产量达到 1.1 万 t，在当年全球超过 256.497 8 万 t 鱿鱼产量中无疑只占据很小一部分（FAO，2011—2013）。

地中海沿岸国家对欧洲鱿鱼渔业的贡献也出现显著下降。此前 20 世纪 60 年代中期曾出现峰值（图 41）。不过，鱿鱼是地中海社会和经济的重要生物资源。地中海枪乌贼类产品的平均价格（每千克 15～20 欧元）比其他区域枪乌贼类的价格（每千克 6～8 欧元）高出约两倍。

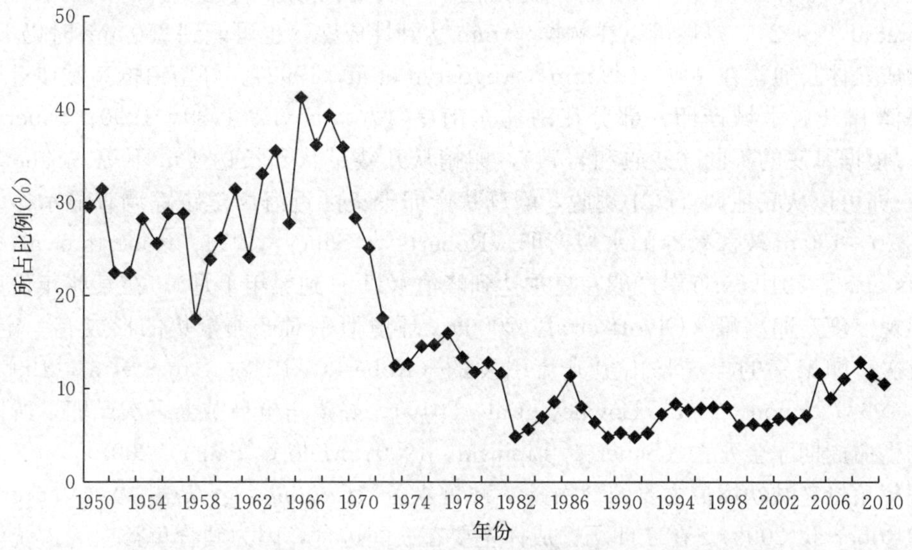

图 41　1950—2010 年地中海沿岸国家鱿鱼产量（克罗地亚、塞浦路斯、法国、希腊、意大利、马耳他、斯洛文尼亚和西班牙）在欧洲鱿鱼渔业中所占的比例

此外，地中海某些区域对高质量的手工渔业捕捞产品依旧存在需求。例如，三层刺网捕捞的枪乌贼价格是拖网捕捞的两倍，因为前者质量更好（Guerra et al，1994）。鱿鱼的小型手工渔业在当地经济和社会中的地位可能被低估，未来对这些渔业的调查和研究可能会证明这一点。

第六节　东南大西洋

东南大西洋有多种鱿鱼，不过很少具有商业重要性。好望角枪乌贼（*L. reynaudii*）是个例外，南非将手工鱿钓捕捞作为主要的商业渔业，南安哥拉的手工渔业也使用自制鱿钓机捕捞。安哥拉褶柔鱼（*T. angolenisis*）广泛分布于非洲南部，在纳米比亚水域特别常见，资源丰富。作为商业拖网捕捞的兼捕渔获，安哥拉褶柔鱼过去曾作为诱饵销售，但现在都被丢弃了。短柔鱼（*T. eblanae*）是另一个广泛分布于东大西洋的种类，但因不同区域的个体之间存在遗传差异而被视作分离的种群。南非种群的生命周期尚未有任何细节上的研究，人们对其认知也不完善。在南非水域，短柔鱼被作为底拖网渔业的兼捕渔获。

一、好望角枪乌贼

（一）分布和生命史

好望角枪乌贼，当地称作“chokka”，分布范围从南非西岸的南安哥拉到南非东岸的大鱼河（Shaw et al，2010）。有意思的是，好望角枪乌贼在南安哥拉和南非西岸之间的纳米比亚外围陆架上十分稀少。这是一种浅海枪乌贼种类，很少会出现在 200 m 水深以下。在南非水域，虽然该种主要分布于沿岸区域，但三分之二的成年个体集中在东南沿岸（Augustyn，1989，1991；Augustyn et al，1993）。

该种类成熟体长变化较大，特别是雄性，不仅受区域影响也受到时间的影响（Augustyn et al，1992）。雄性可以在胴长 90 mm 达到性成熟，也可能到 250 mm 时仍不成熟。雌性的成熟体长通常在 100～180 mm（Augustyn et al，1992）。好望角枪乌贼在近岸受保护的海湾和开放水域产卵，部分在南非东南岸（Augustyn，1989，1990；Sauer et al，1992）。根据基底的不同（沙质和岩礁），卵蛸从几缕带状到长达 4 m 不等（Sauer et al，1992）。卵可以从底拖调查网中逃脱，蘑菇状产卵聚集区近海声学跟踪调查显示，该种类也会在 70～130 m 较深较冷的水域产卵（Roberts & Sauer，1994；Roberts et al，2002；Roberts et al，2012）。近岸产卵在夏季达到峰值（11 月到翌年 1 月）。在某些年份里，冬季会出现二度产卵高峰（Olyott et al，2006）。环境似乎对产卵聚集的形成有一定影响，因为首次产卵聚集的形成是由上升流引发的（Roberts，1998；Sauer et al，1991；Roberts，1998；Schön，2000；Downey et al，2010）。好望角枪乌贼会多次产卵，所以经历很长的生命周期才会死亡（Sauer & Lipinski，1990；Melo & Sauer，2007）。

好望角枪乌贼幼体最主要的食物是一种哲水蚤（*Calanus agulhensis*）（Venter et al，1999；Roberts，2005）。在产卵场，成体主要在夜间进食，因为硬骨鱼类白天占统治地位（Lipinski，1987）。在白天，同类相食很普遍。Lipinski（1992）调查了好望角枪乌贼的捕食行为对商业鱼类的影响，结果显示可能会对南非鳀（*Engraulis capensis*）和南非无须鳕（*Merluccius capensis*）分别造成每年 10 万 t 和 7 万 t 的影响，但结果仍需要进一步的确认。

（二）资源辨别

在南非水域，好望角枪乌贼分布范围内西部种群特点和东部种群有所不同。一般来说，与东部种群相比，西部种群的生长较慢，成熟体长较大，分布范围更狭窄，性腺发育不及东部发达（Augustyn，1989；Olyott et al，2007）。虽然尚未定论，但 Olyott et al（2006）的研究结果表明在南非水域可能存在两个独立的资源。最近的遗传学研究也进一步证实了这一假说（Shaw et al，2010）。

（三）渔获量和捕捞努力量

小型商业鱿钓渔业（年捕获 0.6 万～1.3 万 t）主要在南非东开普南部区域开展。渔民以在近岸产卵聚集的个体为目标，也会使用浮标锚和强光来吸引鱿鱼。在南非水域，鱿鱼也被作为鳕底拖网渔业的兼捕渔获（图 42）。起初，好望角枪乌贼被视作南非水域拖网渔业的兼捕渔获。该种类被当作诱饵和兼捕渔获来销售。1974—1985 年，南非和其他国家拖网船每个秋季的渔获量约为 1 800 t 和 3 800 t（Roel et al，2000）。

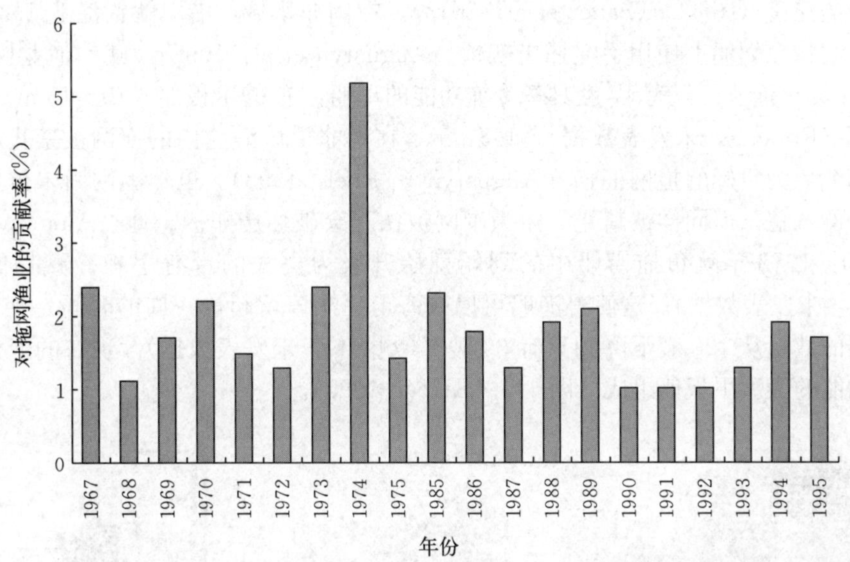

图 42　1967—1995 年好望角枪乌贼（*Loligo reynaudii*）对南非东开普南部区域近海拖网渔业的贡献率

（Booth & Hecht，1998）

因为 1987 年开始海湾内禁止拖网，鱿鱼在南非水域无法形成渔业，所以每年的底拖网渔业渔获量只有 200～500 t（Augustyn & Roel，1998）。商业鱿钓的渔获量每年都有变化（图 43）。1992 年出现最低年渔获量 2 000 t，而最高年渔获量为 2004 年的 1.3 万 t。年渔获量近年来似乎维持在约 9 000 t。不过 2013 年渔获数据显示，该种类进入了另一个低产期。1995—2008 年的 CPUE 每人为 16～38 kg/d。

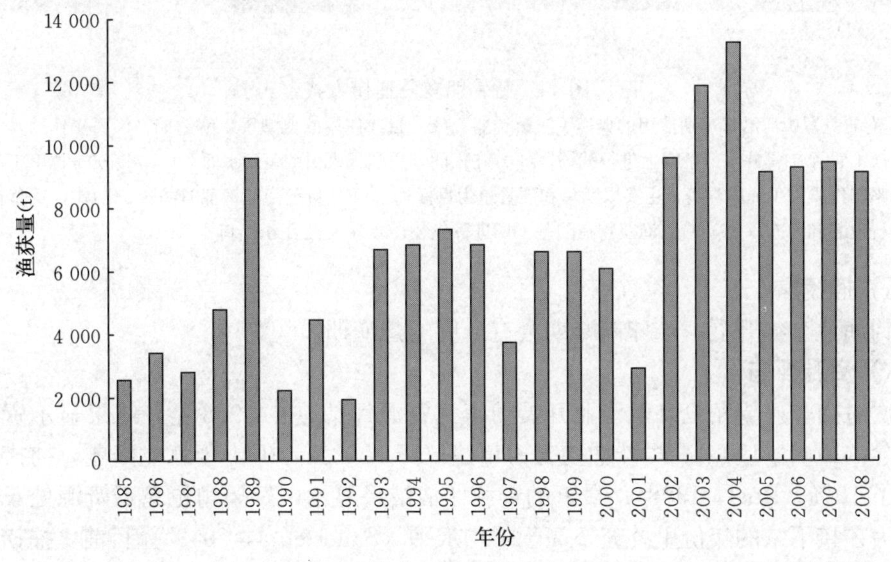

图 43　1985—2008 年南非商业鱿钓中好望角枪乌贼（*Loligo reynaudii*）的渔获量

(四) 捕捞方式和船只

在南安哥拉，手工鱿钓渔业在近岸开展 (Sauer et al，2013)。渔民使用漂浮物来制作操作手绳的浮筏（图 44）(Sauer et al，2013)。在南非水域，沿岸鱿钓渔业 1985 年才开始发展，起初在划船上使用手绳捕捞鱿鱼 (Augustyn et al，1992)。鱿钓渔业快速扩张，到 1986 年鱿鱼渔业已经有 17 艘具备冷冻功能的母船，95 艘甲板船（10～15 m）和 40 艘小型划船 (Roberts，未发表数据)。1987 年，在南非沿岸海湾内的拖网被禁止，这妨碍了以产卵鱿鱼为目标的拖网捕捞 (Augustyn & Roel，1998)。虽然围网尚未被用于捕捞聚集产卵的鱿鱼，但同样被禁止，因为围网被认为会破坏产卵栖息地 (Augustyn & Roel，1998)。1988 年鱿鱼捕捞船中的划船开始升级为更大的带有甲板冷藏功能的船只 (Roberts，未发表数据)。这使得渔船可以在海上一次停留超过一周的时间。到 1998 年，小型划船的数量从 128 艘下降到只有 39 艘 (Roberts，未发表数据)。现在的船只均由带有冷藏功能的大型甲板船组成（图 44）(Sauer，1995)。

图 44　鱿钓船及其捕捞方式

(A) 南非克罗姆河沿岸早期使用的典型手工鱿钓船；(B) 目前使用的典型手工鱿钓船，渔民操作钓具沿导轨进入水中；(C) 两个钓具并在一条线上进行鱿钓；(D) 在夜间，用强光吸引鱿鱼到水面；(E) 南安哥拉手工渔业中使用漂浮物来制作操作手绳的浮筏，主要以鱿鱼和硬骨鱼为目标种；(F) 目前南非渔船具备冷冻功能，鱿鱼根据大小在船上进行包装和冷冻；(G) 冷冻渔获物在陆基工厂进行包装，95% 以上用于出口

(五) 捕捞季

鱿钓渔业全年开展，产卵高峰期会有 5 周的禁渔期。

(六) 资源评估

首次对南非好望角枪乌贼渔业开展的正式资源评估是在 1998 年，结果显示资源有崩溃的风险 (Roel，1998)。虽然捕捞努力量建议降低 33%，但由于就业问题，捕捞努力量只降低了 10% (Roel，1998)。最近的资源评估结果显示，好望角枪乌贼资源处于健康水平，因为在接下来的年份里补充率高于平均水平 (Sauer et al，2013)。目前，捕捞努力量水平为 136 艘船和 2 422 名船员。另外，由于产卵高峰期每年会有 5 周的禁渔期（10—

11 月)，南岸的齐齐卡马国家公园也禁止捕捞，所以捕捞努力量会进一步减少。

（七）经济重要性

以好望角枪乌贼为目标的鱿钓渔业在南非是第三重要渔业，为约 3 000 人提供就业，每年渔获产值约 4 亿南非兰特（DAFF 2009/2010；Cochrane et al，2012）。由于渔获作业主要是在东开普，所以该渔业对该地区来说是重要的经济支柱（Glazer & Butterworth，2006）。事实上，在有该渔业作业的沿岸城镇中，犯罪率上升和鱿鱼捕捞量下降有相当的联系（Downey et al，2010）。

二、安哥拉褶柔鱼

（一）分布和生命史

安哥拉褶柔鱼是一个不同寻常的种类，广泛分布于非洲南部，在纳米比亚水域特别普遍且资源丰富（Jereb & Roper，2010）。

生命周期尚不清楚。产卵全年进行，高峰在春、夏季（10—12 月）。这段时期也是白天底拖网渔获量最高的时期，雌性鱿鱼在渔获中占主体。产卵行为和幼体生物学信息尚不清楚。幼体在上层水域成长，在 Orange Banks 的 200～300 m 水域最丰富，主要以甲壳类为食。成体主要以灯笼鱼科和钻光鱼科为食（Lipinski，1992）。寿命约一年，生长快速（Villanueva，1992）。

（二）资源辨别

资源结构尚未有任何调查，但从渔获分布来看它很可能是一个不间断的单一资源。该种类属于底栖资源，根据 Roeleveld et al（1992）对 Cape Canyon 和 Cape Valley 的调查，安哥拉褶柔鱼在深度 200～400 m 的纳米比亚北部（18°—28°S，主要是在 23°30′—24°S）和深度 500 m 左右的南部占据头足类的主体。成年个体的夜间垂直迁移尚未有任何研究，虽然 Laptikhovsk（1989）和 Villanueva（1992）断定它们存在觅食迁移。不过在这片水域的拖网中，幼体在白天或夜间都没有被捕捞到（Lipinski，R/V Dr Fridtjof Nansen，未发表数据）。

（三）渔获量和捕捞努力量

安哥拉褶柔鱼的成体是纳米比亚拖网渔业的兼捕渔获，该渔业主要是以深海鳕为目标种。1960—1980 年，安哥拉褶柔鱼被来自苏联、波兰、德国和罗马尼亚的拖网船捕捞并冷冻作为诱饵销售。苏联在这片区域的拖网作业大约始于 1970 年，此后其他国家在 1973 年进入。西班牙拖网船也在这片海域作业。有迹象表明每次拖网的渔获量相当低（约 30 kg/h)，不过大量拖网船的存在说明捕捞量仍相当可观，估计每年有 5 000～7 000 t。

据了解，安哥拉褶柔鱼会被纳米比亚的捕捞船丢弃。

（四）资源评估

安哥拉褶柔鱼尚未有任何资源评估和保护措施。每年会有两次南非设计的与随机分层调查一起开展的底层调查，一次纳米比亚设计的断面调查。所有主要底栖种类的生物量指标都被计算出来，但仅提供指标的年度变化，而不是总生物量的绝对值。捕捞量和生物量数据在图 45 中给出。

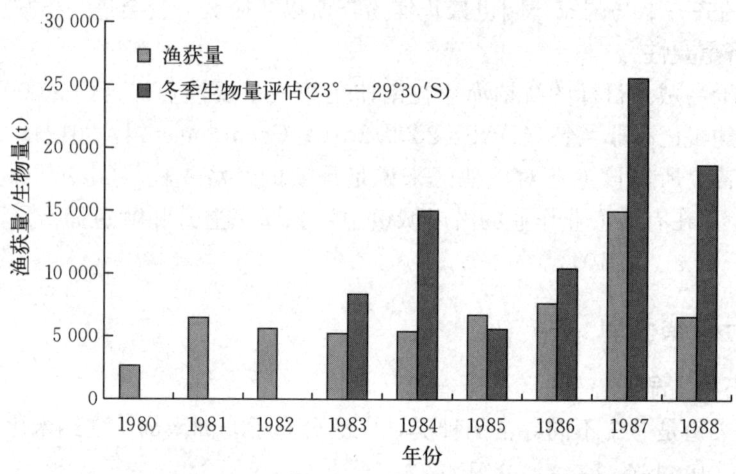

图45　1980—1988年本格拉北部生态系统中鱿鱼的渔获量和生物量评估

这里的渔获量和生物量评估主要指安哥拉褶柔鱼

（Lipinski，1992）

三、短柔鱼

（一）分布和生命史

短柔鱼是一个广泛分布的物种，主要在印度—太平洋和东大西洋。Jereb 和 Roper（2010）对短柔鱼生物学和生态学信息做了一个精准报告。Dillane et al（2000，2005）利用微卫星 DNA 分析技术对资源进行辨别，结果显示该种类在南大西洋的部分是一个独立的种群，与所有其他种群有显著区别。

南非种群的生命周期尚未有任何细节上的研究，对其认知不完善。其平均寿命很可能是一年，虽然有迹象表明在南非水域该种类的生长缓慢，但生长仍相对快速（Lipinski et al，1993；Arkhipkin & Laptikhovsky，2000）。在 Cape Valley 和 Cape Canyon 的研究表明，该种类栖息于陆坡水域（300 m 左右）。索饵和育幼主要是在这片水域，觅食性的垂直运动（成体以大口拟珍灯鱼 *Lampanyctodes hectoris*、穆氏暗光鱼 *Maurolicus muelleri* 和一些其他小型鱼类为食）并不限于成熟阶段。短柔鱼没有地理性迁移的迹象。产卵全年开展，没有明显的产卵高峰。产卵行为和幼体生物学信息未知。

（二）渔获量和捕捞努力量

在南非水域，该种类作为鳕（南非无须鳕 *Merluccius capensis* 和深水无须鳕 *Merluccius paradoxus*）底拖网渔业的兼捕渔获。成体个体全年都有捕捞，主要是在西厄加勒斯浅滩和南非西部沿岸 200～400 m 水深。平均渔获量较低，不超过 30 kg/h。每年总渔获量很少会超过 100 t。在 1980—2000 年，该种类被整体冷冻储存，因为地中海沿岸市场对其有少量的需求（Lipinski，未发表数据）。目前短柔鱼在海上会被丢弃。

（三）资源评估

短柔鱼尚未有任何资源评估和保护措施。每年会有两次南非设计的与随机分层调查一起开展的底层调查；一次纳米比亚设计的断面调查，以提供生物量数据。

第七节 西印度洋

西印度洋区域包括印度洋、红海、波斯湾和阿拉伯海，临海有 24 个国家（地区）。本区域高度依赖海洋资源，渔民主要在自给自足和手工水平上进行作业（van der Elst et al，2005）。西印度洋鱿鱼的上岸量从 1986 年的约 1 万 t 增长到 2001 年的 14 万 t。杜氏枪乌贼（*Uroteuthis duvaucelii*）在印度—太平洋水域是最常见的枪乌贼，在本区范围内被手工渔业所捕捞。杜氏枪乌贼也支撑起了印度、泰国、安达曼海和亚丁湾的商业性头足类渔业。莱氏拟乌贼（*Sepioteuthis lessoniana*）是另一种浅海性的枪乌贼，和鸢乌贼（*S. oualaniensis*）一道成为本区商业渔业目标种。鱿鱼被多种设备捕捞，包括围网、拖网、鱿钓（手工和机械）以及专门的海岸围网。

一、鸢乌贼

(一) 分布

鸢乌贼分布于赤道和热带的印度—太平洋水域，其中阿拉伯海被认为是该种类最丰富的区域（Mohamed et al，2006；Chen et al，2007c）。鸢乌贼是远洋种，栖息于深度超过 250 m 的公海海域。Nesis（1993）指出，该种有三个主要的和两个少数的种内群体。在其分布范围内的小型群体是“经典”类型。其分布与海洋环境紧密相关，如有大尺度气旋式环流区域的上均匀层和海表温度 25～28 ℃的区域（Chen et al，2007c）。如 Young 和 Hirota（1998）所述，①短小群体（唯一没有背部发光器的类型），占据赤道水域；②巨大群体，位于北阿拉伯海和亚丁湾；③短小群体（有背部发光器），位于红海和莫桑比克海峡；④中型“典型”群体（腹部有两条轴），位于整个物种分布范围内；⑤“典型”群体（腹部只有一条轴），位于红海、亚丁湾和北阿拉伯海。

(二) 生活史

Mohamed et al（2011）提供了鸢乌贼的详细生活史信息，指出短小群体（一般雄性成熟胴长为 90～100 mm，雌性为 90～120 mm，最大胴长约 150 mm）的生命周期估计为 6 个月，而中型群体（一般雄性成熟体长为 120～150 mm，雌性为 190～250 mm）和巨型群体（一般成熟胴长为 400～500 mm，最大胴长为 650 mm）的生命周期为一年。雌性会比雄性个体大。巨型个体白天栖息于 400～1 100 m 深度，夜晚迁移到 50～150 m 深度，而中型个体位于靠近海表区域（Mohamed et al，2011）。

Chen et al（2007c）调查了该种类在西北印度洋的渔业生物学，发现具有不同生长率的产卵群体：夏季产卵群体（生长率最高）、春季产卵群体和秋季产卵群体（生长率最低）(Chen et al，2007b)。有一些迹象表明鸢乌贼会间歇性多次产卵，其产卵期有 1～3 个月(Mohamed et al，2011)。和枪乌贼不同，其卵不会附着在基底上，且产卵不依赖合适的或可用的基底；相反，卵被释放到上层区域。浮游幼体的触手汇成喙状。在其成长过程中，喙逐渐分开，当胴长达到 7～9 mm 时分解完成。亚成体和成体会垂直迁移。夜晚，它们在海表和近海表 0～150 m 深度觅食，其密度最大的范围是海表到 25 m 水深。早晨，它们下潜到 200～1 100 m，并在白天停留在那里。Wormuth（1976）报告鸢乌贼通常会形成有 30 个左右个体的小群体，很可能是为了防止自相残杀。胴长超过 350 mm 的巨型个体被发现独自栖息于阿拉伯海。

鸢乌贼的食物不仅随着体型变化，同时也随着区域变化（Chen et al，2007c）。一般来说，早期幼体是积极的捕食者（以甲壳类为食），晚期成体和中型鱿鱼是追赶性的捕食者（以小型鱼类为食），而大型鱿鱼则是攻击性的捕食者（以鱼类和鱿鱼为食）。在较大的鱿鱼中，同类占其食物的 50%（Nesis，1977；Chen et al，2007c；Mohamed et al，2011）。

（三）渔业

2005 年，一组中国小型商业鱿钓渔船开始在西北印度洋以鸢乌贼为目标种进行捕捞（Chen et al，2008b）。该渔业曾有超过 5 000 t 的产量（Chen et al，2008b）。

在印度，以金枪鱼和鲨鱼为目标的渔业会使用钩和绳来捕捞这种鱿鱼（Mohamed et al，2006）。由于缺少市场需求，目前这些鱿鱼并不上岸，但有发展成新渔业的潜力（Mohamed et al，2006）。印度曾对阿拉伯海鸢乌贼的丰度有过调查，作为发展印度洋水域鸢乌贼渔业的第一步（Mohamed et al，2011）。

研究表明，白天捕捞量高的水域可以通过浮游动物（毛颚类、桡足类、糠虾类）的存在来辨别，这些种类在鸢乌贼的胃含物中出现（Chen et al，2008b）。这说明渔业可以利用这些饵料种类的分布来定位。不过，在产卵季没有观测到觅食率有显著下降，这说明产卵个体可能不会对开发呈现出明显的脆弱性（Mohamed et al，2011）。

（四）资源辨别

辨别具体资源的工作尚未开展。

（五）捕捞量和努力量

中国鱿钓船在西北印度洋开展的研究调查显示，捕获率在 0.1～36 t/d，平均捕获率 4.4 t/d（Chen et al，2007c）。三次调查共捕获鸢乌贼 1 570 t（2003 年一次和 2005 年两次），主要的渔获来自上升流区边缘。2005 年之后，小型鸢乌贼渔业总共获得了 5 000 t 的产量。

（六）资源评估管理

印度洋的鸢乌贼密度在 50～75 kg/km^2，其中最密集的区域在阿拉伯海（4～42 t/km^2）（Zuevetal，1985；Pinchukov，1989）。阿拉伯海（拉克沙群岛之间的海域）一个较新的生物量调查给出的估计生物量超过 5 t/km^2（Mohamed et al，2011）。该种类分布范围内的总生物量估计为 800 万～1 100 万 t（Nigmatullin，1990）。一个较早的印度洋总生物量评估结果为约 200 万 t（Zuev et al，1985）。

（七）经济重要性

鸢乌贼被用作金枪鱼捕捞的诱饵和人类消费。

二、杜氏枪乌贼

（一）分布

杜氏枪乌贼是印度—太平洋枪乌贼中最常见的种类（Jereb & Roper，2006）。它分布于沿岸深度 0～170 m 的水域，从马达加斯加海域、红海到阿拉伯海，向东延伸到孟加拉湾（斯里兰卡）和安达曼海，中国台湾是其北部边界（Meiyappan et al，1993；Jereb & Roper，2006；Choi，2007；Sukramongkol et al，2007；Bergman，2013；Bergman，2013）。杜氏枪乌贼是印度洋、泰国湾和安达曼海水域中资源最丰富的种类（Meiyappan et al，1993；Sukramongkol et al，2007）。

（二）生活史

印度洋水域的杜氏枪乌贼长度频率分析显示，其生命周期超过 12 个月（Mohamed，1996；Mohamed & Rao，1997；Jereb & Roper，2006）。不过，耳石年龄鉴定显示对其生命周期有所高估，实际并未超过 1 年（Jereb & Roper，2006）。在泰国湾的取样也发现同样的结果，如 Sukramongkol et al（2007）所述。有趣的是，来自中国香港水域和安达曼海的样本耳石年龄分别显示其生命周期甚至短于 7～8 个月和 161 d（Choi，2007；Sukramongkol et al，2007）。也有可能相同规格安达曼海的杜氏枪乌贼成熟年龄要早于泰国湾（Sukramongkol et al，2007）。

如 Choi（2007）所述，杜氏枪乌贼最大胴长在分布范围内呈现变化，最大的样本记录来自印度，而泰国的个体只有 300 mm，中国香港的个体为 160 mm。对印度杜氏枪乌贼最大胴长的进一步研究表明，西海岸的个体能达到的胴长要大于东海岸（Meiyappan et al，1993；Meiyappan & Mohamed，2003）。不同性别的最大胴长亦是如此（西海岸：雄性 371 mm，雌性 260 mm；东海岸：雄性 235 mm，雌性 210 mm）。初次性成熟胴长也因印度洋水域不同而变化，但一般来说 50%的该种类性成熟胴长为：雌性 90～130 mm，雄性 70～150 mm（Rao，1988；Jereb & Roper，2006）。

产卵似乎全年进行，不同区域有季节性高峰（Meiyappan & Mohamed，2003；Choi，2007；Sukramongkol et al，2007）。例如，Meiyappan 和 Mohamed（2003）报告指出印度洋的产卵高峰是在季风期间，而中国香港海域的高峰似乎在夏季和冬季（Choi，2007）。产卵聚集于近岸，这段时期内群体对开发的承受力十分脆弱（Meiyappan & Mohamed，2003）。

杜氏枪乌贼被发现捕食鱼类和甲壳类，其中鱼类在各长度范围内都是重要的食物，而随着个体的增长其会更加倾向于甲壳类（Meiyappan et al，1993）。同类相食随着个体增长（>80 mm）也愈加频繁（Meiyappan et al，1993）。

（三）渔业

杜氏枪乌贼在其分布范围内被手工渔业开发，是印度、泰国、安达曼海、中国香港和亚丁湾最重要的商业捕捞头足类之一，同时也是南非东北外围虾拖网中占比较大的兼捕渔获（Roper et al，1984；Chotiyaputta，1993；Jereb & Roper，2006；Choi，2007；Sukramongkol et al，2007；Bergman，2013）。

印度：在 20 世纪 70 年代，杜氏枪乌贼一般是在印度 EEZ 沿岸被围网、拖网、船围网和投网渔业偶尔捕获（Sarvesan，1974）。由于船围网的捕捞量不大，起初认为该种类的资源并不丰富（Sarvesan，1974）。机械船的使用及其带来的远海捕捞能力令杜氏枪乌贼的产量大增（Sarvesan，1974）。20 世纪 80 年代的上岸量，主要来自虾拖网渔业的兼捕渔获，其中 1982 年约有 10 000 艘拖网船在作业（Silas et al，1982）。头足类产量在 20 世纪 80 年代到 90 年代末增长了约 10 倍，但只在最后 10 年才成为目标资源（Mohamed &

Rao，1997；Sasikumar & Mohamed，2012）。例如，卡纳卡特邦沿岸拖网渔业由一个单日船队和一个多日船队组成，后者在25～100 m水深区域可航行7 d，占鱿鱼渔获量的98%（Mohamed & Rao，1997）。水深100 m以浅海域的拖网产量占印度海域上岸量的约85%（Sundaram & Deshmukh，2011）。手工鱿钓作为捕捞头足类的可行方案正慢慢兴起，并在一部分区域出现，其渔获可以售出较好的价格（Sundaram & Deshmukh，2011）。

泰国：杜氏枪乌贼在泰国湾和安达曼海既会被当地消费也会用于出口（Srichanngam，2010）。1977—1978年，以鱿鱼为目标的小型拖网船被装备强光以吸引鱿鱼的围网船取代（Srichanngam，2010）。随着时间迁移，撒网被落网、提网和兜网所取代，诱光的电功率从20 kW提高到30 kW（Panjarat，2008）。和中国枪乌贼（*Loligo chinensis*）一起，杜氏枪乌贼是安达曼拖网渔业最具商业价值的头足类（Sukramongkol et al，2007）。补充群体进入渔业的年龄在孵化后2～4个月（Sukramongkol et al，2007）。

中国香港：Choi（2007）对中国香港杜氏枪乌贼渔业做了简要介绍，指出杜氏枪乌贼最近已代替中国枪乌贼成为中国香港头足类渔业的主要种。另外，一个新的以杜氏枪乌贼为目标的休闲渔业已经发展起来。随着中国香港很多渔业的衰退，这个新的休闲渔业被认为有诸多益处：利润很高，比商业拖网渔业的利润高出27倍（休闲捕捞：每千克635港元，商业捕捞：每千克20～30港元）；有利于当地经济；具有可持续潜力，因为捕捞率较低，逃跑率高（因为捕捞者缺少经验）。鱿鱼鱿钓是选择性很高的捕捞方法，所以很少有兼捕渔获，也不会破坏底栖生物的栖息地。

（四）捕捞季

卡纳卡特邦机械捕捞作业时间为6月1日到8月31日，西南季风期。

（五）资源辨别

种群基因研究尚未在整个杜氏枪乌贼的分布范围内开展。不过，Bergman（2013）的研究发现，来自印度水域的杜氏枪乌贼与来自泰国和中国水域的杜氏枪乌贼样本存在基因差异。如Bergman（2013）所述，另一种印度—太平洋浅海头足类虎斑乌贼（*Sepia pharaonis*）也被发现有系统的模态相似性。

（六）渔获量与捕捞努力量

印度的杜氏枪乌贼产量增长是由于头足类需求的增加（Meiyappan et al，1993）。拖网占捕捞量的大头，剩下的来自手工设备，包括船围网、沿岸围网、钩和绳、固定袋网和流刺网等（图46）（Meiyappan et al，1993）。

Sundaram和Deshmukh（2011）回顾了新兴的鱿钓渔业，指出头足类（其中杜氏枪乌贼占比超过95%）的CPUE在30～50 kg、100～120 kg和200～250 kg不等，依赖于船只长度和功率（Srichanngam，2010）。在泰国，鱿鱼总产量从1985年的6.399 6万t增长到2006年的7.620 2万t。根据Kaewnuratchadasorn et al（2003）所述，超过95%的上岸鱿鱼是杜氏枪乌贼（Choi，2007）。Srichanngam（2010）发现，杜氏枪乌贼的平均规格和CPUE在下降，很可能是因为捕捞设备改进和捕捞努力量较高。中国香港地区没有具体到种的上岸数据（Choi，2007）。

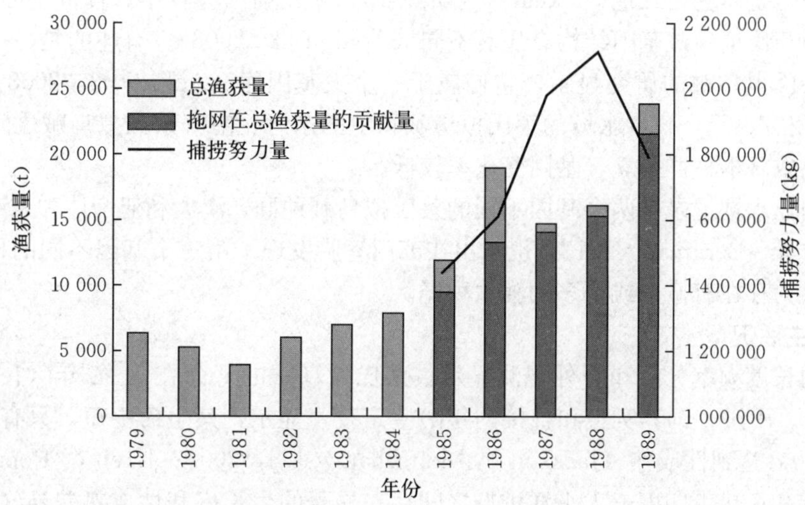

图 46　印度杜氏枪乌贼（*Uroteuthis duvaucelii*）产量

（七）资源评估和管理

针对印度洋水域的杜氏枪乌贼已经开展了很多次资源评估（Meiyappan et al，1993；Mohamed & Rao，1997）。Meiyappan et al（1993）发现，杜氏枪乌贼的开发率刚好低于最大可持续产量（MSY），捕捞努力量提高只能增加很少的渔获量。Mohamed 和 Rao 对卡纳塔克邦外围（印度西岸）的资源进行了一次评估。基于实际种群分析（VPA）和贝尔分析，他们发现产量从 1988 年开始有一个缓慢而稳定的增长，可能是 20 世纪 90 年代杜氏枪乌贼资源丰度的增加所致。Abdussamed 和 Somayajulu（2004）对印度东海岸资源开展的评估显示，那里捕获的鱿鱼规格和西海岸有很大不同，这说明东海岸的鱿鱼存在过度捕捞，或者是印度东、西海岸存在两个不同的资源。他们得出结论，东海岸的开发率尽管较高，但很可能不会对补充率有负面影响，但仍建议对捕捞量设置上限。研究强调了多种拖网渔业兼捕渔获管理的复杂性，特别是那些用小孔网的捕虾渔业。据 Abdussamad 和 Somayajulu（2004）研究，唯一可行的解决方案是限制捕捞量以降低丰度高峰期沿岸水域的捕捞压力，限制较大拖网船在较深水域的作业。

在泰国，该渔业是开放的，只有某些捕捞设备才需要许可证。不过，许可证也不意味着渔业活动的准入，因为它和机动船是分开注册的，非法和无许可的捕捞设备经常被这些船使用（Panjarat，2008）。

三、莱氏拟乌贼

（一）分布

莱氏拟乌贼是在印度—西太平洋沿岸水域（<100 m）常见的浅海种，分布于日本到澳大利亚和新西兰，夏威夷到东非，北至红海和南至马达加斯加的广大海域（Chotiyaputta，1993；Triantafillos & Adams，2005；Jereb & Roper，2006）。

日本水域的莱氏拟乌贼繁殖特征不同（囊内卵数、囊的附着、产卵季等），种群结构复杂（Jereb & Roper，2006；Aoki et al，2008）。青鱿鱼或白鱿鱼，体白色，资源最为丰富；红鱿鱼，体色为红色；“kuaika”，成熟体长相比前两者较小。种群基因研究显示，日本附近的莱氏拟乌贼基因结构有显著不同（Aoki et al，2008）。有趣的是，一个比较日本和泰国莱氏拟乌贼的研究显示，它们属于一个大基因库（Aoki et al，2008）。Aoki 等（2008）的研究显示，日本水域的莱氏拟乌贼和中国东海、南海莱氏拟乌贼之间的基因流动有限，导致日本种群孤立，基因变化率较低。

澳大利亚水域记录有两个基因不同的莱氏拟乌贼种群。澳大利亚个体和东南亚个体也存在基因差异。Bergman（2013）也指出在苏门答腊发现了第三个基因不同的种群，并得出结论，认为存在有 6 个或更多的独立种群。

（二）生活史

早期的长度频率分析和野外观测显示，莱氏拟乌贼的寿命在 1～3 年（Jereb & Roper，2006）。不过，饲养实验和直接的年龄鉴定技术显示，其生命更短，只有约 6 个月，在 110～140 d 达到性成熟（Jackson & Moltschaniwskyj，2002；Jereb & Roper，2006）。赤道、热带和亚热带印度—太平洋种群之间存在显著的生长率和性成熟差异（Jackson & Moltschaniwskyj，2002）。在泰国湾的赤道水域，相较南澳大利亚的亚热带水域其生长率更快，成熟规格更小（Jackson & Moltschaniwskyj，2002）。热带水域莱氏拟乌贼的生长率则处于这两个水域个体的中间（Jackson & Moltschaniwskyj，2002）。如上所述，不同区域的成熟规格不同，但一般来说雄性成熟体长要比雌性小（Mhitu et al，2001）。

莱氏拟乌贼会在成熟阶段多批次产卵（Jereb & Roper，2006）。在印度水域，成熟个体在冬季向沿岸迁徙开始交配产卵（Jereb & Roper，2006）。产卵季在其分布范围内会有不同。如 Chun（2003）以及 Jereb 和 Roper（2006）所述，在南印度，莱氏拟乌贼在 1 月到 6 月向沿岸迁移产卵；日本南部其产卵季在 6 月中旬到 8 月，冲绳具有三个产卵季：1 月末到 2 月末、4 月末到 5 月末和 6 月末到 9 月中旬。

莱氏拟乌贼主要以虾和鱼为食，口足目和蟹类也占其食物的一小部分（Silas et al，1982）。

（三）渔业

莱氏拟乌贼在其分布范围内是最重要的商业鱿鱼种类之一（Jereb & Roper，2006）。在印度外围的保克湾和马纳尔湾，莱氏拟乌贼通过专门的沿岸围网、手工鱿钓和拖网（作为兼捕渔获）被捕捞（ilas et al，1982）。它在斯里兰卡北部的贾夫纳潟湖是最具价值的渔业种类，通过鱿钓、拖网（兼捕渔获）、撒网、沙滩围网等方式来捕捞（Sivashanthini et al，2009）。在中国台湾，莱氏拟乌贼通过鱿钓捕捞，可以获得高质量的产品（Chung，2003）。在桑给巴尔，莱氏拟乌贼被用作钩和绳钓的诱饵，也用于人类消费（Mhitu et al，2001）。在日本，莱氏拟乌贼直接被拖网渔业捕捞。中国香港附近有季节性的鱿钓和围网渔业（Jereb & Roper，2006）。它在中国南海、印度尼西亚、南澳大利亚、泰国湾和安达曼海水域也有捕捞（Jereb & Roper，2006）。

（四）渔获量和努力量

总体上，莱氏拟乌贼的渔获量和捕捞努力量信息非常有限，即使有也经常是过期的。在印度水域，莱氏拟乌贼渔业主要发生在保克湾。每年 1.103 万 t 鱿鱼产量中莱氏拟乌贼和美洲枪乌贼属（*Doryteuthis* spp.）占 300 t（Alagarswami & Meiyappan，1989）。Silas et al（1985b）指出，门德伯姆周边的头足类被约 120 艘拖网船作为兼捕渔获捕捞，1976 年和 1977 年记录的鱿鱼总上岸量为 1 366 kg 和 1 457 kg，其中 65.5%～74.9%都是莱氏拟乌贼。约有 140 艘拖网船在拉梅斯沃勒姆外围作业，这些拖网船的捕捞区域偶尔会扩展到和门德伯姆一样大。和门德伯姆的上岸记录不同，莱氏拟乌贼不是鱿鱼渔获中的主要种类，只占 37.4%～45.3%。该种也被这两个区域的手绳钓所捕捞，渔民在浅水用独木舟或站在水中操作，年上岸量很小，在 143～380 kg，CPUE 为 0.9～12.4 kg。在 Kilakarai 地区，莱氏拟乌贼被沿岸围网（Kara valai 和 Ola valai）和手绳钓作为目标种。1973—1975 年 Kara valai 的年上岸量在 3 781～4 797 kg 波动，1977 年下降到 329 kg。

在印度东岸，莱氏拟乌贼在 1990—1994 年占头足类上岸量的 7%（750 t）（Meiyappan et al，2000）。

（五）资源评估

对莱氏拟乌贼的资源评估研究似乎很有限。不过，一项对杜蒂戈林沿岸的杜氏枪乌贼、诗博加枪乌贼（*Doryteuthis sibogae*，是 *Uroteuthis sibogae* 的同种异名）、莱氏拟乌贼、虎斑乌贼、刺乌贼（*Sepia aculeata*）和无针乌贼（*Sepiella inermis*）资源评估的研究指出，四个种类即杜氏枪乌贼、诗博加枪乌贼、莱氏拟乌贼和无针乌贼存在过度开发，建议将捕捞量降低 10%，以保证区域内鱿鱼和乌贼种群的可持续性（Mohan，2007）。

Thapanand 和 Phetchsuthti（2000）对西高湾的莱氏拟乌贼（1987—1997 年）进行了一次评估，结果显示 1991 年后资源便处于过度捕捞，导致接下来的年份渔获量下降。不过在捕捞努力量下降后，渔获量重新上升。MSY 计算为 301.693 t，最佳捕捞努力量为 5.4 万 d，作业渔民数限制在 225 名以内。

（六）经济重要性

莱氏拟乌贼在印度沿岸区域被特定人群消费。在门德伯姆和拉姆斯沃勒姆地区，该种类的售价几乎是刺乌贼和杜氏枪乌贼的两倍（Silas et al，1985a）。

第八节　东印度洋

1986—2010 年，泰国水域的鱿鱼年产量在 7 万～10 万 t，其中约有 90%的渔获来自泰国湾，10%来自东安达曼海（DOF，2013）。这些区域的渔获量占东南亚鱿鱼总渔获量（2 万～25 万 t）的几乎一半。其他主要的鱿鱼捕捞国有印度尼西亚和马来西亚，年产量约 6 万 t（SEAFDEC，2013）。在泰国，1/3 的渔获在当地消费，剩下的 2/3 进行或深或浅的加工和出口。泰国是向日本和欧洲出口头足类产品的主要国家之一。商业性头足类渔获中有鱿鱼（60%）、墨鱼（35%）和章鱼（15%）（Kittivorachate，1980；Supongpan，1995）。小型种类会被加工成肉糜，这是水产养殖业主要饲料配方的原料。

东印度洋捕捞的主要种类是浅海种，泰国水域记录的有 9 种，包括中国枪乌贼（*Uroteuthis chinensis*）、杜氏枪乌贼（*U. duvaucelii*）、剑尖枪乌贼（*Uroteuthis edulis*）、僧伽罗尾枪乌贼（*Uroteuthis singhalensis*）、诗博加枪乌贼（*Uroteuthis sibogae*）、近缘小枪乌贼（*Loliolus affinis*）、苏门答腊小枪乌贼（*Loliolus sumatrensis*）、火枪乌贼（*Loliolus beka*）、莱氏拟乌贼（*S. lessoniana*）等（Nabhitabhata et al，2009；Nabhitabhata &

Nateewathana，2010)。不过，缺乏单独种类的详细统计信息。所有头足类都是混合捕捞，根据登岸大小粗略分为鱿鱼、墨鱼或章鱼。小型种和其他大型种的幼体混在一起。商业性渔业使用的设备主要是拖网、围网和带灯光的提拉网。手工渔业主要使用陷阱和灯光手工鱿钓。提拉网的使用约始于 1979 年，很快便成为鱿鱼渔业中重要的设备。到 20 世纪 90 年代，超过 40%的拖网已经改为提拉网和围网（Supongpan，1995)。

一、商业性种类的分布和生活史

本区只有 3 个重要的商业性种类。

（一）中国枪乌贼

中国枪乌贼是本区捕捞个体最大的（350～460 mm）和最普遍的种类。虽然该鱿鱼分布在深度 10～100 m 的范围内，但在 30～50 m 水深范围最丰富。雄性成熟个体胴长在 105 mm，雌性在 90 mm。雌性可以产 3 000～20 000 枚卵。雌雄性别比为 1∶1.5。产卵被认为全年进行，其中 3—4 月和 8—9 月是两个高峰期（Chotiyaputta，1995a；Boonwanich et al，1998；Suppanirun et al，2011)。

（二）杜氏枪乌贼

杜氏枪乌贼在本区有常规捕捞。虽然个体比中国枪乌贼小（30～300 mm)，但该种类在较浅水域（10～30 m）更丰富。雄性成熟个体胴长比中国枪乌贼小（80 mm)。雌性可以产 1 500～12 000 枚卵。雌雄性别比为 1∶1.3。产卵可能全年进行，但高峰期在 1—6 月和 8—12 月（Supongpan et al，1993；Chotiyaputta，1995a；Boonwanich et al，1998；Suppanirun et al，2011)。

（三）莱氏拟乌贼

莱氏拟乌贼栖息于 5～45 m 深的浅海岩礁上。聚集群体的规模（5～20 只）相比尾枪乌贼属要小（Nabhitabhata，1996)。陷阱是最重要的捕捞方法，年产量为 2 000～4 000 t。捕获的鱿鱼个体在 75～325 mm。产卵量估计为 700～2 300 枚。产卵全年进行，泰国湾的高峰期在 11 月到翌年 1 月、3—5 月和 7—8 月，东安达曼海在 6—12 月（Chotiyaputta，1984，1988；Roongratri，1997；Yakoh et al，2013)。

二、资源辨别

对每个重要经济种类采用的资源辨别方法包括形态测量（背胴长和重量)、年龄和生长率（Chotiyaputta，1995b；Supongpan，1996；Boonwanich et al，1998)。长度频率分析是基于 von Bertalanffy 生长模型。Bhattacharya 的方法被用于将正态分布曲线从总分布曲线中分离出来。模态发展分析被用于评估生长。产卵量、性别比和再生产率被用于确定再生产季。

CPUE 从常规调查研究的渔获组成中可以估算出。MSY 通过 Schaefer 的剩余产量模型和 Fox 模型估算（Vibhasiri et al，1985；Supongpan，1996)。

热带浅海鱿鱼的生长最快，生命周期短于 1 年。产卵可以全年开展，且没有显著的高峰。所以，各个种群资源混合，可能最少有 2 个生长群体。

三、渔业

鱿鱼渔获量占泰国水域所有头足类产量的约 50%。年产量在 5.1 万～9.7 万 t（1986—2010 年）（图 47）。渔获中有 15%～52%是中国枪乌贼，29%～64%是杜氏枪乌贼，5%～8%是莱氏拟乌贼（Kittivorachate，1980；Chotiyaputta，1995b；DOF，2013）。泰国水域鱿鱼资源的潜在产量为：中国枪乌贼 6.7 万 t，杜氏枪乌贼 6 万 t；最优捕捞努力量 629 万 h（Supongpan，1995）。Vibhasiri（1980）、FAO（2010）和 Supongpan（1995）认为鱿鱼资源的 MSY 在 1977 年就已经达到，事实上中国枪乌贼已经被过度捕捞约 20%（Supongpan，1995）。不过值得一提的是，评估的前提是泰国水域的鱿鱼资源是单一资源。

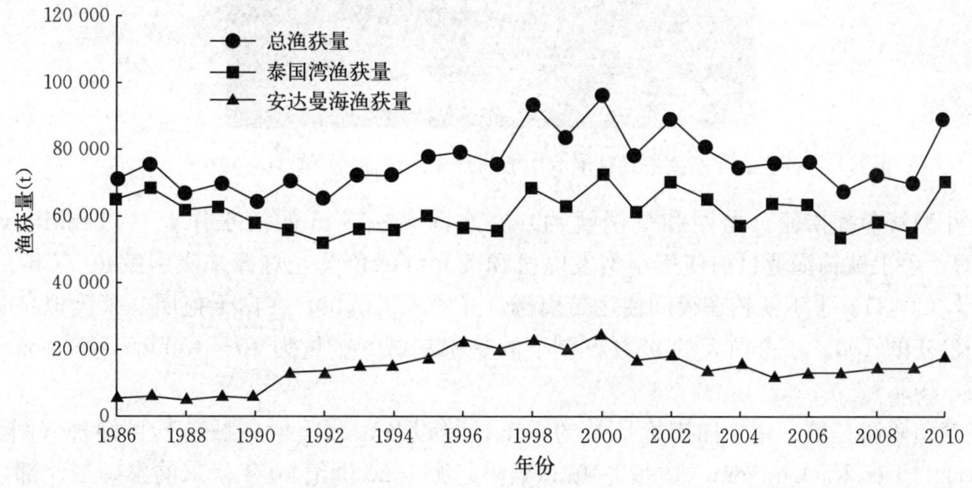

图 47 1986—2010 年泰国湾和安达曼海枪乌贼类渔获量（DOF，2013）

四、捕捞方法

东南亚国家的鱿鱼捕捞业可以通过捕捞设备类型进行分类。历史上的设备有钩和绳、流刺网、抛网和竹桩陷阱。最近的小型或手工捕捞设备有流刺网、小推网、钩和绳、鱿钓、抛网和陷阱（Munprasit，1984；Bjarnason，1992）。小型或手工捕捞船是无动力的，装备有船外引擎（因此在泰国叫"长尾船"）或小型船上引擎。较大的渔业使用网板拖网、桁杆拖网和双拖网、大型推网以及鱿鱼陷阱。所有船都由引擎驱动，可以根据长度分为小型（<14 m）、中型（14～18 m）和大型（>25 m）（DOF，1997）。

在泰国水域，年产量中有 40%～55%由拖网捕获（10%～35%来自网板拖网，10%～20%来自双拖网）（Chantawong，1993；Supongpan，1996）。灯光诱网有一个固定的起降机和一个巨型抛网或落网。这种捕捞方法主要渔获是枪乌贼（约占 90%），剩下的渔获是中上层鱼类。该捕捞方式占泰国总产量的 30%～50%（图 48）。使用的网具类型有三种：网口 12 m×12 m、网目 2～3 cm 的提拉网，网口 12 m×12 m 或16 m×16 m、网目 2.5～3.2 cm 的抛网，以及网口（14～30）m×(14～30）m×20 m、网目 2.5～3.2 cm 的盒状网（Ogawara et al，1986；DOF，1997）。抛网也被小于 6 m 的小船使用。渔获中有 36.7%～93.9%是枪乌贼，2.9%～9.0%是莱氏拟乌贼。在枪乌贼种类中，76.4%～80.3%是中国枪乌贼，14.8%～22.5%是杜氏枪乌贼，1.1%～4.95%是苏门答腊小枪乌贼（Songjitsawat & Sookbuntoeng，1988）。

图 48　泰国枪乌贼渔业中参与灯光诱网捕捞的船只在减少

小型鱿鱼捕捞船（抛网和灯诱鱿钓）在水深 5～15 m 的浅水作业（Chenkitkosol，2003）。手工鱿钓渔业目前使用小型发电机和荧光灯绿色荧光灯棒来吸引鱿鱼（Chenkitkosol，2003）。手工鱿钓在夜间使用带引诱灯光的人工诱饵，在白天拖回。莱氏拟乌贼占夜间渔获的 100%，占白天的 95%，剩下的是枪乌贼。产量为 10～15 kg/d（Supongpan et al，1988）。

鱿鱼陷阱是唯一用于捕捞枪乌贼的手工捕捞设备，莱氏拟乌贼是其目标种（图 49）（Boongerd & Rachaniyom，1990）。鱿鱼陷阱起源于 20 世纪 60 年代末的泰国东北部，到 20 世纪 80 年代扩展到整个泰国和东南亚（Munprasit，1984）。2005 年泰国东部发展出一种可折叠的鱿鱼陷阱，使得较大的船可以携带多达 2 000 个陷阱。莱氏拟乌贼占渔获的 95%，剩下的是墨鱼。枪乌贼和章鱼不会进入陷阱。陷阱的有效期是 90～120 d（Boongerd & Rachaniyom，1990；Khrueniam & Suksamrarn，2012）。莱氏拟乌贼每航次的 CPUE 是 10.3 kg，墨鱼是 1.3 kg（Supongpan et al，1988）。1986—1999 年，泰国水域用陷阱捕获的莱氏拟乌贼年产量超过 5 000 t，2007 年下降到 1 000 t（DOF，2013）。鱿鱼卵囊附着在陷阱上所造成的损失是人们关注的焦点。1990—2003 年，泰国渔业部通过从渔民手上购买卵囊并在孵化场饲养后放归海中的方法解决了该问题。每年生产和释放的莱氏拟乌贼数量平均为 180 万尾（Nabhitabhata et al，2005）。

另一个主要的矛盾是鱿鱼陷阱渔业和在同一捕捞场地作业的拖网之间的矛盾（图 50）。陷阱如果在拖网作业的线路上就会损坏或丢失。此外，拖网也会被陷阱破坏。某些地区已经达成解决方案，不同区域分配不同捕捞设备并限制各区域每种渔业的捕捞期（Supongpan，1995；Srikum & Binraman，2008）。捕捞成本的增长，特别是燃油威胁到渔业的长期可持续性（Yamrungrueng & Chotiyaputta，2005；Srikum & Binraman，2008；Khrueniam & Suksamrarn，2012）。

图 49　泰国手工渔船设置鱿鱼陷阱（莱氏拟乌贼是其目标种）

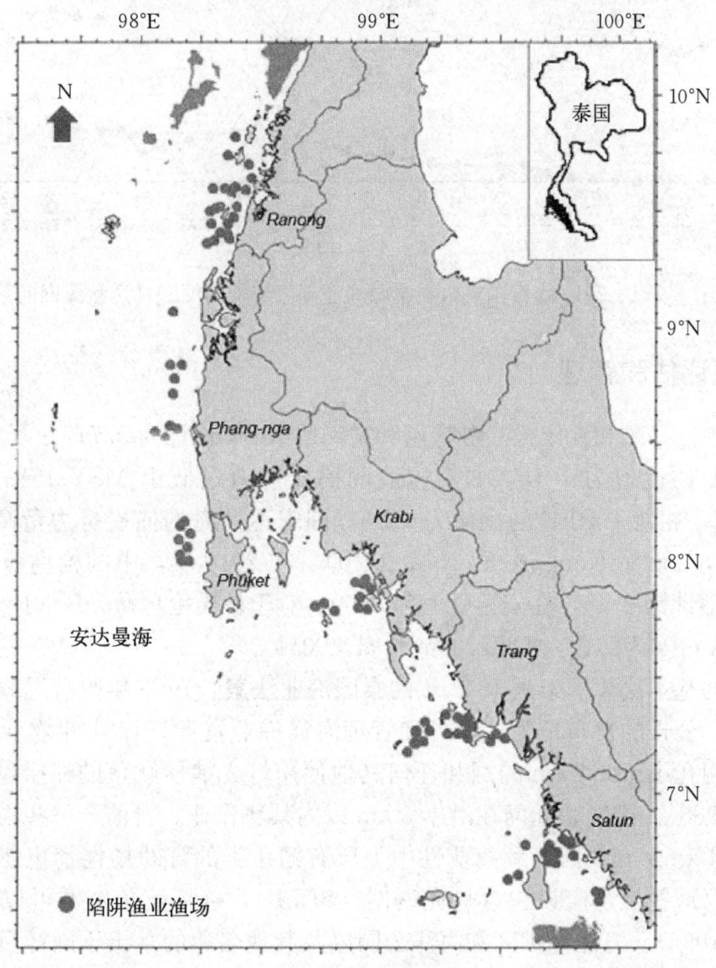

图 50　印度洋北部安达曼海鱿鱼陷阱渔业渔场

（Suppapreuk et al，2013）

泰国湾内鱿鱼灯光诱网捕捞的枪乌贼每年上岸量占头足类总渔获的 40%～50%，所以该区的记录比较详细（Chantawong，1993）。鱿鱼渔业使用灯诱技术始于 1978 年，并在接下来 3 年里很快流行开来（Munprasit，1984）。这种捕捞设备的高产量使得中小型拖网转为鱿鱼灯诱网。泰国湾内在泰国渔业部注册的灯诱鱿鱼网的数量从 1980 年的 230 个持续增长到 2004 年的 3 160 个（图 51）。相比之下，拖网的数量（1980 年 10 428 个）下降到 2005 年的 5 757 个。泰国枪乌贼的产量在 20 世纪 80 年代初灯诱鱿鱼网加入后增长到超过 7 万 t，此后便维持稳定。最近，唯一产量还在增长的区域是安达曼海亚区，估计增长了至少 20%（Chantawong，1993）。

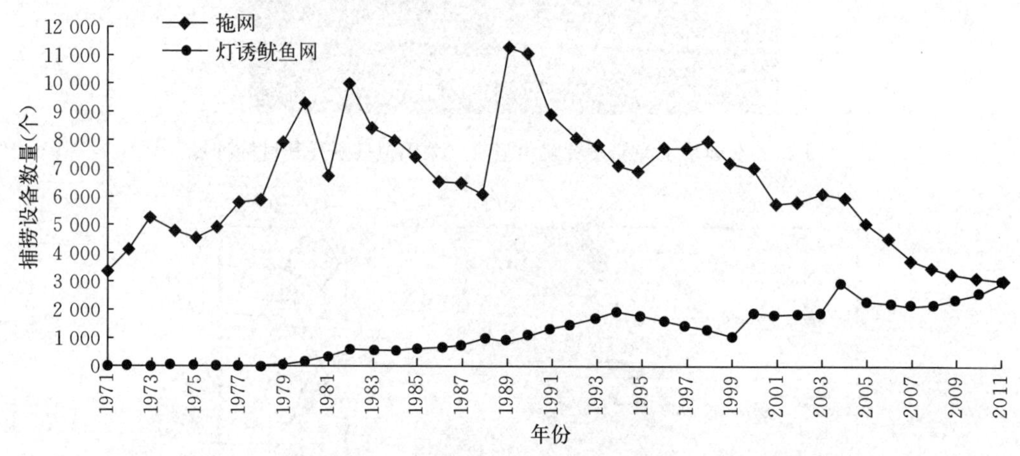

图 51　1971—2011 年泰国湾内在泰国渔业部注册的拖网和灯诱鱿鱼网的数量

五、资源评估和管理

泰国湾中国枪乌贼和杜氏枪乌贼拖网和抛网的 MSY 估计为 3.717 9 万 t，相对于捕捞努力量（RFE）的比值为 1.15，即泰国湾的捕捞努力量低于 MSY 15%；安达曼海的 MSY 为 1 728 t，相对于 RFE 的比值为 0.75，即安达曼海的捕捞努力量高出 MSY 25%（Boonsuk et al，2010；Kongprom et al，2010）。在 2010 年，中国枪乌贼的捕捞死亡率（F）在泰国湾估计为 2.48，在安达曼海为 8.60。对于杜氏枪乌贼，F 估计分别为 4.41 和 4.83（Boonsuk et al，2010，Kongprom et al，2010）。

渔业管理的基本法律框架是 1947 年的泰国渔业法案，1981 年曾有过修订。该法案采用管理和公告，公告的发布是为了保护和管理海洋渔业资源。1981 年农业暨合作部发布公告禁止使用网孔小于 3.2 cm 的网和任何其他使用灯光捕捞鱿鱼的捕捞设备（Charuchinda，1987，1988）。推网和拖网在沿岸 3 km 以内禁止作业。目前，一些当地政府将这项规定扩大到 5.4 km。在产卵期和商业性中上层有鳍鱼类的育幼场也禁止使用以上的捕捞设备。有人建议这些规定应该包含灯光诱网（SLLF），这样鱿鱼资源可以实现空间管理（Supongpan，1996）。海洋保护区和海洋公园以及其他名称的（出于同样目的）区域划区也能间接有助于保护鱿鱼资源。每年的“湾内休渔季”和“安达曼海休渔季”，禁止 2—5 月在泰国湾西部以中上层鱼类为目标的商业性渔业捕捞，安达曼海则在 4—6 月，这项措施应该扩展覆盖到灯诱鱿鱼渔业（Petsalapsri et al，2013）。

Supongpan（1996）也建议 SLLF 渔船数量应该在政治上可接受的前提下逐步减少 20%。不过，泰国政府在试图限制拖网渔船数量时很快便遭到强烈反对，最终发展成为政治问题。可行的措施是限制该渔业使用的光照强度，Munprasit（1984）指出，10 kW 的发电机发出的光强度足以支撑泰国湾内深度小于 80 m 的捕捞作业。

第九节　西北太平洋

西北太平洋包括堪察加半岛东南部、千岛群岛、日本周边海域、白令海（西部）、鄂霍次克海、日本海、黄海、中国东海、中国南海（北部）。在该区域捕捞的国家有中国、日本、韩国、朝鲜和俄罗斯（Spiridonov，2005）。西北太平洋的渔业产量较高，在世界鱼类和海产品产量中所占的比例最高。在南部区域，鱿鱼是一个普遍开发种类。本区内开发的鱿鱼有长枪乌贼（*L. bleekeri*）、莱氏拟乌贼（*Sepioteuthis lessoniana*）、剑尖枪乌贼（*U. edulis*）、中国枪乌贼（*U. chinensis*）、杜氏枪乌贼（*U. duvauceli*）、贝乌贼（*Berryteuthis magisiter*）、菱鳍乌贼（*T. rhombus*）、萤乌贼（*W. scintillans*）、太平洋褶柔鱼（*T. pacificus*）、鸢乌贼（*S. oualaniensis*）和柔鱼（*O. bartramii*）。鱿鱼捕捞方式和设备有拖网、抛网、钓、鱿钓、饵钓、围网等。

一、长枪乌贼

（一）分布

长枪乌贼主要分布在从北海道到九州的日本沿岸和朝鲜沿岸，偶尔也出现在中国东海和黄海（图 52）（Ti et al，1987，2013；Natsukari & Tashiro，1991）。产卵季和深度分布取决于水温。相较于较冷的北方水域，鱿鱼在较暖的南方水域的栖息深度较深。在土佐湾和高知市，长枪乌贼的捕捞区间深度为 70～300 m，温度为 11～15 ℃（Toriyama et al，1987）。

（二）种群结构和生活史

日本的长枪乌贼可以分为两个资源：对马暖流资源和太平洋资源（Tian，2012；Nashida & Sakaji，2012）。这种划分以地理分布为基础，便于资源评估，但没有严格的生物学定义。长枪乌贼对日本沿海渔业来说是重要的商业种类。日本长枪乌贼渔业依赖四种资源：日本海对马暖流南部和北部资源、太平洋黑潮及亲潮区南部和北部资源（图 52）。日本长枪乌贼种群在基因结构上没有差异（Ito et al，2006）。

南方资源的主要产卵季节在冬季，北方资源在春季，日本海和太平洋种群都是如此。在日本海西南，长枪乌贼从冬季到春季都有产卵，在 6 个月内迅速生长至 100 mm（Kinoshita，1989；Murayama & Kitazawa，2004）。在秋冬季，日本沿岸用底拖网和抛网进行捕捞（Kitazawa，1986）。长枪乌贼从近海深水向沿岸迁徙进行产卵，但它们不会像太平洋褶柔鱼那样进行长距离迁徙（Sato，1990）。

在日本北部，产卵群体在 12 月到翌年 2 月向南迁移，这段时间水温下降；在 3—6 月又向北迁移，这段时间水温上升（Sato，1990）。这种迁移被认为鱿鱼利用 10～12 ℃的最

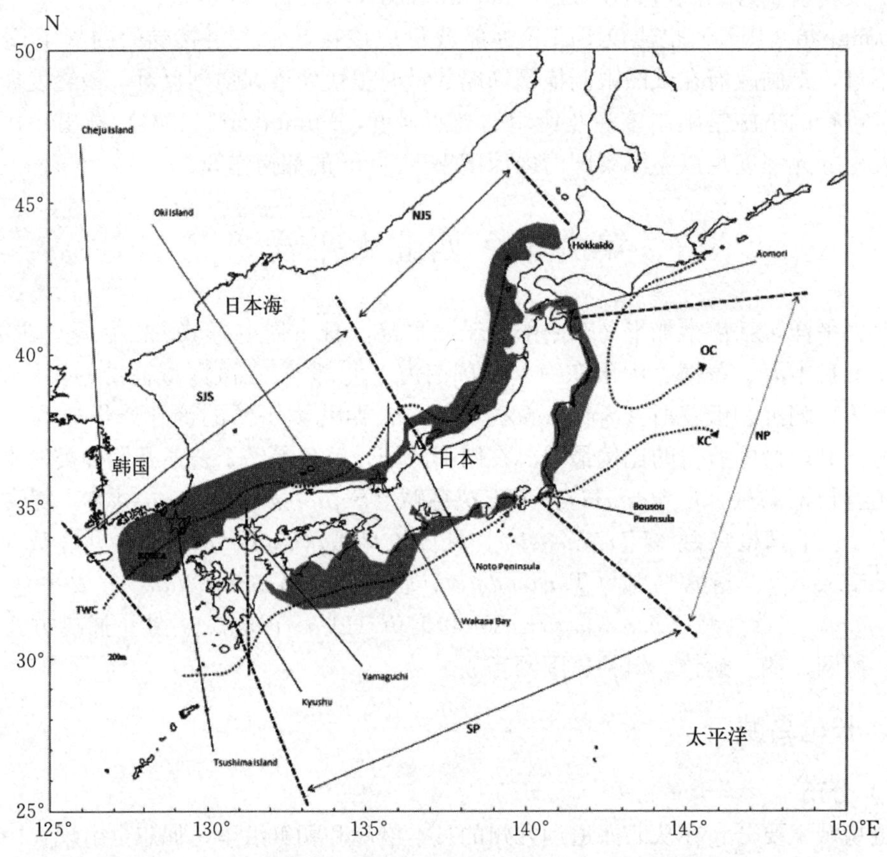

图 52 日本周围的枪乌贼和海洋结构分布图（灰色阴影部分）

（改自 Tian et al，2013）

日本海南部和北部（SJS，NJS）以及太平洋南部和北部（SP，NP）四个渔区分别用粗虚线和细虚线箭头标注。粗虚线箭头分别表示对马暖流（TWC）、黑潮（KC）和亲潮（OC）。星号表示的地名在正文中提到

佳水温进行产卵，而产卵季的水温在 7～14 ℃（Hamabe，1960；Ishii & Murata，1976；Sato，1990）。产卵地位于较浅的礁区，卵囊被释放到坚硬物质的背面。胚胎发育和孵化受到水温和盐度的影响。卵的最佳发育温度是 12.2 ℃，盐度是 36.0；正常发育的最低温度为 8.3 ℃，盐度为 28.0（Ito，2007）。性成熟胴长估算结果，雄性为 193 mm，雌性为 171 mm（Ito，2007）。大型和小型雄性个体有不同的繁殖策略（Iwata et al，2005）。

（三）捕捞船、捕捞季和捕捞量

在日本，长枪乌贼通过拖网、定置网、钓的方式来捕捞（Kasahara，2004）。日本海西南延伸出的大陆架，从对马群岛到隐岐群岛，有丰富的南部资源，在历史上曾是重要的双拖网捕捞区域（图 52）（Tian，2007，2009）。日本海北部资源，范围从能登半岛到北海道西岸，是拋网渔业最重要的目标种之一（Ito，2007；Tian，2012）。从九州东岸到布苏半岛南部，南部资源是定置网和拖网的目标种，但主要被四国岛水域的双拖网所捕捞。在太平洋北部，从布苏半岛到岩手县，北部资源是拖网的目标种，但在布苏半岛到金华山岛之间作业的单拖网产量最大（Nashida & Sakaji，2012；Tian et al，2013）。

1978—2012年日本海每年的上岸量在3 900～20 000 t，具有年际震荡（图53）。总渔获量从1979年的2万t下降到近年来的少于5 000 t，呈下降趋势。除了线性趋势之外，它还具有一些周期性特征，其中1979年、1989年、1994年和2008年出现过峰值（Tian et al，2013）。

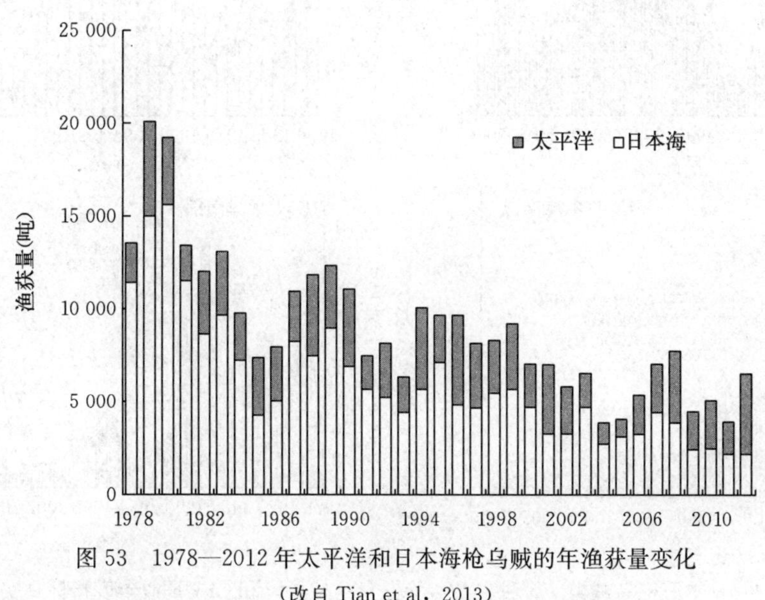

图53 1978—2012年太平洋和日本海枪乌贼的年渔获量变化
（改自Tian et al，2013）

日本海北部资源的捕捞量主要是来自青森和北海道的抛网渔业，来自富山到秋田的渔获量只占总量的一小部分（图54 A）。渔获量具有很大的年际震荡，在20世纪70年代末和90年代有较高的产量，而20世纪80年代和21世纪初产量较低。青森县抛网的CPUE变化趋势与总渔获量类似。日本海南部资源的渔获主要来自双拖网，但来自石川县到兵库县的渔获量所占比例自20世纪90年代后便逐渐增加（图54B）。双拖网的渔获量从1977年1.370 0万t的最大值下降到2003年16 t的最小值，并在此后维持极低的水平。丰度指数变化趋势和渔获量一致，20世纪70年代和80年代较高，但20世纪90年代后极低，显现出年代际变化（Tian，2009；Tian et al，2013）。

太平洋北部资源的渔获量很大程度上依赖于布苏半岛到金华山岛作业的单拖渔业产量和岩手县的双拖渔业产量（图54C）。渔获量在20世纪80年代末后增加，1996年到达峰值，此后下降到2005年的最小值。布苏—金华山岛区的单拖渔业的CPUE有较大的年际震荡。对太平洋南部资源来说，双拖渔业的产量在20世纪80年代较高，在90年代下降（图54D）。双拖渔业的CPUE反映了渔业产量的整个变化过程，但不包括过去5年的状态。

渔业产量和CPUE的变化趋势表明日本海和太平洋的南部资源丰度在1989—1990年突然下降，而北部资源的丰度在1993—1994年上升。这说明丰度变化与20世纪80年代末到90年代初日本沿海和太平洋的阶段变化有很强的同步性（Tian et al，2013）。南部和北部资源模态的不同说明其丰度存在纬度差异。

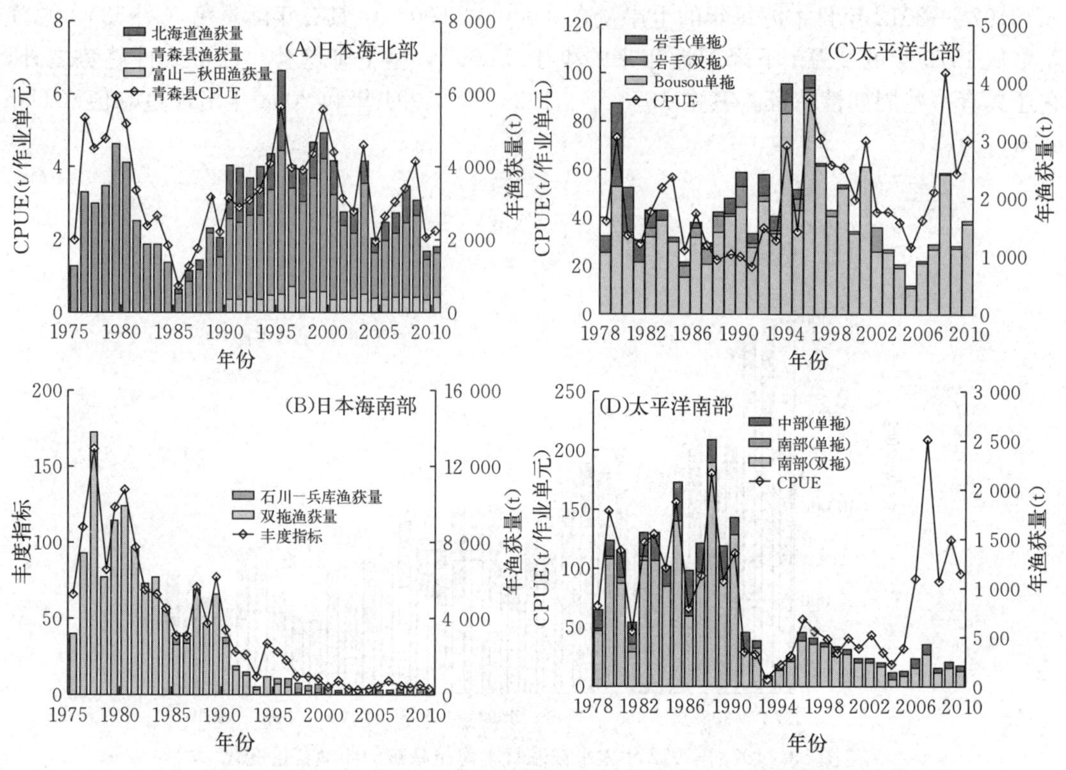

图 54　日本海枪乌贼类 4 个种群的年渔获量（柱形）和 CPUE 或丰度指标（实线）

（改自 Tian et al，2013）

（A）1975—2010 年日本海北部群体（北海道和富山—秋田数据分别为 1985—2010 年和 1990—2010 年）；（B）1975—2010 年日本海南部群体（石川—兵库数据为 1990—2010 年）；（C）1978—2010 年太平洋北部群体；（D）1978—2010 年太平洋南部群体

（四）捕捞影响、资源评估和管理措施

值得注意的是长枪乌贼的年代际震荡与水温密切相关。南部资源在 20 世纪 90 年代后在冷水期较多，在暖水期较少，而北部资源则相反（Tian et al，2013）。CPUE 和水温之间的相关性揭示出 20 世纪 80 年代末水温变化的影响，1978—1988 年水体突然从冷变暖（Tian et al，2011）。另一方面，捕捞对长枪乌贼的影响尚不清楚。捕捞努力量在 20 世纪 80 年代后便下降（Nashida & Sakaji，2012；Tian，2012）。不过，抛网和拖网渔业的捕捞努力量在短暂的产卵季期间似乎都在加强（Tian，2009）。一项对日本海南部资源的研究显示，从 DeLury 模型评估的捕捞死亡率自 20 世纪 80 年代末便有较大的增加（Tian，2009）。这个事例说明在不利的气候环境下，即便总捕捞努力量减少，捕捞压力依旧有可能增加。

长枪乌贼是日本政府资源评估项目的目标种类之一。资源状况每年都会基于渔获和 CPUE 的趋势进行评估。长枪乌贼资源在 20 世纪 90 年代后便处于较低水平，无论是太平洋还是日本海（Nashida & Sakaji，2012；Tian，2012）。这和水体变暖有很大关系（Tian et al，2013）。

如上所示，南部和北部资源对气候变迁的反应不同。辨别有利和不利的气候条件，估计捕捞压力以发展出合适的管理策略以保证南部资源的恢复是十分重要的。对于北部资源，值得注意的是暖冬的有利影响被暖夏的不利影响所抵消。为促进南部资源恢复，推荐的管理措施包括延迟捕捞季以保护幼体、禁止在夏季产卵季和产卵场地捕捞（Tian，2009；Tian et al，2013）。

二、莱氏拟乌贼

（一）资源辨别

在日本，莱氏拟乌贼栖息于从北海道到南西群岛的近岸到离岸水域，是重要的沿岸商业资源（Sasaki，1929；Okutani，1973；Okutani，1973；Ueta，2000）。冲绳县将当地种群按规格、颜色和捕捞场地分成 3 类（Izuka et al，1994；Izuka et al，1996）。在日本，有 3 个独立遗传和繁殖的群体被识别：Shiro-ika（白乌贼）、Aka-ika（红乌贼）和 Kua-ika（Izuka et al，1994；Izuka et al，1996）。每个群体的分布和生物学特征都不同（图 55）（Izuka et al，1996）。

A

B

C

图 55 莱氏拟乌贼（*Sepioteuthis lessoniana*）变异性

（A）德岛县 Shiro-ika（白乌贼）；（B）德岛县 Aka-ika（红乌贼）；（C）冲绳县 Kua-ika

（二）Shiro-ika

1. 分布和生命周期

Shiro-ika 广泛分布于日本从南北海道到南西群岛和小笠原群岛海域，栖息于表层到 100 m 水深的范围内（图 56）（Okutani，1973；Izuka et al，1996）。在日本主要岛屿附近，幼体和年轻个体栖息于 0～20 m 水深的近岸水域，这里夏秋季食物丰富、大型捕食者较少（图 57）。冬季，接近成年的个体和成年个体向南迁移，从＜15 ℃的沿岸水域迁移到＞20 ℃的近海水域。群体集中分布于 15～20 ℃水温的高盐度海域（Ueta，2003）。春季，成年个体迁移到近岸水域产卵。

4—9 月主要在日本岛屿周边产卵，1—10 月主要在冲绳群岛产卵（Ueta，2000）。雌性个体多次交配、产卵（4～11 次）（Wada，1993；Wada & Kobayashi，1995；Ueta，2000）。卵囊有 1～9 个卵（一般 5～6 个）并附着在海草、大叶藻、珊瑚和靠近沿岸的人造卵床上（Ueta，2000）。实验室发现卵在 25 ℃下 24～27 d 后孵化（Segawa，1987）。

在主要岛屿，Shiro-ika 在 7—10 月补充，在翌年的 4—9 月经历几次产卵后死亡（Ueta，2003；Wada & Kobayashi，1995）。个体寿命约为 1 年（Ueta，2000）。水温对孵化期和生长率都有重要影响。高水温似乎会导致孵化提前和生长率提高，高水温也会带来较高的存活率和补充成功率（Ueta et al，1999；Ueta，2000）。成体胴长不同，受产卵季（4—9 月）和生长率的影响。大的雄性可以长到 2～3 kg（370～440 mm），大的雌性可以长到 1～1.5 kg（380～330 mm）。雌性的最小性成熟胴长约为 15.5 cm（体重约 209 g）（Ueta，2000）。

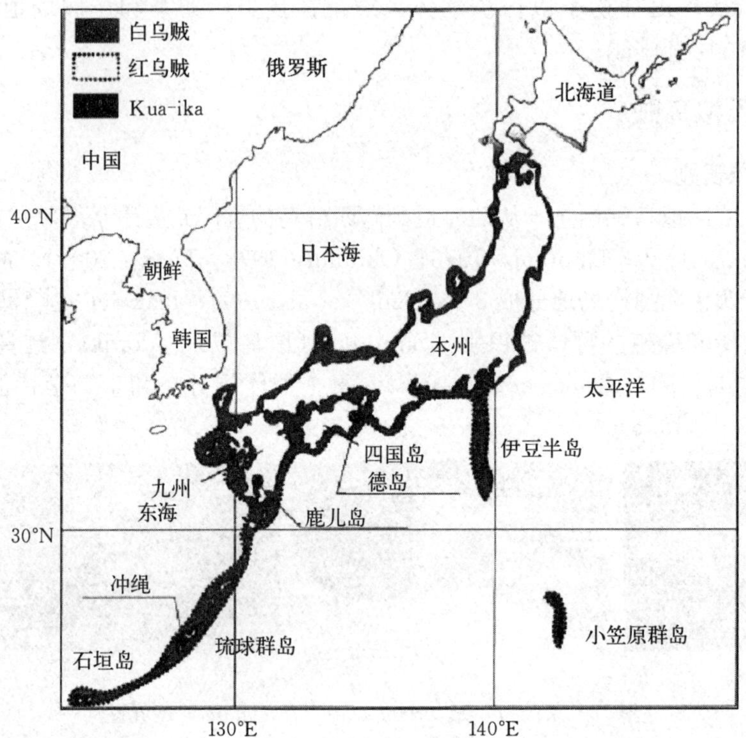

图 56　日本 Shiro-ika、Aka-ika 和 Kua-ika 的地理分布

（Izuka et al，1996）

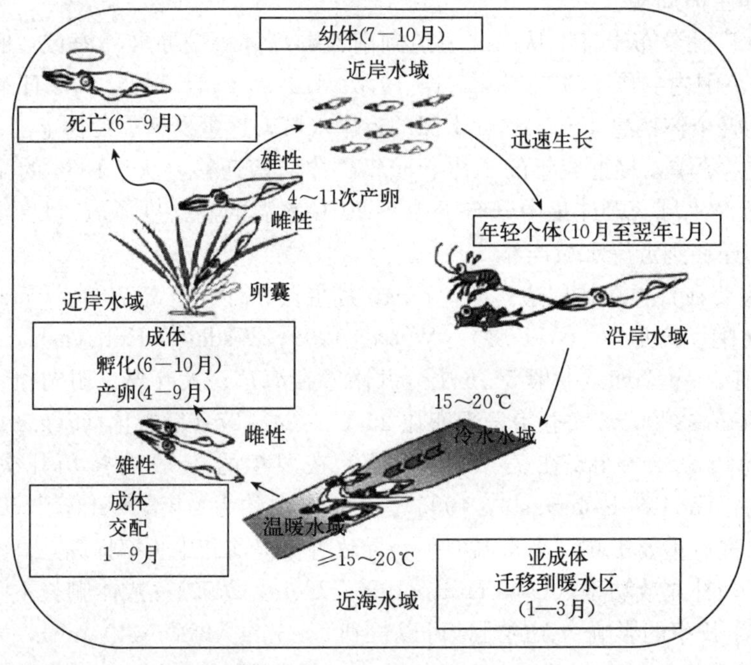

图 57　德岛县 Shiro-ika 的生活史

2. 捕捞设备

在日本西部，Shiro-ika 全年主要通过鱿钓、拖曳、饵钓、抛网和围网捕捞。月捕捞高峰时在补充期内（10 月到翌年 1 月）和产卵期内（4—6 月）。Shiro-ika 主要由夜间的鱿钓、拖曳、饵钓、抛网捕捞，每天的渔获量在满月时会增加，雨天除外（Munekiyo & Kawagishi，1993；Ueta，2000）。适度的月光照射似乎可以促进 Shiro-ika 移动和捕食行为。

鱿钓和拖曳渔业使用传统的像虾一样的器具，叫“egi”，最早出现于 19 世纪的鹿儿岛，随后被反复改进（图 58）（Okada，1978）。捕捞主要是在黄昏和夜间。鱿钓和拖曳渔业的 Shiro-ika 的渔获量要大于抛网渔业，因为这两种设备具有尺寸选择性（Tokai & Ue-

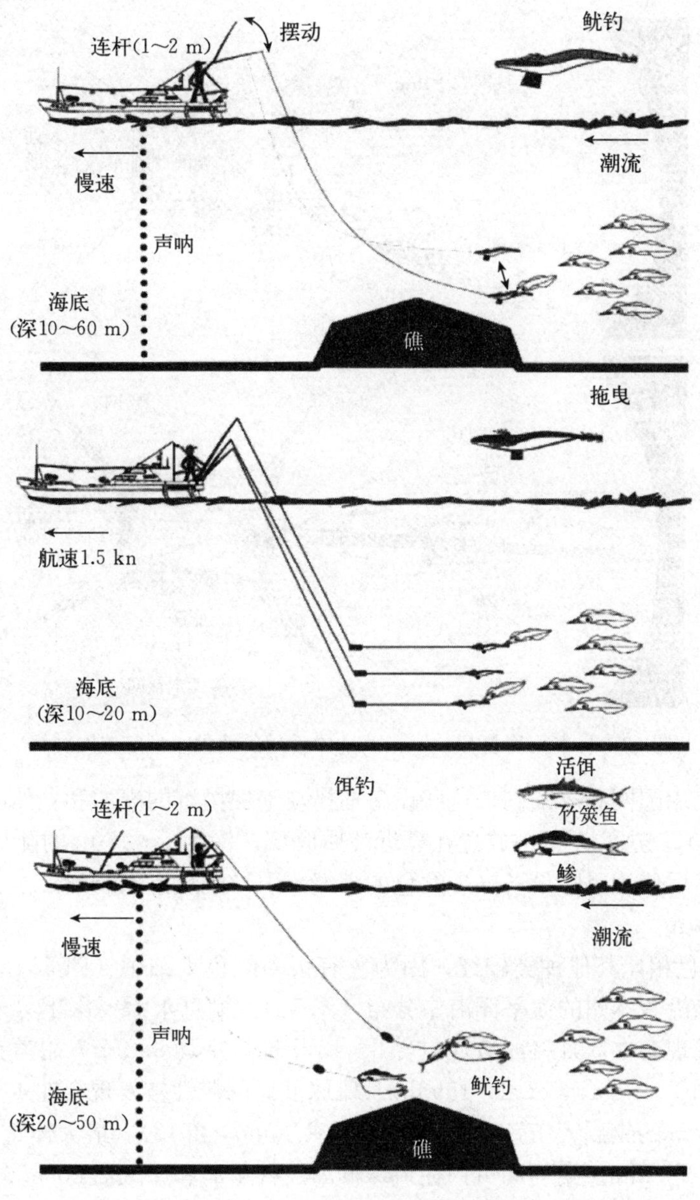

图 58　德岛县 Shiro-ika 的鱿钓、拖曳和饵钓图解

ta，1999）。拖曳比鱿钓更有效率，因为拖曳同时使用多个诱捕器，且不需要手工前后摇摆钓竿。饵钓白天开展，使用活的竹筴鱼和鲹作为鱼饵。

在德岛县，Shiro-ika 主要由近岸抛网渔业在 15～20 m 水深捕捞。渔民使用磅式和袋式的小型抛网（图 59）。两种网都由一个或多个渔民使用小型船（<1～2 GRT）操作。网的尺寸和结构依区域和渔民不同而不同。20～70 m 的头网被垂直布置在沿岸，袋网或磅网位于头网端的近海区（图 59）。鱿鱼沿着头网进入袋网。对于磅网，鱿鱼在止回装置的作用下从围网进入磅网。鱿鱼相比小网孔（16～21 mm）袋网更容易进入大网孔（50 mm）袋网，小网孔袋网用来捕捞日本沙丁鱼和日本鳀。

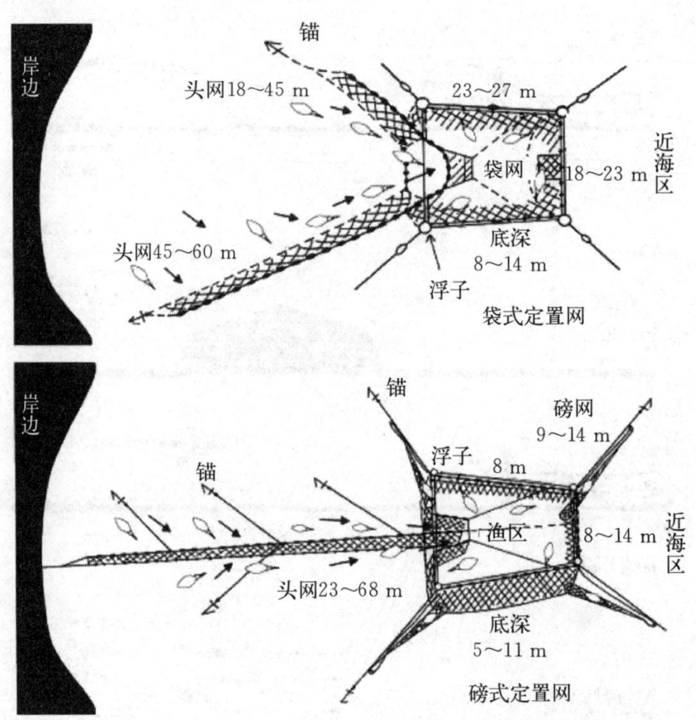

图 59　日本德岛县 Shiro-ika 渔业中使用的两种小型定置网图解

九州渔民使用围网和船围网。这些设备捕捞在渔民抛沉的灌木和自然海草床上产卵的 Shiro-ika（图 60）。这些设备被放置在靠近沙质底部、深度 5～15 m 的陡坡上。渔民使用围网包围鱿鱼然后使用恐吓设备（带颜色的绑绳）引导鱿鱼进入袋网。

（三）Aka-ika

Aka-ika 体色相比其他种类较红，因为它有很多红色素细胞（图 55）。其分布于琉球群岛，且很可能沿着本州的太平洋沿岸分布（图 56）。栖息水深要深于另外两个群体。石垣岛的雌性被发现会在 5 月将卵囊（包含 5～13 个卵，平均 9.2 个）附着在死去的珊瑚枝上（深度约 23 m）（Segawa et al，1993b）。琉球群岛的雌性被发现会在 4 月和 7 月将卵囊附着在 81～100 m 的钢制人工鱼礁上（Ueta & Umino，2013）。最大体重为 5～7 kg，对应胴长为 500～600 mm。鱿钓和饵钓在琉球群岛、种子岛和屋久岛 20～50 m 水深处进行。捕捞方法和 Shiro-ika 一样（图 58）。活的多带副绯鲤（*Parupeneus multifasciatus*）和鲻

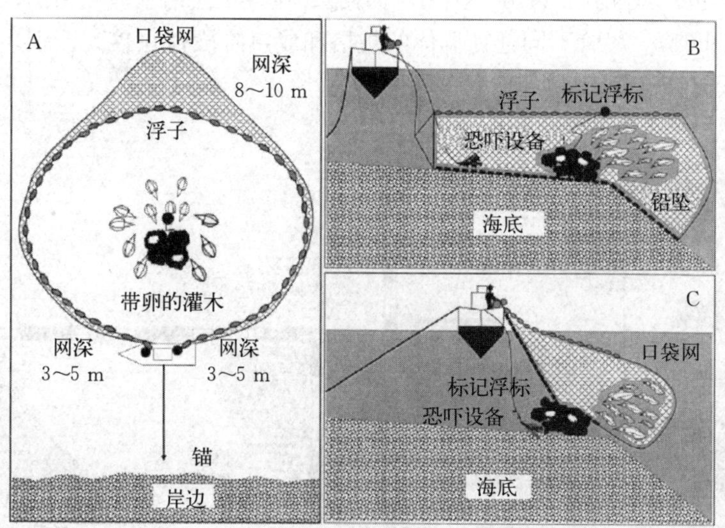

图 60　日本德岛县 Shiro-ika 渔业中使用的围网

(*Mugil cephalus*) 被用作诱饵。除了伊豆群岛和小笠原群岛，Aka-ika 在日本主要岛屿的渔获量较少。

(四) Kua-ika

Kua-ika 只出现在靠近琉球和小笠原群岛的海域（图 56）(Izuka et al，1996)。在石垣岛，它只出现珊瑚礁附近并在 6—10 月将包含 2 个卵的卵囊附着在浅海珊瑚礁的死亡枝条上 (Segawa et al，1993a；Izuka et al，1996)。最大体重估计约为 100 g，对应胴长为 100～150 mm。Kua-ika 的资源量很小，渔业资源的重要性也相对较低。

(五) 渔获统计

日本农业、林业和渔业部的统计信息没有包含莱氏拟乌贼的捕捞数据，但区域捕捞统计数据可以从一些当地渔业研究机构获得。基于这些数据，20 世纪 80 年代日本的年上岸量估计为几千吨 (Adachi，1991)。日本大部分的上岸群体为 Shiro-ika。1986—2010 年 8 个主要捕捞市场的年渔获量在 55～166 t。

(六) 经济重要性

莱氏拟乌贼通常捕获于近岸并在几小时内上岸，所以通常是新鲜售卖。在日本，莱氏拟乌贼被称作“鱿鱼王”，因为其口感好，肉做成刺身和寿司有美丽的透明度。所以，这种鱿鱼的价格较为昂贵。体重＞1 kg 的莱氏拟乌贼交易价格在东京筑地鱼市场为 2 000～3 000日元/kg (20～30 美元/kg)，被批发商销售给花式寿司餐厅和日本其他餐厅。一些渔获被活着卖给专门制作鱿鱼料理的餐厅。在日本西部，使用“egi”的鱿钓在休闲渔业中很受欢迎，捕捞设备如“egi”、竿、卷轴和线的市场庞大且在不断增长。

三、剑尖枪乌贼

(一) 日本渔业

1. 资源辨别

剑尖枪乌贼栖息于印度—西太平洋从日本中部到中国南海和北澳大利亚的水域中

(Roper et al，1983；Carpenter & Niem，1998)。在日本西南水域和中国东海，该物种有连续的分布（图 61)。尽管不同迁徙群体的规格和成熟阶段存在较大区别，但分析显示资源由同一个种群组成（Natsukari et al，1986)。

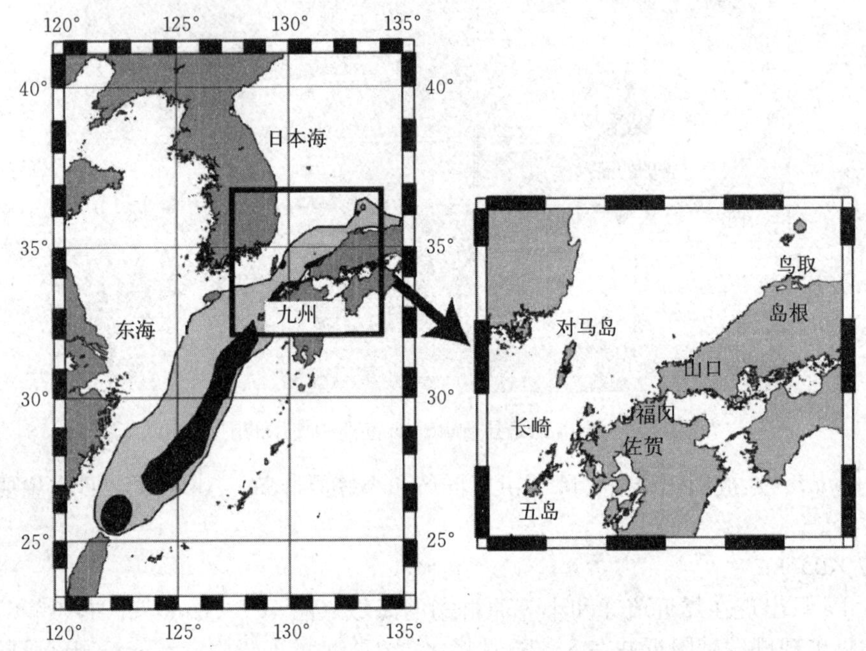

图 61 剑尖枪乌贼（*Uroteuthis edulis*）主要分布区（阴影部分）和推测的产卵场（黑色）

日本海西南部有三个季节性迁徙的剑尖枪乌贼群体（Yamada et al，1986；Kawano et al，1990)。春季群体有最大的成熟个体（200～450 mm)，其在 6—9 月孵化，并在来年的 4—6 月被捕捞。夏季群体成熟个体居中（200～300 mm)，其孵化据说是在 11—12 月，并在来年的 8—9 月被捕捞。秋季群体的成熟个体小于前两者（100～200 mm)，其孵化在 1—3 月，并在当年的 9—11 月被捕捞。另一个在九州西北水域的秋季群体，其成熟胴长在 200～300 mm（Tashiro，1978；Kawano et al，1990)。成熟个体的最小胴长，春季雄性为 120 mm，雌性为 160 mm；夏季雄性为 110 mm，雌性为 120 mm（Yamada et al，1983)。

日本海西南的产卵场位于深度 80 m 的沙质海床上，产卵在 4—7 月进行（图 61)（Natsukari，1976；Furuta，1980；Aramaki et al，2003；Kawano，2006；Ueda，2009)。在中国东海近岸水域（靠近台湾地区北部）有一个大型产卵场，产卵在春季和秋季进行（Wang et al，2008)。在中国东海北部陆架上，雌雄鱿鱼同时出现，春季和秋季有幼体存在（20 mm)，这些都说明这里有产卵进行（Yamada & Tokimura，1994)。

2. 分布和生命周期

虽然日本海西南和九州西北外围水域有季节性迁徙行为，但未成熟和成熟的剑尖枪乌贼都分布于整个陆架（Tashiro，1977；Kawano et al，1990；Natsukari & Tashiro，1991)。季节群体的迁徙路线假说如下：春季迁徙群体在浅海产卵同时从五岛列岛南部海域和九州西北外围水域向北迁移（Kawano et al，1990）。夏季迁徙群体从九州西北外围水域向九州北部近岸迁移、觅食至成熟后产卵。秋季迁徙群体在9—12月从日本海西南向九州西北外围迁移。另一个夏季群体从五岛列岛附近水域向九州西北外围沿岸水域迁移。剑尖枪乌贼分布于整个中国东海，特别是在南部区域，全年都有，其分布范围夏季向北扩展，冬季向南部区域集中（Tokimura，1992）。耳石最大日轮读数说明其生命周期约为一年（Natsukari et al，1988）。

3. 捕捞区域和捕捞季

在20世纪70年代和80年代初，小船鱿钓渔业4—5月在日本和九州西北外围水域（20～50 m水深）作业（Furuta，1978a；Ogawa et al，1983；Kawano，1987）。1982年以后，“Tarunagashi”鱿钓（一种底部漂流长绳捕捞）被引进，冬季和春季开始在北九州外围和山口外围水域的天然珊瑚礁区（<100 m）开展捕捞（Takahashi & Furuta，1988；Akimoto，1992；Kawano & Saitoh，2004）。空间上，主要捕捞区域逐渐向近海70～120 m深度延伸；时间上，由夏季向秋季拓展（Furuta，1978a；Ogawa et al，1983；Kawano，1987；Kawano，2013）。

在20世纪70年代，鱿钓作业区域位于温度18～24 ℃、盐度34.1～34.7的水域（Furuta，1976）。在“Tarunagashi”鱿钓引进后，捕捞场地延伸至冬季温度13～24 ℃、盐度33.4～34.8的水域（Takahashi & Furuta，1988）。捕捞区域的形成不只和海洋温度、盐度有关，还和鱿鱼的捕食有关；捕捞区域和深海鱼类的分布一致（Moriwaki & Ogawa，1986）。不过，产卵群体的分布和鱼类不同（Kawano et al，1990）。小型鱿鱼（100～200 mm）全年都有捕捞。较大鱿鱼（>250 mm）春季到秋季在九州西北外围、北九州外围和日本海西南水域捕捞（Furuta，1978b；Yamada et al，1983）。1991年后，中型船的鱿钓渔业开始在中国东海捕捞鱿鱼，并将捕捞区域扩展至南部区域（Yoda & Fukuwaka，2013）。128°30′E以东，近海双拖渔业的CPUE（单次拖网渔获量）在对马海峡到对马岛的水域较高，这些高CPUE区域在春季靠近岸边，在秋季远离沿岸（Ogawa & Yamada，1983；Kawano，1997）。高CPUE区的底部环境条件通常3月为温度13～15 ℃、盐度34.5～34.7；5月和8月为温度10～15 ℃、盐度34.24～34.75；11月为温度13～19 ℃、盐度34.25～34.7（Kawano，1997）。很多小型鱿鱼（<200 mm）全年被近海双拖渔业所捕捞（除了6—7月的休渔季）（Kawano，1991）。较小的鱿鱼（90～150 mm）在8—10月的渔获中占了很大比例，鱿鱼大小从11月到翌年3月逐渐增加，主要在70～200 mm（Kawano，1991）。

128°30′E以西的中国东海，日本双拖渔业5月开始在中国东海南部陆架上进行捕捞。其捕捞区域在夏季向九州扩展，在秋季渔场则开始从北部向南部海域收缩（Yamada & Tokimura，1994）。除了剑尖枪乌贼，鱿鱼渔业在10月会改变目标。拖网捕获的剑尖枪乌贼个体通常在秋季和冬季较小，夏季较大（Furuta，1978b）。

4. 经济重要性

2001—2010年，每年来自日本海西南和九州西北6个辖区的渔获量价值在82亿～119亿日元（图62）。剑尖枪乌贼在当地捕捞业中十分重要，在每个地区都是渔获价值最高的海产品之一，很多渔民都参与捕捞。

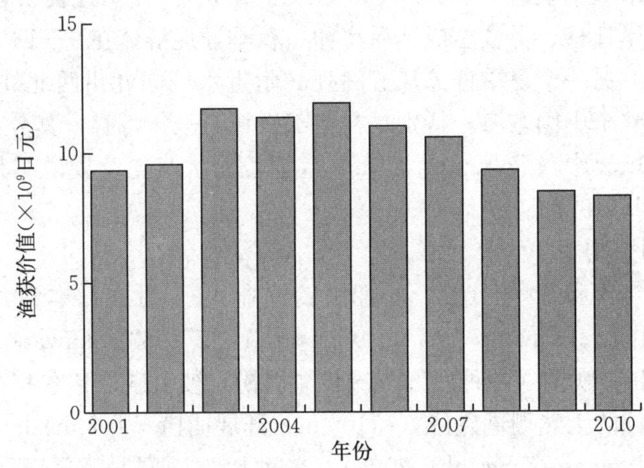

图 62　剑尖枪乌贼在日本海西南和九州西北 6 个辖区的渔获量价值

价值数据由每个县研究所评估

5. 捕捞船的组成和数量

大部分以剑尖枪乌贼为目标的鱿钓船小于 10 GRT，其中很多小于 5 GRT（Kawano et al，1990）。沿着日本海西南和九州西北的 6 个辖区，捕捞船数量从 1989 年的 11 851 艘下降到 2006 年的 7 082 艘（图 63）。渔民操作 2～4 个桅，上面有数个鱿钓钩绑在一根尼龙绳上（Natsukari & Tashiro，1991）。春季和冬季操作“Tarunagashi”鱿钓机，渔民会使用 10～20 个带有桅的浮子。20 世纪 90 年代末后，日本海西南装备自动鱿钓机的捕捞船（>5 GRT）渔获量逐渐增加（Kawano，2013）。中国东海作业的中型鱿钓船（>30 GRT）数量从 2001 年的 18 艘下降到 2011 年的 3 艘（Yoda & Fukuwaka，2013）。

在日本海西南作业的离岸双拖船和在中国东海作业的拖网船数量，分别从 1988 年的 59 艘和 131 艘下降到 2000 年的 28 艘和 25 艘（图 63）。

6. 捕捞持续时间

九州西北、五岛列岛外围水域的鱿鱼鱿钓作业在 3 月或 4 月开始，此时春季迁徙群体正好到来。5—8 月、9—10 月捕捞区域沿着海岸扩展，秋季迁徙群体在北九州外围水域被捕捞（Furuta，1978c）。在日本海西南，捕捞季为 4—12 月，渔获量在 5 月开始增加并在夏初或秋季达到峰值，此后在 12 月下降（图 64）（Ogawa et al，1982）。“Tarunagashi”鱿钓渔业相比其他鱿钓渔业更多的是在春季和冬季捕捞北九州外围水域的鱿鱼（Kawano，1997）。九州西北外围水域的渔获量峰值出现在春季和夏季，在日本海西南出现在秋季（图 64）（Kawano，1997）。不过，渔获量峰值的变化和日本海西南深海鱼类主要种类的长期变化是同步的（Ogawa，1982；Moriwaki & Ogawa，1986）。中型船鱿钓渔业在中国东海南部的捕捞季为 6—10 月（图 64）（Yoda & Fukuwaka，2013）。

日本海西南的近海双拖渔业全年捕捞剑尖枪乌贼（除了 6—7 月的休渔季），渔获量峰值出现在夏季，次峰值出现在春季（图 64）（Moriwaki，1986）。20 世纪 60 年代中国东海西部拖网渔业全年捕捞剑尖枪乌贼，渔获量在夏季和秋季高，尤其是在 8 月（Furuta，1978c）。不过，2004 年后该渔业在夏季关闭（图 64）（Yoda & Fukuwaka，2013）。

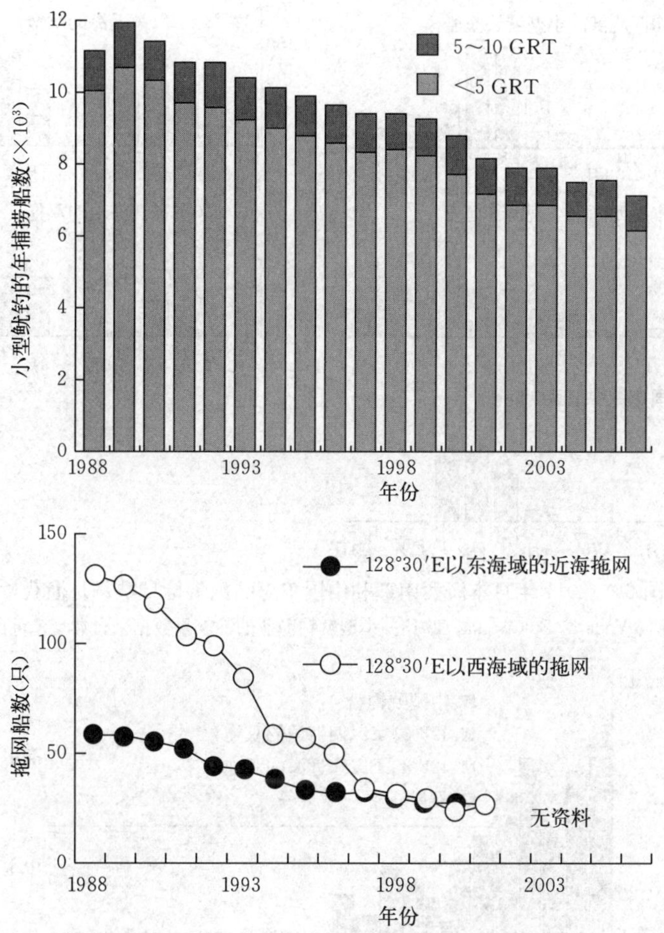

图 63　日本海西南和九州西北 6 个辖区小型鱿钓的年捕捞船数以及日本海西南部和中国东海作业的拖网船数

7. 渔获量和捕捞努力量

从日本海西南到中国东海的鱿鱼总渔获量从 1988 年的 3.5 万 t 下降到 2011 年的 1.1 万 t（图 65）（Yoda & Fukuwaka，2013）。在日本海西南和九州西北外围水域，捕捞量从 1988 年的 2.4 万 t 下降到 2011 年的 1.1 万 t。在中国东海南部，捕捞量从 1988 年的 1.1 万 t 大幅下降至 2011 年的 170 t（Yoda & Fukuwaka，2013）。

以鱿鱼为目标的捕捞努力量在 20 世纪 80 年代末后便持续下降。位于日本海西南和九州西北 6 个辖区的小型鱿钓船（<10 GRT）捕捞天数，从 1988 年的 725 000 d 逐渐下降到 2006 年的 356 000 d（图 66）（Yoda & Fukuwaka，2013）。中国东海南部的中型鱿钓船，捕捞天数也在下降。日本海西南和中国东海拖网船的数量在 1988—2011 年显著下降（图 66）（Yoda & Fukuwaka，2013）。

8. 资源评估和管理

20 世纪 80 年代在日本海西南，开发率通常低于 10%，资源未被过度捕捞（Kawano et al，1986）。所以，捕捞对剑尖枪乌贼资源的影响很小，当时管理措施也未提上日程。

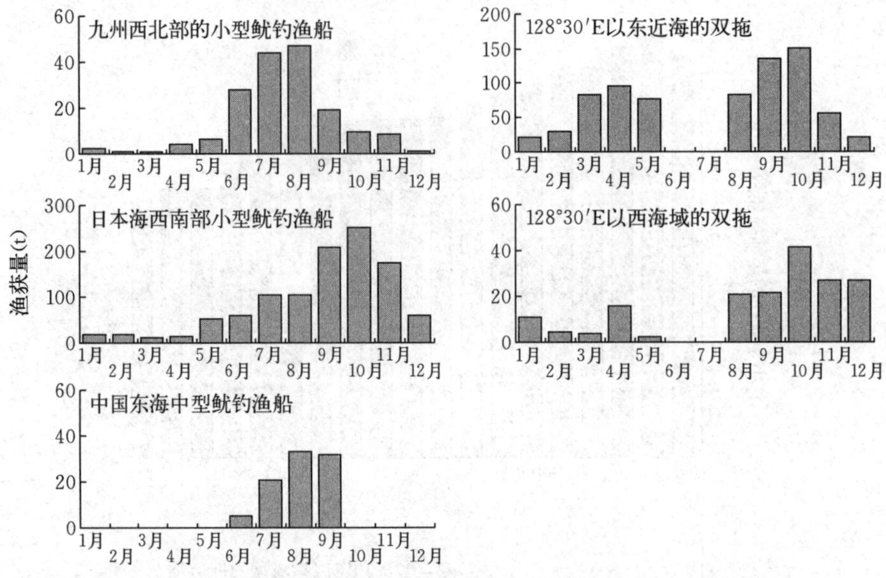

图 64　2011 年日本海西南部和中国东海的剑尖枪乌贼每月渔获量

数据编译自 Yoda & Fukuwaka，2013。小型鱿钓渔业的渔获量数据来自典型渔港的渔获量

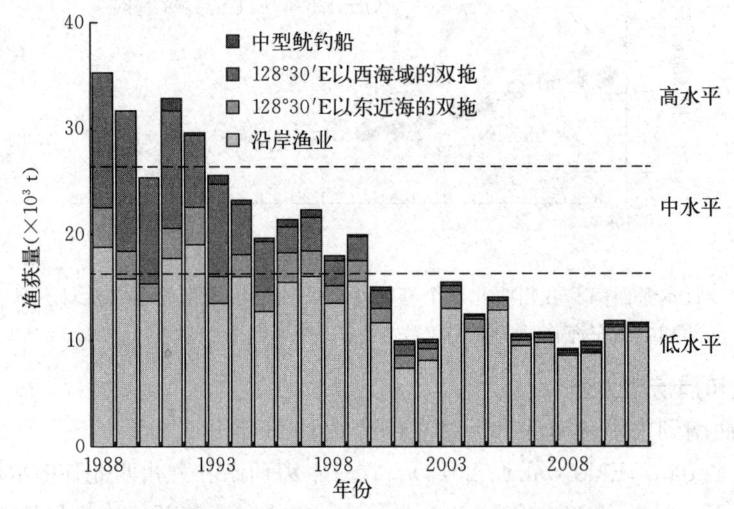

图 65　日本海西南部和中国东海的剑尖枪乌贼年渔获量

Hamada（1998）基于对 20 世纪 90 年代北九州外围水域的剑尖枪乌贼的序列分析，估计出春/夏季孵化群体和冬季孵化群体的单位补充中产卵生物量百分比（SPR,%）分别为 50%和 55%，并建议每周关闭一天捕捞，以提高所有群体的 SPR。Hamada 和 Uchida（1998）提出：①保护卵（在产卵场设置保护区和保护期）；②减少捕捞努力量（每周关闭一天）；③限制捕捞鱿鱼的规格并在产卵阶段禁渔。

最近，日本政府基于拖网和鱿钓渔业的捕捞量趋势，对日本海和中国东海的剑尖枪乌贼展开资源评估，继 Kitahara 和 Hara 之后，估计出剑尖枪乌贼的迁徙丰度指数。评估显示，剑尖枪乌贼资源持续处于低水平；评估建议捕捞量应该被限制低于允许生物渔获量

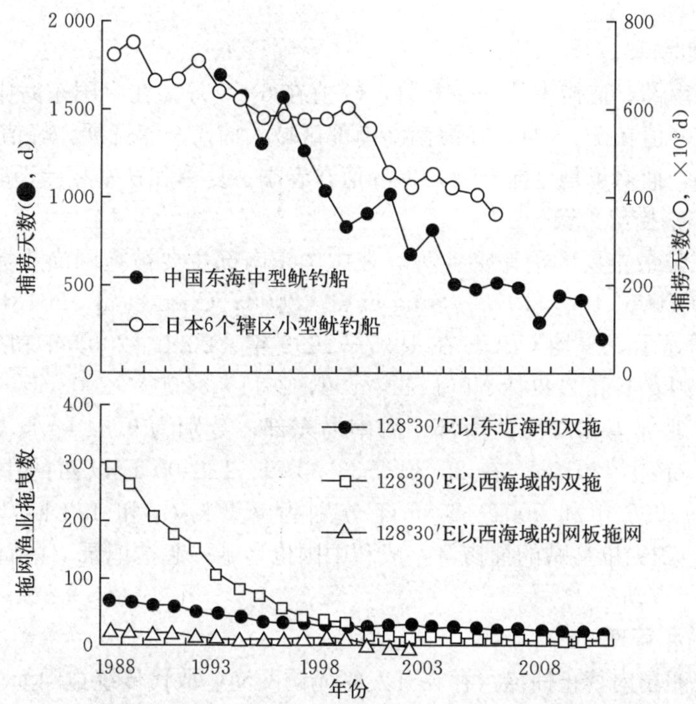

图 66　日本海西南部和中国东海鱿钓船的捕捞天数和拖网渔业拖曳数

数据编译自 Yoda & Fukuwaka，2013，数据不包括 1988—2006 年中国农业农村部渔业和水产养殖捕捞统计年鉴的捕捞天数

(ABC)（Yoda & Fukuwaka，2013）。不止日本需要管理捕捞努力量，其他在中国东海捕捞的国家也需要，只有这样才能让资源得以恢复（Yoda & Fukuwaka，2013）。

（二）中国渔业

1. 资源辨别

春季和夏季产卵群体基于产卵季区别（Wang et al，2008，2010）。

2. 分布和生命周期

剑尖枪乌贼是广泛分布于中国南部到北部大陆架水域的大型枪乌贼（Roper et al，1984）。该鱿鱼全年产卵，寿命不超过 1 年（Natsukari et al，1988；Wang，2002；Wang et al，2008）。雌性约 5 个月成熟，比雄性晚 2 个月（Wang et al，2008）。雄性首次成熟规格春季群体约为 120 mm，秋季群体约为 170 mm；而雌性春季群体约为 165 mm，秋季群体约为 185 mm（Wang et al，2008）。

3. 捕捞区域

捕捞的适宜条件为温度 15～28 ℃、盐度 29.0～34.5。剑尖枪乌贼渔业在中国东海主要有三个区域：南部、中部和北部区（Chen et al，2013b）。Liao（2006）指出捕捞区域一般是位于 25°—29°N、121°—126°E，这里的水深在 100～200 m。

4. 经济重要性

过去 10 年里，仅中国台湾每年的剑尖枪乌贼经济价值就超过 2 000 万美元（Wang et

al，2008）。

5. 捕捞持续时间

在中国东海南部，捕捞季从5—10月，峰值在6—8月。在中国东海中部区域，捕捞季从7—10月，峰值在7—8月。在海南岛南部区域，捕捞全年开展，峰值在春季和夏季。在北部湾中南部，捕捞也是全年开展，但峰值在春季、夏季和秋季相差不多。

6. 渔获量和捕捞努力量

剑尖枪乌贼是最重要的沿岸渔业种，在中国东南部主要被拖网渔业捕捞，每年上岸量超过2 000 t（Chyn et al，1998；Song et al，2008；Chen et al，2013b）。在北部湾，之前的调查数据显示，平均CPUE在1997—1999年、2000—2003年和2007年分别为0.36 kg/h、3.55 kg/h和2.80 kg/h（Sun et al，2011）。2000—2002年，最高CPUE在中国南海北部、北部湾和海南岛南部、海南岛东部，分别为9.64 kg/h、15.50 kg/h和15.15 kg/h（Li et al，2010）。在25°30′—33°30′N、128°00′E以西的中国东海，平均CPUE在1994—1996年和2004—2006年分别为8.2 kg/h和4.2 kg/h（Song et al，2008）。在中国，剑尖枪乌贼的捕捞量一般和中国枪乌贼一起被记录，总渔获量1996年后在10万～20万t波动。

7. 资源评估和管理

繁殖期的产卵场内禁止捕捞。存在开发灯光诱网渔业取代传统拖网渔业的需求。

四、中国枪乌贼

（一）资源辨别

春季和夏季产卵群体根据产卵季分辨（Chen et al，2013b）。

（二）分布和生命周期

中国枪乌贼广泛分布于西太平洋水域（Roper et al，1984）。产卵全年进行。中国枪乌贼的寿命不超过7个月（Jackson & Choat，1992；Sukramongkol et al，2007）。雌性成熟规格小于雄性。在泰国的安达曼海，中国枪乌贼的成熟年龄雄性为87～125 d（121～286 mm）；雌性为75～151 d（104～235 mm）（Sukramongkol et al，2007）。

（三）捕捞区域

捕捞的适宜温度为21～29 ℃，盐度为32.0～34.5。中国枪乌贼渔业在中国有3个主要区域：海南岛南部附近水域、北部湾西南部和台湾地区浅滩（Chen et al，2013b）。

（四）经济重要性

中国枪乌贼占中国鱿鱼捕捞量的90%（Chen et al，2013b）。

（五）捕捞持续时间

海南岛南部附近水域，捕捞季为4—9月，峰值出现在7—9月。在北部湾西南，捕捞季为4月到翌年1月，峰值出现在7—9月。在中国台湾地区浅滩，捕捞季为4—9月，峰值出现在7—9月。

（六）渔获量和捕捞努力量

中国枪乌贼是中国鱿鱼渔业最大的目标种，最大捕捞量10万t（图67）（Chen et al，2013b）。在中国台湾地区浅滩捕捞区域，每年上岸量2万～2.5万t（Zhang et al，

2008)。在北部湾，CPUE 在 1997—1999 年、2000—2002 年和 2006—2007 年分别为 0.07～1.91 kg/h、1.07～5.51 kg/h 和 2.08～3.49 kg/h（Li & Sun，2011）。

（七）资源评估和管理

繁殖期的产卵场内禁止捕捞。

五、杜氏枪乌贼

（一）资源辨别

春季、夏季和秋季产卵群体根据产卵季分辨（Chen et al，2013b）。

（二）分布和生命周期

杜氏枪乌贼广泛分布于印度洋，外围还包括红海和阿拉伯海，从莫桑比克延伸至中国南海和菲律宾海，北至中国台湾地区（Roper et al，1984）。全年产卵，高峰通常是在水温升高时（Roper et al，1984）。寿命不超过 1 年（Supongpan & Natsukari，1996；Sukramongkol et al，2007）。雌性成熟规格小于雄性。

（三）捕捞区域

在中国有两个主要捕捞区域，即中国南海和浙江省外围水域（Chen et al，2013b）。

（四）渔获持续时间

中国南海北部，捕捞全年开展，高峰在秋季。在浙江外围，渔获全年开展，高峰在夏季。

（五）渔获量和捕捞努力量

2006—2007 年，在浙江外围水域，CPUE 为 0.65～7.05 kg/h（Chen et al，2013b）。近年来，平均渔获量约为 5 万 t（图 67）。

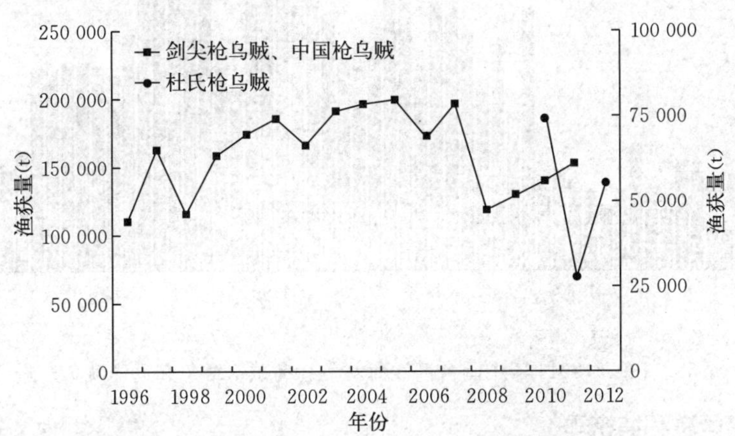

图 67　1996—2001 年中国剑尖枪乌贼、中国枪乌贼和杜氏枪乌贼年渔获量

六、中国台湾的鱿鱼

（一）物种

中国台湾海域至少辨别出 9 种鱿鱼（枪乌贼）：4 种属于小枪乌贼属，1 种属于拟乌贼

属，4 种属于尾枪乌贼属。莱氏拟乌贼在 8 月到翌年 3 月是中国台湾北部沿岸休闲渔业（垂钓）的目标种，偶尔也会被商业渔业（拖网）捕捞。

（二）分布和生命周期

剑尖枪乌贼在中国东海南部占支配地位，而中国枪乌贼和杜氏枪乌贼则在中国台湾海峡占支配地位。

（三）种群结构

基于成熟和生长参数，杜氏枪乌贼的产卵场被认为在中国台湾北部的三个小岛附近。基于耳石微结构分析，孵化可能全年进行，高峰在春季（3—4 月）和秋季（10—11 月）（Wang et al，2010）。杜氏枪乌贼的寿命估计最少为 9 个月。

（四）渔业状态

1959—2011 年，中国台湾每年浅海鱿鱼产量在 0.19 万～2 万 t，平均年产量为 9 400 t，占中国台湾过去 20 年所有头足类渔业产量的 78.4%（图 68）。1998 年浅海鱿鱼产量达到历史最高值（2 000 t），之后下降。鱿鱼主要被灯光诱网渔业所捕捞（占浅海鱿鱼总产量的 62.1%），其次被拖网渔业捕捞（占 32.9%）。灯光诱网渔业产量在总产量中所占比例近年来有所下降（图 69）。

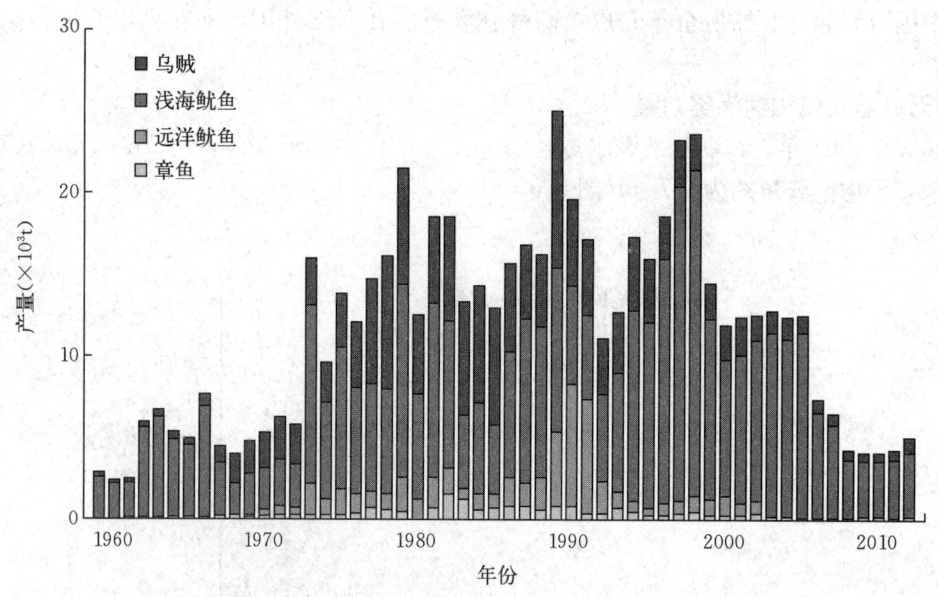

图 68　1995—2011 年中国台湾浅海鱿鱼、乌贼、章鱼和远洋鱿鱼产量

（五）捕捞区域和捕捞季

捕捞区域位于中国东海的陆架上，水深 100～200 m，25—28°N、121—126°E。为了追寻鱿鱼的迁徙，捕捞船也会有季节性的移动（Liao et al，2006）。灯光诱网渔业的捕捞季在 4—11 月，主要集中在 7—9 月。

（六）保护管理措施

虽然捕捞船需要法律许可才能在中国台湾周围水域作业，但目前鱿鱼渔业没有实行保

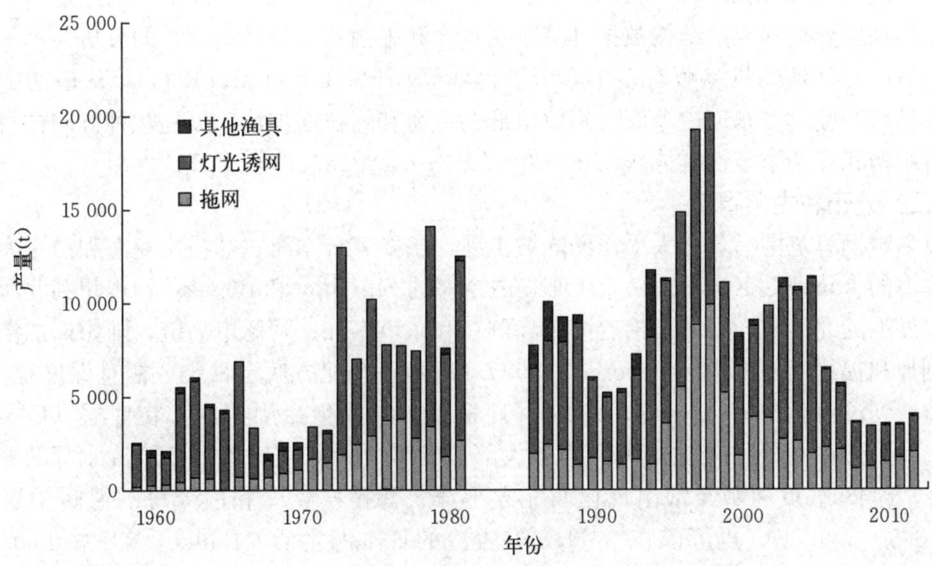

图 69　1959—2011 年中国台湾浅海鱿鱼渔业产量
数据主要包括灯光诱网和拖网渔业产量

护管理措施。不过，2010 年后至少有两个科学项目在开展，以调查中国台湾北部外围和台湾海峡北部鱿鱼物种和资源状况。基于这些研究结果，管理参考点近期将会确立。

七、贝乌贼

贝乌贼，也称"Schoolmaster gonate squid""Magistrate armhook squid""Commander squid"或红鱿鱼。贝乌贼属于黵乌贼科（Gonatidae）（Nesis，1982）。这是北太平洋中唯一一种作为商业捕捞对象和底拖网渔业兼捕渔获的黵乌贼（Osako & Murata，1983；Fedorets，2006；Ormseth，2012）。这种鱿鱼广泛分布于北太平洋北部及边缘海域（Naito et al，1977；Nesis，1998）。

（一）资源辨别

多种资源辨别方法被用于辨别贝乌贼在其分布范围内的资源构成。生化遗传技术对贝乌贼开展的种群结构研究表明，物种基因库与地理位置有关（Katugin，1999，2002）。贝乌贼腹部的形态分析研究同样揭示出类似的地理位置相关性（Katugin et al，2004）。这些研究加上对贝乌贼性成熟规格和不同发育阶段分布的分析，共同说明在北太平洋可能存在地理上的多个种群：日本海、鄂霍次克海和白令海、阿拉斯加湾。日本海的贝乌贼和其他地区的贝乌贼最为不同，构成了一个单独的亚种；栖息于其他区域的种群相比日本海种群彼此之间的基因组成、生物学和形态学特征更加接近。一个多学科方法指出，鄂霍次克海的贝乌贼种群和白令海西北部种群之间有一定的区别；不过，这些种群在生命周期模态上有很多共同点，而在成熟规格方面不同于东北太平洋资源（Katugin et al，2013）。一些研究指出，西北太平洋的贝乌贼资源具有相当复杂的结构。通过长期观测性成熟规格组成的月变化，发现聚集在白令海西部和千岛群岛外围的贝乌贼由两个主要的连续产卵群体

(春夏群和秋冬群)组成(Fedorets et al，1997a，1997b；Fedorets，2006)。更多基于长度频率、性成熟度和年龄结构数据(基于羽状壳和平衡石的显微结构)的分析显示，栖息于白令海西北陆坡的贝乌贼有多个季节性群体(Arkhipkin et al，1996)。从拖网中的规格大小结构判断，在东南白令海、阿留申群岛沿海和阿拉斯加湾，贝乌贼种群同样有复杂的种群结构和多个季节性群体(Ormseth，2012；Katugin et al，2013)。

(二)分布和生命周期

贝乌贼栖息范围沿着北太平洋的陆坡扩展，主要有日本海、鄂霍次克海和白令海(包括日本海的Jamato、Kitajamato和Oki，白令海的Shirshov和Bowers)；本州和北海道东北沿岸外围的北太平洋海域；沿着南千岛群岛和东堪察加、阿留申岛链、阿拉斯加湾以及东南到加利福尼亚外围水域(Nesis，1998)。这是一个北方底层种类，栖息深度范围大，从浅海区到深海区都有(Nesis，1985)。底栖型，它的生命周期内都在底层(Okutani，1988)。贝乌贼的水深分布非常有特点：大部分成年个体集中于300～500 m水深的陆坡上(Nesis，1998)。贝乌贼经常出现在西北太平洋、鄂霍次克海和白令海的温暖中层水域(水温3.5～3.9 ℃)，也可以在0～1.5 ℃较冷的日本海生活(Railko，1979；Fedorets，1983，2006；Arkhipkin et al，1996)。

贝乌贼从幼体到成体的分布和生物学信息并不缺乏。不过，对贝乌贼产卵量的报告仍有待证实。早期发育阶段的数据缺少，这严重妨碍了对该物种生命周期的了解。一些作者认为浮游幼体会在上层浮游生物群落中生活几个月，之后广泛扩散至广阔的水域(Kubodera，1982；Fedorets，2006)。不过，尽管幼体和成体的丰度很高，但贝乌贼浮游幼体却很少发现，可靠的信息显示它们主要是在深水区(Okutani，1988)。据报道，群体的功能结构和北太平洋大尺度环流有关，这是影响种群结构和生命史模态的主要外部因素(Katugin，1998；Alexeev，2012)。一个基于严格的不同发育阶段分布和发生的数据分析显示，新孵化的个体被动扩散相当有限，生活史的大部分阶段都在底层，幼体期主要在中上层觅食，而成年主要栖息于近底层(Katugin et al，2013)。

(三)捕捞区域和捕捞季

贝乌贼渔业利用了物种分布和生命周期的特点，在不同地区捕捞不同成熟阶段的大型成年个体。历史上商业拖网捕捞贝乌贼的区域分散在其分布范围内，包括日本海西北陆坡、太平洋千岛群岛和东堪察加、白令海西部和南部、科曼多尔和阿留申群岛附近陆坡和阿拉斯加湾。不过，目前该种类的主要捕捞区域位于千岛群岛和堪察加东南外围的西北太平洋海域和白令海西北部(图70)。从底拖网渔获量计算出的贝乌贼分布最密集的区域在千岛群岛北部外围的水下高原，约1 300 t/km^2。新知岛和乌鲁普岛外围最大密度可达810～855 t/km^2；白令海到Mednyi岛之间的浅滩可达690 t/km^2；白令海西部约560 t/km^2。

商业捕捞的贝乌贼的规格和性成熟比例因捕捞区而各异。在西白令海，没有直接的贝乌贼渔业，其主要是作为底层鱼类和白眼狭鳕的兼捕渔获，渔获主要是大型且充分成熟和预备产卵的个体。在该区域，捕捞到的雌性约60%胴长在240～270 mm，雄性约70%在200～230 mm，70%的个体都进入充分成熟阶段(Ⅳ和Ⅴ期)。在靠近科曼多尔群岛的浅滩，那里的拖网有意捕捞靠近产卵地的贝乌贼，捕获的雌性有约70%胴长在230～

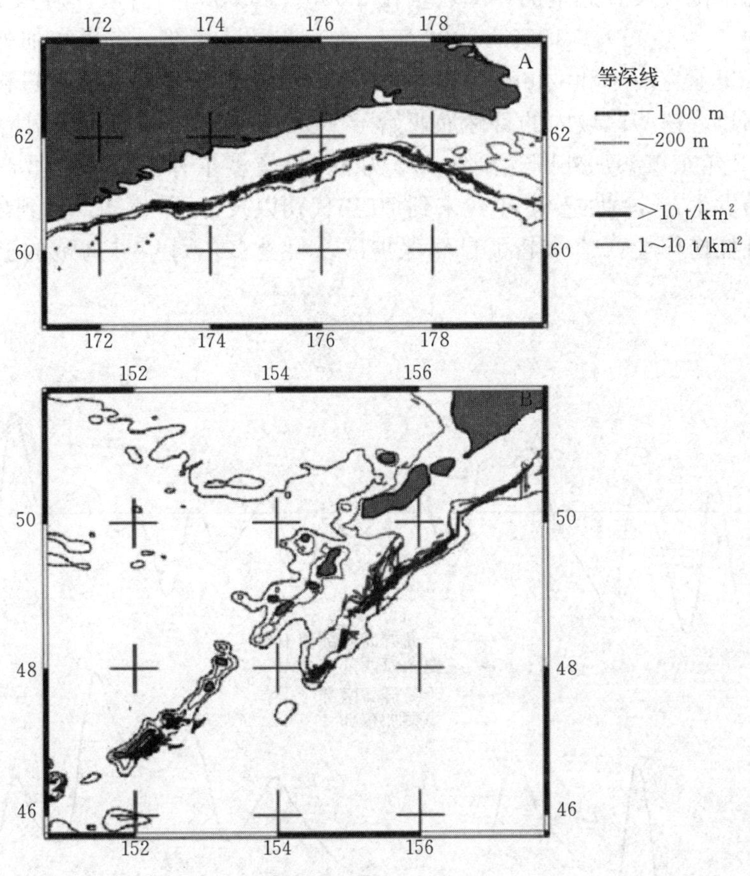

图 70　商业捕捞中贝乌贼的密度分布

A. 白令海西北部　B. 太平洋千岛群岛

270 mm，雄性有 90%在 200~270 mm；超过一半的雌性和约 80%的雄性充分成熟。有时 100%的渔获个体都已进入预备产卵（Ⅳ期）和正在产卵期（Ⅴ期），产过卵的个体（Ⅵ期）有时占到商业捕捞的 20%~30%（Fedorets et al，1997b）。在千岛群岛外围太平洋，贝乌贼是目标种类，商业捕捞的渔获主要由觅食的成年个体组成，大部分雌性刚开始成熟，雄性则处于更加成熟阶段。在千岛群岛外围捕捞区域，捕获的雌性约 60%的胴长在 210~250 mm，70%的雄性在 190~220 mm；约 70%的雌性正在成熟和准备交配（Ⅲ期或更晚）。在千岛群岛中部外围，60%的雌性处于Ⅱ期，70%的雄性处于Ⅲ期以上。所以，俄罗斯专属经济区内的贝乌贼商业捕捞基于聚集的成年个体；不过，大部分成熟和准备产卵的个体是在白令海西部和科曼多尔附近被捕获，大部分未成熟的个体来自千岛群岛外围。

（四）渔获量、捕捞努力量和捕捞船只

在俄罗斯，以贝乌贼为目标或专门捕捞贝乌贼的渔业可以追溯至 1977 年，在过去 30 年里，总渔获量在 9 200~90 200 t 波动，其中 20 世纪 90 年代中期出现过明显下降，之后增长并在 2006 年达到峰值（图 71）。这些年里，贝乌贼的目标渔业主要在千岛群岛北部和中部外围开展，这里的年渔获量在 8 600～76 630 t，占俄罗斯专属经济区贝乌贼总渔获量的 60%～99%。1999—2003 年，在千岛群岛南部、东堪察加外围海域和白令海西部（科里亚克沿岸和 Olutorskyi 湾的陆坡上），该种作为白眼狭鳕和底层渔业的兼捕渔获。不过，这些区域内的目标渔业始于 2004 年，之后年渔获量剧增，2010 年西白令海和 2012 年东堪察加外围达到约 1.3 万 t。科曼多尔外围浅滩陆坡产卵场上聚集的贝乌贼捕捞发生在 20 世纪 60 年代末到 70 年代初以及 90 年代初，直到岛屿 30 n mile 以内禁止所有捕捞作业，建立起了自然保护区。科曼多尔每年贝乌贼的上岸量不超过 3 000 t。

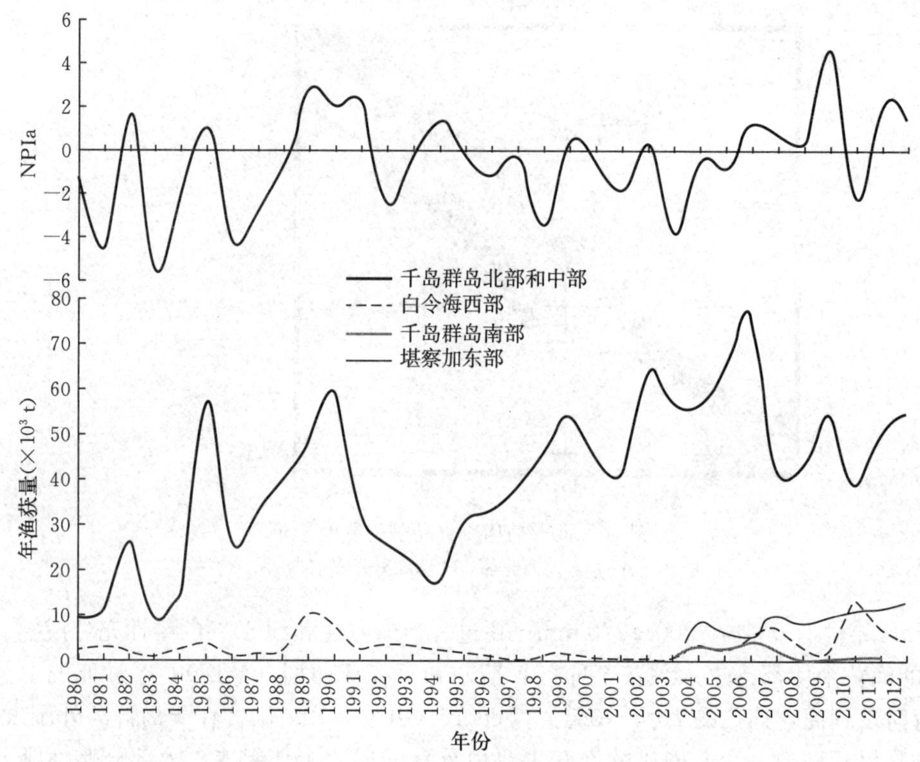

图 71　贝乌贼在西北太平洋渔场的年渔获量和阿留申低压指数波动

贝乌贼的 CPUE 有传统性的评估，捕捞船长以每日每船捕获的吨数（CPDV）来报告。总容量超过 2 500 t 的大型商业拖网船占了千岛群岛和东堪察加外围以及白令海西部贝乌贼总渔获量的很大一部分。例如，2009—2013 年，千岛群岛外围的总渔获量中有 74%～89%［平均（81.8±2.7）%］来自大型拖网船。对大容量船来说，CPUE 变化范围很大，在主要捕捞区域的“高产季”，最高通常为 20～30 t（CPDV），偶尔可以达到 45～46 t（1998 年和 1999 年夏末到秋初的千岛群岛北部外围）。

贝乌贼在不同捕捞区域的捕捞时间分布如下：在西白令海和东堪察加外围，主要在秋季捕捞；而千岛群岛，有两个高产捕捞季，分别为早季（通常在春末和夏初）和晚季（通常在秋季）（图 72）。

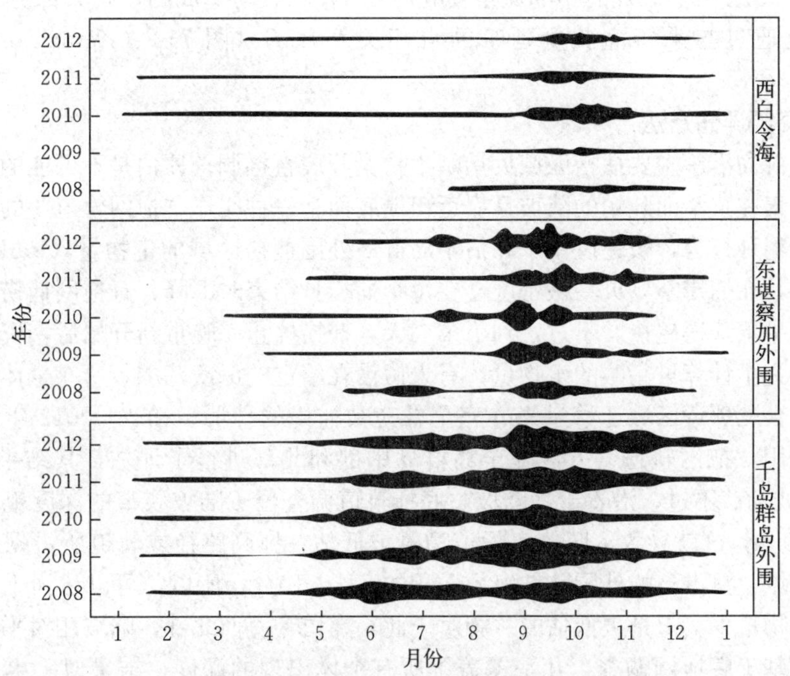

图 72 贝乌贼在不同渔区的渔获量季节变化

阴影部分表示各个渔区年渔获量

一些研究对贝乌贼渔获量的变化做出了解释。一方面，观测到的渔获量（丰度）季节变化与物种生命周期特点和资源结构，特别是存在补充群体等因素有关。另一方面，外部因素也可能直接或间接影响资源丰度。在太平洋千岛群岛外围捕捞区域，贝乌贼的高丰度聚集通常与准稳态中尺度涡旋有关，这种涡旋由大尺度流和当地潮汐运动相互作用耦合特殊的海底地形产生（Railko，1983；Malyshev & Railko，1986）。千岛群岛沿岸每日潮流特征和月波动强度会影响贝乌贼聚集的密度和分布深度。密集的地方通常在中层暖水深度，一般在高潮时聚集在较浅深度（此时每日潮位波动可达 1.2 m）且所处深度显著大于低潮位时（0.3～0.6 m）（Fedorets et al，1997a）。区域气压的变化也可能通过改变海平面高度和千岛通道海水交换强度一起影响贝乌贼分布，南鄂霍次克海低压和岛屿外围大洋海域高压可能会为贝乌贼通过通道迁往大洋中的捕捞区域提供有利条件（Alexeev，2012）。在 10 年的尺度上，千岛群岛沿岸的资源分布和丰度偶尔会受到水温条件变化和北太平洋气压系统变化的影响，特别是阿留申低压的位置和结构。在温暖年份，由于阿留申低压的位置，冬季季风相对偏弱，贝乌贼的渔获量会偏高（Katugin et al，2013）。

为了充分识别对渔获量波动有影响的重要变量，研究人员使用了最大信息相关（MIC）模型（Reshef et al，2011；Speed，2011）。在所有一般气候指数中（AOIa、NPIa、PDOw、PDOs、PDOa、SAI、SI、AI、WPw、延时和非延时 WPsP），只有阿留申低压指数或 NPIa 表现出与千岛群岛北部外围贝乌贼年渔获量较强的相关性（MIC=0.53）（Kalnay et al，1996）。虽然 1980—2012 年渔获量增加主要在 NPIa 正年份，且反之亦然，但只有不到10%的年渔获量变化是由NPIa波动造成的，且大部分观测到的渔获量变化是通过与来年渔获量延时的自相关解释的（图71）（Katugin et al，2013，2014）。

（五）资源评估方法

对千岛群岛沿岸主要捕捞区域贝乌贼生物量开展直接调查评估是不可能的，因为高密度的群体聚集在狭窄而陡峭的陆坡且靠近粗糙底面。一种叫作“拖网轨道”的方法考虑了分布模态和物种行为，被建议用于评估千岛群岛外围捕捞区域的生物量（Railko，2005）。人们注意到，在捕捞季，贝乌贼密度会在每个捕捞日结束时下降，且拖网捕捞越多，每小时拖网渔获量下降得越快。不过，到了第二天，捕捞停止一晚重新开始后，资源又变得丰富。所以，为了计算贝乌贼的生物量，有人假设在给定的深度范围，所有个体一天内被捕捞，贝乌贼会从邻近区域迁移过来并完全补充被捕捞的种群。1987—2012年，对贝乌贼的生物量使用“拖网轨道”方法在千岛群岛中部和北部进行了评估，其结果在7.7万～28.41万t波动。不过，沿着千岛陆坡，底拖轨道调查位于陆坡狭窄的深度范围内，通常在270～450 m，这就导致本区的实际生物量被低估。拖网路径或轨道所占据的区域，适合拖网的区域，只占岛屿外围陆坡海域面积的7%～10%。所以，可以认为千岛群岛外围的贝乌贼生物量事实上是被低估的。相对于此，在白令海西北部，陆坡相对平坦，贝乌贼的资源评估基于底拖网调查，几乎覆盖了所有个体出现的深度，结果似乎更加可靠。例如，在Olutorskyi到阿纳德尔湾的广阔区域内，1998年秋季基于底拖网调查的贝乌贼评估生物量为19万t（Lapko et al，1999）。

日本基于实验性的底拖网渔业曾对西白令海贝乌贼分布密度的季节变化进行过深度研究（Bizikov，1996）。研究显示在5—6月，贝乌贼的平均分布密度较低，为200～300 kg/km^2；到8月，平均密度上升到500 kg/km^2，且在密集区甚至更高（达到2 000 kg/km^2）。密度增长一直持续到10月初，之后下降。Olutorskyi-Navarin区不同年份里，贝乌贼的瞬时渔获量在6月的4 500 t到10月的3万～6万t波动。白令海西部的数据（贝乌贼丰度通过拖网调查评估）显示，在Olutorskyi-Navarin区，1976—1979年，秋季的生物量最高，为35万～39万t，之后下降到20世纪90年代的约20万t（Fedorets & Kozlova，1986；Fedorets et al，1997）。

贝乌贼生物量的评估被用于设置主要捕捞区域的TAC。TAC在每个主要捕捞区域设为总评估生物量的45%～55%。这个比例的TAC曾被用于贝乌贼渔业。短生命周期、多次繁殖的种类，如太平洋褶柔鱼和其他鱿鱼种类也曾应用过类似的数据（Au，1975；Osako & Murata，1983）。通常，贝乌贼的TAC限制在每个捕捞区域都没达到过。千岛群岛北部和中部外围的年渔获量为TAC的75%，东堪察加外围达到TAC的50%，很少触及TAC限制。虽然近年来有增长趋势，白令海西部的捕捞量仍只占TAC的10%～12%（Dudarev et al，2012）。区域间TAC利用率的不同源于以下事实：在西白令海，贝乌贼直到2003年都是作为兼捕渔获且主要在秋季捕获；而千岛群岛外围，贝乌贼的捕捞几乎全年开展。

贝乌贼的捕捞率处于较低水平（低于TAC）使得人们不必使用MSY概念来管理。不过，一个产量模型可以给出相对令人满意的生物量预测值。鉴于此，在过去10年，MSY

和TAC每年利用的比例均有轻微的上涨趋势，TAC即便在预防性年份也高于7万t，其中偏差校正置信度为80%。

（六）经济重要性

贝乌贼的经济重要性可以从不同公司每年的捕捞销售总量和总价进行评估。贝乌贼冷冻产品的出口量和出口价格显示产量在年末增长，这和秋季的高渔获量有关。尽管产品出口每年都有类似的模态，但产品价格在不同季度和年份会有变化（图73）。从2009年开始，俄罗斯市场贝乌贼最高产值发生在2011年，达到45亿卢布（约1.5亿美元）。

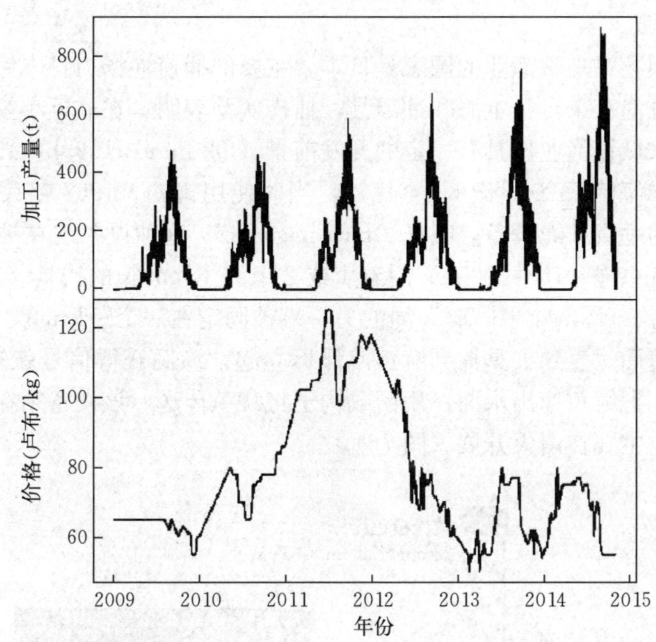

图73 发往俄罗斯批发市场的贝乌贼加工产量（t）和每单位生产量获得的收入（卢布/kg）

八、菱鳍乌贼

（一）资源辨别

对日本附近（冲绳、日本海、小笠原群岛）和东太平洋加拉帕克斯群岛附近捕捞的个体进行线粒体DNA分析，结果没有发现日本附近和整个太平洋海域的菱鳍乌贼存在资源结构差异（Kitaura et al，1998）。

（二）分布和生命周期

菱鳍乌贼是分布于热带和亚热带水域的世界性物种。在日本，菱鳍乌贼栖息于日本中部和南部，比世界上其他区域的分布纬度偏高，这是因为日本有对马暖流，暖流会将幼体从南方产卵场向北输运至日本海（Nishimura，1966）。捕捞数据和上岸记录显示，该物种在日本海沿岸要比在太平洋沿岸更加丰富。

在日本南部菱鳍乌贼的产卵几乎全年都有，日本海每年发现的种群不止1个（Miyahara et al，2006c)。从耳石增量计数和捕获数据推算出日本海个体在1—9月孵化，其中高峰在2—3月。日本海的产卵会在夏季到秋季开展，但在此期间孵化的个体会遭遇水温下降，这会使其生长变缓且存活率下降（Miyahara et al，2006a)。

该种类生活史早期阶段的特点与其他被动扩散的大洋性鱿鱼幼体比较类似（Miyahara et al，2006b)。不同性别的生长率区别不大，但日本海不同种群的个体生长率因孵化时间而异；早孵化的个体比晚孵化的个体生长更快。在日本海，雄性成熟胴长在470～520 mm，雌性则在590～610 mm（Nazumi，1975；Takeda & Tanda，1997，1998)。耳石信息和长度频率分析显示，菱鳍乌贼的生命周期约为1年（Miyahara et al，2006c)。

（三）捕捞区域

唯一拥有大型菱鳍乌贼渔业的国家是日本。主要的捕捞渔场为日本海、冲绳县和鹿儿岛县，其中大部分渔获来自日本海和冲绳县。捕捞实验表明，在靠近小笠原群岛和伊豆群岛附近的太平洋水域该渔业也具有一定的开发前景（Okutani，1995b，1998)。

该渔业在日本海始于20世纪60年代初，当时使用饵钩。1967年兵库县发展出了附着在自由浮标上的垂直长绳设备，叫作“taru-nagashi”。这种设备现在被广泛应用于日本海。该设备的垂直主绳（75～120 m）附着1或2个约30 cm长的钓具（人工诱饵)，上面有2～3排不锈钢钩（图74，图75)。绳的另一端被固定在一个矩形的荧光橙色浮标（船）上，浮标停留在海面，直到夹具捕到鱿鱼使浮标立起，渔民获得信号就知道鱿鱼上钩了。之后用手工或绞车把鱿鱼拖出水面，用网或钩子将鱿鱼传送。该设备须在看得见的情况下操作，因此该渔业主要在白天开展（图76)。

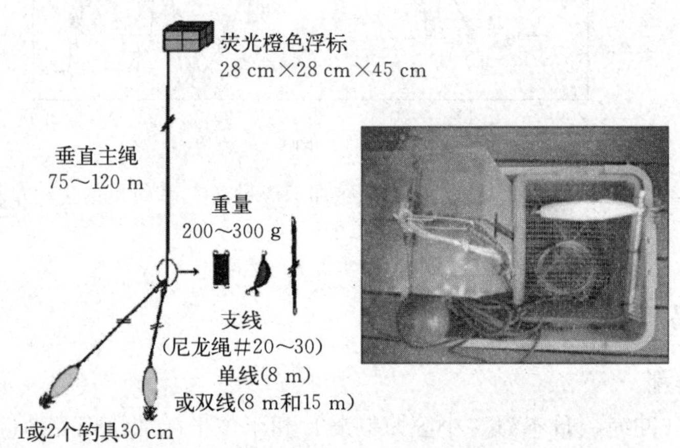

图74　菱鳍乌贼在日本海“taru-nagashi”渔业中使用的典型渔具模型图

冲绳县使用的“hata-nagashi”设备与这种渔具非常相似，只是主绳还要长（350～700 m）且具有更多的钓。浮标上固定着旗子，使其在海洋中容易被渔民所发现

日本海的捕捞渔场位于沿海，从岛根延伸至新潟县。夏末到冬初，50 m深且水温高于19 ℃和100 m深且水温高于15 ℃的区域渔获量较高。大部分捕获的个体胴长在300～800 mm，重1～20 kg。

1989年，日本海使用的捕捞设备被引入冲绳县，菱鳍乌贼在冲绳曾是鸢乌贼渔业的兼捕渔获（Kawasaki & Kakuma，1998)。该设备经过改进以适应当地的海洋环境。这种

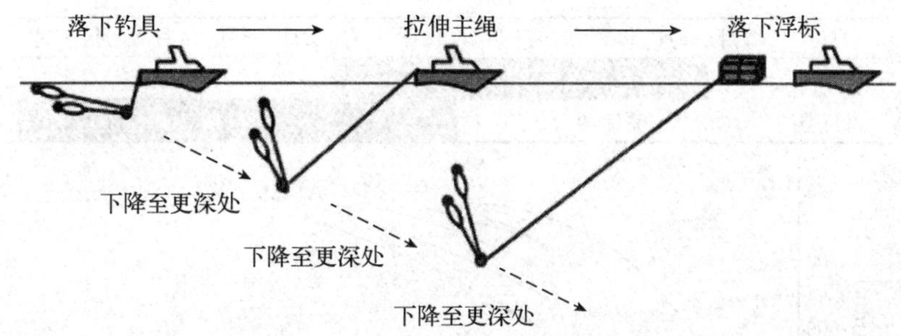

图 75 “taru-nagashi”渔具下降过程

一般渔民一天使用 30～80 组渔具（白天作业），渔具分隔固定在沿南北约 100 m 长的主绳上。浮标立起说明鱿鱼上钩

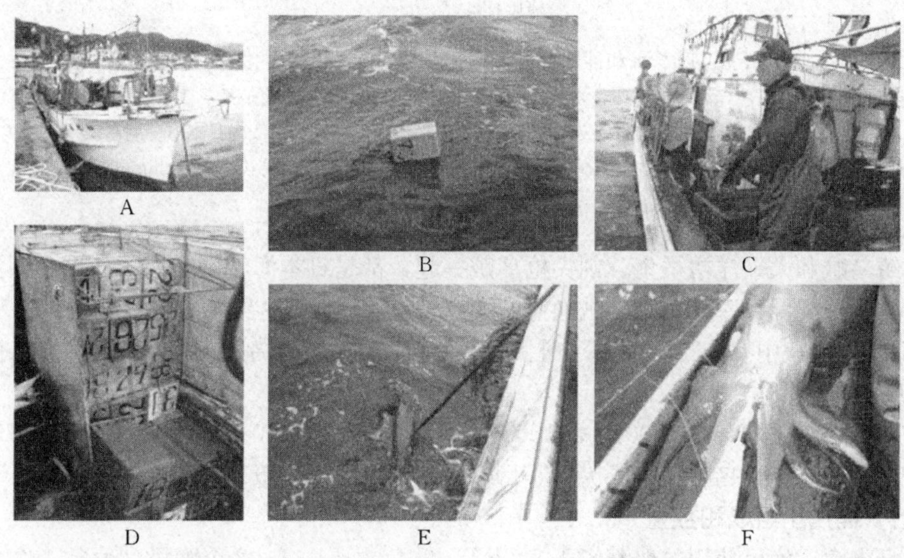

图 76 菱鳍乌贼在兵库县（日本海）为典型渔获物

A. 渔业中使用的典型渔船，所有渔船由一个渔民操作 B. 浮标侧面停留在海面，说明鱿鱼没有被绳子上固定的钓钩捕获。若鱿鱼上钩，浮标就会立起 C. 渔民发现立起的浮标，就用绞车或手工取回渔具 D. 甲板上的浮标 E～F. 鱿鱼被拖出水面后，用鱼叉或网将鱿鱼传送到船上

改进的设备叫作“hata-nagashi”。主绳比日本海的还长（300～750 m），绳、钓具被固定在海面上的一些浮标和旗子上。这种设备引进之后，渔获量增加，渔业扩展到整个县以及奄美大岛（鹿儿岛县）。

冲绳县和鹿儿岛县捕捞的个体胴长在 300～900 mm，部分在 600～800 mm；该规格比日本海捕获的个体要偏大。这是由不同的捕捞季节、生长率和迁徙路线造成的（图 77）。

日本以外的国家也开始对菱鳍乌贼感兴趣。多米尼加有针对该物种的小型手工渔业，其他区域如加勒比、菲律宾、新喀里多尼亚、库克群岛和斐济也有意发展该渔业（Dickson et al，2000；JICA，2010；Herrera et al，2011；Blanc & Ducrocq，2012；Sokimi，2013；SPC Coastal Fisheries Programme，2014）。

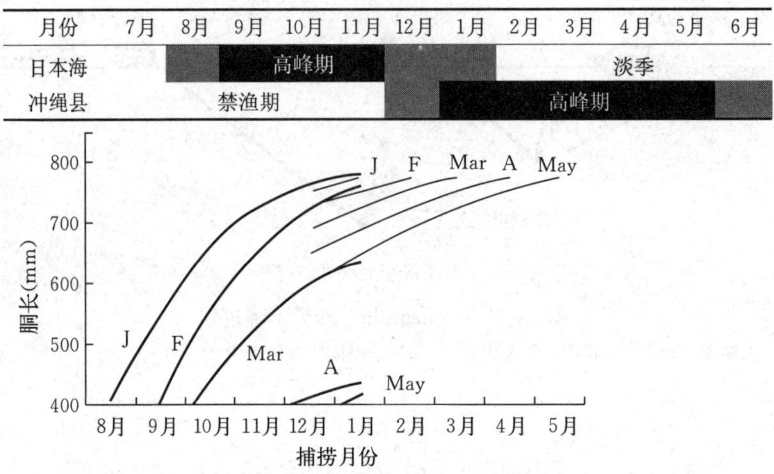

图 77　日本海和冲绳县菱鳍乌贼捕捞季节和估算的胴长（mm）

冲绳县的捕捞季节以冲绳海区渔业调整委员会每年的指令为依据。生长率由 1 月 1 日（J）、2 月 1 日（F）、3 月 1 日（Mar）、4 月 1 日（A）和 5 月 1 日（May）的孵化率日期来代替估算。粗曲线为日本海菱鳍乌贼生长曲线（Miyahara et al，2006c）；细曲线为利用对数公式估算的热带—亚热带水域种生长曲线（Nigmatullin et al，1995）

（四）经济重要性

菱鳍乌贼和太平洋褶柔鱼、剑尖枪乌贼一起，都是日本海特别是南部区域小型沿岸鱿鱼最重要的种类。兵库县菱鳍乌贼渔业的年产值在 1998 年达到 4.8 亿日元（约 470 万美元）。日本海渔获中有 40%从兵库县上岸，所以日本海菱鳍乌贼的总产值约为 12 亿日元（约 0.117 亿美元）。

在冲绳县，菱鳍乌贼 2001—2010 年的估计年产值在 10 亿～20 亿日元（975 万～1 950 万美元）。菱鳍乌贼已经成为核心目标种，记录的渔获量现在仅次于金枪鱼。

（五）捕捞船组成和数量

在日本海，渔民使用的船都小于 5 GRT。鱿鱼主要由 1～2 个渔民（通常 1 个）在私人船上使用垂直长绳捕获。钓捕不需要许可证，捕捞船的数量依每年菱鳍乌贼和太平洋褶柔鱼、剑尖枪乌贼等种类的生物量（迁徙水平）变化而变化。近岸张网的渔民也会捕捞菱鳍乌贼。

在冲绳县，大部分渔民使用的船在 5～10 GRT。2011 年，300～400 艘船参与垂绳钓渔业，1 艘参与长绳钓渔业。

（六）捕捞期持续时间

在日本海，渔业通常在 8 月初到翌年 2 月开展，渔获量最高在 9—11 月。对马暖流将鱿鱼从上升流区产卵场输送过来，产卵场的范围被认为从西南太平洋延伸到中国东海（Miyahara et al，2006c）。通过对马海峡迁徙进入日本海的行为始于春末并持续到秋初。捕捞期变化就依据这段迁徙的数量和时间。这段迁徙主要是幼体和未成年个体，它们在生长过程中被捕捞（图 77）。

在冲绳县和鹿儿岛县，捕捞季受到管控。捕捞季主要从 11 月到翌年 6 月，渔获量最高在 2—4 月。

（七）渔获量和捕捞努力量

日本政府没有发布官方的菱鳍乌贼渔获量数据，但 Bower 和 Miyahara（2005）指出全日本总渔获量 2001 年达到峰值，约 5 900 t。日本海和冲绳县的年渔获量波动很大，但日本海的变化更大。

在日本海，每年的丰度和资源量与对马海峡附近的环境指数（如水温）密切相关。日本海周边各县的渔获量变化趋势类似。兵库县 1990—2012 年的年渔获量在 10～1 179 t（图 78），兵库县通常在日本海周边多个县中的渔获量最高。日本海最高的年渔获量是 1998 年的 3 700 t。

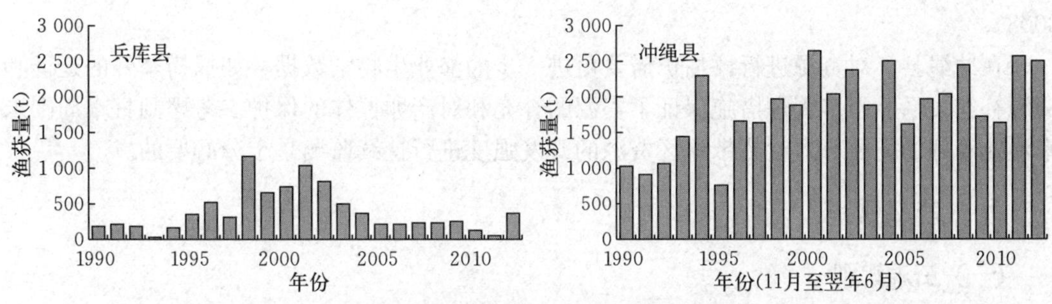

图 78　日本菱鳍乌贼的年渔获量

日本政府没有公布官方渔获数据，渔获量由地方研究所估算获得。左图：兵库县通常在日本周边多个县中的渔获量最高。右图：冲绳县渔获量占全国渔获量的一半以上

冲绳县的渔获量占全国渔获量的一半以上，1990—2012 年（捕捞时间从 11 月持续到翌年 6 月）的年渔获量在 800～2 600 t（图 78）。

（八）资源评估管理

Miyahara et al（2007b）使用 Delury 方法（包括标准方法和考虑 Rosenber 等人 1990 年提出自然死亡率系数 M 的改进方法）和 VPA 对兵库县的菱鳍乌贼资源进行了评估。8 月 1 日兵库县的资源起始丰度在 10 万～70 万尾，且在 M 等于 0.05～0.1 时，日本海 1999—2004 年的总体评估丰度为 20 万～200 万尾。1999—2004 年的开发率为 0.3～0.7，说明捕捞压力很大。不过，VPA 的结果显示捕捞压力并未集中在捕捞季开始阶段，也没有发现生长型过度捕捞。

日本海西部菱鳍乌贼在捕捞旺季（9—11 月）补充与 6 月对马海峡上游 600 km 外的水温有关，一些模型考虑到海峡附近的环境指数后，可以准确地预报每年渔业的 CPUE（Miyahara et al，2005）。渔获分布和丰度也和捕捞场的水温有关（Miyahara et al，2007a）。

在冲绳县和鹿儿岛县，菱鳍乌贼资源尚未被评估，但受到管理委员会和当地政府的严格管理。海区渔业调整委员会设置年度捕捞季、垂绳设备的数量、一条长绳上的钓具（人工诱饵）数量、捕捞区域等。

Nigmatullin 和 Arkhipkin（1998）估计全世界的菱鳍乌贼生物量在 150 万～250 万 t，但现存资源量尚不明确（NOAA et al，2005）。

(九) 保护措施和生物参考点

在日本海，当菱鳍乌贼迁徙进入日本海时，资源结构受到环境条件的显著影响。环境指数和CPUE之间具有很强的相关性，所以基于海洋学条件的数值模型已经被用于预测未来的捕捞条件（Onitsuka et al，2010）。严格的捕捞季管理有助于防止对幼体的生长型过度捕捞，模拟研究显示由于个体生长快速，在起初10～20 d内关闭渔业，对总渔获量影响不大。2001年，一个放流幼体的项目开始实施，使得菱鳍乌贼的市场价格更加稳定。

另一方面，目前尚没有可以有效稳定来年渔获量的措施。大范围标记研究未发现菱鳍乌贼有返回中国东海产卵的迹象，而且在当前海洋环境下（零扩散）日本海的产卵群体很难提供额外的补充，日本海的捕捞压力很可能不会影响未来的资源规模（Miyahara et al，2008）。

在冲绳县，对资源进行评估仍需要更进一步的渔业生物学数据，如捕捞季外的迁徙和资源补充关系。很多管理措施保证了资源的补充和对产卵群体的保护。考虑到日本周围未来渔业管理的需要，对近热带地区资源的开发强度进行持续监测是十分必要的。

九、萤乌贼

(一) 资源辨别

在日本海，由于只有1个产卵场，因此认为萤乌贼只存在一个资源。

(二) 分布与生命周期

萤乌贼分布于北太平洋西部。胴长70 mm的个体主要分布在日本海、鄂霍次克海和日本的太平洋沿岸（Okutani，2005）。成体白天栖息于200 m或更深的海底，晚上则向上迁移至50～100 m水深（Nihonkai Hotaruika Shigen Kenkyu Team，1991；Hayashi，1995b）。雌性的生命周期为12～13个月，雄性为11～12个月（Yuuki，1985；Hayashi，1995b）。日本海的产卵主要在4—6月，此时雌性会聚集在对马海峡东部、隐岐岛外围、若狭湾和富山湾200 m等深线（大陆坡折）的产卵场上，但卵全年都能收集（Yuuki，1985；Nihonkai Hotaruika Shigen Kenkyu Team，1991；Hayashi，1995b；Kawano，2007）。在日本西南部，主要产卵场在对马暖流水深130 m以上、盐度34.2～34.6的区域内形成（Kawano，2007）。交配主要是在1—3月开展，之后雄性个体死亡（Yuuki，1985；Hayashi，1995b）。

(三) 捕捞区域

在日本海，有两个主要的捕捞区域，分别对应两个产卵场，即富山湾（富山县）和日本海西南部。在富山湾，萤乌贼在湾最内部靠近陆架坡折的地方被定置网捕获（图79），这里的陆架狭窄且坡折靠近沿岸。渔获主要是迁徙产卵的成熟雌性。Uchiyama et al（2005）指出，富山湾萤乌贼捕捞的适宜温度和最优温度分别是9～15 ℃和11～13 ℃。多元回归分析显示，春季进入湾内的萤乌贼预报捕捞潜力指数包括水温、盐度和捕食压力（Nishida et al，1998）。

在日本海西南部，萤乌贼被底拖船在200～230 m深度所捕获，渔获量较高的区域在日本（陆地和岛屿）附近200 m等深线上，如三岛外围（山口县）、滨田外围（岛根县）、隐岐岛东部（岛根县）、田岛外围（兵库县和鸟取县）和若狭湾外围（京都市和福井市）

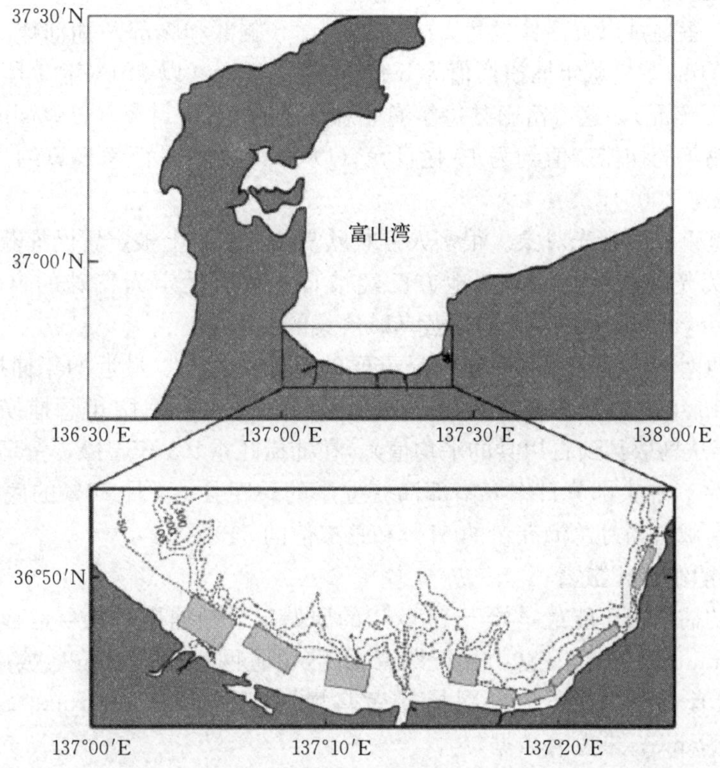

图 79　在日本富山湾最内部（阴影部分）的地方捕捞萤乌贼时所用的定置网位置

（图 80）。捕捞场的形成受多个因素影响，如地形特征、日本海中层冷水上升、对马暖流带来的表层暖水垂直扩散等（Uda，1934；Senjyu，1999）。捕捞季早期（2 月）的渔获个体主要是雄性，但捕捞旺季（3—5 月）的渔获对象主要是迁往近岸准备交配和产卵的胴长在 50～60 mm 的成熟雌性。日本海西南部捕获的萤乌贼个体略小于富山湾同期捕获的个体（Nihonkai Hotaruika Shigen Kenkyu Team，1991）。

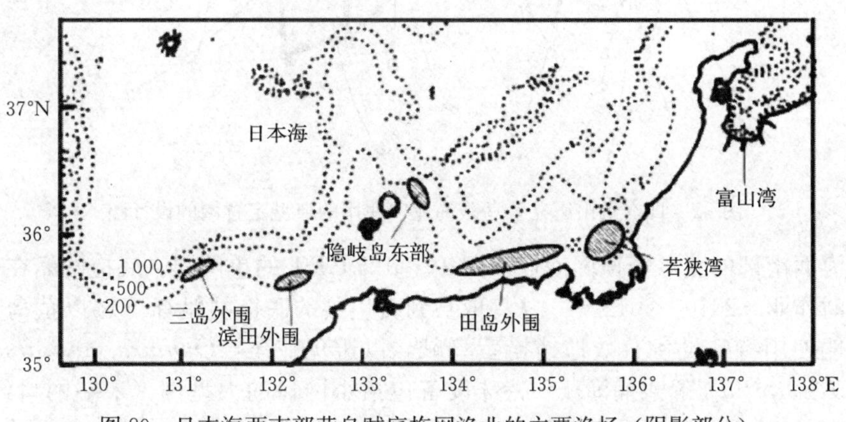

图 80　日本海西南部萤乌贼底拖网渔业的主要渔场（阴影部分）

（四）经济重要性

在富山县，萤乌贼以鲜活体销售，主要是生食（胴部和腕部）和油炸（整只）。富山县 1985—1990 年的萤乌贼年捕捞产值为 5 亿～16 亿日元（以 2013 年 5 月的汇率换算为 490 万～1 580 万美元），这占富山县每年渔业总产值的 4%～11%（Hayashi，1995b）。近年来，富山县每年的捕捞产值约为 10 亿日元（以 2013 年 5 月汇率换算约为 990 万美元）（Uchiyama et al，2005）。

萤乌贼也是重要的观光对象。很多人喜欢欣赏萤乌贼早上被定置网捕获和被冲到岸上时产生的生物荧光。富山县的某些地方已经被日本政府设定为特殊的自然遗迹，叫作“Hotaru-ika Gunyu Kaimen”，意思是萤乌贼聚集的海平面。

在日本海西南部，萤乌贼是底拖网最重要的目标种之一。最近的年捕捞产值约为 11 亿日元（以 2013 年 5 月汇率换算约为 1 080 万美元），占底拖网年总捕捞产值的约 6%（2010—2012 年从鸟取县到石川县的平均值）。在捕捞旺季（3—5 月），萤乌贼占底拖网总捕捞产值的 21%。在大部分日本海南部渔获上岸的兵库县，4 月 96%的底拖网以萤乌贼为目标种，萤乌贼占当月总渔获量的 57%和总产值的 54%。

（五）捕捞船组成和数量

对萤乌贼的捕捞很可能最早始于 1585 年的原始定置网捕捞，现今是富山县最重要的渔业之一（Inamura，1994）。富山县近期有 46 张定置网用于捕捞萤乌贼；而在 20 世纪 80 年代末，则有 52～54 张定置网捕捞萤乌贼（Nihonkai Hotaruika Shigen Kenkyu Team，1991；Nanjo，未发表数据）。

捕捞萤乌贼的定置网有一个带内仓的大型陷阱，另一边有隔板在水面，网靠近底部，通过较长的引导网将萤乌贼引进网中（图 81）。引导网面向海岸布置，以引导雌性产卵后离开海岸（Hayashi，1995a）。夜间进入网内的鱿鱼在破晓之前上岸并运往市场。

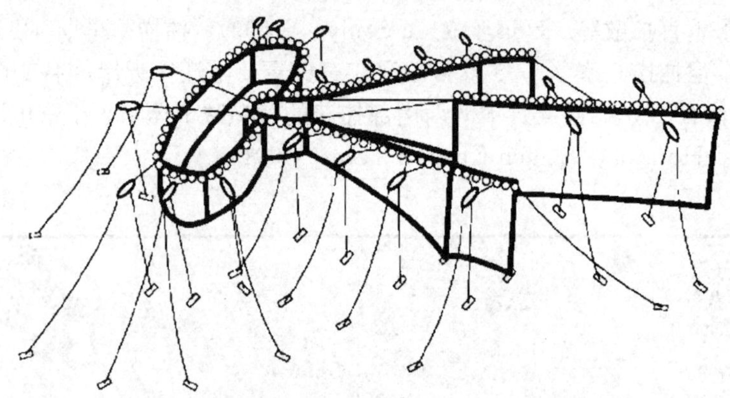

图 81　日本富山湾在萤乌贼渔业中使用的典型定置网的设计图

日本海西南部的萤乌贼拖网渔业使用 10～125 GRT 的单网船。底拖网船在夜间成体靠近海底时作业。2010—2012 年，从鸟取县到石川县的底拖网船有 40%以萤乌贼为目标种。拖网船使用特殊设备有效地捕捞萤乌贼，以避免蛇尾（*Ophiura sarsisarsi*）、雪蟹（*Chionoecetes opilio*）等兼捕渔获。特殊设备包括小网口的大型网（末端网口约等于 13 mm）和较轻的地绳。网用垂直绳索或啮合绳索固定在地绳上。

（六）捕捞期持续时间

在富山湾，定置网的捕捞期为 3—4 月。捕捞旺季通常是在 4 月至 5 月初，但近年来，捕捞期有所提前（从 2 月末到 6 月初，旺季在 4 月）（Uchiyama et al，2005；Nanjo，未公布数据）。

在日本海西南部，底拖网的捕捞期在 1—5 月，旺季在 3—5 月。

（七）渔获量和捕捞努力量

1953—2012 年富山湾每年定置网的渔获量在 500～3 900 t 波动，平均约 1 900 t（图 82）。

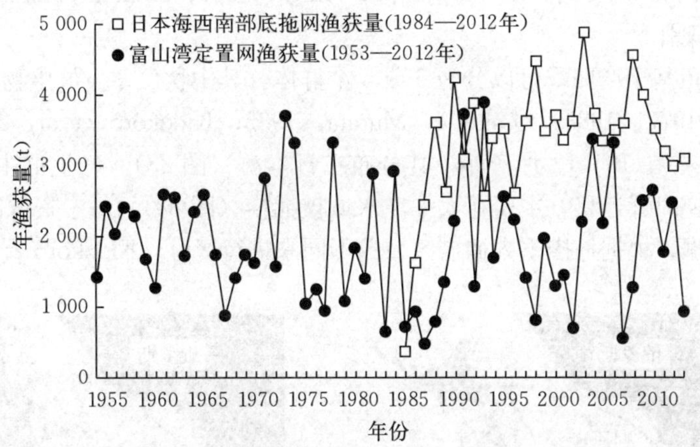

图 82　1953—2012 年萤乌贼在富山湾被定置网捕捞和 1983—2012 年在日本海西南部被底拖网捕捞的年渔获量

在日本海西南部，1984 年资源首次作为兼捕渔获开发，此后底拖网开始以其作为目标种。1985 年，日本海西南部的渔获量超过富山湾。1986 年后，渔获量达到 2 500～4 500 t。本区内约有 130 艘捕捞船以萤乌贼为目标种（2010—2012 年平均）。

（八）资源评估和管理

人们使用 DeLury 方法、回声声呐和产卵量法对日本海的资源进行了评估（Nihonkai Hotaruika Shigen Kenkyu Team，1991）。最准确的方法是产卵量法，该方法基于日本海最广泛的数据，该方法研究显示日本海 1986—1989 年的总体开发率为 0.03～0.05。这说明捕捞压力较低，足以防止出现补充型过度捕捞（Nihonkai Hotaruika Shigen Kenkyu Team，1991）。

富山湾的定置网捕捞似乎也可以防止出现补充型过度捕捞，因为雌性个体可以在被捕获前产卵。湾内 1986—1990 年定置网的开发率估计为 0.142～0.222，定置网的数量在过去 30 年内稳定在 50 张左右。在日本海西南部，兵库县的渔民已经采用社团管理将每艘船在捕捞旺季的上岸量限制在 300～400 箱（2.4～3.2 t）。在 6—8 月，捕捞季受到政府条例的管理。

（九）保护措施和生物参考点

萤乌贼是日本海重要的游泳种类（Okiyama，1978）。它在日本海的生态系统中是重要的被捕食者［犬形拟庸鲽（*Hippoglossoides dubius*）的食物］（Uchino et al，1994）。所以对该物种资源的管理必须考虑其在日本海生态系统中的生态位和被捕捞之后对营养级的影响（Yamasaki et al，1981）。

十、太平洋褶柔鱼

（一）分布与生命周期

太平洋褶柔鱼是一种生命周期为 1 年的鱿鱼，分布于西北太平洋和日本海（Soeda，1950；Hamabe & Shimizu，1966；Araya，1967；Okutani，1977，1983）。太平洋褶柔鱼全年产卵，高峰期在秋季和冬季（Hamabe & Shimizu，1966；Araya，1967；Okutani，1977，1983；Kasahara，1978）。其分布范围会随着水温变化而产生季节性迁移，分布的北部边界在 9 月可达 50°N，4 月约为 40°N（Soeda，1950；Araya，1967；Okutani，1977，1983）。

（二）资源辨别

太平洋褶柔鱼基于产卵季可以分为 3 或 4 个群体，其中秋、冬生群生物量最大（Araya，1967；Okutani，1977，1983；Osako & Murata，1983；Kidokoro et al，2003；Kidokoro，2009）。秋生群主要在 10—12 月产卵，其分布在日本海（图 83）。冬生群主要在 1—3 月产卵，沿着日本岛逆时针迁移，主要在太平洋水域被捕捞（图 83）。每个资源的渔获统计数据基于月捕捞量数据，根据捕捞季内捕捞区域的不同来进行区分（Kidokoro et al，2003）。

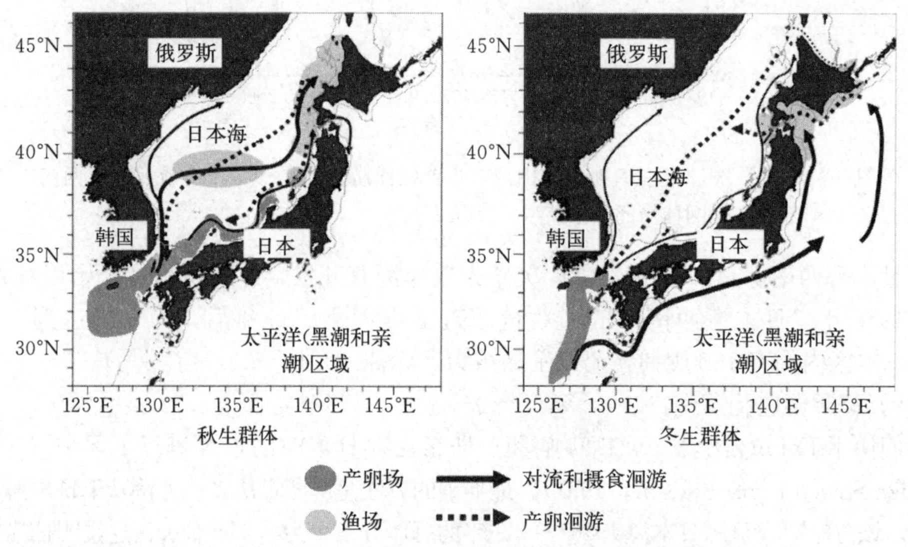

图 83　太平洋褶柔鱼秋生群和冬生群的洄游路线图

（三）捕捞区域

捕捞区域因太平洋褶柔鱼的迁徙而迁移。到 6 月，秋生群个体胴长约 200 mm，商业性渔业捕捞开始在日本海进行。7 月，商业性渔业捕捞在太平洋捕捞冬生群。秋生群在 6—11 月于日本海被捕捞。冬生群在 7—12 月的太平洋和 1—3 月的日本海被捕捞。

（四）捕捞船组成

太平洋褶柔鱼的捕捞方法有多种，但主要的方法是鱿钓。鱿钓船有两种：沿岸鱿钓和近海鱿钓。日本的沿岸鱿钓船吨位限制在 30 GRT 以内，而近海鱿钓船则限制在 30～200 GRT（20 世纪 80 年代到 100 GRT）。

太平洋褶柔鱼也被近海拖网、大型和中型围网、定置网等捕捞，这些方式的渔获量自

20 世纪 90 年代后便在增长（Yamashita & Kaga，2013）。鱿钓船的渔获量在 20 世纪 80 年代占总渔获量的 90%（图 84），这个比例在 20 世纪 90 年代下降，2000 年后降到了约 60%。其他方法的渔获比例在增加，特别是近海拖网和定置网，自 20 世纪 90 年代后增长到 10%～20%（图 84）。

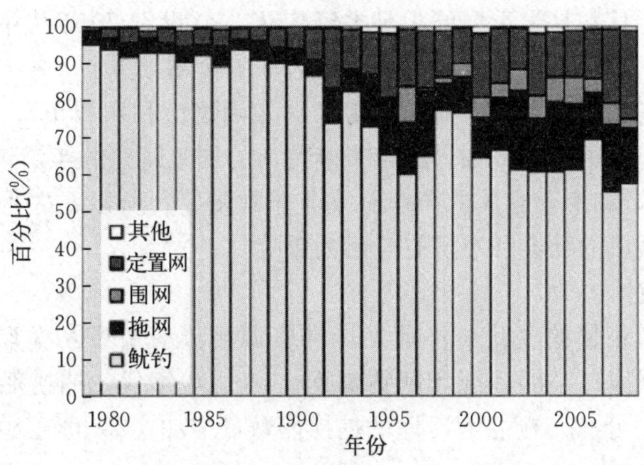

图 84　太平洋褶柔鱼在日本不同捕捞方法捕获中所占的比例

不同区域所使用的主要捕捞方法有所不同（Kidokoro et al，2013；Yamashita & Kaga，2013）。在日本海，太平洋褶柔鱼主要通过沿岸和近海的鱿钓进行捕捞（图 85）。捕捞作业场被分为各个地理区域。沿岸鱿钓捕捞日本海沿岸区域的个体；近海鱿钓捕捞日本海中部的个体（图 85）。沿岸区域的渔获新鲜上岸，而近海渔获则在船上冷冻。

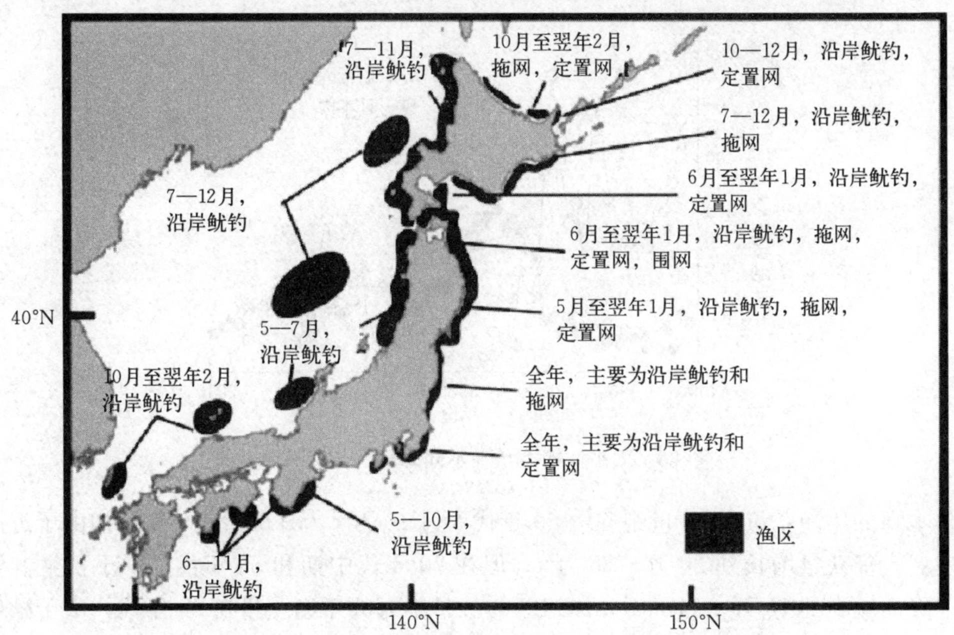

图 85　太平洋褶柔鱼在日本海主要渔区和捕捞季节

图示不同区域所使用的主要捕捞方法

（编译自 Yamashita & Mori，2009）

在太平洋水域，太平洋褶柔鱼被沿岸鱿钓大量捕捞，但超过一半的渔获量来自其他渔业，如近海拖网、大型和中型围网、定置网。在鄂霍次克海和根室海峡东部，大部分渔获来自定置网和沿岸鱿钓，但每年的渔获量变化显著（图 85）。

（五）经济重要性

太平洋褶柔鱼在日本是最重要的头足类经济种。20 世纪 70 年代中期后，每年的上岸价值约为 5 亿美元。它们不仅被生鲜食用，也被加工食用。

在靠近捕捞渔场的城市有很多鱿鱼加工厂（如函馆市和八户市）。每年加工的鱿鱼价格对这些城市来说非常重要（例如，近年来函馆市的加工鱿鱼的年销售额已经达到 5 亿美元）。在这些城市中，和渔业有关的产业对就业非常重要。所以，太平洋褶柔鱼资源规模的波动对当地这些城市的社会和经济有着巨大影响。

（六）渔获量统计

太平洋褶柔鱼渔获量的变化与渔业发展和资源规模有着密切关联。20 世纪 30 年代前，鱿鱼在沿岸区域通过小船手绳和鱿钓捕捞。40—50 年代，捕捞船配备了马达，捕捞渔场向外海延伸；60 年代，配备有冷库的捕捞船数量增加；20 世纪 70 年代，大部分船都装备了鱿钓机。

鱿鱼捕捞在日本已经开展了数百年，但可靠的数据只能追溯到过去 100 年（图 86）。太平洋褶柔鱼的年渔获量在 20 世纪 30 年代前少于 20 万 t；在 40 年代随着商业性捕捞的发展不断增长；50—60 年代的年渔获量为 40 万～50 万 t；但在 70 年代有所下降，80 年代中期下降到了 10 万 t。在 90 年代，渔获量增长并反弹至 30 万～40 万 t。不过，2000 年以后年渔获量便又下降（图 86）。

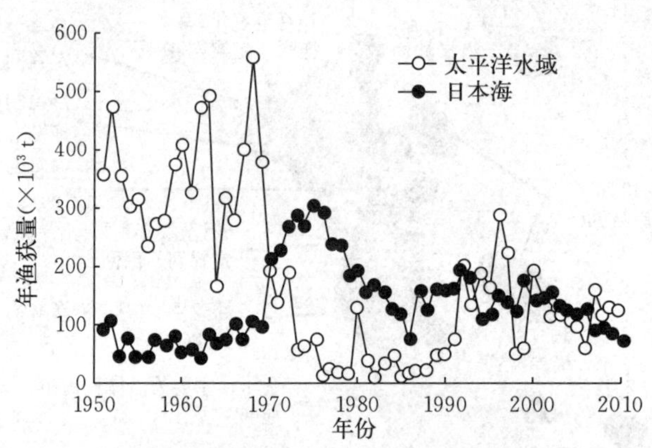

图 86　太平洋褶柔鱼在不同海域的年渔获量

日本海的年渔获量在 20 世纪 50—60 年代不过 10 万 t（图 86）。70 年代初由于近海渔业的发展，渔获量增长到 20 万～25 万 t；但在 70 年代中期和 80 年代，由于秋生群资源规模下降而减少到 15 万 t（Kasahara，1978）。日本海的年渔获量在 90 年代，由于秋生群资源的重建而重新增长，但在 2000 年后逐渐下降，近年来约为 10 万 t。

太平洋水域的年渔获量在 20 世纪 50—60 年代为 30 万～40 万 t（图 86）。70 年代初逐渐下降，70—80 年代为 1 万～3 万 t。此次下降被认为是 70 年代初冬生群资源规模下降造成的。不过，太平洋水域的年渔获量在 90 年代增加，近年来为 10 万～20 万 t（图 86）。

太平洋褶柔鱼在 20 世纪 70—80 年代资源规模下降被认为是过度捕捞造成的（Okutani，1977；Doi & Kawakami，1979；Murata，1989）。不过，现在发现环境条件的改变也影响资源规模（Sakurai et al，2000；Kidokoro et al，2003）。例如，1989 年产卵场的扩张被认为是环境条件变化造成的（Sakurai et al，2000；Goto，2002；Kidokoro 2009）。

（七）CPUE 和捕捞努力量变化

太平洋褶柔鱼的 CPUE 和捕捞努力量变化在日本周边渔业资源的评估报告中给出（Kidokoro et al，2013；Yamashita & Kaga，2013）。在日本海，近海鱿钓的 CPUE 在 20 世纪 80 年代通常低于 1.0 t/(船・d)（图 87）；1989 年后开始增加，在过去 20 年里维持高位［2.0～3.0 t/(船・d)］(图 87)。在太平洋，20 世纪 80 年代中后期之前，沿岸鱿钓的 CPUE 约为 0.1 t/(船・d)，但在 90 年代后增长到超过 1.0 t/(船・d)，近年来约为 0.7～1.0 t/(船・d)（图 87）。

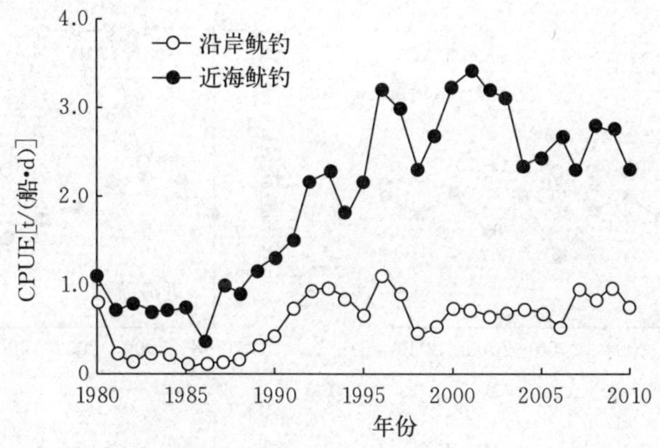

图 87　太平洋褶柔鱼在沿岸鱿钓和近海鱿钓中 CPUE 变化

沿岸鱿钓 CPUE 以太平洋水域的数据为基础，近海鱿钓 CPUE 以日本海的数据为基础

（编译自 Kidokoro et al，2013；Yamashita & Kaga，2013）

秋生群资源规模在 20 年里都比较大，但日本海的年渔获量在 21 世纪初之后开始下降（Kidokoro et al，2013）。渔获量的下降是由于捕捞努力量的下降。近海鱿钓船的数量在过去 30 年里不断减少（图 88）。近海鱿钓船在日本海的总作业天数在 20 世纪 80 年代中期超过 10 万 d，但在接下来的 20 年里下降到 21 世纪初的 1.5 万～2 万 d（图 88）。

另一方面，太平洋沿岸的捕捞努力量似乎没有下降。在太平洋主要港口上岸的沿岸鱿钓船每年作业的总天数在 1990 年后稳定在 3 万 d（图 89）。不同区域捕捞努力量的不同被认为引起了 21 世纪初不同区域的渔获量变化。

（八）资源评估方法和管理

虽然日本通过许可制度来管理，但实际的管理落在渔民自己身上。日本渔业部门自 1997 年后使用了 TAC 方法管理 7 种主要渔业资源。太平洋褶柔鱼在 1998 年加入 TAC 管理计划中。政府对社会经济要素和渔业研究机构建议的 ABC 进行加权分析后计算出 TAC。太平洋褶柔鱼被作为两个资源进行评估（秋生群和冬生群），每个资源都有推荐

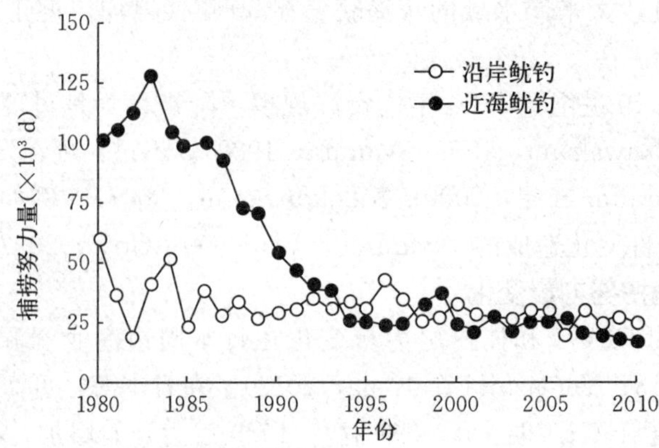

图 88　太平洋褶柔鱼在沿岸鱿钓和近海鱿钓中捕捞努力量的变化

注：沿岸鱿钓捕捞努力量表示太平洋水域的捕捞天数，近海鱿钓捕捞努力量表示日本海的捕捞天数

（编译自 Kidokoro et al，2013；Yamashita & Kaga，2013）

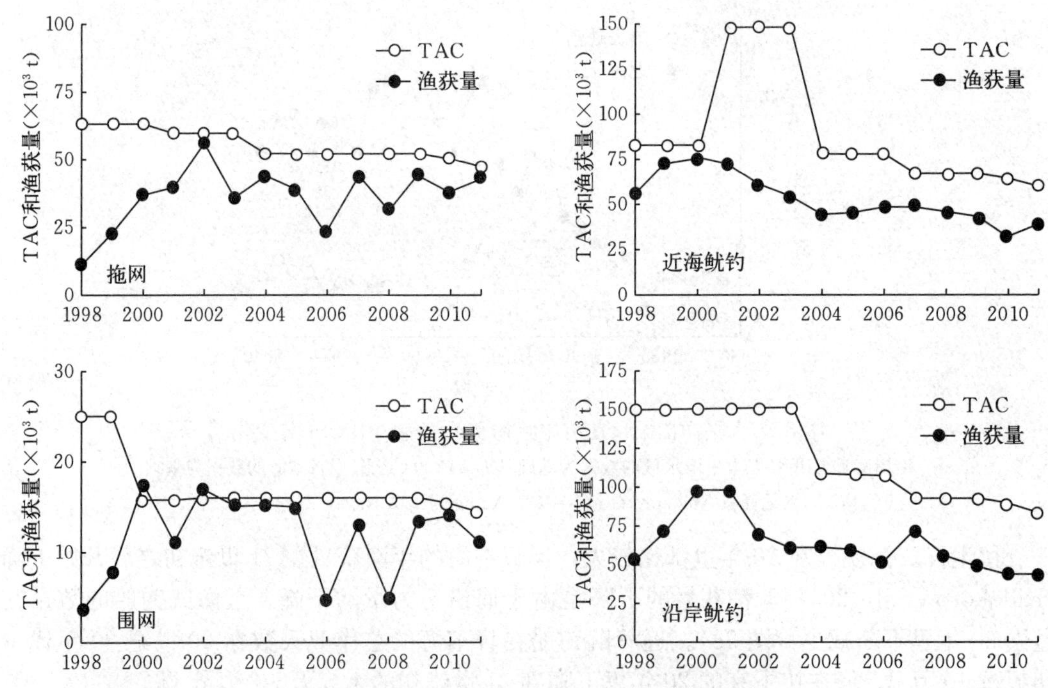

图 89　日本太平洋褶柔鱼年度配额的变化

TAC 共享到日本主要渔业管理系统。图示不同捕捞方法捕获的年渔获量

ABC，但 TAC 则是针对年总渔获量，通过两个推荐的 ABC 之和来设定。TAC 由主要作业方式（沿岸鱿钓，近海鱿钓，近海拖网，大、中型围网，定置网）共享，并被单独管理，虽然对应 TAC 的实际上岸率不尽相同（图 89）。

日本 ABC 的计算模型参照了美国（Restrepo et al，1998）。ABC（$ABC_{限制值}$）由目标年内的捕捞死亡率（F_{limit}）和预报资源丰度计算得出。在当前资源规模高于资源规模阈值（B_{limit}）时，F_{limit} 通常使用 BRP（如 F_{msy}，F_{med}，$F_{0.1}$）或当前捕捞死亡率（Caddy & Mahon，1995）。如果当前资源规模小于 B_{limit}，那 F_{limit} 就应该设置低于 BRP，以在合适的时间框架内重建资源至可接受水平（Restrepo et al，1998）。作为 F_{limit} 使用的 BRP 每年都会通过最新调查来更新。

20 世纪 70 年代以后，太平洋褶柔鱼资源规模每年都在变化，通过科研调查船使用鱿钓设备在捕捞季之初进行监测（Kidokoro et al，2013；Yamashita & Kaga，2013）。太平洋褶柔鱼在每个站位的密度基于调查船的 CPUE［捕获鱿鱼尾数/(鱿钓机・h)］进行估计，平均 CPUE 被用于计算年度资源指数（Kidokoro et al，2013；Yamashita & Kaga，2013）。

资源丰度基于资源指数来计算，资源指数假设与资源丰度相关。产卵资源丰度（存活数量）按捕捞季后存活个体数量，基于资源丰度、年渔获量和自然死亡率（设为 0.6）来计算（Kidokoro et al，2013；Yamashita & Kaga，2013）。BRP 基于产卵—补充关系来评估。目前 ABC 是基于 F_{med} 和预报资源丰度，这两者都是通过产卵—补充关系来评估（图 90）（Caddy & Mahon，1995）。$ABC_{限制值}$ 由 F_{limit} 和预报资源丰度计算，这两者也基于产卵—补充关系来评估。如此一来，产卵—补充关系在目前日本太平洋褶柔鱼的评估和管理方法中起到重要作用（Caddy & Mahon，1995）。

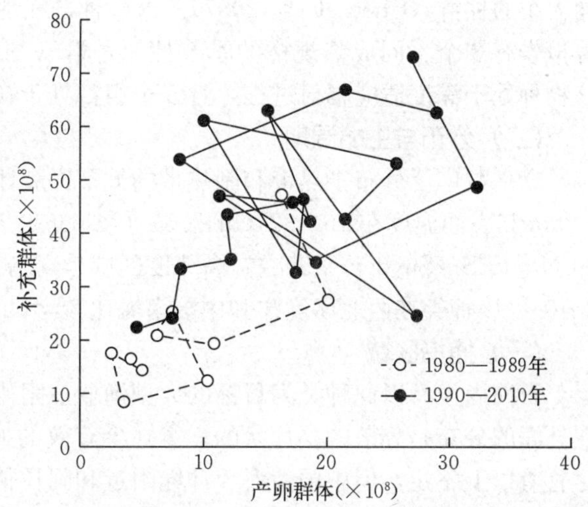

图 90　秋生群的产卵—补充关系（单位：尾）
产卵资源丰度和来年补充群体资源丰度有明显的正相关

在大部分头足类资源中，没有明确的产卵资源丰度和补充的关系（Pierce & Guerra，1994；Basson et al，1996；Uozumi，1998）。不过，很明确的是幼体密度所决定的太平洋褶柔鱼产卵资源丰度和来年资源丰度有明显的正相关（Okutani & Watanabe，1983；Murata，1989；Sakurai et al，2000）。这说明产卵—补充关系可被用于评估 BRP 和预报补充量（Kidokoro et al，2013；Yamashita & Kaga，2013）。

对于柔鱼科物种而言，海洋环境变化会导致补充强度的年际变化（Dawe et al，2000；Waluda et al，2001）。而且，年代或年代内的变化也会影响资源状态（Sakurai et al，2000）。资源规模和柔鱼类的上岸量在年代和年代内的尺度上波动很大。

太平洋褶柔鱼的产卵—补充关系被假设随着环境条件变化而改变；特别是，年代或年代内变化被假设会影响资源状态和产卵—补充关系（Kidokoro et al，2013；Yamashita & Kaga，2013）。所以，产卵—补充关系由 1990 年以来收集的数据所评估（图 90），但当目前的年代际再次变化时，这些参数也要对应修改。不过，尚不清楚环境变化是如何影响太平洋褶柔鱼资源规模的，且难以预测年代际发生变化后的种群数量。

另一方面，研究结果显示产卵场、迁徙路线和胴长都有和资源规模变化类似的改变（Nakata，1993；Takayanagi，1993；Goto，2002；Kidokoro et al，2010）。这些变化与环境条件或资源丰度变化密切联系。特别是，产卵场变迁可能影响幼体成活率，这些幼体构成了改变后的资源群体。人们还需要更好地了解这些生物变化以及它们如何影响资源规模，这可以更好地预测未来的资源丰度变化。

十一、鸢乌贼

（一）资源辨别

鸢乌贼有复杂的种群结构，包括 3 个大的和 2 个小的种群（参见第八节第一部分）。西北印度洋数据中的胴长组成和性成熟信息显示，除了以上的种群外可能还有其他一些不同大小的种群（Chen et al，2007）。这些种群在地理范围上有空间的重叠。中国台湾水域曾报告有 3 个不同成熟规格的季节性亚种群（Tung，1976）。Roper et al（2010）指出，该物种处于深度适应辐射过程，且 5 个组都处于初期状态。

（二）分布与生命周期

鸢乌贼广泛分布于热带和副热带的太平洋和印度洋水域，通常栖息于水深超过 200～400 m 和表面温度在 16～32 ℃的区域（Roper et al，2010）。分布呈片状且高产区集中在 40°N—40°S（Snyder，1998）。高纬度区域是鸢乌贼的觅食区，主要是雌性（Roper et al，2010）。该种类在西北印度洋和中国南海比较丰富（约 5 t/km^2）。

（三）捕捞区域

目前尚没有以此种类为目标的大型渔业。阻碍商业渔业发展的原因有三个：①鸢乌贼在外海的分布是分散的、片状的；②缺少有效的捕捞方法；③相比其他种，其肉质较差。尽管有以上不足，但中国南海、冲绳附近和阿拉伯海仍有一些使用自动鱿钓机、灯光诱网和手工鱿钓的小型渔业（Chen et al，2007；Peng et al，2010）。这些渔业主要以胴长大于 25 mm 的成年个体为目标。该种类也会被作为兼捕渔获捕捞。

（四）经济重要性

过去 10 年，一些国家尝试发展鸢乌贼渔业，该种类鱿鱼作为一种渔业资源正变得越来越重要。中国最近在中国南海和阿拉伯海发展出了小型渔业。2008 年，中国南海的捕捞产值估计为 400 万美元（Peng et al，2010）。2006—2009 年，平均月捕捞量从 197.1 t 下降到 56.7 t，此后很多捕捞船转向中国南海的其他渔业（Peng et al，2010）。在夏威夷，该种类主要是作为金枪鱼延绳钓渔业的诱饵。

全球范围内，只有很少旨在发展鸢乌贼商业渔业的研究；不过阿拉伯海和中国南海沿岸国家最近对发展该渔业抱有较大兴趣。为了研究中国南海和菲律宾西部大洋性鱿鱼商业鱿钓的可行性，南亚渔业发展中心（SEAFDEC）1998 年在 SEAFDEC 合作研究计划下对本区域开展了调查。参与这次调查的国家有泰国、越南、马来西亚、菲律宾和日本。调查估计菲律宾西部鸢乌贼生物量约 283 t，中国南海约 113.2 万 t（Siriraksophon，2009）。目前，该地区尚未有商业渔业发展出来。

由于沿岸资源下降，印度开始开放近海水域。印度开展了研究性航行以开发阿拉伯海鸢乌贼潜在的捕捞区。流刺网和自动鱿钓机都被使用，结果发现流刺网可以有效捕捞成体（Mohamed et al，2011）。海表观测和使用抄网收集到 3～30 mm 的密集聚集幼体（约 130 000 尾/km^2）。成体鱿鱼的资源丰度估计为 5 t/km^2。

孟加拉湾和安达曼海的鸢乌贼，在“孟加拉湾基于生态系统的渔业管理”之下进行研究，这是一个由孟加拉国、印度、缅甸、斯里兰卡、尼泊尔和泰国在 2007 年 10—12 月开展的合作调查计划。其目标是为了评估包括鸢乌贼在内的潜在渔业资源。渔获量在安达曼海（$n=30$）要略高于孟加拉湾（$n=9$），但这对于商业渔业的发展来说太低了（Sukramongkol et al，2008）。使用自动鱿钓机捕捞的 CPUE 是 0.03 kg/(鱿钓机・h)。1997 年，澳大利亚北部水域开展的鱿钓实验渔获也很少（Dunning et al，2000）。

日本水产厅 1975—1976 年对阿拉伯海开展了两次调查以检测远洋鱼类丰度，作为 FAO 印度洋计划的一部分。这两次调查发现鸢乌贼密集区白天位于中层（100～300 m），夜晚位于上层（Fishery Agency of Japan，1976）。1995 年，日本水产厅在阿拉伯海和印度洋开展了另一次调查以研究鸢乌贼的丰度和生物学信息。这次调查记录了 CPUE 较高的 3 个大、中型鸢乌贼群体。柔鱼科浮游幼体也被收集，其中鸢乌贼浮游幼体在阿拉伯海北部的采样中占大部分（约 33%）（Yatsu，1997；Yatsu et al，1998a）。

鸢乌贼的镉、尿素和氯化铵的含量较高，导致其相比市场上其他鱿鱼的味道要差（Nakaya et al，1998；Narasimha Murthy et al，2008；Roper et al，2010）。要使其可以与其他鱿鱼产品竞争，需要对其进行额外的加工。

（五）捕捞船组成和数量

2008 年，50 艘渔船在中国南海总共捕捞了 5 000 t 鸢乌贼（Peng et al，2010）。2009 年，市场价格下跌，该渔业只剩下 10 艘船，总上岸量为 500 t。使用抄网和鱿钓的手工渔业在日本冲绳、中国台湾和美国夏威夷附近开展（Roper et al，2010）。其他捕捞鸢乌贼的小型渔业或将其作为兼捕渔获的国家有越南、伊朗、泰国、菲律宾、印度尼西亚和印度（Mohamed et al，2011；Mohamed et al，2006）。在印度，鸢乌贼作为虾拖网渔业和使用钩、绳的金枪鱼、鲨鱼渔业的兼捕渔获。在波斯湾和阿曼海，鸢乌贼作为伊朗七星底灯鱼（*Benthosema pterotum*）渔业的兼捕渔获（Valinassab et al，2007）。

（六）捕捞季持续时间

在中国南海，主要捕捞季从 3 月持续到 4 月，平均渔获量为 2 t/d（Peng et al，2010）；主要的捕捞设备包括自动鱿钓机和灯光诱网。冲绳的鸢乌贼渔业从 6 月持续到 11 月；而整个日本的鸢乌贼渔业从 3 月持续到 11 月，捕捞高峰在 5—8 月。

（七）资源评估和管理

鸢乌贼的总生物量估计在 800 万～1 120 万 t，其中印度洋 300 万～420 万 t，太平洋 500 万～700 万 t。该生物量基于视觉观察和 CPUE 估算（Zuevet al，198；Chesalin & Zuev，2002）。

十二、柔鱼

（一）资源辨别、分布和生命周期

柔鱼是一种大洋性的大型鱿鱼种，广泛分布于大西洋、印度洋和太平洋的副热带到亚北极水域（Bower & Ichii，2005；Roper et al，2010）。有三个主要种群分别栖息于北太平洋、北大西洋和环绕南半球海域（Roper et al，2010）。北太平洋和印度洋的种群之间以及北太平洋和南大西洋种群之间有很大的基因差异（Kurosaka et al，2012；Wakabayashi et al，2012）。

北太平洋种群广泛分布于太平洋 20°N 到 50°N 区域。它有两个繁殖群体：秋季产卵群体在 9 月到翌年 2 月孵化，冬—春季产卵群体主要在 1—5 月孵化，但也会延续到 8 月。基于体长组成、浮游幼体分布、寄生虫感染率，种群可以进一步分为 4 个资源：①秋生群的中部资源，②秋生群的东部资源，③冬—春生群的西部资源，④冬—春生群的中—东部资源（Mori，1997；Nagasawa et al，1998；Yatsu et al，1998b）。秋生群的捕捞位于太平洋中部和西北部，时间从 5 月末到 7 月末，冬—春生群的捕捞位于太平洋西北部和日本东北外围，时间从 7 月初到翌年 2 月。

柔鱼每年都会在副热带产卵场和北部靠近亚北极边界的索饵场之间进行往返迁徙。冬—春生群的索饵场从日本东部外围延伸至加拿大西部；而秋生群主要在天皇海山东部，即 170°E（Ichii et al，2006）。柔鱼在 7～10 个月内成熟，估计有 1 年的寿命（Yatsu et al，1997）。

Katugin（2002）指出，北太平洋西部和东部种群之间有很小但显著的基因差异，等位基因频率分布也印证了这一点，遗传变异总水平也略有不同。Kurosak et al（2012）发现北太平洋区域的样品之间没有显著的基因差异。

（二）捕捞区域

柔鱼广泛分布于多个大洋，但商业捕捞主要在太平洋。它的捕捞主要是在夏季和秋季，在 36°—46°N 海域靠近其北部索饵场区域。

1968—1974 年在日本三陆和北海道沿岸外围开展的实验性鱿钓调查发现，柔鱼在夏季和秋季的密度较大（Murata et al，1976）。胴长在 200～400 mm，可以被用于加工（Araya，1987）。20 世纪 70 年代太平洋褶柔鱼的上岸量开始下降时，一些日本渔民转向捕捞太平洋西北部的柔鱼。1974—1978 年，上岸量从 1.7 万 t 快速增长到 12.403 7 万 t（图 91）。1978 年，本区域开启了流刺网渔业，捕捞区域向东部延伸至日本东北外围的 165°E 附近（图 91）（Araya，1987；Murata，1990）。

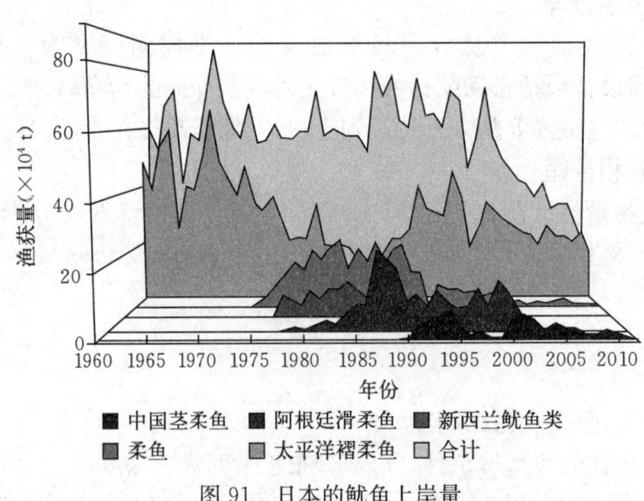

图 91　日本的鱿鱼上岸量

随着流刺网渔业的发展，日本鱿钓渔业和流刺网渔业在开发资源和捕捞区域问题上的矛盾日益加深。为了解决这些问题和保护资源，1979 年和 1981 年，日本政府建立了许可证体系，划定捕捞区域，将170°E的区域划给鱿钓渔业，将170°E—145°W区域划给流刺网渔业，并限制了捕捞时间（Yatsu et al，1994）。

20世纪80年代，韩国和中国台湾的流刺网渔业也在发展（Araya，1987）。韩国在日本西北外围沿岸到150°W的水域作业（Gong et al，1993a）。在秋季和初冬，韩国的渔船集中在142°—160°E，日本的鱿钓船也在这里作业。中国台湾的捕捞船作业区域位于30°—47°N，特别是在35°—45°N。流刺网作业期间（1981—1992年）其范围曾远至150°W。不过，过去20年里捕捞区域位于150°—170°E。

由于流刺网对非目标种有着巨大的影响，1992年底联合国大会推行在全球范围内禁止使用大型远洋流刺网（Northridge，1991）。日本中型鱿钓船在此禁令之后继续开发日本东北外围近岸水域的柔鱼资源（Bower & Ichii，2005）。1996年，约有100艘日本鱿钓船在170°E以东曾经的流刺网捕捞区域中作业（Ichii，2002）。

中国大陆的鱿钓船首次对北太平洋的柔鱼进行调查是在1993年。Chen et al（2012）使用1998年到2007年8—10月中国大陆鱿钓船在索饵场（150°—165°E和38°—46°N）捕获的柔鱼CPUE计算出了每月CPUE的纬向重心（LATG），并分析了黑潮与空间分布的关系。对LATG与黑潮进行的回归建模显示，黑潮强度对柔鱼的南北运动有很大影响（$P<0.05$）。海表面温度是和LATG相关最显著的环境变量（$P<0.01$），这说明柔鱼的分布受最佳热量环境的控制。

（三）经济重要性

20世纪70年代初，随着太平洋褶柔鱼的渔获量下降，对柔鱼的需求逐渐增加。1978年，苏联禁止日本三文鱼流刺网进入其专属经济区，所以柔鱼成为一种替代三文鱼的选择（Araya，1987）。该种类可以进行加工，为日本鱿鱼市场提供各种食品，特别是炸鱿鱼、鱿鱼干、半炸和调味鱿鱼（在日本叫作“saki-ika”）。在20世纪70年代末，中型和大型鱿钓船的产值约为16亿美元（基于1978年日元—美元汇率）（Miki，2003；Ishida，2008）。最近，其在其他亚洲国家的经济重要性也在增加。冷冻柔鱼的价格现在比太平洋褶柔鱼每千克贵出2～4美元（200～400日元）。价格依捕捞量和其他种类的可捕量而变化（Sakai et al，2010；Ueno & Sakai，2010）。

（四）捕捞船组成和数量

1973年，捕捞柔鱼的日本鱿钓船规模在50～138 GRT，数量为2 006艘。这个数量在1983年下降到812艘。日本的流刺网捕捞船1981年为534艘，1990年为457艘（Yatsu et al，1994）。1980年，韩国和中国台湾的流刺网船分别有14艘和12艘，到1990年分别增加到142艘和138艘（Gong et al，1993a，1993b；Yeh & Tung，1993）。

自流刺网渔业关闭后，中国渔船的捕捞量开始逐渐增加（Hu，2003）。中国的作业船只数量在波动，Koganezaki（2002）指出有超过500艘鱿钓船在太平洋中部和西北部作业，包括日本专属经济区。

（五）捕捞季持续时间

20世纪70年代末，日本鱿钓渔业7—12月在日本东北外围作业（Akabane et al，1979）。几年后，同一区域内作业的流刺网和鱿钓船发生冲突，于是1981年日本政府开始管理渔业（Araya，1987）。流刺网渔业可以于6—12月在太平洋中部（20°—46°N、170°E—

145°W）作业。韩国流刺网渔业于夏初到秋季在日本东北外围到 160°W 作业，秋季到初冬在太平洋西北部作业（Gong et al，1993b）。中国台湾的鱿鱼渔业（主要是流刺网船）4—11 月在 150°E—145°W 作业（Yeh & Tung，1993）。

自从流刺网禁止后，日本鱿钓渔业开始于初夏到秋季在太平洋中部和日本东北沿岸外围作业（Bower & Ichii，2005）。中国大陆船只主要于 8—11 月在 40°—46°N、150°N—165°E 作业（Chen et al，2008）。

（六）渔获量和捕捞努力量

1974 年日本和中国首次对北太平洋的渔获量数据进行了采集（表 4）。1985—1990 年，日本、韩国、中国的年渔获量在 24.8 万～37.8 万 t（图 92）（Murata & Nakamura，1993）。在流刺网被禁止之后，冬—春生群成为国际鱿钓渔业的目标种，年渔获量达到 10 万～20 万 t（Koganezaki，2002；Chen & Chiu，2003；Chen et al，2007）。日本鱿钓船曾在日本东北沿岸附近到北太平洋中部作业，但捕捞努力量数据未公布。

表 4　日本、中国和韩国在北太平洋海域的柔鱼渔获量和捕捞努力量

年份	日本			韩国		中国				
	鱿钓（t）	流刺网渔获量（t）	流刺网捕捞努力量	流刺网渔获量（t）	流刺网捕捞努力量	流刺网（t）	流刺网船数（艘）	鱿钓船数（艘）	鱿钓（t）	鱿钓船数
1974	17 000					28		1		
1975	41 164					540		5		
1976	81 739					792		11		
1977	124 037					880		6		
1978	105 000	45 000	NA			2 505		14		
1979	76 000	48 000	NA			3 385		23		
1980	70 450	121 585	NA			5 732	12	27		
1981	56 803	103 163	NA			15 405	44	28		
1982	57 575	158 760	21 928 768			24 749	73	25		
1983	45 043	215 778	25 224 746	37 732	5 634 961	23 469	101	34		
1984	29 061	123 719	29 251 829	49 441	12 506 039	27 600	146			
1985	51 010	197 795	34 023 355	70 762	13 943 441	21 800	124			
1986	22 900	152 226	36 367 294	59 024	17 587 232	13 887	110			
1987	21 034	208 319	32 017 130	84 470	19 781 364	18 578	94			
1988	15 610	157 773	36 055 567	100 898	24 594 370	10 478	179			
1989	15 888	171 014	34 385 032	134 120	24 780 316	29 696	167			
1990	34 376	187 660	22 769 857	123 786	24 590 505	13 573	138			
1991	13 434	101 638	23 636 744	NA		NA				
1992	2 272	99 800	19 568 627	NA		NA			2 000	NA

（续）

年份	日本			韩国		中国				
	鱿钓（t）	流刺网渔获量（t）	流刺网捕捞努力量	流刺网渔获量（t）	流刺网捕捞努力量	流刺网（t）	流刺网船数（艘）	鱿钓船数（艘）	鱿钓（t）	鱿钓船数
1993	15 279								15 000	NA
1994	77 744								23 000	94
1995	86 270								73 000	191
1996	81 528								83 770	374
1997	83 384								102 918	340
1998	116 494								117 278	304
1999	69 168								132 836	398
2000	35 002								125 655	450
2001	30 812								81 377	426
2002	17 880								84 967	365
2003	26 400								83 770	205
2004	28 874								106 508	212
2005	16 690								99 327	227
2006	29 882									
2007	9 268									
2008	42 126									
2009	21 844									
2010	7 566									
2011	8 586									

1994 年，中国开始发展大型鱿钓渔业，年总计捕捞量 2.3 万 t，其中平均每艘船 234.6 t。1995 年，由于捕捞区域增加，捕捞量增长到 7.3 万 t。中国最大的年渔获量是 1999 年的 13.2 万 t。2000—2008 年，年渔获量在 8 万～12.4 万 t。2009 年后渔获量大幅下降，年渔获量只有 3.4 万～5.6 万 t。

中国台湾的鱿鱼捕捞船自 1977 年开始捕捞柔鱼。中国台湾的渔船起初捕捞柔鱼使用鱿钓机，但在 1980 年开始引进日本的流刺网进行捕捞。1980—1992 年的年产量在 0.5 万 t（1980 年）到 2.9 万 t（1989 年）变化。同期每年作业的船只数量在 39～183 艘。

1992 年流刺网渔业停止之后，中国台湾的鱿钓船 1993 年后又开始捕捞柔鱼。中国台湾的鱿钓船的柔鱼年产量 1993—2011 年在 23 t（2011 年）到 3.4 万 t（1998 年）变化，平均年产量约为 7 000 t（图 92）。1993—2011 年的船只数量在 1～77 艘，2007 年后西北太平洋几乎已经没有中国台湾的鱿钓船作业。

Chen（2010）发现，西北太平洋和东北太平洋的资源丰度有相反的变化趋势，这说明大尺度环境要素在影响丰度方面要比区域要素更加重要。但在西北太平洋的小尺度研究中，Tian et al（2009）指出时空要素在影响 CPUE 方面可能要比环境变量更重要。Roper et al（2010）指出北太平洋柔鱼的瞬时总生物量为 300 万～350 万 t。

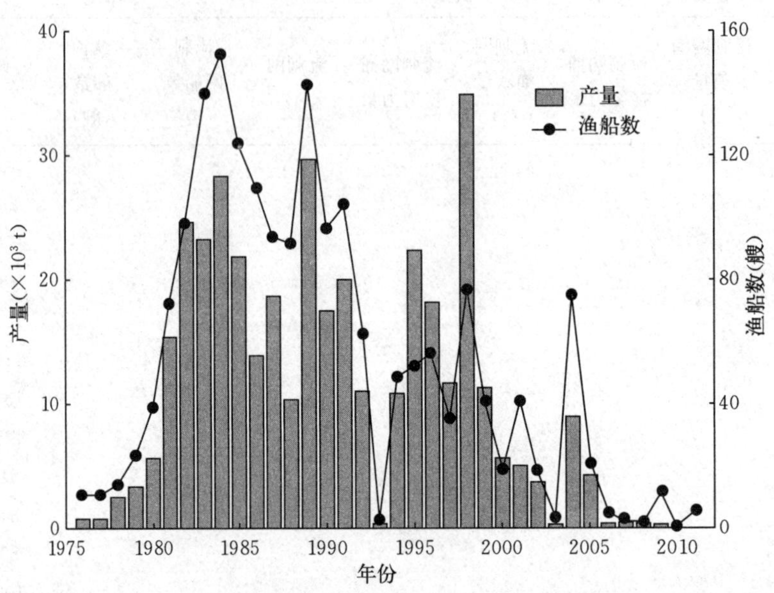

图 92　1976—2011 年中国台湾的柔鱼渔业在西北太平洋海域的年产量

（七）资源评估和管理

为了评估之前流刺网渔业对秋生群规模的影响，Ichii et al（2006）使用 3 种方法进行了资源评估：扫海面积法、DeLury 法和产量法。第 1 个方法通过将目标种在其分布区的平均密度进行扩展来估计资源规模。第 2 个方法估算出一个起始资源规模，将资源假设为封闭的（没有迁徙），且因捕捞死亡率而下降。第 3 个方法是一个简单的生物量动态模型，以捕捞和丰度数据为基础，其参数估计不假定平衡。使用 3 个方法评估的资源规模十分接近（33 万～38 万 t），且指出扫海面积评估的数据应该是最可靠的。他们还指出，流刺网渔业可能会使资源下降至其未开发规模的一半。

对于 170°E 西部水域的冬—春生群，Osako 和 Murata（1983）估计可持续捕捞量为 8 万～10 万 t。Chen et al（2008）也认可该估算值。他们将一个调整衰竭模型用于评估 2000—2005 年的鱿鱼的资源丰度。衰竭模型中使用不同的自然死亡率（M）和 3 个不同的误差假设。评估结果显示，2000—2005 年初始（捕捞季之前）种群规模在 1.99 亿～7.04 亿尾，其中 M 值在 0.03～0.10。2000—2005 年同捕捞季的逃逸率（$M=0.03$～0.10）从 15.3%（2000 年）到 69.9%（2001 年）不等，平均为 37.18%，这接近于 40% 的管理目标。2000—2005 年，中国鱿钓渔业的年渔获量在6.4 万 t（2002 年）到 10.4 万 t（2000 年）不等；同期其他国家或地区的捕捞船，如日本和中国台湾的年渔获量分别为不足 1 万 t 和 300～8 500 t（Chen et al，2008）。

目前针对北太平洋公海的柔鱼渔业尚没有具体的管辖或管理措施。北太平洋渔业委员会，作为一个区域渔业管理组织，制定了北太平洋渔业资源长期保护和可持续利用目标，准备将柔鱼也纳入其管理物种名单。

（八）保护措施和生物学参考点

除了禁止流刺网作业外，北太平洋柔鱼没有特定的保护措施。Ichii et al（2006）建议相对捕捞死亡率 F/FMSY 应为 0.8～1.2，逃逸率应为 40%（捕捞季末能存活下来的鱿鱼数量与在没有捕捞情况下存活的个体数量之比），这些结果来自 1982—1992 年收集的日本流刺网渔业数据，这些结果可以被用作秋生群的管理目标，不过流刺网渔业关闭后鱿钓渔业的这些管理目标尚未进行评估。

对于冬—春生群，Chen et al（2008）认为鱿钓渔业的捕捞死亡率处于可持续水平，但也指出 2001—2005 年逃逸率和逃逸生物量的下降说明资源可能被过度开发。

第十节　西南太平洋

西南太平洋包括澳大利亚东部、新西兰全部和一些太平洋岛国海域，包括新喀里多尼亚和瓦努阿图。宽广的西南太平洋主要是深海和一些海山，海山上有对中层鱼类资源的开发。在新西兰东南有一片宽广的隆起区域——坎贝尔深海高原，约有 200 m 深。另一个更浅的区域——豪勋爵海隆，从新西兰中部向西北延伸至塔斯曼群岛中部。本区域内开发的栖息地类型多样，并支撑起了多种类型的渔业，包括小型或手工渔业、沿海大陆架渔业和深海海山渔业。鱿鱼、墨鱼和章鱼占大部分区域捕捞量的约 10%。西南太平洋的关键鱿鱼渔业有澳洲双柔鱼和双柔鱼。澳大利亚致力于捕捞澳洲双柔鱼，新西兰则以两个种类为目标。该渔业是一个低价值、高产量的渔业，作业船只为外国渔船（主要是韩国和乌克兰），不同亚区内有拖网和鱿钓渔业。澳大利亚南部和新西兰北部的澳大利亚拟乌贼（*Sepioteuthis australis*）以及澳大利亚北部和新西兰北部的莱氏拟乌贼渔业产量较低，但价格更高，被认为是高档品。西南太平洋区域也会有少量的尾枪乌贼属（*Uroteuthis* spp.）被捕获。

一、澳大利亚拟乌贼

（一）资源辨别

澳大利亚拟乌贼有与身体一般长的菱形鳍，其颜色从橙黄色到带黑纹的白色，乃至几乎透明（Norman & Reid，2000）。该种类最大可长到胴长 550 mm，重 4 kg（Pecl，2001；Lyle et al，2012）。最近使用的多态性微卫星标记研究对南澳大利亚分布的澳大利亚拟乌贼的连通性和种群结构进行了评估。西澳大利亚和塔斯马尼亚采集的样本之间只发现有很小的基因差异，说明是一个随机交配种群（Smith et al，出版中）。目前没有什么遗传证据可以证明新西兰 *Sepioteuthis bilineatus* 是不同于澳大利亚拟乌贼的新物种（Triantafillos & Adams，2001）。

大部分月份里都可以收集到性成熟的澳大利亚拟乌贼（Moltschaniwskyj et al，2003）。根据耳石年龄结合孵化期，可以推断产卵全年进行（Pecl & Moltschaniwskyj，2006）。不同世代的澳大利亚拟乌贼重叠在一起，目前还没有产卵前后的种群结构信息（Moltschaniwskyj & Pecl，2003）。不过，塔斯马尼亚东部沿岸的一片区域和大牡蛎湾，其澳大利亚拟乌贼产量分别占塔斯马尼亚东部和东南沿岸的 55%和 84%，这也是唯一有自然补充迹象的区域（Pecl et al，2011）。

（二）分布和生命周期

澳大利亚拟乌贼为南澳大利亚和新西兰北部水域所特有。这片区域从丹皮尔、西澳大利亚，沿着南部海岸延伸至莫顿湾、昆士兰，包括塔斯马尼亚（Norman & Reid，2000）。这种近岸种类通常栖息于深度小于 70 m 的沿岸水域和海湾内。南澳大利亚圣文森特海湾中的种群结构和丰度具有很强的季节性特征，产卵群体会在海湾内在春季从东南角逆时针迁徙，到冬季到达西边界（Triantafillos，2001）。这种迁徙与季节风影响水体透明度有关，因为水体透明度对它们高度视觉化的繁殖行为很重要（Jantzen & Havenhand，2003）。澳大利亚拟乌贼种群空间上是隔离的，幼体和未成年个体主要在近海水域，而繁殖的成熟个体则在近岸水域。

澳大利亚拟乌贼生命周期相对简单。成体通常会在浅海水草内形成离散的产卵聚群，求偶、交配和产卵都在这里进行（Jantzen & Havenhand，2003）。求偶的行为复杂，雌性会和不止一只雄性配对，之后将受精卵附着在海草、海藻架或较低的海礁上（Van Camp et al，2003）。指状的卵条上有多至 10 个卵，每个卵条都附着在同一个点上（如海草架），形成多达 200 颗卵的卵块（Moltschaniwskyj & Pecl，2003）。卵块可以来源于不止 1 只雌性，导致离散的卵块之间有较高的基因多样性（van Camp et al，2004）。幼体在卵块中直接进行胚胎发育，并在 6～8 周后孵化（Steer et al，2002）。一旦孵化，幼体就能在结构上和功能上适应近海生活，近海迁徙和觅食，并在长大后返回近岸繁殖（Steer et al，2007）。对产卵场内成熟个体进行的声学追踪显示，雌性和雄性移动并离开产卵场至少需要 2 个月时间，这段时间很可能会间歇性产卵（Pecl et al，2006）。虽然产卵全年进行，但高峰通常在春季到夏初（Moltschaniwskyj & Steer，2004）。澳大利亚拟乌贼的寿命短（短于 12 个月），所以物种丰度和补充有很强的年际震荡（Pecl，2001；Moltschaniwskyj et al，2003）。该种类的生长率快，个体体重每天最多可以增长 8%，且生长是非渐进的，不同性别的生长率不同，雄性通常生长更快且能长至更大（Pecl，2004；Pecl et al，2004a）。雌性最快 117 d 可以性成熟，此时体重约 0.12 kg，胴长147 mm；而雄性最早 92 d，体重 0.06 kg，胴长 104 mm（Pecl，2001）。

（三）捕捞区域

澳大利亚拟乌贼对澳大利亚所有南部各州的多种渔业都有所贡献，特别是南澳大利亚和塔斯马尼亚（Lyle et al，2012）。澳大利亚拟乌贼于沿岸浅湾内被捕捞，产量最高峰在春节和夏季，形成大型聚群的产卵高峰（Moltschaniwskyj et al，2003）。捕捞方法主要有手工鱿钓和拉网，捕捞没有性别选择（Hibberd & Pecl，2007；Lyle et al，2012）。在南澳大利亚和新南威尔士拖网分别以虾类和底栖鱼类为目标，偶尔也捕捞澳大利亚拟乌贼并将其作为副产品销售（Lyle et al，2012）。

（四）经济重要性

澳大利亚拟乌贼目前在当地和国内市场上销售，国际出口的利润很低（ABARES，2011）。与其他头足类产品相比，澳大利亚拟乌贼通常可以获得较高的批发价。例如，1979—1999 年的批发价为 3～7 美元/kg；而现在的价格高达 12 美元/kg，这被认为是当地的捕捞努力量增加所致（Green et al，2012）。在澳大利亚，澳大利亚拟乌贼不被认为有经济重要性，虽然它对以其为目标的个体渔民来说十分重要。在澳大利亚南部很多地区，澳大利亚拟乌贼也是一项重要的休闲渔业。

（五）捕捞船组成和数量

2010年的商业捕捞报告显示，南澳大利亚有240艘船，新南威尔士有92艘，塔斯马尼亚有52艘，维多利亚有54艘，联邦有27艘（Lyle et al，2012）。在南澳大利亚和塔斯马尼亚，大部分都是小型船只，长度小于6 m，主要使用手工鱿钓。在新南威尔士，鱼类和虾类的拖网捕捞了大部分的澳大利亚拟乌贼。在维多利亚，拖网是捕捞澳大利亚拟乌贼的主要方式，而联邦拖网船在南部、东部有鳞鱼和鲨鱼渔业（SESSF）的作业过程中偶尔会捕捞澳大利亚拟乌贼作为兼捕渔获。

（六）渔获量和捕捞努力量

2010年，澳大利亚的总商业渔获量为530 t，其中约有65%（348 t）来自南澳大利亚。剩下的来自维多利亚（72 t）、塔斯马尼亚（54 t）、新南威尔士（48 t）以及联邦（8 t）（Lyle et al，2012）。所有渔获中，休闲娱乐性的渔获量不少。在塔斯马尼亚，2007—2008年的休闲娱乐的渔获量占总渔获量的30%（44.6 t）。1990—2008年的商业捕捞报告显示，维多利亚和塔斯马尼亚的渔获率相对稳定（每年50～100 t），而新南威尔士的渔获率则在下降（图93）。

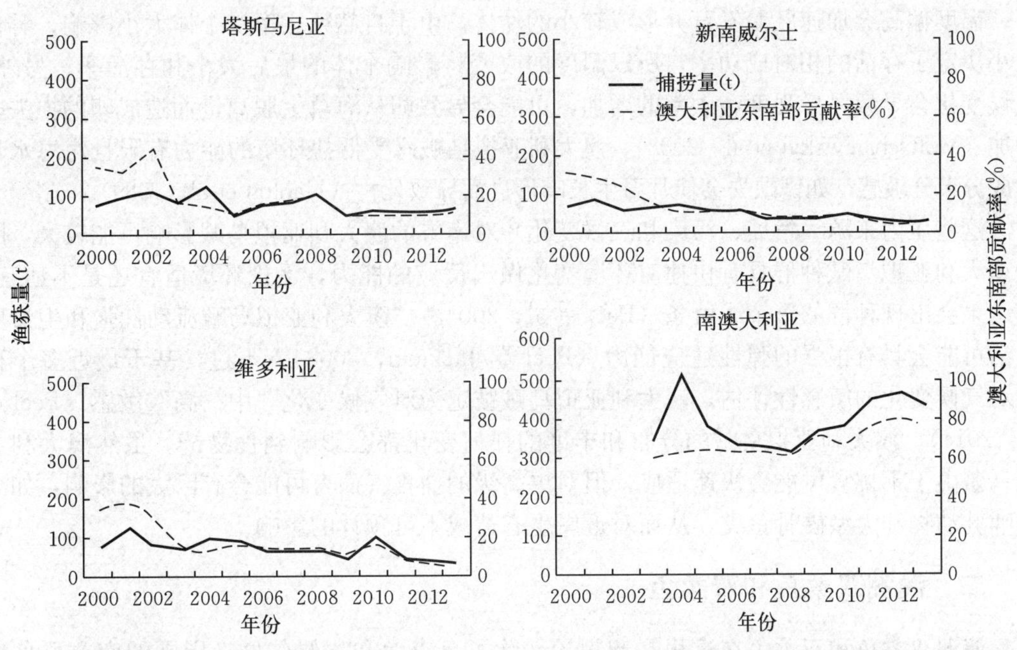

图93　澳大利亚拟乌贼总商业渔获量以及在南澳大利亚、维多利亚、新南威尔士和塔斯马尼亚地区渔获量中澳大利亚拟乌贼的贡献率

（七）资源评估和管理

由于缺少正式的资源评估，所以没有充足的信息对所有澳大利亚辖区的种群进行准确归类。因此，澳大利亚拟乌贼在很多州被列为“未定义”资源，一些辖区依靠表现指标和限制参考点来描述资源的相对状况（Lyle et al，2012）。

在塔斯马尼亚和南澳大利亚，资源评估采用基于商业捕捞、捕捞努力量和渔获率趋势的表现指标进行评估。将这些辖区的指标与限制参考点进行比较可以发现，澳大利亚拟乌贼目前的捕捞强度在可持续限制之内（Lyle et al，2012）。在新南威尔士和维多利亚，除了产量报告（包括捕捞努力量和渔获率）还没有正式的表现指标被采纳。在维多利亚，商业的捕捞努力量在下降，渔获量和渔获率在上升。在联邦地区，澳大利亚拟乌贼被当作兼捕渔获，资源结构、生物量以及捕捞压力方面的信息甚少（Lyle et al，2012）。

在塔斯马尼亚，在产卵高峰的春季和夏季，策略性地在空间和时间上关闭渔业，以保证资源的可持续性（Moltschaniwskyj et al，2002）。其他州在空间和时间上实行设备限制。不过，这些都是通用措施，不只针对澳大利亚拟乌贼。在南澳大利亚，虾拖网捕获的未成年个体数量成为预报澳大利亚拟乌贼补充强度的方法（Steeret al，2007）。不过，其他州则没有种群规模和再生产潜力的早期指标。

（八）保护措施

澳大利亚拟乌贼倾向于在海草（*Amphibolis tasmanica*）上产卵，所以 *A. tasmanica* 的分布和丰度变化会影响澳大利亚拟乌贼的产卵和产卵行为的空间模态（Moltschaniwskyj & Steer，2004）。目前对海草栖息地和近岸群落有潜在影响的环境压力为沿岸发展、海洋污染、海洋暖化、气候变化等（Hobday & Lough，2011）。

温度偏高会加速胚胎发育并形成较小的幼体。由于自然死亡率受个体大小影响，孵化大小决定了存活的相对成功率，所以温度的改变将影响个体的最后大小和存活率。另外，气候变化会导致风暴强度和频率的增加，可能会导致卵从海草上脱离进而造成卵的损失率增加（Moltschaniwskyj et al，2002）。澳大利亚拟乌贼忍受低盐环境的能力有限且对海水化学成分十分敏感，如锶缺失会使耳石生长畸形进而导致死亡（Hanlon et al，1989）。

这些压力来源（发展、污染和气候变化）对南方的澳大利亚拟乌贼影响可能较大，因为澳大利亚拟乌贼种群具有快速对环境变化做出反应的能力，无论环境适宜还是不适宜，其结果会出现种群的繁荣或萧条（Pecl et al，2004a）。澳大利亚拟乌贼流动性强和生命史灵活可能会具有很强的弹性适应能力（Pecl & Jackson，2008）。不过，基于最近多个种群对气候变化的敏感性评估，澳大利亚拟乌贼被定为对气候变化“中—高”敏感（Pecl et al，2014）。澳大利亚拟乌贼的分布和丰度的任何变化都会影响到食物链。虽然澳大利亚拟乌贼由于不挑食可能会快速适应，但对更高级的捕食者而言可能会有巨大的影响，如海洋哺乳动物和大型硬骨鱼类，从而对近岸生态造成不可预计的影响。

二、澳洲双柔鱼和双柔鱼

澳洲双柔鱼和双柔鱼在这里一起讨论，除了奥克兰和坎佩尔群岛周围的南方群岛渔业，这两种鱿鱼在总 TAC 下作为单一渔业管理。

（一）资源辨别

澳洲双柔鱼是澳大利亚外围和新西兰中北部沿岸外围 27°S 附近的常见柔鱼（Dunning & Forch，1998）。在南澳大利亚周围 6 个区域（700～4 300 km）收集的样本显示澳洲双柔鱼是单一种，有少数迹象表明种群间随机交配（Triantafillos et al，2004）。不过，小规模资源结构明显；位于新南威尔士（NSW）北岸的个体与塔斯马尼亚和 NSW 南部的个体之间有显著的同位基因差异（Jackson et al，2003）。通过对比维多利亚和大澳大利亚湾的鱿鱼个体耳石发现，资源内有显著的表型异质性；而耳石元素组成分析显示，两个区域的鱿鱼会在澳大利亚整个分布范围内孵化（Green，2011）。

基于 glycerol-3-phos-phate 脱氢酶电泳、交接腕形态和寄生虫感染率分析，新西兰外围发现了两种双柔鱼属，即澳洲双柔鱼和双柔鱼（Smith et al，1981；Smith et al，1987）。两个种类混栖在南方岛屿西岸外围和北方岛屿东岸外围水域；不过，澳洲双柔鱼主要占据北方岛屿西岸，双柔鱼主要占据新西兰南方岛屿东岸和南岸（Uozumi，1998）。

（二）分布与生命周期

澳洲双柔鱼通常栖息在大陆架和陆坡（50～200 m）、深度<500 m、温度在 11～25 ℃的海域，不过夏季也会栖息于河口（Winstanley et al，1983，Dunning & Forch，1998，Uozumi，1998）。

在澳大利亚和新西兰，澳洲双柔鱼可以生存 12 个月；雌性胴长最长可达 393 mm，体重最高 1 655 g，估计寿命 360 d；而雄性较小，胴长最大约 366 mm，体重 1 057 g，最长寿命约 325 d（Uozumi，1998；Jackson et al，2003；Jackson et al，2005）。在较冷的月份，雌性澳洲双柔鱼相比温暖月份所捕捞的个体生长缓慢，性腺发育更迟缓（McGrath Steer & Jackson，2004）。1979—1980 年记录的雄性澳洲双柔鱼约 220 mm 性成熟，而雌性约 300 mm 性成熟（O'Sullivan & Cullen，1983）。另外，1999—2000 年塔斯马尼亚记录的雌性澳洲双柔鱼约 328 mm 性成熟（Willcox et al，2001）。卵被释放在一个直径约 1 m的脆弱胶球内并在温跃层沿着洋流漂移（O'Shea et al，2004；Boyle & Rodhouse，2005）。澳洲双柔鱼全年多次产卵，卵释放在小型附着物上，繁殖力尚未知（Uozumi，1998；McGrath & Jackson，2002；Jackson et al，2003；Jackson et al，2005）。

在新西兰，澳洲双柔鱼和双柔鱼在 1 月和 12 月孵化。两个种类的生长速度存在性别差异，年龄 300 d 的澳洲双柔鱼和双柔鱼的雄性胴长分别为 41 mm、42 mm，且雌性生长快于雄性（Uozumi，1998）。性成熟过程也类似，不过，澳洲双柔鱼早成熟一个月（Anon，2013）。在 50～60 d 时，幼体分布于陆架和浅水区（Uozumi，1998）。澳洲双柔鱼和双柔鱼年轻个体的地理分布在三个不同年龄段都没有显著区别，这说明这两个种类的鱿鱼个体不会进行大范围的迁徙。不过，澳洲双柔鱼可能会向北迁移并达到性成熟（Uozumi，1998）。新西兰的这两个种类被认为会向浅水迁移进行产卵。北方的澳洲双柔鱼是单一资源，大量澳洲双柔鱼个体形成了一个便于管理的资源，虽然这些资源的结构细节尚未完全弄清（Anon，2013）。

澳大利亚水域的澳洲双柔鱼生长有空间变化，水温被认为与生长率有关系（Jackson et al，2003）。夏、秋季孵化的个体生长更快，可能是因为此时的初级生产力更大（Jackson et al，2003）。商业捕捞数据显示存在复杂的种群结构。在维多利亚沿岸外围，一年内发现了多达 4 个澳洲双柔鱼繁殖群体；不过，这有可能是 4 次取样造成的，而不是分别产卵的群体（Jackson et al，2005）。

雌性澳洲双柔鱼夏季向塔斯马尼亚迁徙，但尚未观测到大规模范围的与再生产有关的向岸/离岸迁徙，因为性成熟的雌、雄个体可以在南澳大利亚所有区域发现（Willcox et al，2001；Jackson et al，2003；Jackson et al，2005）。新西兰的澳洲双柔鱼同样没有向岸/离岸迁徙；虽然，较年长的个体会在离岸区被发现（Uozumi，1998）。在巴斯海峡（维多利亚和塔斯马尼亚之间），澳洲双柔鱼 57 d 后会在 100 km 范围内移动，在东塔斯马尼亚南部会有进入和离开海湾的迁移（Dunning & Forch，1998；Stark et al，2005）。鱿钓捕捞的数据分析显示，聚集在底部或近底部的鱿鱼个体会向较浅的水域迁移以应对食物分层，同一区域的回声测试也支持这一观点（Evans，1986；Nowara and Walker，1998）。不过，澳洲双柔鱼是否进行更大范围的向岸/离岸迁徙尚未知。

（三）捕捞区域

虽然澳洲双柔鱼广泛分布于澳大利亚南部沿岸，但捕捞一般是在新南威尔士、维多利亚、塔斯马尼亚和南澳大利亚等区域开展，且集中在便于进入码头捕捞区域的附近（Dunning & Forch，1998）。近岸捕捞中，鱿钓捕捞量较大，有较高的雄雌比，且有较多的近岸产卵的成熟雌性个体（Green，2011）。澳大利亚水域捕捞的澳洲双柔鱼的生物学差异说明，近岸鱿钓渔业所捕捞的产卵个体比例要高于近海拖网渔业（Green，2011）。在新西兰，双柔鱼属由拖网和鱿钓捕捞；不同的作业方法和捕捞区域是否存在不同的种群比例尚不清楚。

（四）经济重要性

在澳大利亚，澳洲双柔鱼主要在国内鱼类市场销售，批发价为 1.3～1.7 澳元/kg（1991—1993 年）。2007—2008 年的价格较低，维持在 1.3 澳元/kg 左右。2008 年，南方鱿钓渔业（SSJF）的年产量仅为 106 t，其中 87%的渔获来自波特兰（维多利亚）附近；渔获总价值下降了 78%，仅为 23.6 万澳元，这被认为是捕捞努力量较低造成的。相比油价上涨，鱿鱼的价格却很低，很多渔民发现鱿鱼捕捞很不划算。2011—2012 年，鱿钓渔业的捕捞量增加，价值 160 万澳元（Woodhams et al，2012）。受澳大利亚码头和市场价格的影响，其经济重要性正在下降（McKinna et al，2011）。

在新西兰，澳洲双柔鱼和双柔鱼是价值低、产量高的渔业，新西兰的公司管理的外国船只以此为目标种。2008 年有价值 7 100 万新西兰元的渔获出口至中国、希腊、韩国、美国、西班牙和意大利。在新西兰，鱿鱼可以在超市的冷冻区购买到。

（五）捕捞船的历史、组成和数量

1. 澳大利亚

1969—1970 年，日本 Gollin Gyokuyo 渔业公司对塔斯马尼亚周边的澳大利亚未开发的渔业进行了可行性研究（Willcox et al，2001）。随着澳大利亚渔民的投入增加，1972—1973 年澳大利亚澳洲双柔鱼的主要渔获来自德温特河口（塔斯马尼亚），当时整个夏季有 30 艘船在两个月内捕捞了 154 t 渔获（Wolf，1973）。察觉到了该渔业的潜力，日本海洋渔业资源研究中心创立了一个合资企业，旨在开发新资源；促进鱿鱼渔业的健康发展并稳定提供渔业产品；促进日本和澳大利亚共同获利（Machida，1979）。在南澳大利亚、维多利亚和塔斯马尼亚外围，第一年 19 艘船捕捞了 3 387 t；第二年 64 艘船捕捞了 7 914 t（Wilson et al，2009）。其他与澳大利亚合资的企业，包括韩国和日本的企业，在 1983—1988 年也开始开展鱿钓捕捞，每年渔获量在 13～2 300 t（Wilson et al，2009）。

虽然澳洲双柔鱼广泛分布于东澳大利亚南部沿岸，但捕捞主要是在方便进入捕捞区域的码头附近（Dunning & Forch，1998）。1987 年，巴斯海峡只有一艘渔船作业。1988 年的捕捞努力量开始增加且在波动，捕捞船只从 7 艘到 17 艘，渔获量从不超过 400 t 到 1995 年的 1 260 t。1997—2009 年，作业船只的数量和鱿钓捕捞努力量在下降（Wilson et al，2009）。1997—2007 年，渔获量有 7 次超过 1 000 t 的波动。2008 年和 2009 年，鱿钓分别捕捞了 179 t（883 h）和 308 t（1 229 h）鱿鱼；而拖网的捕捞量分别比鱿钓多出 3.5 倍和 1.8 倍。2008 年和 2009 年，分别只有 7%和 3%的澳洲双柔鱼渔获来自澳大利亚拖网部门（GABTS）（Wilson et al，2010）。

在澳大利亚，澳洲双柔鱼由鱿钓和拖网捕捞上岸。它在 SSJF 是目标种，而在SESSF 的联邦拖网和大澳大利亚湾拖网渔业中只是兼捕渔获（图 94）。

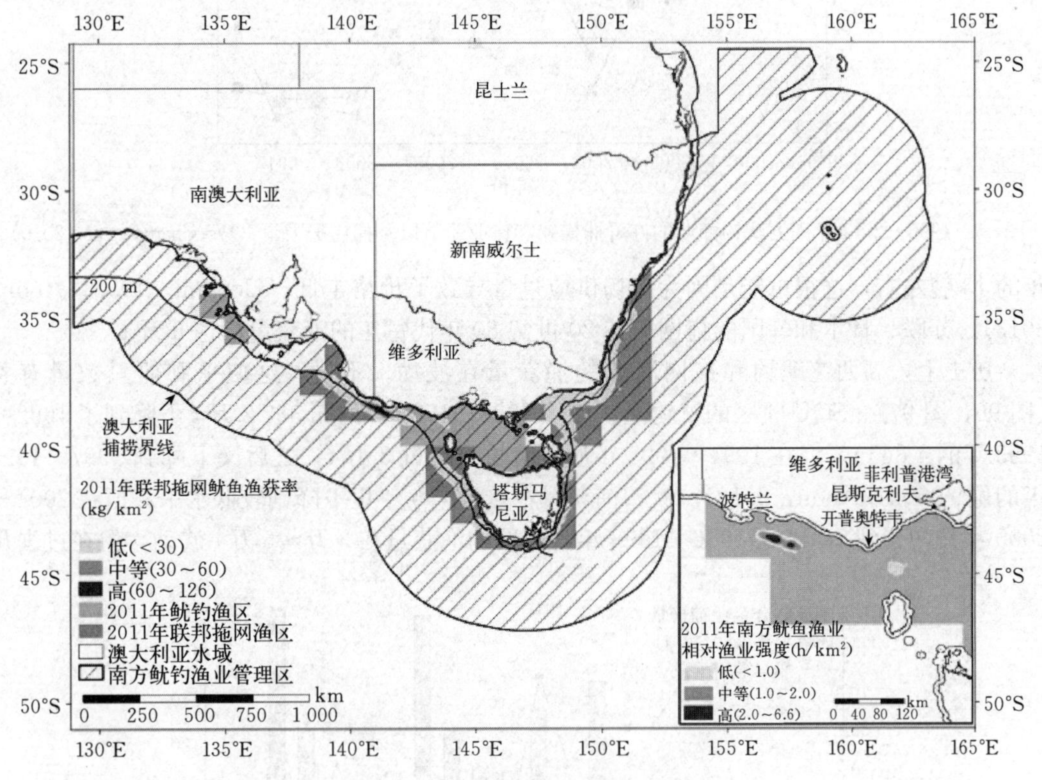

图 94　联邦拖网鱿鱼渔获率分布

其中南方鱿钓渔业（SSJF）表示 2011 年相对渔业强度（kg/km²）（Woodhams et al，2012）

在 SSJF，有相对较大的潜在捕捞努力量。2011—2012 年，有 56 艘许可捕捞船只和 13 艘作业船只（图 95）。鱿钓作业 3 800 h 捕获了 650 t。在联邦拖网部门（CTS）和 GABTS，捕捞量分别有 735 t 和 14 t（Woodhams et al，2012）。

2. 新西兰

针对双柔鱼属的渔业发展始于 20 世纪 60 年代末，当时太平洋褶柔鱼的渔获量较低，促使神奈川的渔民尝试在新西兰水域进行鱿钓捕捞（Kato & Mitani，2001）。虽然新西兰的鱿钓渔业始于 20 世纪 70 年代末，但它在 20 世纪 80 年代初出现高潮，有 200 艘鱿钓船在 EEZ 捕捞（Anon，2013）。鱿钓渔业在与日本、韩国和中国的联合企业下发展，渔获量有 6 万 t。在 20 世纪 80 年代末，鱿钓捕捞船的数量从 1983 年的超过 200 艘降到 1994

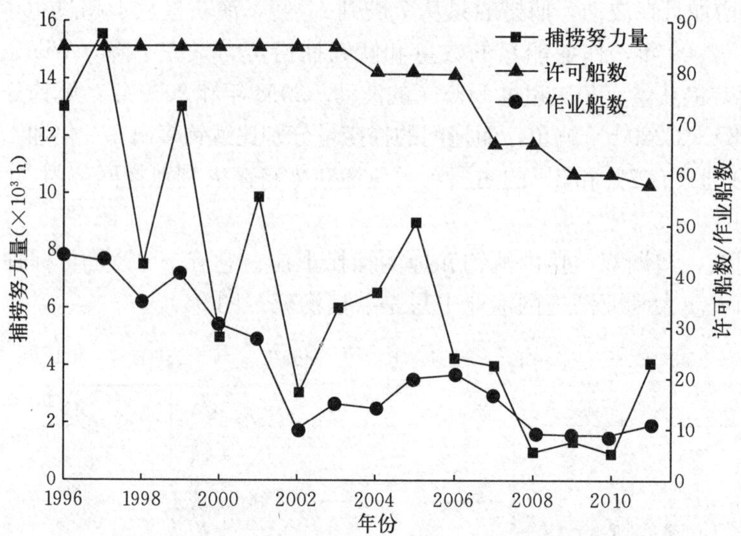

图 95　1996—2011 年南方鱿钓渔业的许可捕捞船和作业船数以及捕捞努力量（Woodhams et al，2010）

年的 15 艘左右，这很可能是因为市场供应过量导致了价格走低（Uozumi，1998；Anon，2013）。苏联、日本和韩国的拖网船在 20 世纪 80 年代每年的渔获量高达 6 万 t。

历史上，新西兰鱿钓和拖网渔业的渔获量在波动。不过，这似乎和船只数量有关(图 96，图 97)。SQU1J 区的鱿钓渔获量从 1988—1989 年的 5.387 2 万 t 下降到了 1992—1993 年的 4 865 t，但在 1994—1995 年显著增长到超过 3 万 t，之后又下降到 1997—1998 年的逾 9 000 t（Anon，2013）。鱿钓渔获量在接下来 5 年里下降到较低水平，但在 2004—2005 年又增长到 8 981 t。1986—1998 年，拖网的渔获量在 3 万～6 万 t 波动，但在过去几

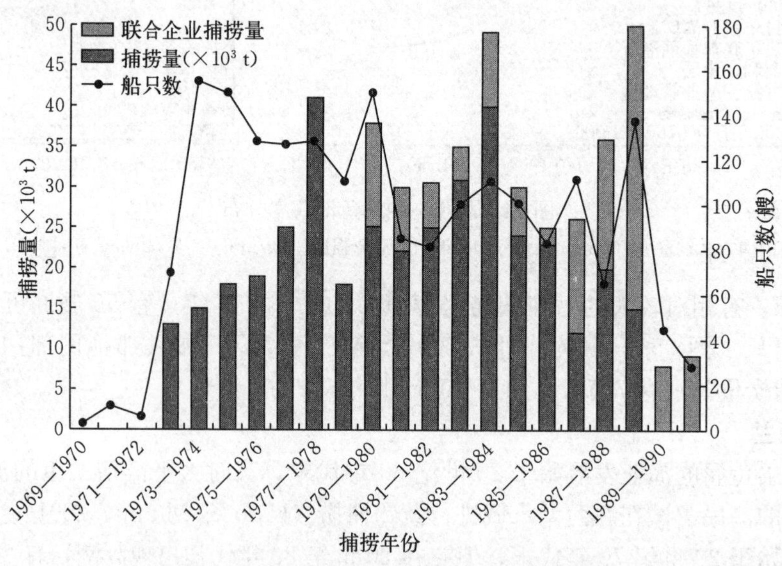

图 96　新西兰水域的日本鱿钓捕捞量和船只数

(Uozumi，1998)

年里由于受到保护胡克海海狮政策限制 SOU6T 区捕捞的影响，渔获量下降到非常低的水平（Anon，2013）。

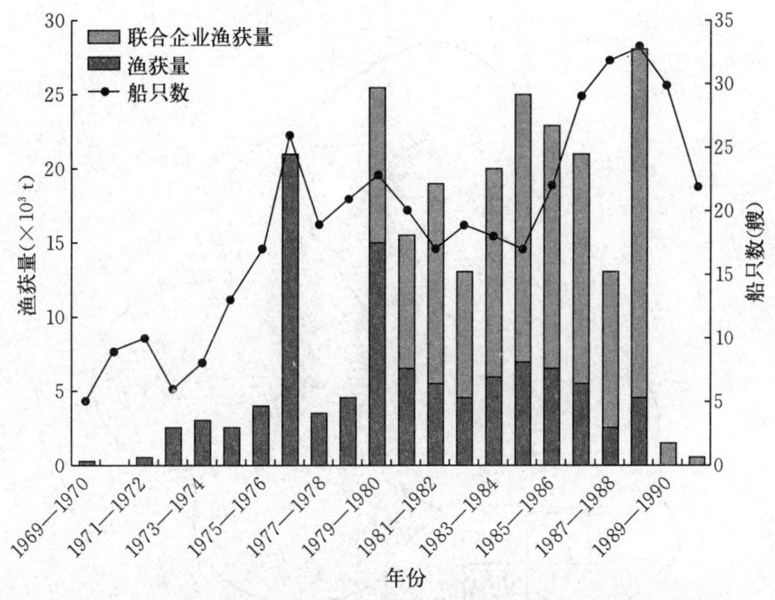

图 97　新西兰水域的日本拖网渔获量和船只数

（Uozumi，1998）

在新西兰，有三个商业性的鱿鱼捕捞渔业：两个覆盖大部分 EEZ 和亚南极奥克兰群岛附近区域的拖网渔业和一个覆盖大部分 EEZ 但主要在大岛屿附近的鱿钓渔业（www. newzealand. govt. nz）。这些渔业可分为四个捕捞区：SQU10T、SQU1J、SQU1T 和 SQU6T（图 98）。两个种类的双柔鱼主要被新西兰的公司管理的韩国和乌拉圭外籍船只视为目标种（www. newzealand. govt. nz）。

（六）捕捞期持续时间

在澳大利亚，在 SSJF 作业的渔民大部分捕捞努力量都集中于巴斯海峡和维多利亚西部波特兰附近深度在 60～120 m 的水域（Larcombe & Begg，2008）。渔民通常喜欢使用自动鱿钓机在 1—6 月的新月夜晚捕捞澳洲双柔鱼。船只使用 12 个带有两个线轴的机器；每个机器有 25 个可以垂直升降的钓具。通常沿着船只布置有高能灯，这样可以将光直接打入海表并在船只底部形成阴影。

新西兰 SQU1T 区的渔获量和捕捞努力量数据显示，捕捞期在 12 月到翌年 5 月，峰值在 1—4 月（Anon，2013）。

（七）渔获量和捕捞努力量

澳大利亚从 1988 年开始，捕捞努力量增加，捕捞船只在 7～17 艘波动，渔获量从 1995 年的不到 400 t 增长到 1 260 t（Wilson et al，2009）。1997—2009 年，作业船只数量和鱿钓捕捞努力量在下降。1997—2007 年，捕捞量有 7 次超过 1 000 t 的波动。2011 年，鱿钓总渔获量从 2010 年的 62 t 显著增加到 650 t；CTS 的渔获量从 483 t 增长到 735 t（图 99）。鱿钓和拖网的渔获主要是澳洲双柔鱼。不过，其他捕获的柔鱼类有南极褶柔鱼

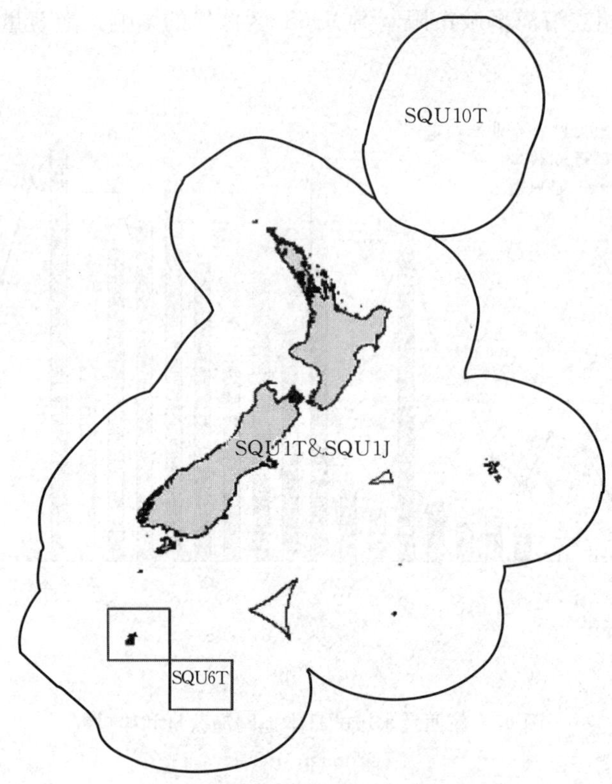

图 98　新西兰鱿鱼渔业捕捞区
（Anon，2013）

（*T. filippovae*）和柔鱼（Larcombe & Begg，2008）。SSJF 的兼捕渔获很少，但是杖蛇鲭（*Thyrsites atun*）和锯峰齿鲨（*Prionace glauca*）会攻击钓具。

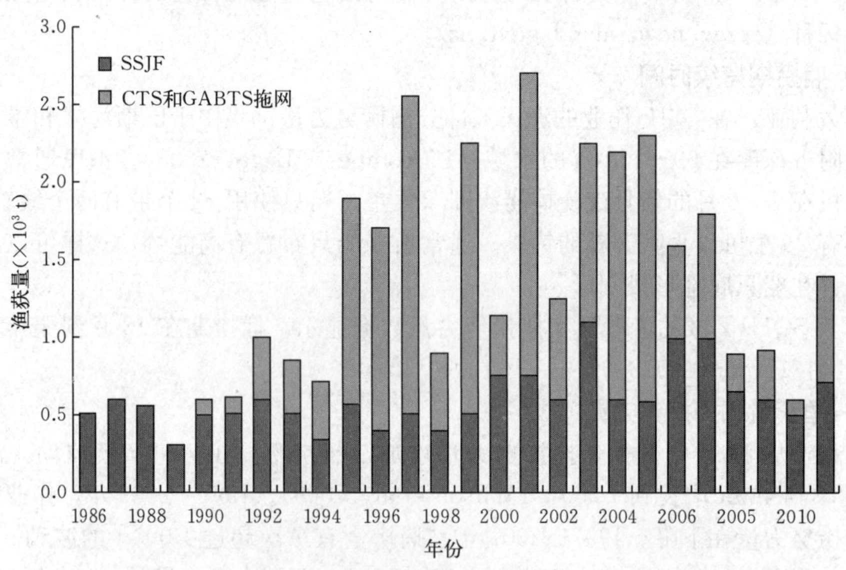

图 99　澳大利亚南部海域鱿钓渔业中澳洲双柔鱼的渔获量
数据来自 CTS 和 GABTS（Woodhams et al，2012）

2012 年，新西兰约有 3.5 万 t 渔获上岸；不过这个水平远低于 12.733 2 万 t 的综合配额。拖网渔业占了 94.8%的渔获量。和澳大利亚一样，渔获量随时间变化（图 100）。来自 SQU 1T 区的渔获量和捕捞努力量数据显示，捕捞作业时间在 12 月到翌年 5 月，高峰在 1—4 月（Anon，2013）。

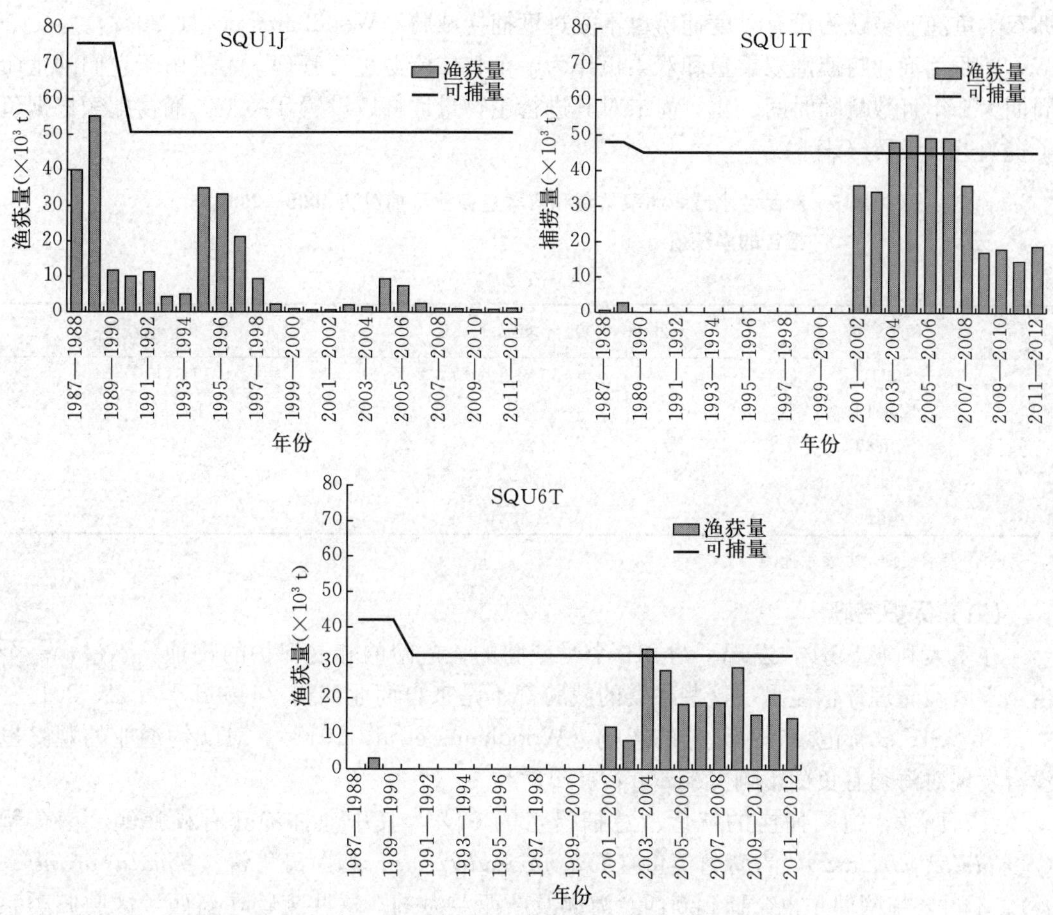

图 100　澳洲双柔鱼在三个渔区的商业渔获量和商业可捕量

（八）资源评估和管理

在澳大利亚，没有足够的信息来评估每年的生物量并确定当年的 TAC。因此，澳洲双柔鱼资源使用每年确定一个总的允许捕捞努力量以及一个在捕捞季监管鱿钓和拖网捕捞努力量的策略来进行管理（Dowling et al，2007；Dowling et al，2008；Smith et al，2008）。2011 年，SESSF 有 560 台标准鱿钓机被许可在 SSJF 捕捞澳洲双柔鱼，CTS 和 GABTS 使得鱿鱼可以作为兼捕渔获。捕捞策略使用渔获量、捕捞努力量、CPUE 触发限制。当达到触发限制时，就会发送信号给澳大利亚管理委员会（AFMA）进行评估和综合审定（Larcombe & Begg，2008；Wilson et al，2010）。鱿钓和拖网有独立的渔获量、捕捞努力量、CPUE 触发限制以及两个渔业同步积累的触发限制（Wilson et al，2009）。一个 4 000 t 的触发限制被应用于鱿钓捕捞，这个数值是由 1977—1988 年日本、中国和韩国联合企业的历史最高年捕捞量（8 000 t）的一半计算出来的（Sahlqvist，2007）。综合触发限制是 6 000 t（2013 年）。如果达到触发限制，那么捕捞策略中的一系列决策规则将被用于渔业管理。除了 2001 年利用鱿钓数据评估 SSJF 的生物学影响和进行衰竭分析，目前尚不能计算年生物量以确定每年的 TAC（Furlani et al，2007；Triantafillos，2008）。用这种方法来评估和管理澳洲双柔鱼渔业主要是因为触发限制并未达到以及财政限制。澳洲双柔鱼渔业被认为没有过度捕捞也不受过度捕捞威胁（Woodhams et al，2012）。

新西兰渔业将澳洲双柔鱼和双柔鱼作为一个整体资源进行管理。不过由于它们的生命周期为 1 年且数量随时间变化，尚未对其进行生物量评估以设置 TACC。捕捞配额根据鱼类资源进行设置（表 5）。

表 5　新西兰水域澳洲双柔鱼和双柔鱼商业可捕量和 2008—2009 年报告的渔获量

（Anon，2013）

鱼类资源	2008—2009 年实际 TACC（t）	2008—2009 年渔获量（t）
SQU1J	50 212	1 811
SQU1T	44 741	18 969
SQU6T	32 369	14 427
SQU10T	10	0
合计	127 332	35 207

注：J 表示鱿钓，T 表示拖网。

（九）保护措施

在澳大利亚 SSJF，发现了约 216 个受威胁的、危险的和受保护的物种。不过，一个生物学风险管理评估显示，这些种类的威胁都不是来自商业捕捞（Hobday et al，2011）。2011 年 SSJF 没有记录到对海豹的影响（Woodhams et al，2012）。对鱿钓渔业的观察也没有发现对海豹有负面影响（Arnould et al，2003）。

在新西兰，拖网捕捞的鱿鱼占总捕捞量的 67%，其中兼捕渔获有杖蛇鲭、南美鲳（*Seriolella punctata*）、青背竹筴鱼（*Trachurus declivis*）和白斑角鲨（*Squalus acanthias*）。不过，拖网偶尔也会捕到新西兰海狮及新西兰海豹，这些生物在新西兰威胁归类系统中分别被归为关键种和未受威胁种（Baker et al，2010；Abraham，2011）。2000—2001 年后海狮逃逸设备被应用到鱿鱼拖网作业中。2011—2012 年，观察记录有 109 只海鸟被拖网意外捕捉（Anon，2013）。在引入彩色线、鸟挡板和弯曲的导向板之后，鸟类的误捕率已经相对较低。

第十一节　东北太平洋

东北太平洋（FAO 67 区）是鱿鱼捕捞区域中相对不太重要的一个。根据 FAO 的数据，来自 FAO 67 区的鱿鱼年上岸量在 1987 年达到约 5.56 万 t 的峰值；1982—1992 年由日本记录的本区的实际上岸量只有几千吨（FAO，2011）。2007 年日本放弃本地区的鱿鱼渔业后，只有美国有此区的数据报告，最高上岸量出现在 1999 年（刚超过 3 000 t），某些年份里则只有几百吨。

FAO 67 区的海岸线从北加利福尼亚经过俄勒冈和华盛顿延伸到加拿大和美国阿拉斯加，穿过白令海至俄罗斯远东。这里有多种鱿鱼。在此区北部，主要的鱿鱼种类是贝乌贼。2004 年后，茎柔鱼入侵俄勒冈和华盛顿水域，并延伸到了加拿大水域。俄勒冈鱼类和野生动物部颁布的管理法令规定了可以进行商业捕捞的鱿鱼渔业，包括但不限于：乳光枪乌贼（*Doryteuthis opalescens*）、茎柔鱼、贝乌贼、北方拟黵乌贼（*Gonatopsis borealis*）、桑椹乌贼（*Moroteuthis robusta*）和日本爪乌贼（*Onychoteuthis borealijaponicus*）。FAO 67 区的渔获量数据涉及 3 种鱿鱼，即柔鱼、乳光枪乌贼和桑椹乌贼。不过，根据 FAO 记录，本区只有不到 2%的上岸鱿鱼是按种识别的，剩下的都被归入“鱿鱼类”（FAO，2010）。

上面所提到的种类中，乳光枪乌贼分布于阿拉斯加到英属哥伦比亚的太平洋沿岸，很可能有最长的渔业开发史（Jereb & Roper，2010）。从 19 世纪 60 年代开始该种在加利福尼亚被捕捞。乳光枪乌贼渔业在 20 世纪 80 年代末全球对鱿鱼需求大增导致捕捞努力量和上岸量增长之前的重要性一直不大（Vojkovich，1998）。

乳光枪乌贼基本上是东北太平洋系统的温带种类；它在加利福尼亚和英属哥伦比亚的出现与起源于北部的加利福尼亚寒流相关，实际丰度会在厄尔尼诺年份里大幅下降（Zeidberg et al，2006）。该种类的很多信息来自太平洋中东部，加利福尼亚也存在该渔业，这也符合一般预期。在 FAO 数据中，该种类在美国的上岸只列在 FAO 77 区，这里的上岸量在 2000 年约为 11.8 万 t（FAO，2011）。

贝乌贼在西北太平洋较为有名。Katugin et al（2013）对比了本区该种类的已知信息，指出种群彼此之间存在基因差异。俄罗斯船只在白令海西部捕捞该种，超出了 FAO 67 区的西边界。不过，FAO 67 区也有一些渔获量。在阿拉斯加，它是大量狭鳕捕捞船队的兼捕渔获。Connoly et al（2011）指出对该种类的首次捕捞许可由阿拉斯加 2011 年批准。

乳光枪乌贼

（一）资源辨别

该种类在加利福尼亚作为单一资源进行监管。对该种类曾有形态学、同工酶和微卫星 DNA 的调查，后者的研究遍布了 2 500 km 的太平洋沿岸，但目前为止还没有人能确定本区资源有显著不同（Christofferson et al，1978；Kashiwada & Recksiek，1978；Reichow & Smith，2001）。不过，对市场上鱿鱼耳石进行微量元素分析，可以区分捕获地点距离小于 100 km 的个体，这说明一些隔离的时间尺度太短以至于其来不及在基因标记上有所反应（Warner et al，2009）。另外，不同地区的渔业上岸会有时间上的变化。主要的上岸地点和时间是在南加利福尼亚的 10 月到翌年 2 月（图 101）。约有 10%的上岸量靠近蒙特雷湾，在 4—11 月（Zeidberg et al，2006）。

（二）分布和生命周期

乳光枪乌贼分布于整个东北太平洋，从阿拉斯加东南到英属哥伦比亚（Wing & Mercer，1990）。乳光枪乌贼是一个沿岸种，很少会在水深超过 500 m 的区域出现（Okutani & McGowan，1969）。它们的卵产在沙质海底，那里的水温在 10～12 ℃；产卵水深随着纬度和季节变化（Zeidberg et al，2012）。雌性在一个卵囊中产 100～300 粒卵，卵囊一端附着在沙子上，这样海浪就能提供空气流通；总繁殖力估计在 3 000 粒卵左右（Zeidberg，2013）。孵化期长短依赖于温度，在 9～13 ℃的水中孵化期为 75～45 d（Zeidberg et al，

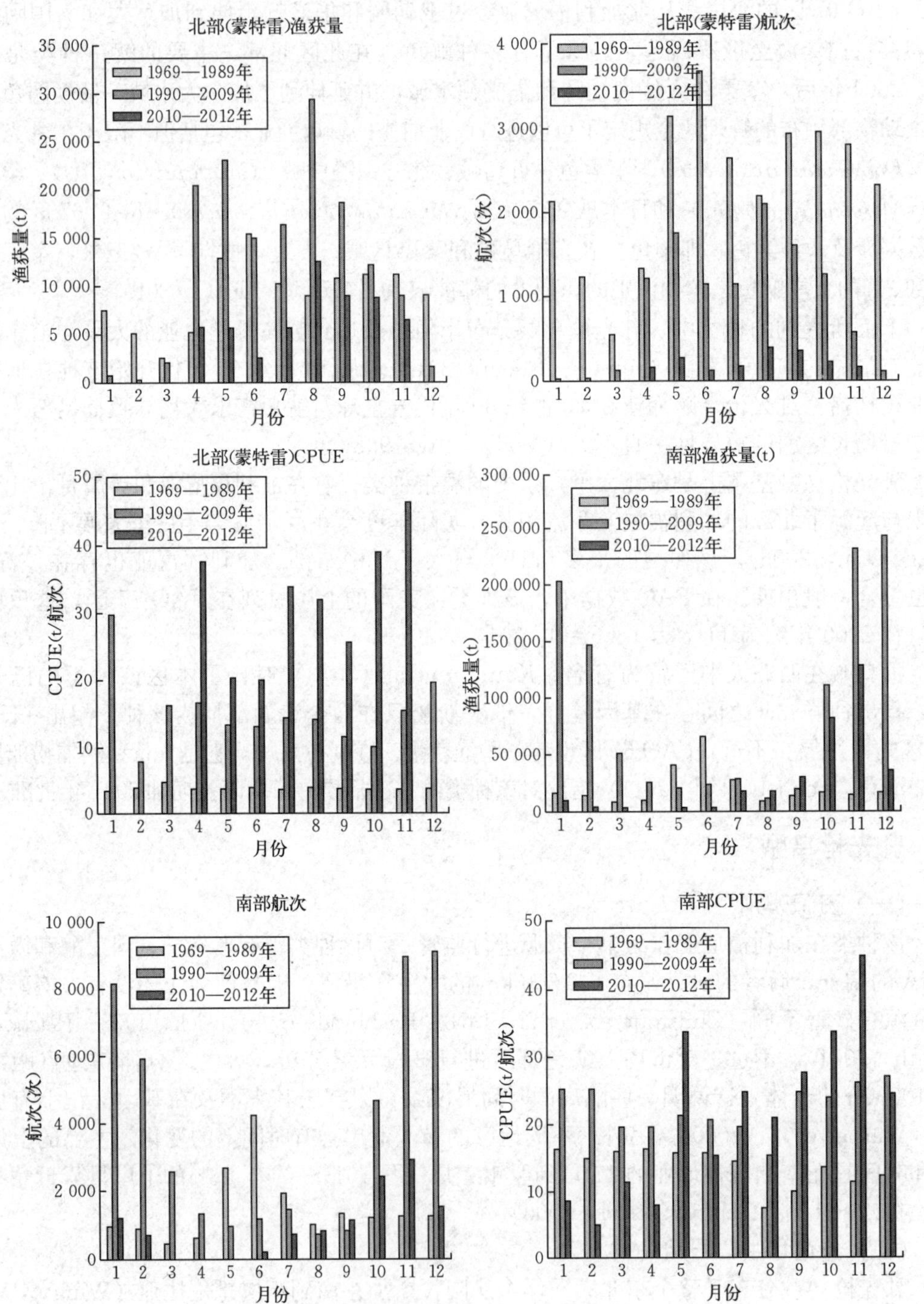

图 101 乳光枪乌贼每月渔获量

图示 1969—2012 年加利福尼亚商业渔获量、航次和 CPUE。柱形表示 1969—2012 年（浅灰色，左），1990—2009 年（灰色，中）或 2010—2012 年（深灰，右）。图示 2010—2012 年（深灰）10 月到翌年 2 月加利福尼亚南部的渔获量在减少。CPUE 是以所有航次的捕捞量除以夏季航次的捕捞量所得。35.7°N 表示城市南北的分界线

2011)。由于孵化时胴长平均仅 2.5 mm，且为了觅食要进行垂直迁移，导致它们在几周内会远离岸边 3 km（Zeidberg & Hamner，2002)。鱿鱼幼体出现在陆架上，夜间在中层水体中，白天出现在底拖网中（Zeidberg，2004)。觅食迁移伴随个体发育，食物从桡足类到磷虾再到鱼类（Karpov & Cailliet，1979)。成体白天通常位于 500 m 水深，夜晚位于海表，但偶尔也会出现在 1 000 m 水深（Hunt，1996)。成体胴长平均 127 mm，雄性略大。成千上万的雄性和雌性会聚集在大陆架上繁殖（Leos，1998)。从体型生长到生殖生长的转变很可能发生在个体大小足够进行交配竞争的时候，或在食物匮乏时（Ish et al，2004)。该种类在转为生殖生长之后只存活一到两周，且没有连续产卵迹象（Macewicz et al，2004)。从孵化到产卵的生命周期平均为 6 个月，波动范围 4～9 个月，一年中有多个产卵群体（Butler et al，1999；Jackson & Domeier，2003)。

（三）捕捞区域

最大的主要商业捕捞区域在加利福尼亚，通常在浅水水域，深度小于 70 m，集中捕捞产卵成体（Zeidberg et al，2006)。产量最大的区域是在圣克鲁斯附近以及圣罗莎、圣卡塔利娜、怀尼米港和蒙特雷近海区。1990 年后，主要的上岸量来自围网捕捞。也有使用诱饵网捕捞产卵成体的，将其作为活饵。

近几十年里，该渔业在向北扩展，进入俄勒冈、华盛顿和阿拉斯加。Connoly et al（2011）指出，阿拉斯加对乳光枪乌贼的捕捞是不定时的。华盛顿鱼类和野生动物部宣布该种类渔业为休闲娱乐性渔业。

（四）经济重要性

1990 年后，乳光枪乌贼在产量排名上位居加利福尼亚榜首，在 22 年里占据了 17 年。2010 年，记录的价值为 7 380 万美元（Porzio et al，2012)。该鱿鱼的价格通常为 500 美元/t，所以围网在经济上就更愿意捕捞鱿鱼而不是其他中上层种类，如太平洋沙丁鱼，其价格通常只有 90 美元/t。

（五）捕捞船只

乳光枪乌贼的商业捕捞始于 1863 年的加利福尼亚。蒙特雷的中国籍渔民使用小船和渔网包围产卵的鱿鱼。他们在夜间捕捞并使用煤油灯将鱿鱼吸引至海表。渔获被晒干并运往中国或在当地消费（Scofield，1924)。

1905 年，围拉网的使用使得意大利渔民成为蒙特雷鱿鱼捕捞的第一把好手。围拉网一次可拖 20 t，但平均 4 t。在 20 世纪 70 年代和 80 年代，约有 85 艘船；20 世纪 90 年代，其他州的渔民将数量提升到了 130 艘（Vojkovich，1998)。1998 年加利福尼亚鱼类和野生动物部（CDFW）开始采用鱿鱼捕捞许可制度，起初有 200 艘船进入该渔业，但上岸量很少，95%的上岸是由 50 艘船完成的。由于限制进入渔业的管理计划，现在有 78 艘围网船和 35 艘灯光船获得许可。

1969—1989 年，围拉网是加利福尼亚中部最主要的捕捞设备，南加利福尼亚主要是抄网。年平均最大上岸量代表着船只产能，对所有船来说为 43 t。1990 年，该渔业转变为围网捕捞（图 102)。1990—2009 年，所有船只的年平均最大上岸量是 82 t。除了储存能力提高，所有现代船都有冷藏保存和声呐技术，这使得在海上的时间加长且更容易探测到鱿鱼。20 世纪 80 年代，较小的船只，现在叫作灯光船，携带声呐和灯光阵开始为围网船吸引和储存鱿鱼。捕捞作业在过去 10 年已经扩展到了新的区域（Zeidberg，2013)。

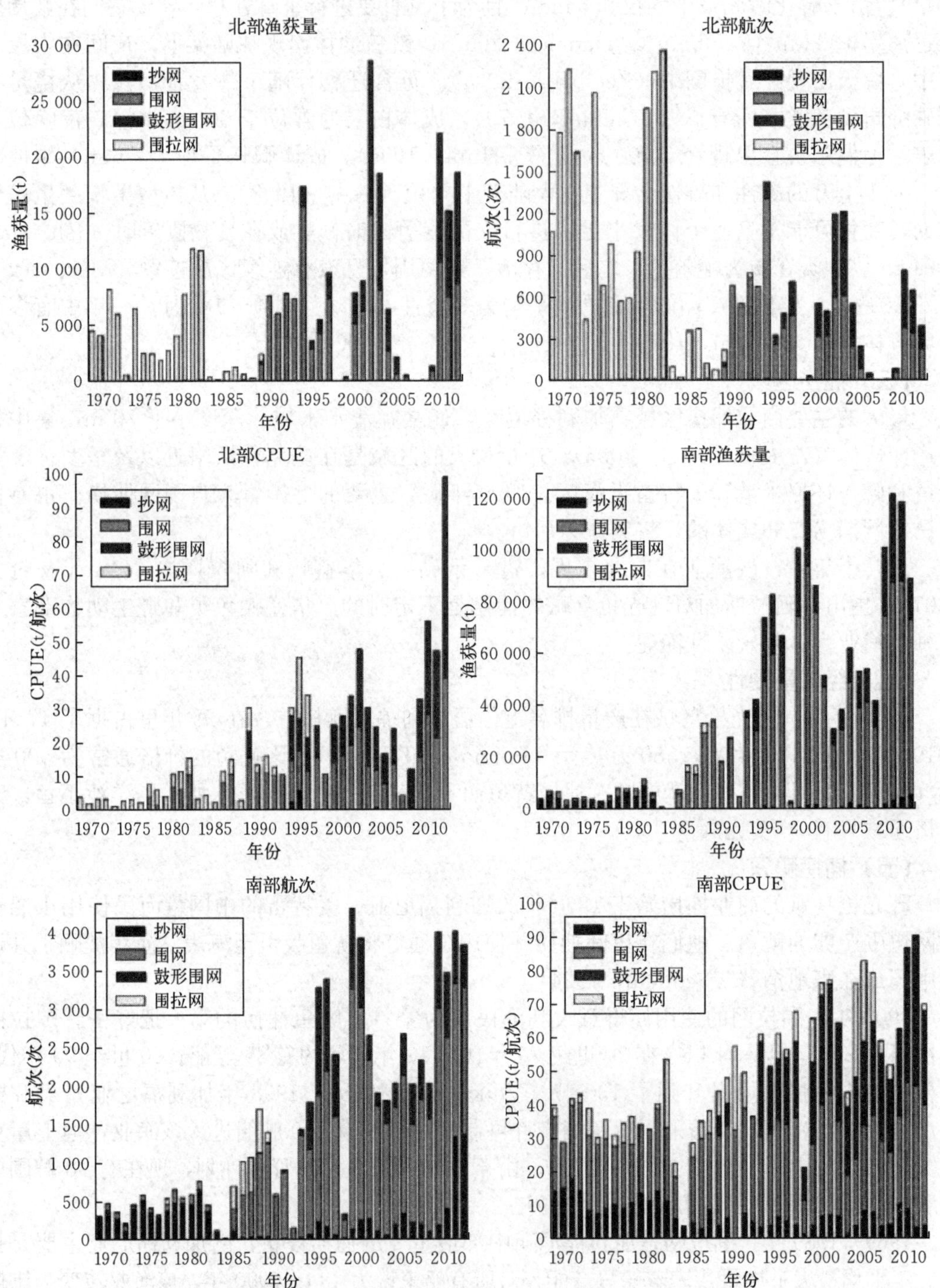

图 102　乳光枪乌贼年渔获量

图示 1969—2010 年加利福尼亚商业渔获量、航次和 CPUE。累积柱形表示利用四种渔具捕捞的量或航次，渔具分别为抄网（黑色，底）、围网（灰色，底中）、鼓形围网（深灰，顶中）和围拉网（白灰，顶），CPUE 表示所有捕捞量（t/航次）。35.7°N 表示城市南北的分界线

（六）捕捞期的持续时间

蒙特雷乳光枪乌贼渔业历史上的上岸高峰是在4—5月，第二高峰是在8—11月。加利福尼亚南部的上岸高峰在10月到翌年2月（Zeidberg et al，2006）。上岸渔获中的95%来自蒙特雷15～40 m水深区域和加利福尼亚南部20～70 m水深区域；两个区域的底温为10～12 ℃（Zeidberg et al，2012）。2010年后，全州的船只每年在3月31日捕捞季结束前的捕捞限制为11.8万t。当限制达到时，CDFW曾在2010年12月17日、2011年11月18日和2012年11月21日关闭了该渔业。所以南加利福尼亚的冬季鱿鱼捕捞高峰（10月到翌年2月）已经好几年没有出现过了（图103）。

乳光枪乌贼渔业经常会受到环境变化的影响，厄尔尼诺年份的上岸量下降，拉尼娜年的上岸量增加（Zeidberg et al，2006）。加利福尼亚中南部鱿鱼渔业会在不同周期的厄尔尼诺事件中反弹。没有证据表明鱿鱼会迁徙出传统产卵场，但有迹象表明整个种群的生物量存在波动（Reiss et al，2004）。厄尔尼诺年磷虾（*Thysanoessa spinifera*）丰度低，此时生长的鱿鱼无论是在产卵场还是在海狮肠胃中的数量都比较少（Lowry & Carretta，1999；Marinovic et al，2002；Jackson & Domeier，2003）。2005年上升流减弱后，2006—2009年鱿鱼渔业在加利福尼亚中部地区减弱或消失（Young et al，2011）。

（七）渔获量和捕捞努力量

1990年后，蒙特雷平均年产量为9 000 t，加利福尼亚南部为6.3万t（图104）（Zeidberg，2013）。1990年从围拉网或抄网转为围网前后不同时期的捕捞船只的效率有很大不同（图104）。北部每年平均航次减少，南部则几乎增长到3倍。两个区域的上岸量和CPUE随着渔业方式转为围网而增加。1990年后平均最大上岸量在南部几乎增长了一倍，而在北部则增长超过一倍。

（八）资源评估和管理

管理加利福尼亚乳光枪乌贼渔业的权力由加利福尼亚渔猎立法委员会所授予。CDFW 2004年制订了一个管理计划并被渔猎立法委员会采纳（http://www.dfg.ca.gov/marine/msfmp/，2014年12月访问）。

加利福尼亚引进的管理措施包括11.8万t的年捕捞限额（4月1日至翌年3月30日为10.704 8万t）、MAPs内空间关闭、周末关闭（周五下午到周日下午禁止围网）、限制准入、高于水平线灯光30 000 W限制。一个卵逃逸模型被开发出来，但实时应用尚未开展（Macewicz et al，2004）。

上岸量数据记录了1916年后加利福尼亚港口的吨位、位置、日期和价格。1999年后商业鱿鱼渔民的捕捞努力量日志被要求保留更多细节，包括吨位、海表温度、布网时间、GPS定位、市场信息和捕食者。CDFW实施了一个港口取样项目，每月12次收集30只鱿鱼用于各种生物学测量。

由于乳光枪乌贼是寿命很短的种类，使用传统方法来进行资源评估是不可行的。由于每个月都有新的产卵群体，所以建立乳光枪乌贼的Leslie-DeLury衰竭模型十分困难（Ish et al，2004）。不过，基于海洋条件和早期生命阶段丰度可以预测种群丰度的大体范围，正如日本所采用的方法。日本结合海洋遥感数据和太平洋褶柔鱼早期生命史信息来预测每个季节捕捞资源的丰度（Sakurai，2000）。目前已有各种海洋取样项目捕捉加利福尼亚乳光枪乌贼的浮游幼体、幼体和声学特征（Vaughn & Recksiek，1979；Koslow & Allen，2011；Santora et al，2012）。采用这种方法也可以改进适应性管理，使得管理策略可以对丰度变化做出应对。在其他鱿鱼渔业中，存在多种有效的适应性管理计划，特别是西北大西洋和日本（Agnew et al，2000；Sakurai et al，2000）。

（九）保护措施和生物参考点

目前有基于卵逃逸模型估计的生物量。基于繁殖力和雌性胴长回归分析、渔业捕捞的生物量所占比例可以进行资源评估。使用这些评估来生成 MSY 仍是一种选择。MSFMP 的目标是为了保证长期的资源保护和可持续利用。MSFMP 所采用完成这些目标的工具有：①设置每季的捕捞限额 11.8 万 t（10.704 8 万 t）以防止渔业被过度开发；②保留评估渔业对资源影响的监测项目；③继续实施“周末关闭”的政策以确保产卵期不受打扰；④继续实行吸引鱿鱼的灯功率管理；⑤建立严格的准入制度以打造生产适度和专业性强的船只；⑥建立“海鸟关闭”措施以限制 Farallones 海湾国家海洋保护区任何水域内的商业捕捞和引诱灯光的使用。除了以上列出的具体措施，在加利福尼亚还有一个禁止所有捕捞包括鱿鱼捕捞的 MAPs 网络（Agnew et al，2000；Sakurai et al，2000）。

第十二节　中东太平洋

本区大部分由墨西哥西岸水域组成。墨西哥鱿鱼渔业主要是茎柔鱼（*Dosidicus gigas*）。某些枪乌贼种类也有上岸，但这些几乎都是捕虾船的兼捕渔获。

一、墨西哥枪乌贼渔业

墨西哥太平洋水域有 5 种具有商业利润的枪乌贼（图 103）：巴拿马圆鳍枪乌贼（*Lolliguncula panamensis*）（Berry，1911a）、阿尔戈斯圆鳍枪乌贼（*Lolliguncula argus*）（Brakoniecki & Roper，1985）、镖形圆鳍枪乌贼（*Lolliguncula diomedeae*）（Hoyle，1904）、乳光枪乌贼（Berry，1911b）和沃氏尾枪乌贼（*Pickforditeuthis vossi*）。这些种类在墨西哥八个太平洋沿岸州上岸（Okutani & McGowan，1969；Brakoniecki 1996；Okutani，1995a；Roper et al，1995；Sanchez，2003；Jereb et al，2010）。这些鱿鱼主要来自捕捞虾的手工拖网渔业兼捕渔获（Barrientos & Garcia-Cubas，1997；Alejo-Plata et al，2001；Sanchez，2003）。约有 1 400 艘拖虾船报告有枪乌贼兼捕渔获，大部分是在 9 月到翌年 6 月。表 6 给出了墨西哥太平洋和墨西哥湾以及加勒比海 2006—2012 年的上岸量；渔获最高的州分别是南下加利福尼亚（BCS）、下加利福尼亚（BC）、索诺拉和锡那罗亚；墨西哥湾和加勒比海 2006—2012 年最大捕捞量是 2010 年的 27.3 t，而最小捕捞量是 2006 年的 2.03 t；塔毛利帕斯州 2006 年的 41.5 t 为最高上岸记录，韦拉克鲁斯 2010 年的 5.2 t 为最低纪录（图 104）。由于枪乌贼是偶尔捕捞的渔业，所以还没有针对它的资源评估，在墨西哥太平洋渔业中也没有 BRP 或保护措施。

目前尚没有商业种类的资源结构数据，不过已经有人提议使用形态和遗传学分析来区分资源（Granados-Amores et al，2013）。Arizmendi-Rodriguez et al（2011，2012）对巴拿马圆鳍枪乌贼的分布、丰度、再生和捕食习性进行了细致研究。物种的基础描述和分布

图 103　墨西哥 12 个州上岸的枪乌贼种类

地图已经出版（Okutani & McGowan，1969；Young，1972；Okutani，1980；Roper et al，1984；Barrientos & Garcia-Cubas，1997；Sanchez，2003；Jereb et al，2010）。

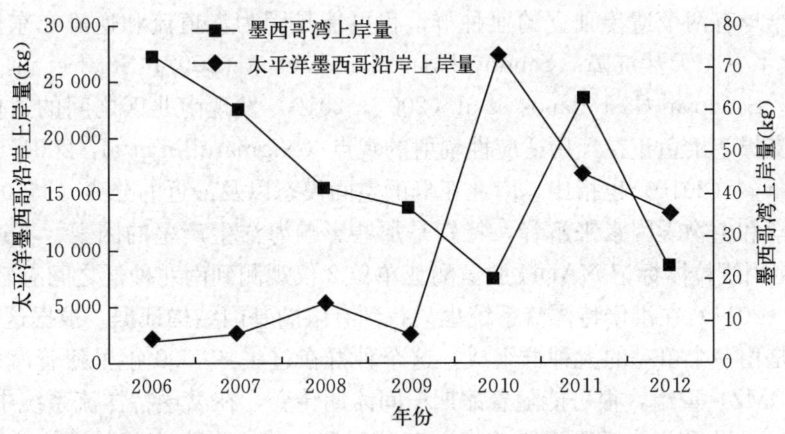

图 104　2006—2012 年在太平洋墨西哥沿岸和墨西哥湾捕捞的枪乌贼类上岸量
2013 年 1 月 24 日星期四由 CONAPESCA 网络管理员最新修改

虾拖网的枪乌贼兼捕渔获主要是镖形圆鳍枪乌贼（29～103 mm）和巴拿马圆鳍枪乌贼（25～106 mm）（Sánchez，2003）。乳光枪乌贼也是经常出现的兼捕渔获。由于枪乌贼都是随机捕获，它们只被报告为枪乌贼类。CONAPESCA（2013）提供的 2006—2012 年捕捞数据在表 6 给出。虾拖网渔获中通常会有几千克的鱿鱼，这些鱿鱼同样被销售给人类消费，或用作其他渔业的饵料（Roper et al，1984；Hendrickx，1985）。交易在当地全年开展。鱿鱼需求在增加，新鲜、冷冻、罐装和风干的鱿鱼会卖到较高的价格。

表 6　2006—2012 年在太平洋墨西哥水域和墨西哥湾捕捞的枪乌贼类上岸量（kg）

（2013 年 1 月 24 日由 CONAPESCA 网络管理员最新修改）

	太平洋墨西哥沿岸								墨西哥湾、墨西哥加勒比湾				
	下加利福尼亚	南下加利福尼亚	索诺拉州	锡那罗亚州	纳亚里特州	哈利斯科州	科利马州	瓦哈卡州	塔毛利帕斯州	韦拉克鲁斯州	坎佩切州	金塔纳罗奥州	尤卡坦州
2006	375 749	1 029 888	294 399	329 599	0	0	556	200	41 490	22 985	5 740	2 303	0
2007	333 095	857 036	553 705	896 975	900	125	2 913	1 198	33 894	23 411	1 642	1 273	0
2008	4 104 831	502 143	205 264	431 184	0	0	2 566	10	16 965	21 127	2 965	0	0
2009	679 485	316 512	1 058 118	208 675	0	0	762	2 598	19 498	8 512	8 799	0	0
2010	8 467 933	17 194 737	1 475 277	144 707	0	0	2 033	4 666	10 758	5 214	1 719	0	1 980
2011	6 038 905	8 084 715	1 990 372	690 430	50	0	8 552	7 382	28 748	12 730	21 336	0	0
2012	1 916 294	8 497 941	169 645	2 506 082	1 000	0	0	6 979	10 253	12 347	0	0	0
合计	21 916 294	36 482 975	5 746 782	5 207 655	1 950	125	17 382	23 033	161 607	106 326	42 201	3 576	1 980

二、茎柔鱼

茎柔鱼是最大的柔鱼科鱿鱼，胴长可达 1 200 mm、体重 65 kg。这种远洋鱿鱼为东太平洋所特有，在洪堡特和加利福尼亚洋流系统和哥斯达黎加上升流区特别丰富。

（一）资源辨别

在南北半球有两个遗传独立的亚种群，很可能是因为赤道流和逆流在东热带太平洋（ETP）形成了一个天然屏障（Sandoval-Castellanos et al，2007；Staaf et al，2010）。使用基因技术，Sandoval-Castellanos et al（2007，2010）发现南北区之间的遗传差异水平之显著足以支撑茎柔鱼正在经历适应性辐射的观点（Nigmatullin et al，2001）。Sandoval-Castellanos et al（2010）也指出，南北亚群的空间模态以及最近的分离（<10 000 年）可以通过海洋学和生物学因素来解释，特别是那些影响海洋生产率的因素。不过，Staaf et al（2010）使用线粒体标记 NADH 脱氢酶亚单位 2 仅观测到南北种群之间有轻微的分离。Ibanez et al（2011）在洪堡特洋流系统也只找到有限的基因结构证据。根据这些作者的观点，茎柔鱼是由一个单一的大种群组成，这个种群在过去 30 000 年里随着海表温度上升和低氧区（OMZ）重组，很可能随着冰期—间冰期转变，在洪堡特洋流系统中逐渐扩张。ETP 的物理、生物和海洋学因素影响潜在亚种群和迁移生态学之间的再生产互换，这导致该种的遗传结构动态变得复杂（Anderson & Rodhouse，2001）。

（二）分布和生命周期

茎柔鱼是柔鱼科中最原始最少量的海洋代表种，因为它是这个亚科中唯一一个分布范围只局限于一个大陆边缘的成员（Nigmatullin et al，2001）。不过，其在东太平洋的分布范围广泛而变动，且具有周期性的范围扩张。截至 2000 年，其分布的南北边界大约在 30°N和 40°S，其最丰富的区域位于加利福尼亚湾和秘鲁外围水域（Nigmatullin et al，2001）。

最近，分布边界分别迁移到了 60°N 和 50°S。在赤道区域，分布向西延伸可远至

125°—140°W，但西边界的描述不清，特别是在考虑了最近的范围扩张之后。茎柔鱼将卵产在相对不易到达的开放海域。和其他柔鱼类一样，茎柔鱼将卵挤入大型的脆弱的胶状物质中，但对于该种的产卵和胚胎发育，目前知之甚少。只有在 2006 年，加利福尼亚湾的瓜伊马斯盆地（位于 27°7.1′N—111°16′W）的深水区首次发现了天然卵块（Staaf et al，2008）。卵块 2～3 m，悬浮于水温 22 ℃左右的约 16 m 深处。卵的密度为每升 192～650 粒，整个卵块中的卵应该在 60 万～200 万粒（Staaf et al，2008）。最近茎柔鱼会向极地扩张，很可能是因为厄尔尼诺/拉尼娜事件所带来的暖水期、东太平洋的 OMZ 持续扩张和生态系统交换改变，包括食物变化、竞争和掠食等。

茎柔鱼主要是以小型中上层鱼类、甲壳类和头足类以及它们分布范围内具有商业价值的沿岸鱼类和鱿鱼为食。每天主要的行为包括夜间靠近海面，白天迁移到中层 OMZ 以上或其中。从加拿大附近的索饵场向 BC 外围产卵区的产卵迁移可以覆盖大约 2 500 km 的距离（Camarillo-Coop et al，2006）。由于生命周期为 1～2 年，这种迁移刚好在成体茎柔鱼 30～50 km/d 的迁移能力之内，但在更偏北的地区也可能会有适当的产卵（Stewart et al，2012）。

（三）捕捞区域

在墨西哥，主要的商业开发区域是在 22°—30°N 和 106°—114°W 以内，这里覆盖了加利福尼亚湾内的区域，从湾口到 Isla Angel de la Guarda 北部，从 BC 到索诺拉沿岸的利伯塔德港。虽然渔业广泛分布于太平洋墨西哥沿岸，但主要是在加利福尼亚湾内（图 105）。不过，在过去 6 年，BC 半岛西岸外围已经有显著的捕捞活动，渔获在巴伊亚马哥达拉纳、BCS 和 BC 的恩塞纳达港上岸。在加利福尼亚湾，茎柔鱼渔业始于 1974 年的手工渔业，其使用带有舷外马达的小型开放船只，当地叫作“pangas”，每艘小型船只有两个渔民使用手工鱿钓进行操作（Nevárez-Martínez et al，2000）。1978 年第二种船出现，当时拖虾船在拖虾休渔季转向捕捞鱿鱼。1981 年，有 285 艘拖虾船。1983—1987 年资源

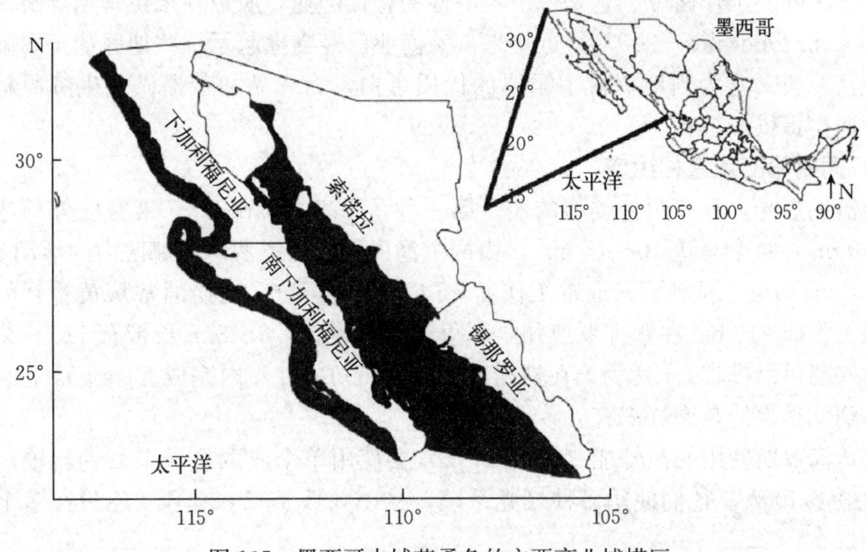

图 105　墨西哥水域茎柔鱼的主要商业捕捞区

大幅减少，鱿鱼渔业消失。1989—1992 年，墨西哥渔业研究所在有 6 艘日本鱿钓船的参与下进行了开发性捕捞，发现 BC 西岸有可观的资源量（Klett，1996）。

（四）经济重要性

茎柔鱼和金枪鱼、小型中上层鱼类一起成为墨西哥最重要的渔业资源。2006—2012 年平均捕捞量为每年 4.7 万 t（图 106）；但也有一些年份（1996 年、1997 年和 2002 年）曾达到 10 万 t。平均渔获价值占墨西哥手工渔业收入的 1%（de la Cruz-González，et al，2011）。加工带来的附加值将渔业价值提升了 3 倍甚至更多（de la Cruz-González，et al，2011）。该渔业在墨西哥西北部是重要的经济活动。虽然茎柔鱼主要用于出口，但近年来国内市场的消费也在增长。2004 年和 2006 年对墨西哥西北 6 个城市的调查显示，茎柔鱼的消费、对其营业价值的认识和可接受价格都在提高。

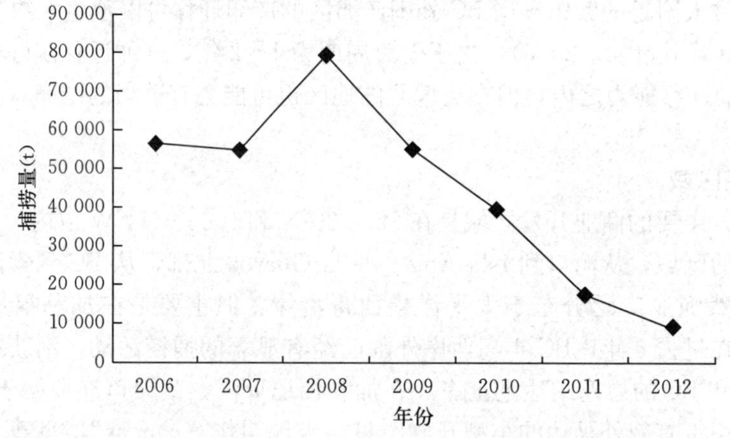

图 106　2006—2012 年墨西哥水域茎柔鱼的年捕捞量

该渔业是一个重要的就业和外汇来源。手工捕捞估计至少提供了 3 500 个直接工作岗位和 100 多个间接工作岗位。它是一个经济性的替代渔业，所以在瓜伊马斯会替代虾类渔业（de la Cruz-González，2007）。近年来，该渔业已经支撑起了一些地区如圣罗萨莉亚和 BCS 的经济恢复。它为当地提供了重要的优质蛋白，为产品加工提供了生鲜原料，也为其他渔业捕捞提供了饵料。

（五）捕捞船的数量和组成

捕捞借助灯光，且有两种类型的船。第一种是手工“pangas”，带有舷外马达的小型船（6～10 m），每个马达 40～75 hp*，由两个渔民操作。圣罗萨丽娜区内的活动从 16:00 开始，02：00 结束，每艘船只通常工作 4～6 h。在索诺拉，捕捞通常从黄昏到黎明，每艘船夜间工作 8～12 h。在锡那罗亚州，那里的船只最新，6～8 m 长带有 115～200 hp 的引擎。这些船可以携带 2 t 货物，在捕捞区域的航行可在 1 h 内完成。pangas 上的灯光系统从车灯到低功率的装饰灯都有。

茎柔鱼渔业所使用的拖虾船（6～8 m 长）会使用单个或两个人工鱿钓转轴，每艘船可以承载最多 10 人。他们使用多种灯光系统，从 100 W 到 2 000 W。船只在多个区域作

* hp 为非法定计量单位，1 hp=745 W。下同。

业并在不同港口卸载渔获：①BCS州沿岸：在圣罗萨莉亚、Mulege和洛雷托港口（少部分在西海岸的巴伊亚玛格达莱纳）；②加利福尼亚中部：在瓜伊马斯港口（少部分在Yavaros）；③加利福尼亚湾东北：在索诺拉的Bahia Kino和利伯塔德港；④加利福尼亚湾西北：在巴伊亚洛杉矶；⑤锡那罗亚沿岸：在索诺拉南部的马萨特兰港、中部的Dautillos和北部的托波洛万波；⑥BCS：西海岸的恩塞纳达。一些船会根据资源变动和季节在区域间移动，生产单位在表7中给出。目前没有茎柔鱼的休闲渔业。

表7　墨西哥索诺拉、锡那罗亚和BCS水域茎柔鱼的生产单位

（联邦渔业代表团，2010）

单位	数量（个）	渔民（人）	渔船（艘）	鱿钓（t）
社会部门*	60**	1 972	986	3 944
工业部门	150	1 200	180	1 600
合计	210	3 172	1 136	5 444

注：*手工协会，**近似值。

（六）渔获量和捕捞努力量

茎柔鱼渔业始于墨西哥20世纪70年代初的手工渔业。手工作业期间，在BCS的圣罗萨莉亚和洛雷托，夏季作业的小型船只在4年内的渔获量约2 000 t。在联邦政府完成了亚洲渔船进入渔业的谈判后，大型公司引进了具有船上加工鱿鱼的技术和能力的船只。专业船只的涌入始于1980年2月，同年11月达到高峰，带来了2.246 4万t的渔获量。1981年，渔获量下降了一半；1982年，渔业崩溃（Ehrhardt et al，1983；Ramirez & Klett，1985）。1994年韩国和中国的公司开始在瓜伊马斯（索诺拉）、圣罗萨莉亚和洛雷托（BCS）、La Reforma（锡那罗亚）作业后，渔业又再次腾飞。1997年渔获量达到历史最高值的11.735 1万t，之后2002年取得同样成绩（Rosa et al，2013c）。2008年后，捕捞量在2012年下降到略超过1万t。渔获量的下降在加利福尼亚湾最为显著，这里是索诺拉、锡那罗亚和BCS船只的传统作业区（图107）。

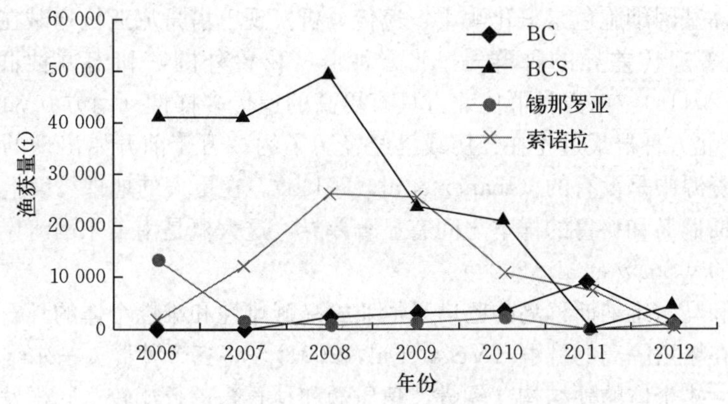

图107　2006—2012年墨西哥水域茎柔鱼的渔获量

（七）资源评估和管理

资源评估一般是基于年度群体假设，所以这种资源的模型依赖于其最初的补充量水平（Hernández-Herrera et al，1998）。管理目标（补充和逃逸率）基于捕捞能力，这是从相对丰度指数，即CPUE计算出来的。一个已发布的管理策略使用了固定的逃逸率作为参考点（Beddington et al，1990；Basson et al，1996）。管理是以在每个捕捞季末保存40%的资源为基础，捕捞努力量通过分配捕捞许可来控制。墨西哥渔业研究所基于渔获量和捕捞努力量数据以及从其他的调查研究航次获取的信息完成评估和建议。

（八）保护措施

墨西哥茎柔鱼资源开发仍停留在“发展中渔业”水平。Nevarez-Martinez et al（2010）指出，捕捞死亡率（F）和开发率（E）低于0.5，这个水平对于被开发的资源来说是健康的。通过Thompson-Bell模型评估捕捞的影响，似乎观测到的年捕捞死亡率低于FMSY（达到MSY时的捕捞死亡率）。这是基于逃逸率评估的，逃逸率超过BRP 40%。这说明墨西哥茎柔鱼处于开发中等水平。

第十三节　东南太平洋

东南太平洋的鱿鱼渔业在秘鲁和智利外围开展，茎柔鱼和巴塔哥尼亚枪乌贼是目标种。巴塔哥尼亚枪乌贼是小型手工渔业。茎柔鱼在智利有手工和相对小型渔业；但在秘鲁外围却是主要渔业，既有手工也有商业渔业。秘鲁EEZ外也有一个茎柔鱼大型渔业，捕捞船来自韩国和中国。

巴塔哥尼亚枪乌贼大部分用于当地消费。茎柔鱼大规模出口，有未加工的，也有加工过的。尽管茎柔鱼渔业很重要，但对于该种类的生物学信息如产卵区和资源结构人们知之甚少。

一、巴塔哥尼亚枪乌贼

（一）资源辨别

人们已经基于遗传和形态学分析对秘鲁和智利沿岸水域的巴塔哥尼亚枪乌贼进行了区分。利用线粒体基因细胞色素氧化酶Ⅰ，遗传分析发现巴塔哥尼亚枪乌贼在其地理分布上有两个具有显著遗传差异的种群——北方种群（秘鲁外围）和南方种群（智利外围）（Ibáñez et al，2011a）。南方种群比北方具有更高的遗传多样性（南方0.34～0.50，北方0.75～0.80）。北方种群最近正在经历或已经经历了约3万年前开始出现的种群扩张，这种模式在南方资源中是没有的（Ibáñez et al，2011a）。在更大的地理尺度上，微卫星分析显示马尔维纳斯群岛和秘鲁的样本之间有显著差异，这大概是南美东西海岸之间的环境和地理屏障造成的（Shaw et al，2004）。

秘鲁北部和马尔维纳斯群岛的巴塔哥尼亚枪乌贼雌性和雄性个体的耳石发现了形态差异，这说明存在繁殖隔离的种群（Vega et al，2001）。将三个种群（马尔维纳斯群岛、智利和秘鲁）雌、雄个体的硬结构（软骨、角质颚和耳石）进行比较，同样发现有显著差异（Vega et al，2002）。

（二）分布和生命周期

巴塔哥尼亚枪乌贼栖息于东南太平洋（4°—55°S）的秘鲁和智利沿岸水域，以及西南大西洋（38°—55°S）的阿根廷和马尔维纳斯群岛沿岸水域。产卵在秘鲁和智利北部的浅海沙质区域内进行。生命周期较短（1 年），秘鲁有两个孵化高峰期，分别在 4 月和 12 月，其次在 9—10 月有一个次高峰（Villegas，2001）。

（三）捕捞区域

巴塔哥尼亚枪乌贼捕捞于秘鲁外围 3°—16°S，主要是沙质海底的湾内。胴长范围27～430 mm（平均 178 mm）。雄性比雌性大。

在智利水域，巴塔哥尼亚枪乌贼基本捕获于 FAO 的Ⅴ区（32°S）、Ⅷ区（37°S）和Ⅹ区（41°S）。胴长在 45～155 mm。雌性和雄性在春、夏季出现频率最高的是Ⅲ期和Ⅳ期的成熟个体（Ibáñez et al，2005）。

（四）经济重要性

巴塔哥尼亚枪乌贼在智利和秘鲁当地被消费。秘鲁也有出口，但出口信息尚不可知。

（五）捕捞船组成和数量

无论在智利还是秘鲁，都没有船队单独捕捞巴塔哥尼亚枪乌贼。在秘鲁，捕捞巴塔哥尼亚枪乌贼的是带有捕捞多种鱼类设备的手工船。使用的设备包括钩、围网、流刺网、中层拖网和“chinchorro”。表 8 给出了巴塔哥尼亚枪乌贼为主要渔获的每个设备类型的捕捞船数量和年代。大部分渔船不是用钩和绳就是用围网。在智利中部，巴塔哥尼亚枪乌贼是鳀和沙丁鱼手工渔业的兼捕渔获。

表 8　秘鲁水域以巴塔哥尼亚枪乌贼为目标种的捕捞船数量和捕捞方式

年份	钩	围网	流刺网	Chinchorro	中层水域拖网	合计
1997	449	142	30	22	8	651
1998	16	15	5	9	17	62
1999	184	88	4	15		291
2000	759	533	3	18		1 313
2001	555	310	16	8		889
2002	397	228	14	13	12	664
2003	752	479	3	11	8	1 253
2004	436	322	10	14	28	810
2005	458	232	11	12	32	745
2006	372	329	33	11	58	803
2007	532	301	9	4	32	878
2008	329	160	21	5	21	536
2009	518	166	15	5	3	707
2010	292	125	1	2	2	422
2011	353	70	3	3		429
2012	537	233	1	1	2	774

注：数据来源于 Del Mar del Perú。

（六）捕捞季

秘鲁捕捞季的持续期十分多变。在 3°—6°S，每年作业约 10 个月；在 9°—12°S，捕捞季十分多变，会持续 1～6 个月；在 7°—8°S 和 13°—16°S，捕捞季每年会持续约 5 个月。每个捕捞季的平均渔获量在 4°—5°S 可达 60 t；在其他纬度，渔获量每季不超过 50 t（图 108）。

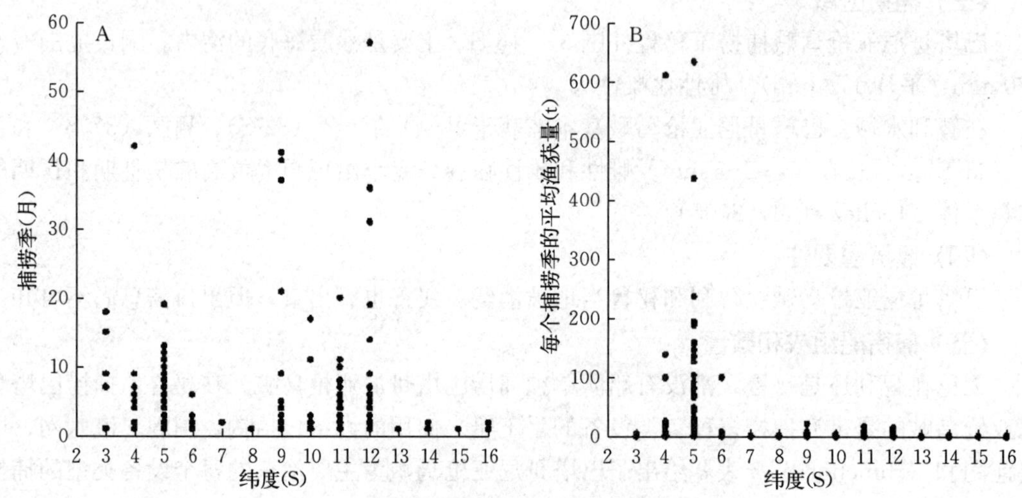

图 108　1998—2010 年秘鲁水域巴塔哥尼亚枪乌贼的捕捞季节（A）和平均渔获量（B）

（七）渔获量和捕捞努力量

1999—2010 年，秘鲁的巴塔哥尼亚枪乌贼年渔获量在 1998 年的 287 t 到 2000 年的 2.454 8 万 t 之间变化。在智利，年渔获量在 0～934 t。表 9 给出了秘鲁不同捕捞方式巴塔哥尼亚枪乌贼的捕捞努力量。

表 9　1997—2012 年秘鲁水域巴塔哥尼亚枪乌贼的不同捕捞方式捕捞努力量（航次数）

年份	钓钩	定置网	Chinchorro	中层水域拖网	流刺网	合计
1997	2 494	385	49	8	234	3 170
1998	46	16	15	19	5	101
1999	3 122	271	80	0	4	3 477
2000	5 980	5 393	108	0	3	11 484
2001	3 870	2 854	49	0	25	6 798
2002	2 640	1 372	46	17	16	4 091
2003	8 547	6 622	33	11	3	15 216
2004	6 788	4 484	109	424	11	11 816
2005	6 745	5 193	129	692	15	12 774
2006	4 676	7 107	73	960	38	12 854

（续）

年份	钓钩	定置网	Chinchorro	中层水域拖网	流刺网	合计
2007	8 472	5 745	14	450	9	14 690
2008	2 998	2 083	32	247	28	5 388
2009	4 885	2 036	21	8	15	6 965
2010	5 997	1 433	10	2	1	7 443
2011	3 754	902	8	0	3	4 667
2012	5 915	3 684	5	2	1	9 607

（八）资源评估和管理

秘鲁或智利都没有对巴塔哥尼亚枪乌贼的资源进行评估。不过，秘鲁在捕捞季会对捕捞努力量、体长结构和生物参数进行监测。

（九）保护措施

在秘鲁，在离岸 5 n mile 以内禁止手工、小型和商业船只对巴塔哥尼亚枪乌贼进行围网捕捞。在秘鲁和智利都没有最小规格、捕捞配额或 BRP 限制措施。

二、茎柔鱼

（一）资源辨别

使用基因分析对东南太平洋的茎柔鱼资源进行区分，研究表明智利和秘鲁外围洪堡特流内的群体之间没有遗传学差异（Ibáñez et al，2011b）。不过随机扩增多态 DNA 分析和线粒体 DNA 分析显示，墨西哥外围东北太平洋群体和秘鲁外围东南太平洋群体在海洋学和生物学上属于两个独立种群（Sandoval-Castellanos et al，2007；Sandoval-Castellanos et al，2010；Staaf et al，2010）。

（二）分布和生命周期

茎柔鱼为东太平洋 37°—40°N 到 45°—47°S 区域所特有，在 30°N 和 20°—25°S 较为普遍（Nesis，1983；Nigmatullin et al，2001）。分布范围会波动，南北半球都有（Nigmatullin et al，2001；Field et al，2007；Ibañez & Cubillos，2007；Zeiberg & Robinson，2007；Alarcón-Muñoz et al，2008；Keyl et al，2008）。其灵活性和机会主义行为使得该种类可以快速对环境变化作出反应；这体现在分布、丰度、生长率、成熟规格、食物获取和海洋环境影响的寿命变化上（Rodhouse & Nigmatullin，1996；Markaida，2006；Arguelles et al，2008）。不过，高生长率和温度、食物获取的关系并不简单。Keyl et al（2011）指出，适度寒冷时生长较快，寿命居中，最终规格较大；而在极端的厄尔尼诺和拉尼娜生态系统中，个体生长缓慢，寿命偏长，最终规格也较小。

1. 秘鲁水域

秘鲁外围，茎柔鱼聚集最高的区域位于 3°24′S（波多黎克皮萨罗）到 9°S（钦博特），而在 13°42′S（皮斯科）和 16°14′S（阿蒂科）的分布则处于低到中等水平（Taipe et al，2001）。

产卵全年开展并有两个高峰，第一个从 10 月到翌年 1 月，第二个在 6—8 月（Tafur & Rabi，1997；Tafur et al，2001）。秘鲁 EEZ 之外全年也有产卵（Liu et al，2013）。主要产卵场位于秘鲁 EEZ 的 3°—8°S、12°—17°S，而 EEZ 之外的产卵在 11°S 附近进行（Tafur et al，2001；Liu et al，2010）。

Arguelles et al（2008）描述了秘鲁水域茎柔鱼性成熟体长的年际变化，认为成熟体长与茎柔鱼的部分饵料——中上层鱼类资源的增量存在着相关关系。智利 EEZ 之外的产卵场位于 22°—34°S（Leiva et al，1993）。秘鲁沿岸水域性成熟胴长在 1989—2011 年的变化在图 109 中给出。体长结构的变化与 1958—2012 年的海洋学变化有很大相关性。在温暖年份（1997—1998 年）渔获中可以发现中小规格个体，平均胴长 230～440 mm；在寒冷年份（2000—2012 年）规格较大的占据多数，平均胴长 610～880 mm。2001 年之后，种群结构发生了巨大变化，大体型个体占据了优势（Arguelles et al，2008；Keyl et al，2008；Arguelles & Tafur，2010）。

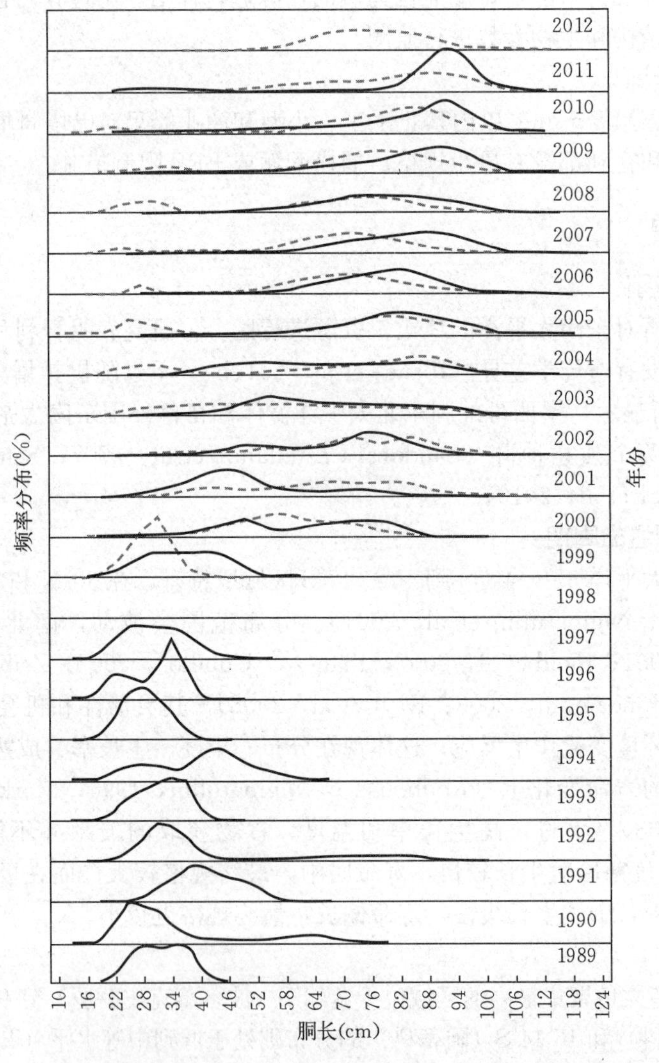

图 109　1989—2012 年茎柔鱼在手工渔业（虚线）和商业渔业（实线）中被捕获的胴长

调查船"Kaiyo Maru"在2011年12月至2012年1月在秘鲁水域对茎柔鱼进行调查期间，发现最大的鱿鱼个体位于12°S以南和靠近海岸的地方（Sakai et al，2013）。不过，秘鲁商业渔业的数据显示种群大小结构并没有显著的纬度差异，除了某些年，如2000年和2001年，这两年种群随着环境由冷变暖，其个体也从中小规格变为大规格（表10）。秘鲁EEZ以外，Liu et al（2013）指出2008—2010年茎柔鱼的尺寸范围（129～1 149 mm）很大，其中大部分在350～550 mm。大小结构的变化可以解释秘鲁沿岸外围的持续补充主要是来自西部的聚集幼体（Sakai et al，2013）。

2. 哥斯达黎加水域

2009—2010年，在中国的鱿钓船的帮助下，哥斯达黎加对外围（4°—11°N、90°—100°W）茎柔鱼种群进行了调查。雄性个体胴长平均298 mm（211～355 mm），雌性平均306 mm（204～429 mm）（Chen et al，2013a）。不同性别和胴长（mm）以及体重（g）的关系没有显著差异。雌雄个体成熟度相同，大部分都处于成熟中和已成熟阶段，除了一小部分雌性个体已繁殖。首次性成熟胴长和年龄，雌性为297 mm和195 d，而雄性为211 mm和130 d。这说明哥斯达黎加外围小型个体居多。哥斯达黎加外围，雌性寿命小于10个月，雄性不到8个月，而智利和秘鲁外围的个体则为1～1.5年，某些大个体可以达到1.5～2年。哥斯达黎加外围的成熟个体比例更高说明本区可能是产卵场，而秘鲁和智利外围的成熟个体比例较低说明产卵位于这些区域之外（Liu et al，2013）。

3. 智利水域

智利沿岸（29°—34°S）外围的茎柔鱼胴长数据发布于1991—1994年，为770～1 030 mm（Fernández & Vásquez，1995）。Chong et al（2005）指出1993年冬季茎柔鱼有两个大小组，第一个较大（710～980 mm），第二个较小（200～440 mm），而1993年春，只有一个260～600 mm的组。2000年以后，Ibánez和Cubillos（2007）发现2003年8月到2004年1月茎柔鱼大小范围在230～930 mm，2003年春、冬季和2004年夏季在280～840 mm。在智利水域，成熟雌雄个体全年都能观测到，而在智利EEZ之外茎柔鱼全年产卵，高峰期在11月到翌年1月（Gonzáles & Chong，2006；Liu et al，2013）。

4. 智利EEZ之外的国际水域

中国的鱿钓船在2006年4月到2008年5月对智利EEZ之外（20°—41°S和74°30′—84°W）水域进行了三次调查（Liu et al，2010）。雄性的平均胴长为376 mm（257～721 mm），雌雄为389 mm（236～837 mm）。本次研究确立了两个可分辨的尺寸组——中型组和大型组，其中中型组（350～450 mm）占总渔获量的89%。雌性首次性成熟胴长为638 mm，雄性为565 mm。Liu et al（2010）发现所有检查个体都捕获于2007年3月到2008年2月，说明茎柔鱼可能全年产卵且高峰期在2007年11月到2008年1月。大部分胃含物为食物残渣。捕食对象主要有三种，即鱼类（主要是灯笼鱼）、头足类和甲壳类。有强烈迹象表明茎柔鱼存在同类相残行为。

（三）渔场

东南太平洋的茎柔鱼主要由秘鲁和智利外围的手工船以及秘鲁外围的商业鱿钓船捕捞。

表 10　1991—2012 年秘鲁水域茎柔鱼在不同纬度的胴长最小值、平均值和最大值（cm）

年份		纬度（S）															
		3	4	5	6	7	8	9	10	11	12	13	14	15	16	17	18
1991	最小				27	22	19	18	25	32	24	22		20	37	22	
	最大				42	58	61	61	95	79	47	41		51	53	58	
	平均				36.0	39.0	42.3	39.9	47.5	52.0	35.7	31.5		29.7	47.0	43.1	
1992	最小	19	22	19	19	10	19	19	22	22	19	16	19	19	22	22	25
	最大	94	109	109	100	100	94	85	73	46	55	64	70	67	55	55	103
	平均	34.4	73.0	58.9	41.5	47.4	34.9	39.8	39.0	32.3	28.6	31.5	34.7	34.7	33.2	34.9	57.4
1993	最小	15	12	15	14	14	15	20			16	15	17	15	15		59
	最大	50	50	50	53	55	46	46			86	49	49	96	104		95
	平均	34.2	31.4	33.0	29.2	31.3	33.7	32.4			28.6	28.9	27.0	35.6	65.2		82.4
1994	最小	15	12	14	17	16	18	24						23			
	最大	67	70	68	66	72	72	46						60			
	平均	39.5	40.8	36.0	40.1	44.7	49.9	31.0						36.1			
1995	最小	13	12	15	15	15	19	22	18		21	19					
	最大	58	60	53	42	50	48	36	47		41	47					
	平均	29.9	27.8	27.3	27.1	27.7	29.3	31.0	32.1		28.6	26.7					
1996	最小	12	12	17	18	17	15	20	15	15	16	16	17				
	最大	43	42	42	40	41	35	32	39	38	35	43	39				
	平均	23.4	23.6	27.2	27.8	26.7	24.1	26.8	26.0	26.6	25.3	26.3	25.5				
1997	最小	16	15	28	14	15		18									
	最大	58	51	52	57	53		42									
	平均	31.9	30.1	30.2	30.0	29.6		24.3									

（续）

年份		纬度（S）															
		3	4	5	6	7	8	9	10	11	12	13	14	15	16	17	18
1999	最小	13	15	15	19												
	最大	47	48	58	57												
	平均	27.3	29.5	36.4	38.9												
2000	最小	45	30	27	30	36	38	38				20	16	15	21		
	最大	88	98	98	84	77	56	56				55	50	49	42		
	平均	67.3	73.1	69.9	60.7	60.7	47.6	47.3				33.5	31.2	29.9	27.1		
2001	最小			54	50	28		35	24	40	28	20	21	20	21	22	
	最大			102	98	100		91	58	99	92	73	104	99	100	91	
	平均			79.4	74.4	79.7		52.6	44.1	79.9	48.5	42.0	53.6	65.7	69.7	67.7	
2002	最小			62	40	63					38	32	33	29	29		32
	最大			108	109	104					99	103	105	110	96		82
	平均			92.3	86.7	88.5					74.3	76.2	74.6	69.9	68.2		67.9
2003	最小			42	24	19	23	27	30	60			60				
	最大			99	108	111	113	111	111	106			60				
	平均			62.0	62.0	71.7	70.1	65.9	60.5	85.2			78.4				
2004	最小			20	28	25	24	24	30	28	30	27	22	17	25		
	最大			117	112	110	110	113	104	109	109	109	116	109	121		
	平均			71.7	66.4	63.2	59.9	74.0	63.7	73.4	81.7	76.8	77.1	55.2	52.0		
2005	最小		42	34	27	26	21	20	34	26	30	25	35	26	32		
	最大		114	115	113	114	117	113	110	111	117	117	108	115	109		
	平均		68.7	70.5	73.8	73.0	77.1	78.3	79.8	83.3	77.4	78.3	80.3	81.5	82.1		

（续）

年份		纬度（S）															
		3	4	5	6	7	8	9	10	11	12	13	14	15	16	17	18
2006	最小	78	52	30	37	26	24	32	37	30	29	30	33	40	45		
	最大	101	103	116	113	114	115	114	105	113	110	116	115	106	107		
	平均	90.2	85.5	84.5	78.9	69.7	77.4	79.1	66.8	79.9	76.6	77.1	76.0	70.3	75.8		
2007	最小	44	30	25	27	30	28	49	32	45		48	51	50	40	32	
	最大	108	114	119	112	113	119	110	112	110	102	102	101	97	101	98	
	平均	77.7	77.5	82.8	84.3	82.3	78.2	81.2	82.6	78.6	84.0	79.1	87.1	84.2	52.1	54.5	
2008	最小		22	21	41	31	31	61	41	40	50	30	31	27	28	50	
	最大		103	112	116	117	112	103	105	106	99	113	112	118	112	113	
	平均		78.3	75.5	78.0	84.9	78.7	87.0	80.9	87.7	77.6	75.7	83.9	78.0	80.8	82.7	
2009	最小		41	28	23	23	41	34	24	22	42	22	25	37	36	47	62
	最大		120	122	122	115	15	100	109	103	105	110	110	113	108	97	106
	平均		86.4	85.9	77.9	88.2	87.8	73.3	66.0	40.5	77.2	71.3	73.7	78.3	70.3	66.5	85.8
2010	最小		24	30	16	22	26	40				40	27	33	28	50	23
	最大		112	119	112	114	112	114				118	115	120	106	109	109
	平均		85.0	82.3	75.6	84.6	77.4	65.5				90.0	88.1	85.1	80.1	88.3	83.2
2011	最小		68	27	33	22	72	30			66	28	30	24	70		76
	最大		112	112	107	106	106	115			110	111	121	126	115		103
	平均		94.1	89.7	90.9	60.9	92.6	56.9			88.2	87.0	89.7	88.7	91.6		89.7

秘鲁沿岸外围手工船主要在北方塔拉拉（4°S）和派塔（5°S）外围附近作业，这里的渔获量占了 90%，另有 7%是来自南方的马塔拉尼（16°S）和莫延多（17°S）。剩下的较少部分（3%）来自秘鲁中部沿岸。手工渔获最多的区域位于离海岸 40 n mile 以内（图 110）。

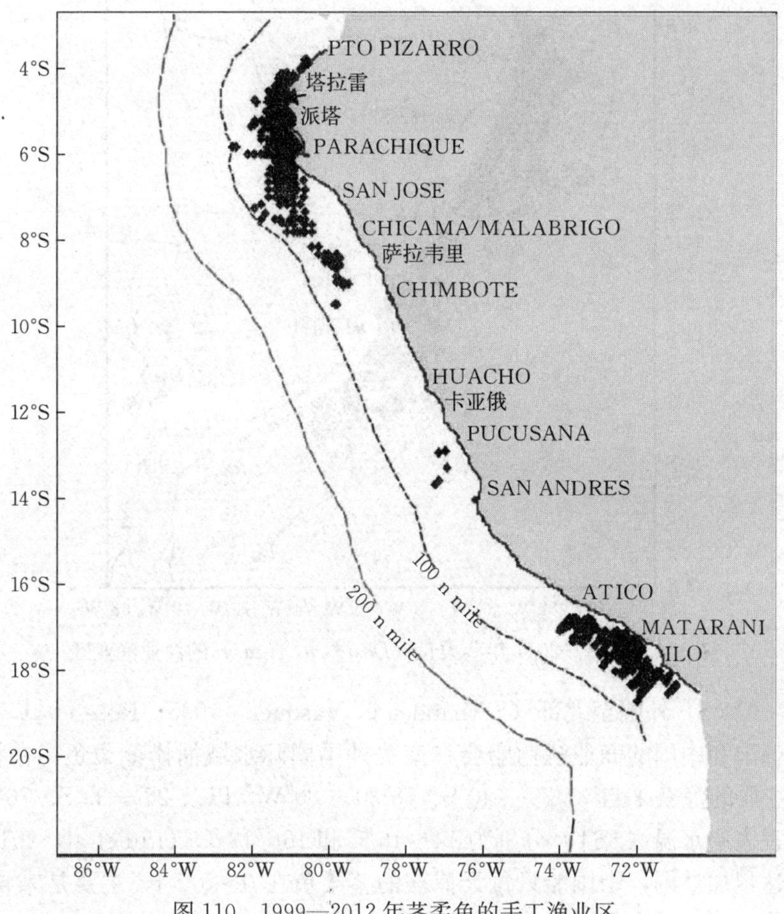

图 110　1999—2012 年茎柔鱼的手工渔业区

1991—2009 年，秘鲁外围商业捕捞会在离岸 20～200 n mile 的广阔区域内开展，之后被限制在超过 80 n mile 的水域，以避免干扰手工捕捞船（Mariátegui & Taipe，1996；Yamashiro et al，1997，1998）。鱿鱼渔业扩展到秘鲁 EEZ 以外时，鱿钓船在那里作业（图 111）。日本、中国和韩国的鱿钓船在南美外围的国际水域作业（Chen et al，2008；Liu et al，2013）。

捕获率最高［超过 10 t/(d・船)］的区域位于 4°—10°S 和 12°—16°S（Mariátegui & Taipe，1996；Yamashiro et al，1997；Taipe et al，2001；Rosa et al，2013c）。1996 年秘鲁外围茎柔鱼的渔获量和丰度逐渐下降时，船队转移向哥斯达黎加水域（Mariátegui et al，1997）。

智利沿岸外围，捕捞区域位于智利中部外围（36°—38. 5°S），Coquimbo 和 Val-

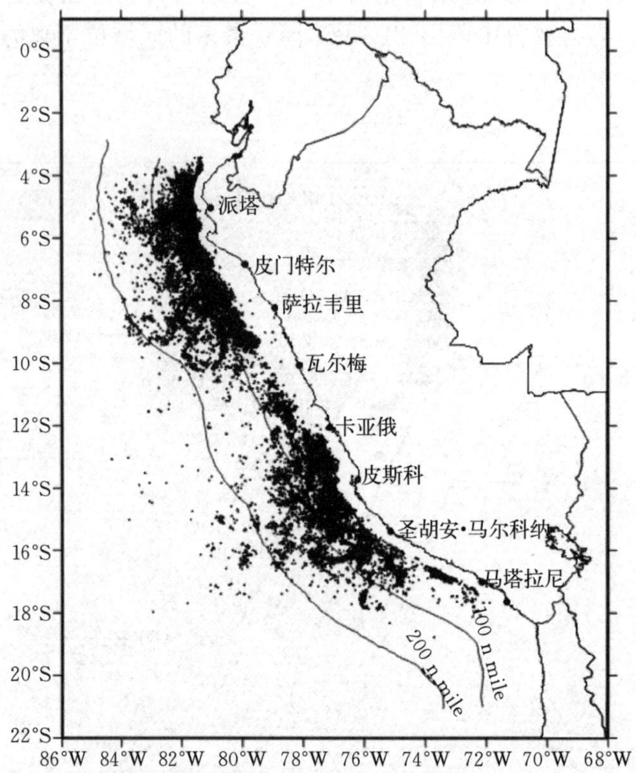

图 111 1991—2011 年茎柔鱼（*Dosidicus gigas*）的商业渔业区

paraiso（29°—34°S）外围至北部（Fernández & Vásquez，1995；Rosa et al，2013c）。另外，日本、韩国和中国的商业鱿钓船会在南美外围国际水域捕捞茎柔鱼。在智利 EEZ 水域，调查中主要的渔获来自 37°30′—40°S、78°30′—80°W，以及 25°—30°S、76°—77°30′W。捕捞区域适宜表层水温（SST）分别为 14～16 ℃和 16～19 ℃（Liu et al，2010）。

在哥斯达黎加外围，中国船只每天捕获的茎柔鱼在 0～5.5 t，主要是来自 6—8 月的 6°—9°N、91°—94°W，以及 6°30′N—7°30′S、96°—97°W。产量最高区域的海表温度在 27.5～29 ℃（Chen et al，2013a）。

（四）经济重要性

茎柔鱼支撑起了重要的经济活动，是东南太平洋的主要渔业之一。茎柔鱼不仅在秘鲁 EEZ 和智利被捕捞，同时在近海外围国际水域被中国、韩国和日本船队捕捞（Mariátegui & Taipe，1996；Mariátegui et al，1997；Yamashiro et al，1997，1998；Kuroiwa，1998；Taipe et al，2001；Rocha & Vega，2003；Acuña et al，2006；Arancibia et al，2007；Zúñiga et al，2008；Mariátegui，2009；Liu et al，2010，2013；Rosa et al，2013c）。东南太平洋茎柔鱼的年上岸量在 1990 年后开始增长，1994 年和 2000—2012 年的丰度最高（图 112）。

在秘鲁，茎柔鱼的出口从 2000 年的 6.681 8 万 t 增到 2012 年的 26.284 5 万 t，这得

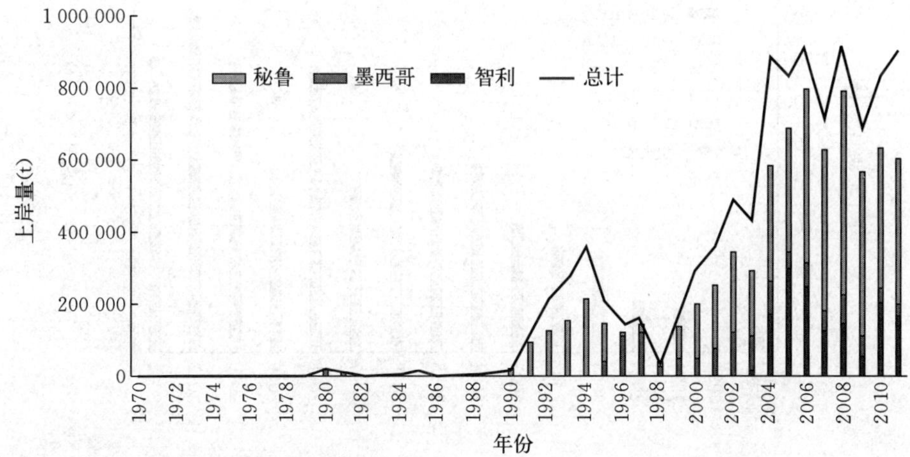

图 112　1970—2012 年东南太平洋沿岸国家茎柔鱼的上岸量

益于全球需求的增加，其中主要是中国、西班牙、日本和韩国（图 113）（National Customs Superintendent and Tax Administration-SUNAT Peru）。

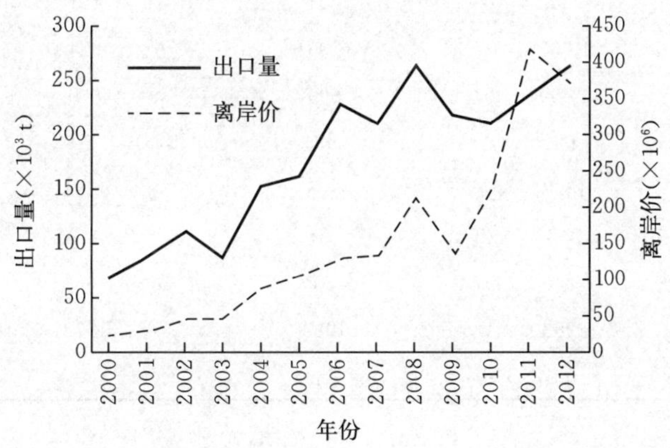

图 113　2000—2012 年秘鲁茎柔鱼的出口量及离岸价（FOB）

（五）捕捞船组成和规模

手工捕捞船中有存储空间为 1～15 m³ 的采用手工夹具的木船和存储空间为 33 m³ 的大型船，这些船捕捞鲨鱼、鲯鳅、飞鱼和其他海洋鱼类，但在鱼类减少或鱿鱼容易捕捞时它们会捕捞茎柔鱼（Rosa et al，2013c）。手工捕捞船的数量从 1997 年的 292 艘增长到近年的 3 082 艘；其中大部分存储空间为 5～15 m³，占了所有手工捕捞船的 79%。大储能的船只数量在 2008—2011 年也在增长（图 114）。

商业鱿鱼渔业船队由 250～1 000 m³ 储能的鱿钓船组成；日本的要稍大于韩国的（表 11）。船只数量在 1991—1995 年在 31～77 艘波动，其中 1993 年和 1995 年最多（Mariátegui，2009）。2003 年之后，数量降到 4～15 艘（图 115）。

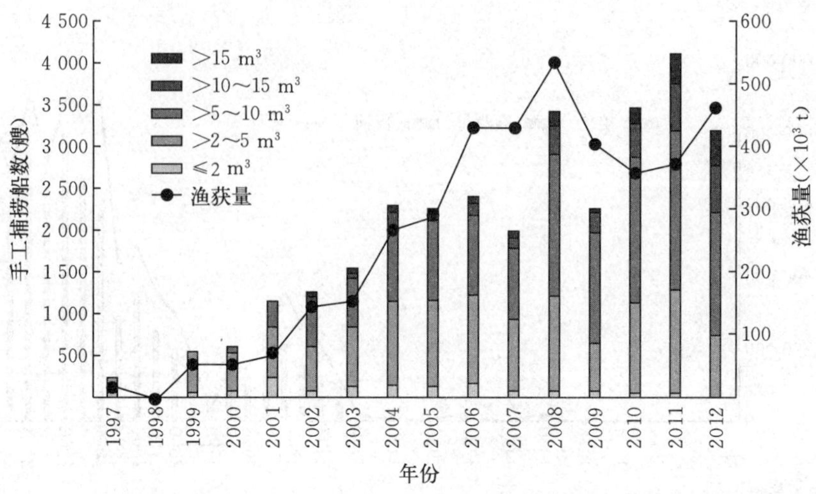

图 114　秘鲁茎柔鱼手工捕捞船的储能结构

表 11　1991—1996 年日本和韩国的商业鱿鱼渔业船队的主要特征

特征	日本船队		韩国船队	
	最大	最小	最大	最小
TRN	411	251	481	191
TBR	1 096	305	824	323
储能（m^3）	1 000	300	800	250
船长（m）	69	48	57	44.2
套管（m）	10.7	8.7	11.1	7
支柱（m）	9.3	3	4.9	3
船员数	24	20	36	27
建造年份	1988	1982	1978	1971
机器数量	56	44	52	42

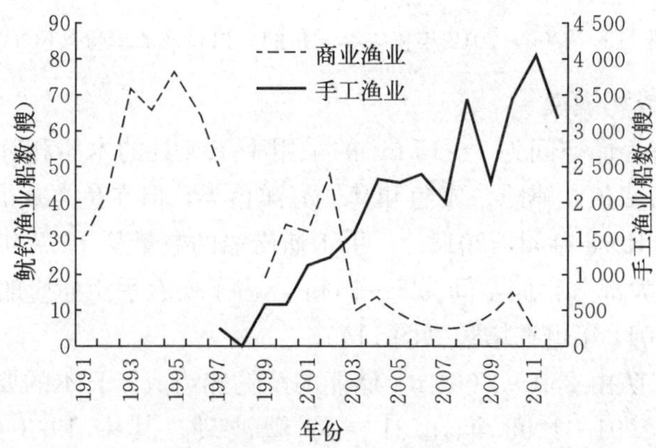

图 115　1991—2012 年秘鲁沿岸茎柔鱼的鱿钓渔业和手工渔业船数

（六）捕捞区域和捕捞季持续时间

在秘鲁，手工渔业全年在沿岸开展。商业渔业通过有效期1年的捕捞许可证来进行管理。

（七）渔获量和捕捞努力量

1964—1971年茎柔鱼作为拖网和围网渔业的兼捕渔获被报告（Benites & Valdivieso，1986）。1971年后，茎柔鱼在上岸渔获中变得少见或消失，这一情况持续到1989年。秘鲁海洋渔业研究所（IMARPE）1979年和1980年开展的调查捕捞显示，当时的资源量较低（Benites & Valdivieso，1986）。1981—1983年茎柔鱼的消失归咎于1982—1983年厄尔尼诺事件导致的食物匮乏（Benites，1985）。日本海洋渔业资源研究中心1984年后开展的研究显示，在EEZ内外有大规模的种群聚集（Rubio & Salazar，1992；Kuroiwa，1998）。

在日本和韩国的船队的参与下，秘鲁的商业性渔业始于1991年4月，其在有捕捞许可的前提下在EEZ作业。1991—1995年的渔获量在5.770 3万～16.471 5万t波动，接下来的几年（1996—1998年）由于1996年拉尼娜现象和1997—1998年厄尔尼诺现象带来的海洋条件变化，渔获量变得很低（Rosa et al，2013c）。1999年后，由于手工船更深入地参与以及商业鱿钓船数量减少，渔获量逐渐增加。2004—2012年年渔获量在32.163 6万～55.885万t波动，其中手工船渔获量占了总渔获量的90%（表12，图116）。

表12 1991—2012年茎柔鱼的手工渔业和商业渔业的年渔获量、捕捞努力量和CPUE

年份	手工渔业			商业渔业		
	渔获量（t）	捕捞努力量（航次）	CPUE（t/航次）	渔获量（t）	捕捞努力量（d）	CPUE（t/d）
1991	23 952			57 703	3 317	17.4
1992	2 762			103 785	9 114	11.4
1993	2 028			138 327	11 358	12.2
1994	45 257			164 713	6 930	23.8
1995	28 347			80 808	11 599	7.0
1996	8 138			1 650	2 530	0.7
1997	16 061			5 825	1 463	4.0
1998	547					
1999	54 647			23 731	1 347	17.6
2000	53 794	29 029	1.9	89 563	3 296	27.2
2001	71 833	39 327	1.8	103 708	3 164	32.8
2002	146 390	70 305	2.1	77 328	3 690	21.0
2003	153 726	53 941	2.8	26 803	1 097	24.4
2004	270 368	92 731	2.9	51 268	1 990	25.8
2005	291 141	98 071	3.0	47 254	1 594	29.6

（续）

年份	手工渔业			商业渔业		
	渔获量（t）	捕捞努力量（航次）	CPUE（t/航次）	渔获量（t）	捕捞努力量（d）	CPUE（t/d）
2006	434 258	123 527	3.5	43 448	1 140	38.1
2007	427 591	105 880	4.0	20 175	923	21.9
2008	533 413	119 674	4.5	25 437	833	30.5
2009	405 674	62 927	6.4	48 108	1 523	31.6
2010	355 668	50 034	7.1	32 641	1 411	23.1
2011	374 639	71 810	5.2	13 263	834	15.9
2012	461 800	62 497	7.4			

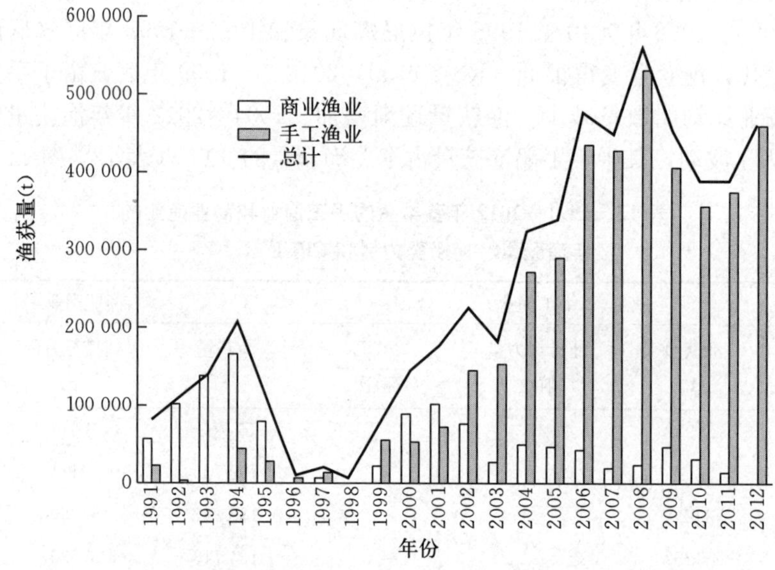

图 116　1991—2012 年秘鲁沿岸茎柔鱼的手工渔业和商业渔业的年渔获量

1991—2010 年手工渔业的渔获具有季节性特点，夏季和秋季产量较高。冬季和春节的渔获量下降，这是因为上升流加强，沿岸冷水向西扩展所致。商业船的渔获渔获有相反的趋势，冬季和春季较高。这是因为在船只作业的近海区内的资源更容易被捕获（Rosa et al，2013c）。

CPUE 每年都在变化，有两个高丰度时期，一个是 1991—1995 年，1994 年最高；另一个是 2000—2012 年。1996—1998 年出现的低丰度期和强厄尔尼诺与南方涛动（ENSO）事件对秘鲁水域的强烈影响有关。手工渔业 CPUE 逐渐增加，2009—2012 年最高（表 12）。

在智利水域，茎柔鱼的上岸时有时无（Fernández & Vásquez，1995）。捕捞是手工的，虽然底层和中上层渔业偶尔会有兼捕渔获的高丰度期，但渔获量通常较低。资源数量较高期始于 2002 年，最高为 2005 年的 29.695 4 万 t，尤其是来自围网和底拖网渔业（图 117）（Rosa et al，2013c）。Zúniga et al（2008）给出了 2002—2005 年月捕捞数据的一般季节模态，并提出这种波动可能和繁殖能力有关。

图 117　1987—2011 年智利沿岸茎柔鱼的渔获量
（数据来自智利 SERNAPESCA）

2001 年 6—9 月，中国大陆地区的鱿钓船对秘鲁和哥斯达黎加外围公海的茎柔鱼开展了首次调查，此后开始了商业开发，年渔获量达 17.777 万 t。2004 年，大量中国大陆地区的鱿钓船在 4 月后进入秘鲁 EEZ 外的公海，年输出达 20.56 万 t，平均每艘船 1 728 t；2005—2010 年，年渔获量在 4.6 万 t 到 14 万 t；2011 年和 2012 年，这一数字增长到 22 万～25 万 t（图 118）。

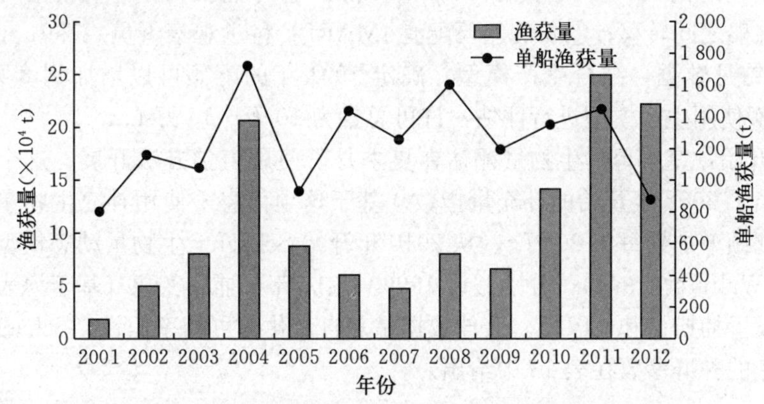

图 118　中国大陆地区的鱿钓船在东南太平洋水域的茎柔鱼渔获量和单船渔获量

2002—2011 年，中国台湾地区的鱿钓船年渔获量在 2002 年的 1.2 万 t 到 2004 年的 3.9 万 t 波动，平均年产量约 2.1 万 t（图 119）。同期每年捕捞船只数量在 13～29 艘。这些渔船的捕捞区域位于 5°—40°S，特别是在 10°—30°S 和 75°—85°W。2002—2006 年这些船的捕捞季是在 5—8 月，但 2007 年至今全年作业。

（八）资源评估和管理

秘鲁水域的茎柔鱼大规模渔业在 1991 年开始之后便使用配额进行管理。首个配额由 1989 年 11—12 月和 1990 年 6—7 月渔获记录的相对资源量数据（CPUE）推算得出。起

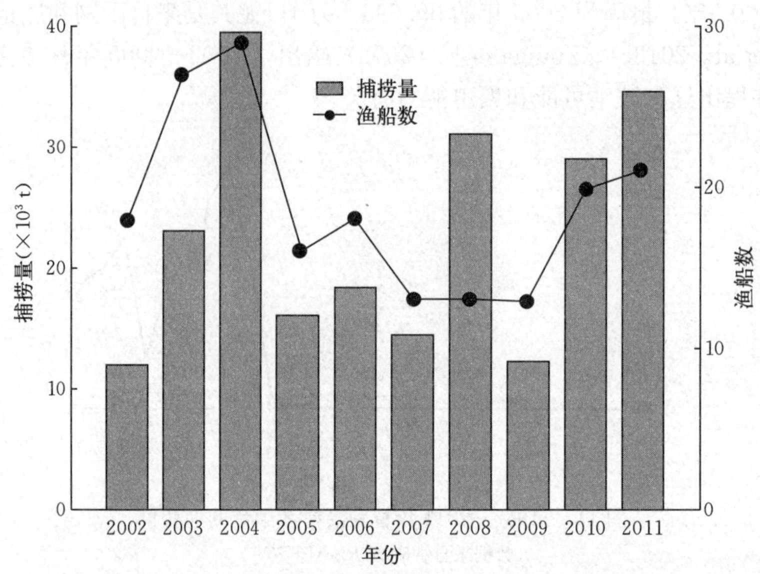

图 119　2002—2011 年中国台湾地区远洋鱿钓渔业在东南太平洋水域茎柔鱼的捕捞量和渔船数

初 CPUE 为 258.61 kg/h、53.83 kg/船和 8.35 kg/h，之后为 506.8 kg/h、117.2 kg/船和 9.79 kg/h。在这种水平的捕捞努力量下，1991 年评估的初始配额为 5 万 t。同时还确定①茎柔鱼的捕捞应该限制在离岸 30～200 n mile；②最多 20 艘船；③捕捞只能使用两个鱿钓机，禁止使用网具；④最小胴长为 320 mm，意外捕获的小个体比例不超过 20%；⑤禁止渔获在船之间转移；⑥每艘船要配有 IMARPE 科学观察人员。1991 年 8 月，使用 4—8 月的鱿钓月数据，结合生产模型，确定 1991 年的配额可以增加到 8 万 t。1992—2001 年的配额使用生产模型进行评估，许可总量为 10 万～15 万 t。

1999 年开始，茎柔鱼的生物量评估在夏季月份使用声学方法开展。这个信息和其他数据一起算出了 2002 年开始的补充量指数。基于这项信息，使用补充生物量映射方法确立了将捕捞配额增加到每年 30 万 t。从 2010 年开始 Schaefer 生物量动态模型开始被应用（Hilborn & Walters，1992），分别假设 1999—2011 年可捕率变化（基于海表温度）和可捕率不变来设置捕捞量和 CPUE。最佳数据是来自变化的可捕率假设。Schaefer 动态模型算出的茎柔鱼的种群参数在表 13 中给出。

表 13　Schaefer 动态模型评估的茎柔鱼种群参数

种群最大环境容纳量（t）	3 000 000
种群内禀增长率	1.763
可捕系数（平均）	0.000 010 0
MSY（t）	1 322 019
最优捕捞努力量（d）	87 880
生物量（<200 n mile）（t）	2 032 283
MSY（<200 n mile）（t）	2 032 283

生物量评估显示2001—2011年秘鲁水域的茎柔鱼资源在251万～296万t，其中评估MSY为99.1514万t（表13）。通过捕捞死亡率（F）测得的开发强度在1999年后稳步增长，没有超过参考点（FMSY）。

（九）保护措施

秘鲁渔业通过渔业捕捞数据和资源调查获得年捕捞配额进行管理。鱿钓船需要政府颁发的许可证，政府会使用卫星跟踪系统来控制和监测。船只必须携带一名科学观察员来记录渔业数据。

在智利，茎柔鱼渔业管理始于2012年，包含了限制准入、渔获专门用于人类消费、基于过去10年上岸数据调整TAC以及将渔获分为商业（20%）和手工渔业（80%）等。

南太平洋区域渔业管理组织（SPRFMO）2012年8月24日成立。茎柔鱼、柔鱼和鸢乌贼3个鱿鱼种类在南太平洋公海受到SPRFMO的管理。所有渔船必须遵守SPRFMO的管理措施。严格的船只监测和报告目前是必要的（Rosa et al，2013c）。

（十）茎柔鱼的全球市场发展

1. 茎柔鱼利用开始

茎柔鱼已经成为全球最重要的经济鱿鱼种类。截至20世纪80年代，由于本身质量问题，它很少被利用。1993年联合国大会暂停公海柔鱼流刺网渔业之后其供应减少，此时茎柔鱼在日本和韩国的经济重要性开始增加（Miki & Sakai，2008；Miki & Wakabayashi，2010）。

20世纪90年代初日本鱿钓船的柔鱼上岸量也在逐渐下降，日本的鱿鱼加工开始使用远洋鱿钓船捕捞的或从秘鲁进口的茎柔鱼。起初，由于茎柔鱼肉中富集氯化铵导致其在传统鱿鱼加工业中的用途并不广泛，但日本发明了去除氯化铵的方法，使得以腌制、油炸、鱼排等形式出现的茎柔鱼产品产量大增（Yamanaka et al，1995）。20世纪90年代中期，对茎柔鱼的需求增加也导致秘鲁加工业的发展，如鱿鱼鱼片加工。秘鲁现在将这些产品出口至很多国家（包括日本）。

茎柔鱼现在被广泛应用于日本的产品加工，与太平洋褶柔鱼类似。这些产品中有"sakiika"鱿鱼干、"shiokara"腌制鱿鱼和用鱿鱼爪替代墨鱼爪的冷冻混合食物（Wakabayashi et al，2009）。

在韩国，自20世纪90年代初，来自远洋鱿钓渔业的茎柔鱼就被用于制作"saki-ika"。1994年后，一些韩国的公司在墨西哥建立了加工厂，在当地将小型渔业上岸的鱿鱼加工成"saki-ika"并出口韩国（Miki et al，2010）。韩国"saki-ika"产业在1997年由于亚洲金融危机而逐渐萎缩。"saki-ika"产业的中心现在从韩国转移到了中国和日本，特别是在中国，"saki-ika"已经成为主要出口产业。

2. 茎柔鱼用途扩展

20世纪90年代末由于多种原因，日本和韩国发明的加工方法传播到了全世界。首先，秘鲁、墨西哥和智利的鱿鱼加工厂开始增多，特别是茎柔鱼资源最丰富的秘鲁。然后，从沿海发展中国家进口的初级产品经再加工成为符合本国消费需要的产品，如西班牙和中国。中国通过加工捕捞或进口鱿鱼然后再出口，对鱿鱼消费在全球的扩展贡献颇多。西班牙曾经向欧盟市场提供阿根廷滑柔鱼的鱿鱼圈，现在也开始提供茎柔鱼的鱿鱼圈，这比阿根廷滑柔鱼要便宜。故此，全球对茎柔鱼的需求量逐渐增加。

茎柔鱼在全球鱿鱼市场供应和消费扩张中起到了很重要的作用。在传统鱿鱼消费国如日本，低价格的鱿鱼促进了新产品加工的发展，这也使得需求增加，例如茎柔鱼可用来替代柔鱼（Wakabayashi et al，2010）。在通常以鱿鱼圈的形式消费鱿鱼的欧盟国家，阿根廷滑柔鱼已经被替换为茎柔鱼。在日本和欧盟，茎柔鱼的价格较低是加工者转向它的重要原因。如果柔鱼或阿根廷滑柔鱼的资源增加且价格下降，那么市场对茎柔鱼的需求可能会下降。同样，如果开始开发未利用和低价值的鱿鱼资源，如印度洋的鸢乌贼，那么市场对茎柔鱼的需求就可能下降（Yatsu，1997；Yatsu et al，1998a；Chen et al，2007）。

第三章

鱿鱼渔业与生态系统之间的相互影响

渔业和生态系统之间的相互影响有两个方面。一方面，渔业可以通过一系列方式对生态系统造成巨大而持久的改变，例如捕捞设备对海床和底栖生物造成的毁灭性影响；兼捕渔获中海鸟、海豹和鲸类被捕获；不计后果的捕捞目标种以及该物种减少后对其捕食者和饵料生物的影响。所有这些效应都会影响生态系统的自然平衡和能量转换，因为多个种类会同时成为目标种。另一方面，在受到人为和气候变化驱动的生态系统中，污染物、水下噪声和油气平台的出现、风电场等都会影响渔业。

一、捕捞设备对生态系统的影响

渔业对生态系统最显而易见的影响就是由捕捞设备直接造成的影响。世界上最大的柔鱼渔业采用的是灯光诱捕鱿钓。较大型的鱿钓灯输出功率可能有 300 kW 或更高，在美国国防卫星图像上甚至能看到鱿钓船（Rodhouse et al，2001）。从图像上可以看到主要的灯光鱿钓渔业从西北太平洋（黑潮）开始，跨越中国东海大陆架和南中国海，到新西兰附近，再到洪堡特流系（特别是秘鲁外围）和巴塔哥尼亚陆架及陆架边缘的大西洋西南区（智利和福克兰流）。尽管全球灯光诱捕鱿钓渔业的规模巨大，但捕捞鱿鱼的鱿钓设备似乎对生态系统的破坏不大。这类设备不会接触海底，也就不会捕到海鸟或海洋哺乳动物等兼捕渔获（Gonazález & Rodhouse，1998；Laptikhovsky et al，2006）。这是因为鱿钓机是专门设计用来抓住鱿鱼的触手，而不会捕捉其他海洋生物。因为没有诱饵，鱿钓机也不吸引海鸟。渔获上船时鱿钓机也不会被损坏，且渔获通常直接从海水进入工作台，所有不会有废弃物，船上或周围也不会像其他拖网渔业一样有破损的鱿鱼吸引捕食者和食腐动物。不过，鱿鱼在上拉过程中会吸引鲨鱼等捕食者，它们可能会将鱿钓机和鱿鱼一起吞下而破坏绳索（Lipinski & Soule，2007）。

不过，灯光有时确实会在夜晚和雾天吸引海鸟到船上停留直至天亮。昆虫群也经常出现，特别是鱿钓在近岸作业的时候，这可能有害，但没有数据来量化这种污染的破坏程度。同样，浮游和游泳生物都会和鱿鱼一起受到灯光的吸引，但没有数据说明是否对这些生物有影响。目前也没有人研究灯光对于浮游植物的影响，而浮游植物可能会对夜间海面上突然的强光存在局部或较大范围的敏感性。

拖网的渔获选择性远不及鱿钓，尤其是底拖网，对海床和底栖生物以及目标生物和兼捕生物都造成广泛而严重的破坏（Løkkeberg，2005）。虽然中上层拖网避免损坏海床和底栖生物，但仍存在兼捕渔获的问题。拖网渔业主要目标鱿鱼种类有双柔鱼、皮氏枪乌贼和巴塔哥尼亚枪乌贼。特别需要关注的是，新西兰海狮（*Phocarctos hookeri*）经常成为双柔鱼拖网渔业（其使用带有高艏缆的底拖和中上层拖网）的兼捕渔获物。海狮主要在南极洲边缘岛屿、奥克兰群岛到新西兰南部繁衍生息。这是世界上最稀有的且大部分分布于当地的鳍足类动物。1995年开始，在奥克兰群岛以外12 n mile的海洋哺乳动物保护区内禁止拖网，2003年该区域又升级成为禁捕区，但海狮的繁殖率在1998—2006年的8年里依旧下降了30%（Chilvers，2008）。目前，政府每年会设置兼捕渔获限制，一旦触及限制，渔业就会被关闭。最近，一种生物经济方法被提出，该方法将鼓励在鱿鱼密集而海狮稀少的海域增加捕捞努力量（Kahui，2012）。

鱿鱼拖网渔业通常和使用拖网捕捞其他鱼类的渔业一样存在兼捕问题。1977—1988年在美国东部沿岸外围捕捞皮氏枪乌贼和滑柔鱼的外国拖网船对捕杀一些鲸类负有责任，特别是座头鲸、海豚、小须鲸、脊美鲸和驼背鲸（Waring et al，1990）。最近在皮氏枪乌贼的兼捕渔获中，特别是未达规格的鲷、鲳和比目鱼数量巨大。这些鱼是具有商业和娱乐价值的种类。通过改进拖网设计可以使兼捕渔获减少。这些改进是利用鱿鱼和其他鱼类在网中的不同习性，将它们分离并允许鱼类逃脱（Glass et al，1999）。但这类问题复杂，难以引进有效的缓解措施，仅靠改进设备难以解决（Powell et al，2004）。

其他地区，马尔维纳斯群岛的巴塔哥尼亚枪乌贼拖网渔业，总渔获中约有6%是兼捕渔获，其中一半都是经济物种，包括红鳕、狗鳕、羽鼬鳚、长尾鳕、蓝鳕、鳐和阿根廷滑柔鱼；其他兼捕渔获则由其他鱼类和无脊椎动物组成（Laptikhovsky et al，2006）。

还有很多其他类型的网具被用于鱿鱼渔业（Rathjen，1991）。一些地方使用手工设计的网具；其他地区使用较大尺寸的网具。南加利福尼亚外围的乳光枪乌贼渔业采用从西西里引进的方法，在鱿鱼聚集到产卵地时使用带有灯光的围网进行捕捞。加州海峡岛屿附近的灯光围网渔业会引起灯光照射范围内筑巢海鸟的骚乱。有迹象表明，鸟巢被抛弃和雏鸟被捕食的情况在增多，导致加利福尼亚渔猎立法委员会要求船只限制灯光输出功率并加装护罩（Barsky，2008；http://nrm. dfg. ca. gov/FileHandler. ashx? DocumentIDD34405）。

20世纪70年代，北太平洋出现了捕捞柔鱼的流刺网渔业。到20世纪80年代，年渔获量达到40万t的峰值（Murata，1990）。不过，这种捕捞对海洋生物具有破坏性，导致环境严重退化。大量商业种类和海洋哺乳动物、海鸟和海龟构成的兼捕渔获十分常见，而且如果网具一旦丢失，它们依旧会捕捞和杀死海洋生物，成为海中幽灵（Alverson et al，1994）。1991年联合国禁止了该渔业（http://www. un. org/documents/ga/res/46/a46r215）。

二、鱿鱼在底层过度捕捞的生态系统变化中的作用

寿命短、生长快速以及繁殖率高，使得鱿鱼成为生态系统中的机会主义者。一旦环境条件适宜，它们就能快速地增加种群数量。Caddy（1983）首次提出头足类通常在生长缓慢和繁殖率低的鱼类被过度捕捞的生态系统中能够增加种群数量。来自鱼类捕食压力的下降使得头足类可以填补鱼类留下的空白。之后，Caddy和Rodhous（1998）展示了来自FAO上岸量统计的证据，一些严重过度捕捞的区域，头足类资源有所增加。在一个头足类渔业（撒哈拉浅滩）中，有更细节的证据表明捕捞压力会使生物群落发生改变，但这里

的改变不像FAO上岸统计中的那么大（Balguerías et al，2000），其改变似乎是由多种因素包括经济获取、海洋变化和食物竞争引起的。

Field et al（2007）陈述了1997年ENSO事件后东太平洋茎柔鱼分布范围和种群规模的主要变化。这些变化与区域内气候及海洋变化、高强度捕捞所造成的顶级鱼类捕食者（金枪鱼和旗鱼）和太平洋鳕减少等息息相关（Zeidberg & Robison，2007，2008）。其他研究人员则认为变化可以单用生态系统上行效应的胁迫来解释，且茎柔鱼的数量是在1997年后增长，当时金枪鱼资源处于相对较高水平（Watters et al，2008）。其结果也显示鱿鱼对上行效应的控制要比对下行效应更敏感（Watters et al，2003）。

考虑到海洋生态系统的复杂性，若将一个要素的变化（以鱿鱼为例）拿来做详细分析，就很难将其孤立成一个单一的驱动力。在过去两个世纪中，大部分海洋生态系统的巨大变化几乎都是直接或间接地由目标渔业、兼捕渔获或驱动全球气候变化的人为因素导致鱼类、海鸟、鲸、海豹减少所造成的。后者还在进一步引起变化。人们需要采取全面的、跨学科的方法来进行观测并采用海洋模型系统来解决鱿鱼种群和渔业变化问题。

三、基于生态系统的渔业管理（EBFM）

EBFM始于20世纪80年代初，当时CCAMLR（南极海洋生物资源保护委员会）的成立回应了国际上对南极磷虾渔业对南大洋生态系统所受威胁的关注。关注集中在磷虾捕食者所受的威胁，包括须鲸、海豹和海鸟。委员会的目标是保护（包括合理利用）南大洋生物资源，原则有三：保证捕捞资源的稳定补充、维持生态关系和防止生态系统出现不可逆变化（http://www. ccamlr. org/en/organisation/camlr-convention-text）。

到2000年，全球捕捞量持续下降了超过10年，这说明某些时候保护性的渔业管理措施在很多地方都是失败的。这使得有人呼吁对渔业管理采取激进的再评估，并采用整体的海洋资源管理方法和使用基于生态系统的管理方法（EBM）（Larkin，1996；Link，2002，2010）。10年后，这种多方面的方法已经嵌入渔业管理理念，并被广泛但非全面地接受。EBM区别于传统的资源管理，其为整个生态系统指定管理策略，而不是针对生态系统中的某个成员（Link，2010）。这种基于生态系统的方法的核心就是要考虑所有能够影响生态系统和生态系统中的资源要素，包括生态和经济互动。

在EBFM中，鱿鱼既是渔业的目标生物，也是生态系统中的关键组成部分。生态系统中的其他物种渔业同样实施EBFM方法。南大洋出现了七星柔鱼（*Martialia hyadesi*）渔业，CCAMLR基于该物种的捕食者包括齿鲸类、海豹和海鸟的消费量实施了预防性管理措施（Rodhouse，1997）。在其他地区，茎柔鱼种群规模的变化是加利福尼亚湾饵料渔业EBM中的一个要素（Bakun，2009）。

EBFM正被用于蒙特雷湾、加利福尼亚的乳光枪乌贼渔业，加利福尼亚州海洋渔业合作调查项目（CalCOFI）在这里收集了超过60年的大量生态学数据（http://www. calcofi. org/）。此外，头足类包括鱿鱼已经成为美国东北沿岸外围乔治斯浅滩和澳大利亚东南水域渔业整体生态系统管理方法所考虑的一部分（Brodziak & Link，2002；Smith et al，2007）。

不管是否将鱿鱼视作生态系统要素或作为渔业的目标，都有一些问题需要关联到

EBFM。首先要考虑它们在海洋食物网中的作用，特别是作为脊椎动物门的捕食者的食物。由于鱿鱼的生命周期短，鱿鱼的捕食者会在特定季节和特定地区拥有年际丰度循环。鱿鱼种群的自然变化会对这些捕食者施加压力，但密集捕捞在空间和时间上协同捕食者活动，可能会加强这种压力。

如上所述，饵料种类如鱿鱼（很多顶层捕食者的食物）可以占据中间营养级，作为多种生物的共同食物，连通低端和高端营养级的能量或生物（Rice，1995）。它们是生态系统中现存生物量的重要组成部分，通常既受到捕食压力也受到商业捕捞压力影响。多个研究发现，当作为饵料生物的消费增加时，传统资源评估中，作为该种类总死亡率一部分的捕食死亡率就会被低估（Hollowed et al，2000；Moustahfid et al，2009b）。由于捕食和捕捞死亡率随时间、空间和个体发育而改变，总死亡率就有可能集中到某个很短的时间内并导致当地资源衰竭（Tsou & Collie，2001；Staudinger，2006；Staudinger & Juanes，2010）。

科学家的另一个共识是，尤其是对于饵料物种，对传统假设采用考虑捕食死亡率的仔细检查是有必要的，因为它们的主要捕食者（底层鱼类、大型中上层鱼类、海洋哺乳动物、海鸟等）的丰度可能会因需要恢复到符合法律要求而在接下来的几年中有所增加（Overholtz et al，2008；Moustahfid et al，2009a）。图 120 显示了当对饵料物种如西北太平洋近岸的枪乌贼进行管理时，捕食者和渔业捕捞之间达成的平衡。显然，如果商业开发和捕食不是同步而是全年动态变化，那么假设自然死亡率不变的传统单一种模式将会高估资源的恢复潜力（Moustahfid et al，2009a，2009b）。

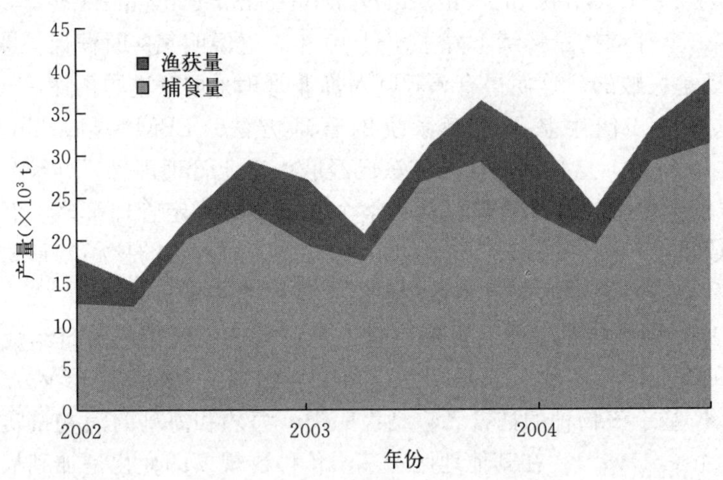

图 120　西北大西洋皮氏枪乌贼 5 年平均死亡率下的预计季度产量

（数据来自 Moustahfid et al，2009a）

生命周期短、生态机会主义和对环境敏感都会造成鱿鱼的资源变化，这使得区分鱿鱼资源衰退是自然因素还是捕捞造成的变得很困难。美国和加拿大东海岸的滑柔鱼渔业崛起于 20 世纪 70 年代末 80 年代初，但在 80 年代末迅速下降，容易看出是捕捞压力造成的。不过，太平洋褶柔鱼、阿根廷滑柔鱼和茎柔鱼的变化伴随着高强度捕捞压力，而这种压力下低生物量资源并没有得以恢复。一个具备合理基础的 EBFM 会比较有效，所以有必要区分自然发生的环境变化和捕捞压力造成的生物量变化。

在海洋保护区，保护鱿鱼资源的措施依赖于关键种，特别是枪乌贼和柔鱼这两个在食物网中有不同生命周期、习性、行为和地位的种类。枪乌贼属于栖息于沿岸或大陆架上的物种，对海床的依赖性极强，那里是它们产卵和生命周期中短期迁徙的地方。柔鱼更靠近远洋，在中层水域产卵，进行长途迁徙（Young et al，2013）。枪乌贼资源可能在一个MPA中度过大部分或一生时间，保护需要着眼于产卵场保护、产卵生物量维持和其他物种渔业的兼捕渔获规范。柔鱼可能会在MPA内外和之间迁移。它们在经过高强度捕捞区域的时候十分脆弱，需要受到保护。考虑到它们的捕食者，当它们处于或接近被密集捕食的区域，特别容易成为捕食者的食物时，需要对它们保护。

简介中所列的未充分开发和未开发的具有渔业潜力的鱿鱼种类都是大型远洋种类。这些种类在中层或中上层水域栖息，十分依赖生态系统中的中间层鱼类，特别是灯笼鱼科，人们对这种鱼类的了解很少。未来要对这些渔业进行有效管理就需要获取它们的生物学和生态学知识以及它们所依赖的生态系统知识。

第四章

结　论

过去几十年里，全球的鱿鱼总捕捞量稳定增长，但近10年内，FAO的数据表明全球鱿鱼总捕捞产量趋于稳定（表1）。在总体稳定的情况下，不同物种间却有着很大区别。例如阿根廷滑柔鱼（*I. argentinus*）的产量在2004—2007年的4年里增长超过了5倍。仅从数据上无法判断全球变化趋势，因为当前渔业已处于充分开发状态，市场条件可能在其中起到了一定的作用，也可能有环境的影响在其中。考虑到鱿鱼在海洋生态环境中的地位，未来对全球捕捞量进行监测和研究将是十分必要的。如果未来产量降低趋势明朗化，将有必要对单个资源进行谨慎管理，同时必须最大化利用渔获以避免浪费，让达到增长极限的产业获取最大化的经济利益。

目前不同区域鱿鱼资源评估和渔业管理是不一致的，如果能够采用标准化的方法，尤其在主要渔业上，将会有诸多好处。Caddy（1983）提出的方案在今天依旧有效且具有优势，因为它的执行成本相对较低，且可以对渔业进行实时管理。这对于鱿鱼等短寿命的不稳定资源尤为重要。它可以成为一个良好的起点，区域解决方案可以在此基础上展开。该方法需要有对管理物种的生活史、迁徙模态、资源结构的良好科学认知作为支撑。很多情况下这种认知都不完全，进一步的基础研究仍是有必要的。

虽然最近已经取得了重大进步，但是环境对补充率及资源丰度年际变化的影响的认知仍是粗略的（Rodhouse et al，2014）。提升对环境变化影响的认识至少可以粗略地对下一季的资源进行补充预测，也将奠定预测长期气候变化对鱿鱼资源潜在影响的基础。

在过去30年里，对于鱿鱼作为脊椎动物食物组成积累了很多认知。不过，不同方法得到的结果不一致，如较方便的胃含物分析、鱿鱼喙等代表生物量组织的确认和量化以及捕食者脂肪组织中的脂肪酸分析，包括哺乳动物（捕食者）的乳汁（Rodhouse，2013）。由于这些数据在基于生态系统的渔业管理框架下将会变得越来越重要，所以有必要解决这些矛盾。鱿鱼的食物组成所受到的关注较少。一部分原因是很难辨别鱿鱼的胃含物，但如果使用DNA技术进行食物辨别，这个问题将迎刃而解。

Pauly et al（1998）指出海洋渔业的变化可以理解为一个强迫的、营养金字塔下可量化的捕捞量变化。这种观点最开始被Caddy和Garibaldi（2000）质疑，此后Hilborn也从另一方面进行质疑（Pauly et al，2013）。头足类的捕捞量，特别是鱿鱼的捕捞量，在此次辩论中被视为有效证据。三种开发力度最大的鱿鱼都是经典的例子，其中太平洋褶柔鱼（*T. pacificus*）已经开发超过100年（其间丰度波动巨大）；阿根廷滑柔鱼开发超过30年；茎柔鱼（*D. gigas*）开发超过20年。这三种鱿鱼全部都处于营养金字塔中层。有人认为食物链的概念应用到机会主义捕食者身上时应该进行修正。这三种鱿鱼渔业的例子不足以充分证明 Pauly et al（1998）的观点是错误的，但他们要推出其结论也为时尚早。他们的假设可以针对性地应用到某些数据和情形下，但不能一概应用到所有情形中（Caddy & Garibaldi，2000）。

鱿鱼渔业和海洋生态系统之间的关系十分复杂，包括鱿鱼生物量损失所带来的影响。鱿鱼既是脊椎动物的关键食物，又对它们的食物种群有很大的季节性影响，所以非可持续性的开发将会在大范围内影响整个食物网。

鱿鱼在生态系统中的地位改变受诸多因素影响，包括底层鱼类资源过度开发所带来的影响、其他捕食者种群数量波动的影响和不同时间尺度的环境变化影响，包括长期气候变化的影响。未来区分这些影响因素，针对鱿鱼资源变化，渔业管理做出适当的反应将是重要的科学挑战。

使用大尺度海洋信息来管理生态系统中的可再生资源，包括鱿鱼，是十分明智的。可以想象，大型高产的系统（如洪堡特流系统）可能会成为第一个根据生态系统方法来达成渔业（EAF）标准和策略的系统。早期的任务将是使用不同输入参数和在不同环境背景下模拟这些系统的能量平衡。出于实用考虑，营养金字塔关联的海洋生态系统控制、食物转换能量和食物网关联模型在鱿鱼和鱼类管理中很少使用。不过，它们却是理解生态系统动态的关键所在。随着渔业生态系统管理的发展，鱿鱼专家既需要加深对海洋生态系统和其中鱿鱼地位的已有认识，还需要开发出能够敏锐反映生态系统所需的鱿鱼渔业管理方法。

基金资助

本书的开放获取权得到了挪威海洋制药公司的资助，该公司专注于滋补药市场，主要通过提取鱿鱼的 ω－3 脂肪酸进行加工。

补充资料

本书补充数据可访问出版社网站，该文件包括作者名单和他们贡献的文章章节。

参 考 文 献

ABARES. Australian fisheries statistics 2010，Canberra（2011）.

Abdussamad，E. M.，K. R. Somayajulu. Cephalopod fishery at Kakinada along the east coast of India：Resource characteristics and stock assessment of *Loligo duvauceli*. Bangladesh J. Fish. Res.，8（1）：64－69（2004）.

Abraham，E. R. Summary of the capture of seabirds，marine mammals，and turtles in New Zealand commercial fisheries，1998—1999 to 2008—2009. New Zealand Aquatic Environment and Biodiversity. Report 80（2011）.

Acuña，E.，L. Cid，J. C. Villaroel，M. Andrade. Artisanal catches of jumbo squid *Dosidicus gigas* off Coquimbo，Chile and their relation to environmental variables. In：Report of a GLOBEC-CLIOTOP/PFRP Workshop（16－17 November 2006）Honolulu，Hawai，USA.（Olson J. W，Ed.）. GLOBEC Rep.，24：57－61（2006）.

Adachi，T. The result of questionnaire survey on catch statistics of big fin reef squid. Fukui prefectural fisheries experimental station（1991）［in Japanese］.

Adamidou，A. Commercial fishing gears and methods used in Hellas. In：State of Hellenic Fisheries，p. 118－131.（Papaconstantinou，C.，A. Zenetos，C. Vassilopoulou and G. Tserpes，Eds.）. SoHelFi，HCMR Publications，Athens（2007）.

Agnew，D. J.，R. Baranowski，J. R. Beddington，S. des Clers，C. P. Nolan. Approaches to assessing stocks of *Loligo gahi* around the Falkland Islands. Fish. Res.，35：155－169（1998）.

Agnew，D. J.，S. Hill，J. R. Beddington. Predicting the recruitment strength of an annual squid stock：*Loligo gahi* around the Falkland Islands. Can. J. Fish. Aquat. Sci.，57：2479－2487（2000）.

Akabane，M. K.，Takanashi，T. Suzuki. On the 1978 fishing conditions of neon fiying squid. Survey report on development of fishing grounds by squid jigging. Aomori Pref. Fish. Exp. Sta. Ⅳ：1－21（1979）［in Japanese］.

Akimoto，S. The utilization of the fisheries resources of *Loligo edulis* in Chikuzenkai. Bull. Fukuoka Fish. Exp. Stn.，（18）：17－140（1992）［in Japanese］.

Alagarswami，K.，M. M. Meiyappan. Prospects for increasing cephalopod production of India. In：CMFRI Bulletin：National Symposium on Research and Development in Marine Fisheries Sessions Ⅰ & Ⅱ 1987，44（Part-1）. p. 146－155（1989）.

Alarcón-Muñoz，R.，L. Cubillos，C. Gatica. Jumbo squid（*Dosidicus gigas*）biomass off Central Chile：effects on Chilean hake（*Merluccius gayi*）. California Coop. Ocean. Fish. Inv. Rep.，49：157－166（2008）.

Aldrovandi，Ulysse. De Reliquis Animalibus Exanguibus Libri Quarto. Bologna，Italy（1606）.

Alejo-Plata，M. C.，G. Cerdenares-Ladrón de Guevara，J. E. Herrera-Galindo. Cefalópodos loligínidos en la fauna de acompañamiento del camarón. Ciencia y Mar，5：43－48（2001）.

Alexeev，D. O. On possible approaches towards fishery management for the commander squid Berryteuthis magister stocks with consideration of the functional structure of its populations' distribution areas. In: Proceedings of the All-Russian Conference dedicated to the 80th Anniversary of KamchatNIRO: 249 - 257 (2012) (In Russian).

Alidromiti, C. , E. Lefkaditou, S. Katsanevakis, G. Verriopoulos. Age and growth of *Alloteuthis media* (Cephalopoda: Loliginidae) in Thermaikos Gulf. 9 th Hellenic Symposium on Oceanography and Fisheries, Patras, Greece, 13 - 16 May 2009. Proceedings volume: 844 - 849 [in Greek, with English abstract] . (2009). Available at http://symposia. ath. hcmr. gr/oldver/symposia9/Book2/0844. pdf.

Alverson, D. L. , M. H. Freeberg, J. G. Pope, S. A. Murawski. A global assessment of fisheries bycatch and discards. FAO Fisheries Technical Paper. No. 339. Rome, FAO. 233p (1994).

Amaratunga, T. Biology and distribution patterns in 1980 for squid, *Illex illecebrosus*, in Nova Scotian waters. NAFO SCR Doc. 81/VI/36, Ser. No. N318 (1981b).

Amaratunga, T. The short-finned squid (*Illex illecebsrosus*) fishery in eastern Canada. J. Shellfish Res. , 2 (2): 143 - 152 (1981a).

Amaratunga, T. , M. Roberge, L. Wood. An outline of the fishery and biology of the short-finned squid *Illex illecebrosus* in eastern Canada. In: Proceedings of the workshop on the squid *Illex illecebrosus*, p. (Balch, N. , T. Amaratunga, and R. K. O'Dor, Eds.). Dalhousie University, Halifax, Nova Scotia (1978).

Anderson, C. I. H. , P. G. Rodhouse. Life cycles, oceanography and variability: ommastrephid squid in variable oceanographic environments. Fish. Res. , 54: 133 - 143 (2001).

Anderson, F. E. , A. Pilsits, A. , S. Clutts, V. Laptikhovsky, G. Bello, E. Balguerias, M. Lipinski, M. , C. Nigmatulin, J. M. F. Pereira, U. Piatkowski, J. -P. Robin, A. Salman, & M. G. Tasende. Systematics of *Alloteuthis* (Cephalopoda: Loliginidae) based on molecular and morphometric data. J. Exp. Mar. Biol. Ecol. , 364: 99 - 109 (2008).

Ando, K. , K. Nishikiori, K. Tsuchiya, J. Kimura, J. Yonezawa, H. Maeda, K. Kawabe, K. Kakiuchi K. Study on the fisheries biology of diamond squid *Thysanoteuthis rhombus* in the Ogasawara Islands waters, southern Japan. Rep. Tokyo Metrop. Fish. Exp. Stat. , 213: 1 - 22 (2004) [in Japanese] .

Andreoli, M. G. , N. Campanella, L. Cannizzaro, G. Garofalo, G. B. Giusto, P. Jereb, D. Levi, G. Norrito, S. Ragonese, P. Rizzo, G. Sinacori. Sampling statistics of southern Sicily trawl fisheries (MINIPESTAT): Data Report. N. T. R. -I. T. P. P. Special Publication, 4 (1) (1995).

Anon. Fisheries Assessment Plenary: May 2013: Stock assessments and yield estimates. *Compiled by the Fisheries Science Group*, *Ministry for Primary Industries*, Wellington, New Zealand, 1357. (2013).

Aoki, M. , H. Imai, T. Naruse, Y. Ikeda. Low genetic diversity of oval squid, *Sepioteuthisc* f. *lessoniana* (Cephalopoda: Loliginidae), in Japanese waters inferred from a mitochondrial DNA non-coding region 1. Pac. Sci. , 62: 403 - 411 (2008).

Aramaki, H. , S. Noda, M. Washio. Egg masses swordtip squid found in the Sea of Genkai of Saga Pref. Report of Ikarui Shigen Kenkyu Kaigi: 16 - 19 (2003) [in Japanese] .

Arancibia, H. , H. Robotham, Crecimiento y edad del calamari (*Loligo gahi* Orbigny) del la region austral de Chile. Invest. Pesq. , 31: 71 - 79 (1984).

Arancibia, H. , M. Barros, S. Neira, U. Markaida, C. Yamashiro, C. Salinas, L. Icochea, L. Cubillos, Ch. Ibáñez, R. León, M. Pedraza, E. Acuña, A. Cortés, and V. Kesternich. Informe Final Proyecto FIP 2005 - 38. Análisis del impacto de la jibia en las pesquerías chilenas de peces demersales. Universidad de Concepción/Universidad Católica del Norte, p. 299 (2007).

Araya, H. Migration and distribution of neon fiying squid. Fish. Technol. Manage., 272: 23 - 33 (1987) [in Japanese].

Araya, H. Resources of common squid, *Todarodes pacificus*, Steenstrup in the Japanese waters. Fisheries Research Series 16, Tokyo, Japan Fisheries Resource Conservation Association (1967).

Arguelles, J., R. Tafur. New insights on the biology of the jumbo squid *Dosidicus gigas* in the Northern Humboldt Current System: Size at maturity, somatic and reproductive investment. Fish. Res., 106: 185 - 192 (2010).

Argüelles, J., R. Tafur, A. Taipe, P. Villegas, F. Keyl, N. Dominguez, M. Salazar. Size increment of jumbo fiying squid Dosidicus gigas mature females in Peruvian waters, 1989 - 2004. Progr. Oceanogr., 79: 308 - 312 (2008).

Aristotle. History of Animals. Books 4 - 6. Loeb Classical Library 438. Harvard University Press, Cambridge (1970).

Aristotle. History of Animals. Books 7 - 10. Loeb Classical Library 439. Harvard University Press, Cambridge (1991).

Arizmendi-Rodriguez, D. I., C. A. Salinas-Zavala, C. Quiñonez-Velazquez, A. Mejia-Rebollo. Abundance and distribution of the Panama brief squid, *Lolliguncula panamensis* (Teuthida: Loliginidae), in the Gulf of California. Cienc. Mar., 38: 31 - 45 (2012).

Arizmendi-Rodriguez, D. I., V. H. Cruz-Escalona, C. Quiñonez-Velazquez, C. A. Salinas-Zavala. Feeding habits of the Panama brief squid *Lolliguncula panamensis* in the Gulf of California, Mexico. J. Fish. Aquat. Sci., 6: 194 - 201. (2011).

Arkhipkin, A. I. Age and growth of the squid (*Illex argentinus*). Frente Marítimo 6 (A), 25 - 35 (1990) [in Spanish].

Arkhipkin, A. I. Age, growth, stock structure and migratory rate of pre-spawning short-finned squid *Illex argentinus* based on statolith ageing investigations. Fish. Res., 16: 313 - 338 (1993).

Arkhipkin, A. I. Age, growth and maturation of the European squid *Loligo vulgaris* (Myopsidae, Loliginidae) on the west Saharan Shelf. J. Mar. Biol. Assoc. U. K., 75: 593 - 604 (1995).

Arkhipkin, A. I. Squid as nutrient vectors linking Southwest Atlantic marine ecosystems. Deep-Sea Res. Pt. Ⅱ: Topical Studies in Oceanography, 95: 7 - 20 (2013).

Arkhipkin, A. I., J. Barton, S. Wallace, A. Winter. Close cooperation between science, management and industry benefits sustainable exploitation of the Falkland Islands squid fisheries. J. Fish Biol., 83: 905 - 920 (2013).

Arkhipkin, A. I., V. A. Bizikov, V. V. Krylov, K. N. Nesis. Distribution, stock structure, and growth of the squid *Berryteuthis magister* (Berry, 1913) (Cephalopoda, Gonatidae) during summer and fall in the western Bering Sea. Fish. Bull. 94: 1 - 30 (1996).

Arkhipkin, A. I., S. E. Campana, J. Fitzgerald, S. R. Thorrold. Spatial and temporal variation in elemental signatures of statoliths from the Patagonian longfin squid (*Loligo gahi*). Can. J. Fish. Aquat. Sci., 61: 1212 - 1224 (2004a).

Arkhipkin, A. I., P. Jereb, S. Ragonese. Growth and maturation in two sucessive seasonal groups of the short-finned squid, *Illex coindetii* from the Strait of Sicily (central Mediterranean). ICES J. Mar. Sci., 57: 31 - 41 (2000).

Arkhipkin, A. I., V. V. Laptikhovsky. Age and growth of the squid *Todaropsis eblanae* (Cephalopoda: Ommastrephidae) on the north-west African shelf. J. Mar. Biol. Assoc. U. K., 80: 747 - 748 (2000).

Arkhipkin, A. I. , V. Laptikhovsky, A. Golub. Population structure and growth of the squid *Todarodes sagittatus* (*Cephalopoda*: *Ommastrephidae*) in North-west African waters. J. Mar. Biol. Assoc. U. K. , 79: 467 - 477 (1999).

Arkhipkin, A. I. , V. V. , Laptikhovsky, D. A. J. Middleton. Adaptations for the cold water spawning in squid of the family Loliginidae: *Loligo gahi* around the Falkland Islands. J. Moll. Stud. , 66: 551 - 564 (2000).

Arkhipkin, A. I. , D. A. J. Middleton. Sexual segregation in ontogenetic migrations by the squid *Loligo gahi* around the Falkland Islands. Bull. Mar. Sci. , 71: 109 - 127 (2002).

Arkhipkin, A. I. , D. A. J. Middleton. In-situ monitoring of the duration of embryonic development in the squid *Loligo gahi* (Cephalopoda: Loliginidae) on the Falkland shelf. J. Moll. Stud. , 69: 123 - 133 (2003).

Arkhipkin, A. , D. A. J. Middleton, J. Barton. Management and conservation of a short-lived fishery resource: *Loligo gahi* around the Falkland Islands. Amer. Fish. Soc. Symp. , 49: 1243 - 1252 (2008).

Arkhipkin, A. I. , D. A. J. Middleton, A. M. Sirota, R. Grzebielec. The effect of Falkland Current inflows on offshore ontogenetic migrations of the squid *Loligo gahi* on the southern shelf of the Falkland Islands. Estuarine Coastal Shelf Sci. , 60: 11 - 22 (2004b).

Arkhipkin, A. I. , N. Nekludova. Age, growth and maturation of the loliginid squids *Alloteuthis africana* and *A. subulata* on the West African shelf. J. Mar. Biol. Assoc. U. K. , 73: 949 - 961 (1993).

Arkhipkin, A. I. , R. Roa. Identification of ontogenetic growth models for squid. Mar. Freshw. Res. , 56: 371 - 386 (2005).

Arnold, G. P. Squid: a review of their biology and fisheries. Laboratory Leaflet No. 48, Lowestoft: Directorate of Fisheries Research, Ministry of Agriculture and Fisheries and Food (1979).

Arnould, J. P. Y. , D. M. Trinder, C. P. McKinley. Interactions between fur seals and a squid jig fishery in southern Australia. Aust. J. Mar. Freshwater Res. , 54: 979 - 984 (2003).

Arocha, F. Cephalopod resources of Venezuela. Mar. Fish. Rev. , 51 (2): 47 - 51 (1989).

Arocha, F. , L. Marcano, R. Cipriani. Cephalopods trawled from Venezuelan Waters by the R/V Dr. Fridtjof Nansen in 1988. Bull. Mar. Sci. , 49 (1 - 2): 231 - 234 (1991).

Arvanitidis, C. , D. Koutsoubas, J. P. Robin, J. Pereira, A. Moreno, M. Cunha, V. Valavanis, A. Eleftheriou. A comparation of the fishery biology of three *Illex coindetii* V erany, 1839 (Cephalopoda: Ommastrephidae) populations from the European Atlantic and Mediterranean Waters. Bull. Mar. Sci. , 71: 129 - 146 (2002).

Au, D. W. Considerations on squid (*Loligo* and *Illex*) population dynamics and recommendations for rational exploitation. ICNAF Res. Doc. 75/61, Ser. No. 3543, 13 p. (1975)

Augustyn, C. J. Biological studies on the chokker squid *Loligo vulgaris reynaudii* (Cephalopoda: Myopsida) on spawning grounds off the south-east coast of South Africa. S. Afr. J. mar. Sci. , 9: 11 - 26 (1990).

Augustyn, C. J. Systematics, life cycle and resource potential of the chokker squid *Loligo vulgaris reynaudii*. PhD Thesis, University of Port Elizabeth, Port Elizabeth, South Africa (1989).

Augustyn, C. J. The biomass and ecology of chokka squid *Loligo vulgaris reynaudii* off the west coast of South Africa. S. Afr. J. Zool. , 26: 164 - 181 (1991).

Augustyn, C. J. , B. A. Roel. Fisheries biology, stock assessment, and management of the chokka squid (*Loligo vulgaris reynaudii*) in South African water: an overview. CCOFI Rep. , 39: 71 - 80 (1998).

Augustyn, C. J., B. A. Roel, K. L. Cochrane. Stock assessment in the chokka squid *Loligo vulgaris reynaudii fishery off the coast of South Africa*. In: Recent Advances in Fisheries Biology, pp 3 - 14 (T. Okutani, R. K. O'Dor, T. Kubodera, Eds.). Tokyo: Tokai University Press (1993).

Augustyn, C. J., M. R. Lipinski, W. H. H. Sauer. Can the Loligo squid fishery be managed effectively? A synthesis of research on *Loligo vulgaris reynaudii*. S. Afr. J. mar. Sci., 12: 903 - 918 (1992).

Auteri, R., P. Mannini, C. Volpi. Biological parameters estimation of *Alloteuthis media* (Linnaeus, 1758) (Cephalopoda, Loliginidae) sampled off Tuscany coast. Quad. Mus. Stor. Natur. Livorno, 8: 119 - 129 (1987).

Azarovitz, T. R. A brief historical review of the Woods Hole Laboratory trawl survey time series. In: Bottom trawl surveys. Canadian Special Publication of Fisheries and Aquatic Sciences 58, p. 62 - 67 (W. G. Doubleday and D. Rivard, Eds.). (1981).

Baker, S. L., B. L. Chilvers, R. Constantine, S. DuFresne, R. H. Mattlin, A. van Helden, R. Hitchmough. Conservation status of New Zealand marine mammals (suborders Cetacea and Pinnipedia), 2009. N. Z. J. Mar. Freshwater. Res., 44: 101 - 115 (2010).

Bakun, A., J. Csirke. Chapter 6. Environmental processes and recruitment variability. In: Squid recruitment dynamics: the genus *Illex* as a model, the commercial *Illex* species and influences of variability, p. 105 - 124 (P. G. Rodhouse, E. G. Dawe, R. K. O'Dor, Eds.). FAO Fish. Tech. Pap., 376 (1998).

Bakun, A., E. A. Babcock, S. E. Lluch-Cota, C. Santora, C. J. Salvadeo. Issues of ecosystem-based management of forage fisheries in "open" non-stationary ecosystems: the example of the sardine fishery in the Gulf of California. Rev. Fish. Biol. Fisheries., 20: 9 - 29 (2009).

Balch, N., R. K. O'Dor, & P. Helm. Laboratory rearing of rhynchoteuthions of the ommastrephid squid *Illex illecebrosus* (Mollusca: Cephalopoda). Vie et Milieu, 35: 243 - 246 (1985).

Balguerías, E., M. E. Quintero, C. L. Hernandez-Gonzalez. The origin of the Saharan Bank cephalopod fishery. ICES J. Mar. Sci., 57: 15 - 23 (2000).

Barrientos, G., A. Garcia-Cubas. Distribución y abundancia de la familia Loliginidae (Mollusca: Cephalopoda) en aguas mexicanas del Golfo de M exico. Rev. Soc. Mex. Hist. Nat., 47: 123 - 139 (1997).

Basson, M., J. R. Beddington, J. A. Crombie, S. J. Holden, L. V. Purchase, G. Tingley. Assessment and management techniques for migratory annual squid stocks: the *Illex argentinus* fishery in the Southwest Atlantic as an example. Fish. Res., 28: 3 - 27 (1996).

Battaglia, P., T. Romeo, P. Consoli, G. Scotti, F. Andaloro. Characterization of the artisanal fishery and its socio-economic aspects in the central Mediterranean Sea (Aeolian Islands, Italy). Fish. Res., 102: 87 - 97 (2010).

Beddington, J. R., A. A. Rosenberg, J. A. Crombie, G. P. Kirkwood. Stock assessment and the provision of management advice for the short fin squid fishery in Falkland Islands waters. Fish. Res., 8: 351 - 365 (1990).

Belcari, P., P. Sartor. Bottom trawling teuthofauna of the northern Tyrrhenian Sea. Sci. Mar., 57: 145 - 152 (1993).

Belcari, P., P. Sartor, N. Nannini N., S. De Ranieri. Length-weight relationship of *Todaropsis eblanae* (Cephalopoda: Ommastrephidae) of the northern Tyrrhenian Sea in relation to sexual maturation. Biol. Mar. Mediter., 6: 524 - 528 (1999).

Bello, G. *Ommastrephes bartramii* (Cephalopoda, Teuthida, Ommastrephidae) in the Gulf of Taranto, eastern Mediterranean Sea. Basteria, 71: 97 - 100 (2007).

Benincá, E. M. As pescarias industriais de arrasto-duplo em Santa Catarina-Brazil: dinamica vs. permissionamento. MSc. Thesis, Universidade do Vale do Itajaí, Itajaí, Brazil (2013).

Benites, C. Resultado de las investigaciones biológico-pesqueras de la jibia *Dosidicus gigas* (d'Orbigny, 1835) en el litoral peruano de julio 1983 a marzo 1984, p. 10 - 15. In: Anales del Congreso Nacional de Biología Pesquera 1984 (A. E. Tresierra, Ed.) Trujillo, Perú (1985).

Benites, C., V. Valdivieso. Resultados de la pesca exploratoria de 1979/80 y desembarque de cefal opodos pel agicos en el litoral peruano. Bol. Inst. Mar Perú., 10: 107 - 138 (1986).

Bergman, A. M. Phylogeography of *Sepioteuthis lessoniana* (the bigfin reef squid) and *Uroteuthis duvauceli* (the Indian squid). Honors Theses, Southern Illinois University, Carbondale, United States of A-merica (2013).

Berry, S. S. A note on the Genus *Lolliguncula*. Proc. Acad. Nat. Scien. Philadelphia, 63: 100 - 105 (1911a).

Berry, S. S. Notes on some cephalopods in the collection of the University of California. Univ. California Publ. Zool., 8: 301 - 310 (1911b).

Bettencourt, V., Coelho, M. L., Andrade, J. P., Guerra, Á. Age and growth of *Loligo vulgaris* of south of Portugal by statolith analysis. J. Moll. Stud., 62: 359 - 366 (1996).

Bigelow, H. B. Plankton of the offshore waters of the Gulf of Maine. Bull. U. S. Bur. Fish., 40 (Part Ⅱ): 1 - 509 (1924).

Bizikov, V. A. Distribution and stock abundance of the commander squid in the northwestern Bering Sea. In: Commercial Aspects of Biology of the Commander Squid Berryteuthis magister and of Fishes of Slope Communities in the Western Part of the Bering Sea, p. 82 - 87 (A. A. Elizarov, Ed.) Moscow, Russia: VNIRO (1996) [In Russian].

Bjarnason, B. A. Handlining and squid jigging. Rome: Food and Agriculture Organization of the United Nations (1992).

Bjørke, H., H. Gjøsæter. Who eats the larger *Gonatus fabricii* (Lichtenstein) in the Norwegian Sea? IC-ES Document CM 1998/M: 10. 11 pp (1998).

Black, G. A. P., T. W. Rowell, E. G. Dawe. Atlas of the biology and distribution of the squids *Illex illecebrosus* and *Loligo pealei* in the Northwest Atlantic. Can. Spec. Publ. Fish. Aquat. Sci., 100: 1 - 62 (1987).

Blanc, M., M. Ducrocq. Exploratory squid fishing in New Caledonia: nothing rough about these diamonds! SPC Fisheries News-letter, 138: 2 - 3 (2012).

Bograd, S. J, I. Schroeder, N. Sarkar, X. Qiu, W. J. Sydeman, F. B. Schwing. Phenology of coastal upwelling in the California Current. Geophys. Res. Lett., 36: L01602 (2009).

Boletzky, S. V. Whence and whiter: Mediterranean cephalopod studies through the 20th century. Turk. Jour. Aquat. Life, 2 (2): 217 - 228 (2004).

Boltovskoy, D. (Ed.) *South Atlantic zooplankton*. Backhuys Publishers, Leiden (1999).

Boongerd, S., S. Rachaniyom. Squid trap fishing. Tech Pap 1/1990, Fish. Tech. Subdiv., Mar. Fish. Div., Dept. Fish. (1990).

Boonsuk, S., A. Kongprom, S. Hoimuk, M. Sumontha, K. Tat-a-sen. Stock assessment of squids, *Photololigo chinensis* (Gray, 1849) and *P. duvaucelii* (d'Orbigny, 1835) along the Andaman Sea coast of Thailand. Tech. Pap., Mar. Fish. Res. Dev. Bur., Dept. Fish. (2010).

Boonwanich, T., S. Tossapornpitakkul, U. Chotitummo. Reproductive biology of squid *Loligo duvauceli* and *L. chinensis* in the southern Gulf of Thailand. Tech. Pap. 1/1998, South. Mar. Fish. Dev. Cent., Mar. Fish. Div., Dept. Fish. (1998).

Booth, A. J., T. Hecht. Changes in the Eastern Cape demersal inshore trawl fishery between 1967 and 1995. S. Afr. J. Mar. Sci. 19: 341-353 (1998).

Bower, J. R., K. Miyahara. The diamond squid (*Thysanoteuthis rhombus*): a review of the fishery and recent research in Japan. Fish. Res., 73: 1-11 (2005).

Bower, J. R., T. Ichii. The red fiying squid (*Ommastrephes bartramii*): a review of recent research and the fishery in Japan. Fish. Res. 76: 39-55 (2005).

Boyle, P. R., M. A. K. Ngoile. Assessment of maturity state and seasonality of reproduction in *Loligo forbesi* (Cephalopoda: Loliginidae) from Scottish waters. In: Recent Advances in Cephalopod Fisheries Biology, p. 37-48. (T. Okutani, R. K. O' Dor, and T. Kubodera, Eds). Tokyo: Tokai University Press (1993a).

Boyle, P. R., M. A. K. Ngoile. Population variation and growth in *Loligo forbesi* (Cephalopoda: Loliginidae) from Scottish waters. In: Recent Advances in Cephalopod Fisheries Biology, p. 49 - 59. (T. Okutani, R. K. O'Dor, T. Kubodera, Eds). Tokyo: Tokai University Press (1993b).

Boyle, P. R., G. J. Pierce. Fishery biology of Northeast Atlantic squid: an overview. Fish. Res., 21: 1-15 (1994).

Boyle, P. R., G. J. Pierce, L. C. Hastie. Flexible reproductive strategies in the squid *Loligo forbesi*. Mar. Biol., 121: 501-508 (1995).

Boyle, P. R., P. G. Rodhouse. Cephalopods: ecology and fisheries. Blackwell, Oxford, 452 p. (2005).

Brakoniecki, T. F. A revision of the genus *Pickfordiateuthis* Voss, 1953 (Cephalopoda: Myopsida). Bull. Mar. Sci., 58: 9-28 (1996).

Brakoniecki, T. F., C. F. E. Roper. Lolliguncula argus, a new species of loliginid squid (Cephalopoda: Myopsida) from the Tropical Eastern Pacific. Proc. Biol. Soc. Wash., 98: 47-53 (1985).

Breiby, A., M. Jobling. Predatory role of the fiying squid (*Todarodes sagittatus*) in North Norwegian waters. NAFO Scientific Council Studies, 9: 125-132 (1985).

Brierley, A. S., J. P. Thorpe, G. J. Pierce, M. R. Clarke, P. R. Boyle. Genetic variation in the neritic squid *Loligo forbesi* (Myopsida: Loliginidae) in the northeast Atlantic. Mar. Biol., 122: 79 - 86 (1995).

Brodziak, J. Revised biology and management of long-finned squid (*Loligo pealei*) in the Northwest Atlantic. Calif. Coop. Ocean. Fish. Inv. Rep., 39: 61-70 (1998).

Brodziak, J., L. C. Hendrickson. An analysis of environmental effects on survey catches of squids, *Loligo pealei* and *Illex illecebrosus*, in the Northwest Atlantic. Fish. Bull., 97: 9-24 (1999).

Brodziak, J., J. Link. Ecosystem-based fishery management: what is it and how can we do it. Bull. Mar. Sci., 70: 589-611 (2002).

Brodziak, J. K. T., W. K. Macy, Ⅲ. Growth of long-finned squid, *Loligo pealei*, in the northwest Atlantic. Fish. Bull., 94: 212-236 (1996).

Brodziak, J. K. T., A. A. Rosenberg. A method to assess squid fisheries in the north-west Atlantic. ICES J. Mar. Sci., 50: 187-194 (1993).

Brunetti, N. Evolucion de la pesqueria de *Illex argentinus* (Castellanos, 1960). Inf. Tecn. Inv. Pesq., 155: 3-19 (1990).

Brunetti, N. E. Contribucion al conocimiento biologico pesquero delcalamar argentino (Cephalopoda, Ommastrephidae, *Illex argentinus*). Trabajo de Tesis presentado para optar al grado de Doctor enCiencias Naturales, Universidad de la Plata, Buenos Aires, Argentina (1988).

Brunetti N. E, M. L. Ivanovic, A. Aubone, G. Rossi. Ⅲ. Recursos a mantener. Calamar (*Illex argentinus*). Pesquerias de Argentina, 1997 - 1999, p. 103 - 116. INIDEP, Mar del Plata (2000).

Brunetti, N., M. Ivanovic. *Ommastrephes bartramii*: a potential target for the squid fishery in the Southwest Atlantic. Rev. Inv. Desarr. Pesq., 16: 51 - 66 (2004).

Bruno, I. Short-finned squid fishery landings of the Spanish fishing fleet operating in the northern Atlantic off the Iberian Peninsula. In: Report of the Working Group on Cephalopod Fisheries and Life History (WGCEPH), by Correspondence, Annex 4: Working Document, p. 37 - 49. ICES Document CM 2008/LRC: 14. Copenhagen: International Council for the Exploration of the Sea (2008).

Bruno, I., M. Rasero. Short-finned squid fishery based in commercial landings on Northern Iberian Peninsula (NE Atlantic). Revista de Investigaci on Marina, AZTI Technalia, 3: 241 - 242 (2008).

Bruno, I., G. J. Pierce, G. Costas. Analysis of spatiotemporal patterns in CPUE and size distribution of ommastrephid (*Illex coindetii* and *Todaropsis eblanae*) landings in the northern Atlantic of the Iberian Peninsula. In: ICES Report of the Working Group on Cephalopod Life History and Fisheries (WGCEPH), 27 - 30 April 2009, Vigo, Spain, Working Document 3, p. 86 - 98. ICES Document CM 2009/LRC: 06. Copenhagen: International Council for the Exploration of the Sea (2009).

Buresch, K. C., G. Gerlach, R. T. Hanlon. Multiple genetic stocks of longfin squid *Loligo pealeii* in the NW Atlantic: stocks segregate inshore in summer, but aggregate offshore in winter. Mar. Ecol. Prog. Ser., 310: 263 - 270 (2006).

Butler J. L., D. Fuller, M. Yaremko. Age and growth of market squid (*Loligo opalescens*) off California during 1998. Calif. Coop. Ocean. Fish. Inv. Rep., 40: 191 - 195 (1999).

Cabanellas-Reboredo, M., J. Alós, D. March, M. Palmer, G. Jorda, M. Palmer. Where and when will they go fishing? Understanding fishing site and time choice in a recreational squid fishery. ICES J. Mar. Sci., doi: 10.1093/icesjms/fst206 (2014a).

Cabanellas-Reboredo, M., J. Alós, M. Palmer, B. Morales-Nin. Environmental effects on recreational squid jigging fishery catches. ICES J. Mar. Sci., 69 (10), 1823 - 1830 (2012b).

Cabanellas-Reboredo, M., J. Alós, M. Palmer, D. March, R. O'Dor. Movement patterns of the European squid *Loligo vulgaris* during the inshore spawning season. Mar. Ecol. Prog. Ser., 466: 133 - 144 (2012a).

Cabanellas-Reboredo, M., M. Calvo-Manazza, M. Palmer, J. Hernández-Urcera, M. E. Garci, á. F. Gonz alez, á. Guerra, B. Morales-Nin. Using artificial devices for identifying spawning preferences of theEuropean squid: Usefulness and limitations. Fish. Res., 157: 70 - 77 (2014b).

Caddy, J. F. The cephalopods: factors relevant to their population dynamics and to the assessment and management of stocks. In: Advances in assessment of world cephalopod resources. FAO Fish. Tech. Pap., 231: 416 - 457, Rome (1983).

Caddy, J. F. Some future perspectives for assessment and management of Mediterranean fisheries. Sci. Mar., 57: 121 - 130 (1993).

Caddy, J. F., L. Garibaldi. Apparent changes in the trophic composition of world marine harvests: the perspective from the FAO capture database. Ocean Coastal Manage., 43: 615 - 655 (2000).

Caddy, J. F., R. Mahon. Reference points for fisheries management. FAO Fisheries Technical Paper No. 347, Rome: FAO (1995).

Caddy, J. F., P. G. Rodhouse. Cephalopod and groundfish landings: evidence for ecological change in global fisheries? Rev. Fish Biol. Fisher., 8: 431-444 (1998).

Cadrin, S. X., E. M. C. Hatfield. Stock assessment of longfin inshore squid, *Loligo pealeii*. NEFSC Reference Document, 99-12. p. 72 (1999).

Camarillo-Coop, S., R. De Silva-Davila, M. E. Hernandez-Rivas, R. Durazo-Arvizu. Distribution of Dosidicus gigas paralarvae off the west coast of the Baja California peninsula, Mexico. In: Report of a GLOBEC-CLIOTOP/PFRP workshop, 16-17 November 2006, Honolulu (R. J. Olson & J. W. Young, Eds.). Hawaii, USA. GLOBEC Report 24 (2006).

Carpenter, K. E., V. H. Niem. FAO species identification guide for fishery purposes. The living marine resources of the Western Central Pacific, 2, Cephalopods, crustacean, holothurians and sharks. Rome: FAO (1998).

Carvalho, G. R., K. H. Loney. Biochemical genetic studies on the Patagonian squid *Loligo gahi* d'Orbigny. Ⅰ. Electrophoretic survey of genetic variability. J. Exp. Mar. Biol. Ecol., 126: 231-241 (1989).

Carvalho, G. R., T. J. Pitcher. Biochemical genetic studies on the Patagonian squid *Loligo gahi* d'Orbigny. Ⅱ. Population structure in Falkland Island waters using isozymes, morphometrics and life history data. J. Exp. Mar. Biol. Ecol., 126: 243-258 (1989).

Casali, P., G. Manfrin Piccinetti, S. Soro. Distribuzione di cefalopodi in alto e medio Adriatico. Biol. Mar. Medit., 5 (2): 307-317 (1998).

Castellanos, Z. J. A. Una nueva especie de calamar Argentino, *Ommastrephes argentinus* sp. nov. (Mollusca, Cephalopoda). Neotropica, 6: 55-58 (1960).

Castro, M. P. G., M. H. Carneiro, G. J. M. Servo, C. M. D. Mucinhato, M. R. de Souza. Dinamica da frota de arrasto de parelhas do Estado de São Paulo. In: Dinamica das frotas pesqueiras comerciais da região Sudeste-Sul do Brasil, p. 41-59 (C. L. D. B. Rossi-Wongtschowski, R. A. Bernardes & M. C. Cergole, Eds.). São Paulo, Brazil: Série Documentos REVIZEE-SCORE Sul. São Paulo, Instituto Oceanográfico, USP (2007).

Cavanna, P., L. Lanteri, E. Beccornia, G. Relini. Accrescimento di *Illex coindetii* (Verany, 1839) e *Todaropsis eblanae* (Ball, 1841) in mar Ligure. Biol. Mar. Mediterr., 15 (1): 320-321 (2008).

Ceriola, L., N. Ungaro, F. Toteda. Some information on the biology of *Illex coindetii* Verany, 1839 (Cephalopoda, Ommastrephidae) in the south-western Adriatic Sea (central Mediterranean). Fish. Res., 82: 41-49 (2006).

Challier, L., G. J. Pierce, J. P. Robin. Spatial and temporal variation in age and growth in juvenile *Loligo forbesi* and relationships with recruitment in the English Channel and Scottish (UK) waters. J. Sea Res., 55: 217-229 (2006).

Challier, L., M. Dunn, J. P. Robin. Trends in age-at-recruitment and juvenile growth of cuttlefish, *Sepia officinalis*, from the English Channel. ICES J. Mar. Sci., 62: 1671-1682 (2005).

Chantawong, P. Squid light luring fishery in Phuket and Phang-Nga Province. Tech Pap 20/1993, Andaman Sea Fish. Dev. Cent., Mar. Fish. Div., Dept. Fish. (1993).

Charuchinda, M. Preliminary report of the experiments on various mesh-sizes in squid-fishing with light. Tech. Pap. 3/1987, East. Mar. Fish. Dev. Cent., Mar. Fish. Div., Dept. Fish. (1987).

Charuchinda, M. Experiment on the optimum mesh-size in squid-fishing with light. Tech. Pap. 7, East. Mar. Fish. Dev. Cent., Mar. Fish. Div., Dept. Fish. (1988).

Chen, C. S. Abundance trends of two neon fiying squid (*Ommastrephes bartramii*) stocks in the North Pacific. ICES J. Mar. Sci.，67：1336－1345（2010）.

Chen，C. S.，T. S. Chiu. Variations of life history parameters in two geographical groups of the neon fiying squid，*Ommastrephes bartramii*，from the North Pacific. Fish. Res. 63：349－366（2003）.

Chen，C. S.，T. S. Chiu，W. B. Huang. Spatial and temporal patterns of *Illex argentinus* abundance in the southwest Atlantic and environmental influences. Zool. Stud.，46：111－122（2007a）.

Chen，C. S.，W. B. Huang，T. S. Chiu. Different spatiotemporal distribution of Argentine short-finned squid（*Illex argentinus*）in the southwest Atlantic during high abundance and its relationship to sea temperature. Zool. Stud.，46：362－374（2007b）.

Chen，C. S.，G. J. Pierce，J. Wang，J. P. Robin，J. C. Poulard，J. Pereira，A. F. Zuur，A. F.，P. R. Boyle，N. Bailey，D. J. Beare，P. Jereb，S. Ragonese，A. Mannini，L. Orsi-Relini. The apparent disappearance of *Loligo forbesi* from the south of its range in the 1990s：Trends in *Loligo* spp. abundance in the northeast Atlantic and possible environmental influences. Fish. Res.，78：44－54（2006）.

Chen，X.，J. Cao，Y. Chen，B. Liu，S. Tian. Effect of the Kuroshio on the spatial distribution of the red fiying squid *Ommastrephes bartramii* in the Northwest Pacific Ocean. Bull. Mar. Sci. 88：63－71（2012）

Chen，X.，Y. Chen，S. Tian，B. Liu，W. Qian. An assessment of the west winter-spring cohort of neon fiying squid（*Ommastrephes bartramii*）in the Northwest Pacific Ocean. Fish. Res. 92：221－230（2008a）.

Chen X. J.，J. H. Li，B. L. Lin，Y. Chen，G. Li，Z. Fang，S. Q Tian. Age，growth and population structure of jumbo fiying squid，*Dosidicus gigas*，off the Costa Rica Dome. J. Mar. Biol. Assoc. U. K.，93：567－573（2013a）.

Chen，X. J.，B. L. Liu，Y. Chen. A review of the development of Chinese distant-water squid jigging fisheries. Fish. Res.，89：211－221（2008b）.

Chen，X. J.，B. L. Liu，S. Q. Tian，W. G. Qian，X. H. Zhao. Fishery biology of purpleback squid，*Sthenoteuthis oualaniensis*，in the northwest Indian Ocean. Fish. Res.，83：98－104（2007c）.

Chen，X. J.，Y. G. Wang，W. G. Qian. The important economic cephalopods resources and Fisheries in Chinese offshore waters. Beijing：Science Press（2013b）.

Chen，X. J，X. H. Zhao，Y. Chen. El Niño/La Niña influence on the western winter-spring cohort of neon fiying squid（*Ommastrephes bartramii*）in the northwestern Pacific Ocean. ICES J. Mar. Sci.，64：1152－1160（2007d）.

Chenkitkosol，W. Small scale squid cast net with light luring fishery around artificial reef area in Pranburi and Samroiyod District Prachuap Khiri Khan Province. Tech. Pap.，Mar. Fish. Bur.，Dept. Fish.（2003）.

Chesalin，M. V.，G. V. Zuyev. Pelagic cephalopods of the Arabian Sea with an emphasis on *Sthenoteuthis oualaniensis*. Bull. Mar. Sci.，71：209－221（2002）.

Chilvers，B. L. New Zealand sea lions Phocarctos hookeri and squid trawl fisheries：bycatch problems and management options. *Endanger*. Species Res.，5：193－204.（2008）.

Choi，K. S. Reproductive biology and ecology of the loliginid squid，*Uroteuthis*（*Photololigo*）*duvauceli*（Orbigny，1835），in Hong Kong waters. MSc Thesis，University of Hong Kong，Hong Kong，China（2007）.

Chong，J.，C. Oyarzún，R. Galleguillos，E. Tarifeño，R. Sepúlveda，C. Ibáñez. Parámetros biológico-pesqueros de la jibia，*Dosidicus gigas*（Orbigny，1835）（Cephalopoda：Ommastrephidae）. Gayana.，69：319－328（2005）.

Chotiyaputta, C. Spawning season of *Sepioteuthis lessoniana*. Ann. Rep. 1984, Invertebr. Sect., Mar. Fish. Div., Dept. Fish. (1984).

Chotiyaputta, C. Reproductive biology of bigfin reef squid from squid trap. Tech. Pap. 5, Mar. Life Hist. Sect., Mar. Fish. Div., Dept. Fish. (1988).

Chotiyaputta, C. Distribution and abundance of juvenile and adult squids in the western Gulf of Thailand. Proceedings of the NRCT-JSPS Joint Seminar on Marine Science, Songkhla, Thailand, December 2-3, 1993. p. 200-207 (1993).

Chotiyaputta, C. Biology of cephalopods. In: Biology and Culture of Cephalopods, p. 27-49 (J. Nabhitabhata, Ed.). Rayong, Thailand: Rayong Coastal Aquaculture Station (1995a).

Chotiyaputta, C. Juvenile and adult taxonomy and fishery biology if neritic squids in Thai Waters. PhD Dissertation, Tokyo University of Fisheries, Tokyo, Japan (1995b).

Christofferson, J. P., A. Foss, W. E. Lanbert, B. Welge. An electrophoretic study of select proeteins from the market squid, *Loligo opalescens* Berry. Calif. Dep. Fish. Game. Fish. Bull., 169: 123-134 (1978).

Chuksin, Y. V. From Cape Hatteras to Cabot Strait: the story of the soviet fishery on the Atlantic continental shelf of the United States and Canada. U. S. Dept. of Commerce. NOAA Tech. Memo. NMFS-F/SPO-71 (2006).

Chung, W. S. Effects of temperature, salinity and photoperiod on the deposition of growth increments in statoliths of the oval squid *Sepioteuthis lessoniana* Lesson, 1830 (Cephalopoda: Loliginidae) during early stages. MSc thesis, National Sun Yat-sen University, Kaohsiung, Taiwan (2003).

Chyn, S. S., K. T. Lee, C. H. Liao. Aggregative behavior of the Swordtip squid (*Loligo edulis*) under fishing lights in the coastal waters of northern Taiwan. J. Fish. Soc. Taiwan., 25: 1-15 (1998).

Ciavaglia, E., C. Manfredi, C. Distribution and some biological aspects of cephalopods in the north and central Adriatic. Boll. Malacol., 45 (Suppl. 8): 61-69 (2009).

Clarke, M. R. Economic importance of North Atlantic squids. New Scientist, 17 (330): 568-570 (1963).

Clarke, M. R. A review of the systematics and ecology of oceanic squids. Adv. Mar. Biol., 4: 91-300 (1966).

Clarke, M. R. Cephalopod biomass-estimation from predation. Mem. Natl. Mus. Victoria., 44: 95-107 (1983).

Clarke, M. R. (Ed.): The role of cephalopods in the world's oceans. Philos. T. Roy. Soc. B., 351: 977-1112 (2006).

Clarke M. R., E. J. Denton, J. B. Gilpin-Brown. On the use of ammonium for buoyancy in squids. J. Mar. Biol. Ass. U. K., 59: 259-276 (1979).

Cochrane, K., B. Oliver, W. H. H. Sauer. An evaluation of alternative allocation strategies for the chokka squid fishery in the Eastern Cape: an assessment of current economic and social data. Unpublished report (2012).

Coelho, M. L., R. K. O'Dor. Maturation, spawning patterns and mean size at maturity in the short-finned squid *Illex illecebrosus*. In: Recent advances in fisheries biology, p. 81-91 (T. Okutani, R. K. O'Dor, T. Kubodera, Eds.). Tokyo, Japan: Tokai University Press (1993).

Coelho, M. L. Review of the influence of oceanographic factors on cephalopod distribution and life cycles. NAFO Sci. Coun. Studies, 9: 47-57 (1985).

Cohen, A. C. The systematics and distribution of *Loligo* (Cephalopoda: Myopsida) in the western North

Atlantic with descriptions of two new species. Malacologia，15：229－367（1976）.

Collins，M. A.，P. R. Boyle，G. J. Pierce，L. N. Key，S. E. Hughes，J. Murphy. Resolution of multiple cohorts in the *Loligo forbesi* population from the west of Scotland. ICES J. Mar. Sci.，56：500－509（1999）.

Collins，M. A.，G. J. Pierce. Size selectivity in the diet of *Loligo forbesi*（Cephalopoda：Loliginidae）. J. Mar. Biol. Assoc. U. K.，76：1081－1090（1996）.

Collins，M. A.，G. J. Pierce，P. R. Boyle. Population indices of reproduction and recruitment in *Loligo forbesi*（Cephalopoda：Loliginidae）in Scottish and Irish waters. J. Appl. Ecol.，34：778－786（1997）.

Colloca，F.，V. Crespi，S. Cerasi，S. R. Coppola. Structure and evolution of the artisanal fishery in a southern Italian coastal area. Fish. Res.，69：359－369（2004）.

ONAPESCA. Landings data：http://www. conapesca. gob. mx（2013）.

Costa，J. A. S.，F. C. Fernandes. Seasonal and spatial changes of cephalopods caught in the Cabo Frio（Brazil）upwelling ecosystem. Bull. Mar. Sci.，52（2）：751－759（1993）.

Costa，P. A. S.，M. Haimovici. A pesca de lulas no litoral de Rio de Janeiro. Ciência e Cultura，42（12）：1124－1130（1990）.

Craig，S. Environmental conditions and yolk biochemistry：factors influencing embryonic development in the squid *Loligo forbesi*（Cephalopoda：Loliginidae）Steenstrup 1856. PhD thesis，Aberdeen：University of Aberdeen（2001）.

Csirke，J. The Patagonian fishery resources and the offshore fisheries in the South-West Atlantic. FAO Fish. Tech. Pap.，286：1－75（1987）.

Cuccu，D.，P. Addis，F. Damele，G. Manfrin Piccinetti. Primocensimento della teutofauna dei mari circondanti la Sardegna. Biol. Mar. Medit.，10（2）：795－798（2003）.

Cuccu，D.，P. Jereb，P. Addis，A. A. Pendugiu，A. Sabatini，A. Cau. Eccezionali catture di Todarodes sagittatus nei mari sardi. Biol. Mar. Medit.，12：500－503（2005）.

Cunha，M. M.，& A. Moreno. Recent trends in the Portuguese squid fishery. Fish. Res.，21：231－242（1994）.

Cuvier，G. Memoires pour Servir a l'Histoire et a l'Anatomie des Mollusques. Paris（1817）.

DAFF. 2009/2010 Performance review of fishing right holders. Overall report/summary：Limited commercial and full commercial rights holders. Department of Agriculture，Forestry and Fisheries，South Africa；89 pp（2009/2010）.

Daly，H. I.，G. J. Pierce，M. B. Santos，J. Royer，S. K. Cho，G. Stowasser，J. P. Robin，S. M. Henderson. Cephalopod consumption by trawl caught fish in Scottish and English Channel waters. Fish. Res.，52：51－64（2001）.

Dawe，E. G. Development of the Newfoundland squid（*Illex illecebrosus*）fishery and management of the resource. J. Shellfish Res.，1：137－142（1981）.

Dawe，E. G.，P. C. Beck. Distribution and size of short-finned squid（*Illex illecebrosus*）larvae in the Northwest Atlantic from winter surveys from 1969，1981 and 1982. J. Northwest Atl. Fish. Sci.，6：43－55（1985）.

Dawe，E. G.，P. C. Beck. Population structure，growth and sexual maturation of short-finned squid at Newfoundland，Canada，based on statolith analysis. Can. J. Fish. Aquat. Sci.，54：137－146（1997）.

Dawe，E. G.，P. C. Beck，H. J. Drew，G. H. Winters. Long distance migration of a short-finned squid，*Illex illecebrosus*. J. Northwest Atl. Fish. Sci.，2：75－76（1981）.

Dawe, E. G., E. B. Colbourne, K. F. Drinkwater. Environmental effects on recruitment of short-finned squid (*Illex illecebrosus*). ICES J. Mar. Sci. 57: 1002 - 1013 (2000).

Dawe, E. G., L. C. Hendrickson. A review of the biology, population dynamics, and exploitation of short-finned squid in the northwest Atlantic Ocean, in relation to assessment and management of the resource. NAFO SCR Doc. 98/59, Ser. No. N3051, 33 p. (1998).

Dawe, E. G., L. C. Hendrickson, E. B. Colburne, K. F. Drinkwater, M. A. Showell. Ocean climate effects on the relative abundance of short-finned (*Illex illecebrosus*) and long-finned (*Loligo pealeii*) squid in the Northwest Atlantic Ocean. Fish. Oceanogr. 16 (4): 303 - 316 (2007).

Dawe, E. G., Y. Natsukari. Light microscopy. In: Squid Age Determination Using Statoliths, p. 83 - 95 (P. Jereb, S. Ragonese, S. v. Boletzky, Eds.). Palermo, Italy: NTR-ITPP Spec Pub No. 1 (1991).

de la Cruz-González F. J., E. A. Aragón-Noriega, J. I. Urciaga-García, C. A. Salinas-Zavala, M. A. Cisneros-Mata, L. F. Beltrán Morales. Análisis socioeconómico de las pesquerías de camarón ycalamar gigante en el Noroeste de México. Interciencia (INCI), 32: 144 - 150 (2007).

de la Cruz-González, F. J., L. F. Beltrán-Morales, C. A. Salinas-Zavala, M. A. Cisneros-Mata, E. A. Aragón-Noriega, G. Avilés-Polanco. Análisis socioeconómico de la pesquería de calamar gigante en Guaymas, Sonora. Economía, Sociedad y Territorio, 11: 645 - 666 (2011).

Demir, M. The Invertebrate Benthos of the Bosphorus and of the Littoral of the Sea of Marmara closer to the Bosphorus. Hidrobiol. Mecm. Ser. A, 2: 615 (1952).

Denis, V., J. Lejeune, J. P. Robin. Spatio-temporal analysis of commercial trawler data using General Additive models: patterns of Loliginid squid abundance in the northeast Atlantic. ICES J. Mar. Sci., 59: 633 - 648 (2002).

Department of Fisheries (DOF). Definition and classification of fishing gear in Thailand. Bangkok: Department of Fisheries (1997).

Department of Fisheries. Evolution of Fishing Gear in Thailand. Bangkok, Thailand: Marine Fisheries Research and Development Bureau (2006).

Department of Fisheries (DOF). Fisheries Statistics 2010. www. fisheries. go. th/it-stat: /Accessed 15 February 2013 (2013).

Dickson, J. O., R. V. Ramiscal, B. Magno. Diamondback squid (*Tysanoteuthis rhombus*) exploration in the South China Sea, Area Ⅲ: Western Philippines. p. 32 - 38. In: Proceedings of the third technical seminar on marine fishery resources survey in the South China Sea, Area Ⅲ: Western Philippines. Special Paper No. SEC/SP/41, p. 32 - 38. Bankok, Thailand: Southeast Asian Fisheries Development Center (2000).

Diegues, A. C. S. Pescadores, camponeses e trabalhadores do mar. São Paulo: Editora Atica (1983).

Dillane, E., P. Galvin, J. Coughlan, M. Lipinski, F. T. Cross. Genetic variation in the lesser fiying squid *Todaropsis eblanae* (Cephalopoda, Ommastrephidae) in east Atlantic and Mediterranean waters. Mar. Ecol. Prog. Ser., 292: 225 - 232 (2005).

Dillane, E., P. Galvin, J. Coughlan, P. Rodhouse, F. T. Cross. Polymorphic variable number of tandem repeat (VNTR) loci in the ommastrephid squid, *Illex coindetii* and *Todaropsis eblanae*. Mol. Ecol., 9: 1002 - 1004 (2000).

Diogenes Laertius. Lives of Eminent Philosophers. Loeb Classical Library 184 - 185. Harvard University Press, Cambridge (1925).

Doi, T., T. Kawakami. Biomass of Japanese common squid *Todarodes pacificus* Steenstrup and the management its fishery. Bul. Tokai Reg. Fish. Res. Lab. ，99：65－83（1979）.

Donati，A.，P. Pasini（Curators）. Pesca e pescatori nell'antichita. Leonardo Arte srl Milano，Elemond Editori Associati e CIRSPE，Roma p. 179（1997）.

Dowling，N. A.，D. C. Smith，A. D. M. Smith. Finalisation of Harvest Strategies for AFMA's Small Fisheries Final report for Project 2007/834. Australian Fisheries Management Authority，Canberra.，（2007）.

Dowling，N. A.，D. C. Smith，I. Knuckey，A. D. M. Smith，P. Domaschenz，H. M. Patterson，W. Whitelaw. Developing harvest strategies for low-value and data-poor fisheries：Case studies from three Australian fisheries. Fish. Res.，94：380－390（2008）.

Downey，N. J.，M. J. Roberts，D. Baird. An investigation of the spawning behaviour of the chokka squid *Loligo reynaudii* and the potential effects of temperature using acoustic telemetry. ICES J. Mar. Sci.，67：231－243（2010）.

Dudarev，V. A.，V. D. Didenko，M. A. Zuev. The study of fishery and stock abundance of the commander squid（*Berryteuthis magister* Berry，1913）in the Russian Far Eastern Fishery Basin. In：Proceedings of the All-Russian Conference dedicated to the 80th Anniversary of KamchatNIRO：128－138（2012）[In Russian].

Dunning，M.，E. C. Forch. A review of the systematics，distribution，and biology of the Arrow squids of the genus *Nototodarus* Pfeffer，1912（Cephalopoda：Ommastrephidae）. In：Systematics and biogeography of cephalopods. Volume 2. p. 393－404（N. Voss，M. Vecchione，R. B. Toll，M. J. Sweeney，Eds.）. Smithson. Contrib. Zool.，586. Washington：Smithsonian Institution Scholarly Press（1998）.

Dunning，M. C.，J. H. Wormuth. The ommastrephid squid genus Todarodes：a review of systematics，distribution，and biology（Cephalopoda：Teuthoidea）. In：Systematics and biogeography of cephalopods. Volume 2. p. 385－391（N. Voss，M. Vecchione，R. B. Toll，M. J. Sweeney，Eds.）. Smithson. Contrib. Zool.，586. Washington：Smithsonian Institution Scholarly Press（1998）.

Dunning，M.，K. Yeomans，S. Mckinnon. Development of a northern Australian squid fishery. Department of Primary Industries，Queensland. Brisbane（2000）.

Durward，R. D.，E. Vessey，R. K. O'Dor，T. Amaratunga. Reproduction in the squid，*Illex illecebrosus*：first observations in captivity and implications for the life cycle. Int. Comm. Northwest Atl. Fish. Sel. Pap.，6：7－13（1980）.

Ehrhardt，N. M.，P. S. Jaquemin，B. F. Garc ıa，D. G. Gonz alez，B. J. M. L opez，C. J. Ortiz，N. A. Sol ıs. On the fishery and biology of the giant squid *Dosidicus gigas* in the Gulf of California，Mexico. In：Advances in assessment of world cephalopod resources（J. F. Caddy，Ed.）. FAO Fish. Tech. Pap. 231：306－340（1983）.

Erlandson，J. M.，T. C. Rick. Archaeology meets marine ecology：the antiquity of maritime cultures and human impacts on marine fisheries and ecosystems. Ann. Rev. Mar. Sci.，2：231－251（2010）.

Escánez P erez，A.，R. Riera Elena，A. F. González González，A. Guerra Sierra. On the occurrence of egg masses of the diamond-shaped squid *Thysanoteuthis rhombus* Troschel，1857 in the subtropical eastern Atlantic（Canary Islands）. A potential commercial species? ZooKeys，222：69－76（2012）.

Evans，K. Arrow squid behaviour and vulnerability to netting techniques. Department of Sea Fisheries Tasmania. 817－3680（1986）.

Falkland Islands Government. Fishery Statistics 16. Fisheries Department，Stanley，Falkland Islands（2012）.

FAO Yearbook. Fishery and Aquaculture statistics. Rome，FAO.（2010）.

FAO. FAO Fisheries and Aquaculture Department, Statistics and Information Service. FishStatJ: Universal software for fishery statistical time series. Rome: FAO (2011).

FAO. FAO Fisheries and Aquaculture Department, Statistics and Information Service. FishStatJ: Universal software for fishery statistical time series. Rome: FAO (2014).

FAO. Fisheries and aquaculture software. FishStatJ (2.0.0)-Software for fishery statistical time series. FAO Fisheries and Aquaculture Department [online]. Rome. (2011—2013). http://www.fao.org/fishery/statistics/software/fishstatj/en.

FAO. International Guidelines for Securing Sustainable Small-scale Fisheries. Zero Draft: 31. FAO, Rome (2012).

Farrugio, H. Current situation of small-scale fisheries in the Mediterranean and Black Sea: strategies and methodologies for an effective analysis of the sector. In: Report of the First Regional Symposium on Sustainable Small-Scale Fisheries in the Mediterranean and Black Sea, 27 - 30 November 2013, St. Julian's, Malta (GFCM Eds.). (2013). http://www.ssfsymposium.org.

Farrugio, H., P. Oliver, F. Biagi. An overview of the history, knowledge, recent and future research trends in Mediterranean fisheries. Sci. Mar., 57: 105 - 119 (1993).

Fedorets, Yu. A. Seasonal distribution of the squid Berryteuthis magister in the western Bering Sea. In: Systematics and Ecology of the Cephalopod Mollusks, p. 129 - 130. Leningrad (1983) [In Russian].

Fedorets, Yu. A. Commander squid *Berryteuthis magister* (Berry, 1913) in the Bering and Okhotsk seas (distribution, biology, fishery). Ph. D. Thesis, Institute of Marine Biology, Far Eastern Branch of the Russian Academy of Sciences, Vladivostok, Russia. (2006) [In Russian].

Fedorets, Yu. A., V. D. Didenko, P. P. Raiko, N. E. Kravchenko. Biology of the squid *Berryteuthis magister* on the spawning grounds near the Commander Islands. Izvestiya TINRO (TINRO Proceedings), 122: 393 - 429 (1997b) [In Russian].

Fedorets, Yu. A., O. A. Kozlova. Reproduction, fecundity and abundance of the squid *Berryteuthis magister* (Gonatidae) in the Bering Sea. In: Resources and Perspectives of the Use of Squids in the World Ocean, p. 66 - 80 (B. G. Ivanov, Ed.) Moscow, Russia: VNIRO (1986) [In Russian, English summary].

Fedorets, Yu. A., V. A. Luchin, V. D. Didenko, P. P. Raiko, N. E. Kravchenko. Conditions for formation of aggregations of the squid Berryteuthis magister off the Kuril Islands. Izvestiya TINRO (TINRO Proceedings), 122: 361 - 374 (1997a) [In Russian].

Fedulov, P. P., T. Amaratunga. On dates of short-finned squid, *Illex illecebrosus*, immigration onto the Scotian Shelf. NAFO SCR Doc. 81/VI/32, Ser. No. N311 (1981).

Fernández, F., J. A. Vásquez. La jibia gigante *Dosidicus gigas* (Orbigny, 1835) en Chile: An álisis de una pesqueriá efímera. Estud. Oceanol., 14: 17 - 21 (1995).

Field, J. C., K. Baltz, A. J. Phillips, W. A. Walker. Range expansion and trophic interactions of the jumbo squid, *Dosidicus gigas*, in the California Current. Calif. Coop. Oceanic Fish. Invest. Rep., 48: 131 - 146 (2007).

Fields, W. G. A preliminary report on the fishery and on the biology of the squid, *Loligo opalescens*. Calif. Dep. Fish. Game. Fish. Bull., 36: 366 - 377 (1950).

Fishery Agency of Japan. Report on cruise of the R/V Shoyo Maru in the north Arabian Sea Survey, in cooperation with the IOP, FAO, to assess the pelagic fish stocks 2 October 1975 - 14 January 1976. Research and development division, Fishery Agency of Japan (1976).

Folsom W. B. , D. J. Rovinsky, D. M. Weidner. Western Europe and Canada (fishing fleets). In: World Fishing Fleets: An Analysis of Distant-water Fleet Operations. Past-Present-Future. Volume Ⅵ. Office of International Affairs, National Marine Fisheries Service, NOAA, U. S. Department of Commerce. Silver Spring, Maryland, (1993).

Fonseca, T. , A. Campos, M. Afonso-Dias, P. Fonseca, J. Pereira. Trawling for cephalopods off the Portuguese coast-fleet dynamics and landings composition. Fish. Res. , 92: 180 - 188 (2008).

Food and Agriculture Organization (FAO). Report on the First and Second THAILAND/FAO/DANIDA Workshops on Fishery Research Planning Held at Phuket, 28 October to 8 November 1991 and Songkhla, 15 to 26 February 1993 for the Project "Training in Fish Stock Assessment and Fishery Research Planning". GCP/INT/392/Den Report on Activities No. 35 and 41 (1993).

Frandsen, R. P. , K. Wieland. Cephalopods in Greenland Waters. Pinngortitaleriffik: Greenland Institute of Natural Resources Technical Report 57. p. 19 (2004).

Furlani, D. , A. J. Hobday, S. Ling, J. Dowdney, C. Bulman, M. Sporcic, M. Fuller. Ecological Risk Assessment for the Effects of Fishing: Southern Squid Jig Sub-fishery. Report for the Australian Fisheries Management Authority, Canberra (2007).

Furuta, H. Swordtip squid in Chikzenkai fishing ground and distribution. Rep. Fukuoka Fish. Exp. Stn. Research Reports for 1974: 50 - 56 (1976) [in Japanese].

Furuta, H. Fishing grounds. Report on a Survey of the Ecology and Stock of Swordtip Squid in the Western Japanese Waters: 47 - 54 (1978a) [in Japanese].

Furuta, H. Dorsal mantle length composition. Report on a Survey of the Ecology and Stock of Swordtip Squid in the Western Japanese Waters: 31 - 39 (1978b) [in Japanese].

Furuta, H. Fishing season. Report on a Survey of the Ecology and Stock of Swordtip Squid in the Western Japanese Waters: 31 - 39 (1978c) [in Japanese].

Furuta, H. Swordtip squid in Chikzenkai V. Spawning ground and bottom sediment. Fukuoka Fish. Exp. Stn. Research Reports for 1978: 1 - 6 (1980) [in Japanese].

García Tasende, M. , F. Quintero Fernández, R. Arnáiz Ibarrondo, R. Bañón Díaz, J. M. Campelos álvarez, F. Lamas Rodriguez, A. Gancedo Baranda, M. E. Rodríguez Moscoso, J. Ribó Landin. La pesquería de calamar (*Loligo vulgaris*) y puntilla (*Alloteuthis* spp) con boliche en las Rías Baixas gallegas (1999—2003). Los Recursos Marinos de Galicia. Serie Técnica No. 3. Santiago de Compostela: Unidad Técnica de Pesca de Bajura (UTPB), Conseller ıa de Pesca e Asuntos Marítimos, Xunta de Galicia (2005).

Garoia, F. , I. Guarniero, A. Ramsak, N. Ungaro, N. Landi, C. Piccinetti, P. Mannini, F. Tinti, F. Microsatellite, DNA variation reveals high gene flow and panmictic populations in the Adriatic shared stocks of the European squid and cuttlefish (Cephalopoda). Heredity, 93: 166 - 174 (2004).

Gasalla, M. A. Women on the water? The participation of women in seagoing fishing off southeastern Brazil. In: Gender, Fisheries and Aquaculture: Social Capital and Knowledge for the Transition Towards Sustainable Use of Aquatic Ecosystem, p. 10 (S. B. Williams, A. M. Hochet-Kibongui, and C. E. Nauen). ACP-EU Fishery Research Report, 16 (2005).

Gasalla, M. A. , A. Migotto, R. S. Martins. First occurrence of *Doryteuthis plei* (Blainville, 1823) egg capsules off São Sebastião, Southeastern Brazil, and characteristics of embryos and newly-hatched paralarvae. In: International Symposium Coleoid Cephalopod Through Time, Vol. 4, p. 29 - 31. Stuttgart, Germany: Staaliches Museum fuer Naturkunde Stuttgart (2011).

Gasalla，M. A. A.，J. A. A. Perez，C. A. Marques，A. R. G. Tomás，D. C. de Aguiar，U. C. Oliveira. Loligo sanpaulensis. In：Análise das Principais Pescarias Comerciais da Região Sudeste-Sul do Brasil. Dinamica Populacional das Espécies em Explotação，p. 69－73（M. C. Cergole，A. O. ávila-da-Silva & C. L. D. B. Rossi-Wongtschowski，Eds.）. São Paulo，Brazil：Série Documentos REVIZEE-SCORE SUL：Ed. Ulhoa Cintra（2005b）.

Gasalla，M. A.，F. A. Postuma，A. R. G. Tomás. Captura de lulas（Mollusca：Cephalopoda）pela pesca industrial desembarcada em Santos：comparação após 4 décadas. Braz. J. Aquat. Sci. Technol.，9（2）：5－8（2005a）.

Gasalla，M. A.，A. R. Rodrigues，F. A. Postuma. The trophic role of the squid *Loligo plei* as a keystone species in the South Brazil Bight ecosystem. ICES J. Mar. Sci. 67：1413－1424（2010）.

Gentiloni，P.，S. Agnesi，C. Gargiulo. Dati sulla distribuzione e biologia del cefalopode *Illex coindetii*（Verany，1839）nel mar Tirreno centrale. Biol. Mar. Mediter.，8：715－719（2001）.

Gerlach，G.，K. C. Buresch，R. T. Hanlon. Population structure of the squid *Doryteuthis pealeii* on the eastern coast of the USA：Comment on Shaw et al.（2010）. Mar. Ecol. Prog. Ser.，450：281－283（2012）.

Gesner，C. Historiae Animalium. Carolinum，Zurich（1551－1558）.

GFCM. FAO General Fisheries Commission for the Mediterranean. Report of the thirty-first session. Rome，9－12 January 2007. GFCM Report，31. Rome，FAO. p. 80（2007）.

Giordano，D.，P. Carbonara. Nota sulla distribuzione dei molluschi cefalopodi nel Tirreno centro-meridionale. Biol. Mar. Medit.，6（1）：573－575（1999）.

Glass，C. W.，B. Sarno，H. O. Milliken，G. D. Morris，H. A. Carr. Bycatch reduction in Massachusetts inshore squid（*Loligo pealeii*）trawl fisheries. MTS Journal，33：35－42（1999）.

Glazer，J. P.，D. S. Butterworth. Some refinements of the assessment of the South African squid resources，*Loligo vulgaris reynaudii*. Fish. Res.，78：14－25（2006）.

Golikov，A. V.，R. M. Sabirov，P. A. Lubin，L. L. Jørgensen. Changes in distribution and range structure of Arctic cephalopods due to climatic changes of the last decades. Biodiversity，14：28－35（2013）.

Gong，Y.，Y. S. Kim，D. H An. Abundance of neon fiying squid in relation to oceanographic conditions in the North Pacific. *Bull.* Int. North Pacific Fish. Comm. 53：191－204（1993a）.

Gong，Y.，Y. S. Kim，S. J. Hwang. Outline of the Korean squid gillnet fishery in the North Pacific. Bull. Int. North Pacific Fish. Comm.，53：45－69（1993b）.

Gonzáles，P.，J. Chong. Biología reproductiva de *Dosidicus gigas* D'Orbigny 1835（Cephalopoda，Ommastrephidae）en la zona norte-centro de Chile. Gayana.，70：65－72（2006）.

González，A. F.，B. G. Castro，A. Guerra. Age and growth of the short-finned squid *Illex coindetii* in Galician waters（NW Spain）based on statolith analysis. ICES J. Mar. Sci.，53：802－810（1996）.

González，Á. F.，M. Rasero，Á. Guerra. Preliminary study of *Illex coindetii* and *Todaropsis eblanae*（Cephalopoda：Ommastrephidae）in northern Spanish Atlantic waters. Fish. Res.，21：115－126（1994）.

González，A. F.，P. G. Rodhouse. Fishery biology of the seven star fiying squid *Martialia hyadesi* at South Georgia during winter. Polar Biol.，19：231－236（1998）.

González，M.，Sánchez，P. Cephalopod assemblages caught by trawling along the Iberian Peninsula Mediterranean coast. Sci. Mar.，66（Suppl. 2）：199－208（2002）.

Goss，C.，D. Middleton，P. G. Rodhouse. Investigations of squid stocks using acoustic survey methods.

Fish. Res., 54: 111-121 (2001).

Goss, G., P. G. Rodhouse, J. Watkins, A. Brierley. Attribution of acoustic echoes to squid in the South Atlantic. CCAMLR Sci., 5: 259-271 (1998).

Goto, T. Paralarval distribution of the ommastrephid squid *Todarodes pacificus* during fall in the southern Sea of Japan and its implication for locating spawning grounds. Bull. Mar. Sci., 71: 299-312 (2002).

Granados-Amores, J. Taxonomía de calamares de la familia Loliginidae en el Pacífico mexicano. Ph. D. Dissertation. CIBNOR, La Paz. p. 165 (2013).

Granados-Amores, J., F. Hochberg, C. A. Salinas-Zavala. New records of *Lolliguncula* (*Lolliguncula*) *argus* Brakoniecki & Roper, 1985 (Myopsida: Loliginidae) in northwestern Mexico. Lat. Am. J. Aquat. Res., 41: 595-599 (2013).

Green, C. P. Influence of environmental factors on population structure of arrow squid *Nototodarus gouldi*: implications for stock assessment. PhD, University of Tasmania (2011).

Green, C. P., L. Morris, L. Brown, G. Parry, K. L. Ryan, S. Conron. Victoria's Bay and Inlet Calamari Stock Assessment 2008. Fisheries Victoria Internal Report Series No. 24. (2012).

Guerra, A., F. Rocha. The life history of *Loligo vulgaris* and *Loligo forbesi* (Cephalopoda: Loliginidae) in Galician waters (NW Spain). Fish. Res., 21: 43-69 (1994).

Guerra, Á., P. S anchez, F. Rocha. The Spanish fishery for *Loligo*: recent trends. Fish. Res., 21: 217-230 (1994).

Haefner, P. A., Jr. Morphometry of the common Atlantic squid, *Loligo pealei*, and the brief squid, *Lolliguncula brevis*, in Delaware Bay. Chesapeake Sci., 5: 138-144 (1964).

Haimovici, M., N. E. Brunetti, P. G. Rodhouse, J. Csirke, R. H. Leta. Illex argentinus. In: Squid *Illex* recruitment dynamics: The genus *Illex* as a model, the commercial *Illex* species and influences on variability, p. 27 - 58 (P. G. Rodhouse, E. G. DaweandR. K. O' Dor, Eds.). FAO Fish. Tech. Pap. 376, FAO, Rome (1998).

Haimovici, M., M. C. Cergole, R. P. Lessa, L. S. P. Madureira, S. Jablonski, C. L. D. B. Rossi-Wongstchowski. Capítulo 2. Panorama Nacional. In: Programa REVIZEE. Avalição do Potencial Sustentável de Recursos Vivos na Zona Econômica Exclusiva. Relatório Executivo, p. 79-127. Brasília, Brazil: Minist ério do Meio Ambiente (2006).

Haimovici, M., J. A. A. Perez. Coastal cephalopod fauna of southern Brazil. Bull. Mar. Sci., 49: 221-230 (1991a).

Haimovici, M., J. A. A. Perez. Abundancia e distribuição de cefalópodes em cruzeiros de prospecção pesqueira demersal na plataforma externa e talude continental do sul do Brasil. Atlantica, Rio Grande, 13: 189-200 (1991b).

Haimovici, M., C. L. D. B. Rossi-Wongstchowski, R. A. Bernardes, L. G. Fisher, C. M. Vooren, R. A. dos Santos, A. R. Rodrigues, S. dos Santos. Prospecção pesqueira de espécies com rede de arrasto-de-fundo na região sudeste-sul do Brasil. São Paulo, Brazil: Série Documentos REVIZEE, Score Sul, Instituto Oceanográfico, USP (2008).

Haimovici, M., R. A. Santos, L. G. Fischer. Class Cephalopoda. In: Compendium of Brazilian Sea Shells, p. 610-649 (E. C. Rios, Ed.). Rio Grande, Brazil: Evangraf (2009).

Hamabe, M. Observations of early development of a squid, *Loligo bleekeri* Keferstein. Ann. Rep. Jap Sea Reg. Fish. Res. Lab., 6: 149-155 (1960).

Hamabe, M., T. Shimizu. Ecological studies on the common squid *Todarodes pacificus* STEENSTRUP, mainly in the south-western waters of the Japan Sea. Bull. Jap. Sea Reg. Fish. Res. Lab.，16：13－55 (1966).

Hamabe，M.，C. Hamuro，M. Ogura. Squid jigging from small boats. FAO Fishing Manual. Farnham：Fishing News Books (1982).

Hamada，H. Population Analysis of kensaki squid *Loligo edulis* in Genkai-nada，sea of northern Kyushu. Bull. Fukuoka Fisheries Mar. Technol. Res. Cent.，(8)：15－29 (1998) [in Japanese].

Hamada，H.，H. Uchida. Promotion for fisheries resources management (2) survey on natural resources. Fukuoka Fisheries Mar. Technol. Res. Cent. Research Reports for 1996：62－72 (1998) [in Japanese].

Hanlon，R. T.，J. P Bidwell，R. Tait. Strontium is required for statolith development and thus normal swimming behaviour of hatchling cephalopods. J. Exp. Biol.，141：187－195 (1989).

Hanlon，R. T.，J. B. Messenger. Cephalopod Behaviour. Cambridge：Cambridge University Press (1996).

Hastie，L. C.，J. B. Joy，G. J. Pierce，C. Yau.. Reproductive biology of *Todaropsis eblanae* (Cephalopoda：Ommastrephidae) in Scottish coastal waters. J. Mar. Biol. Assoc. U. K.，74：367－382 (1994).

Hastie，L. C.，M. Nyegaard，M. A. Collins，A. Moreno，J. M. F. Pereira，U. Piatkowski，G. J. Pierce. Reproductive biology of the loliginid squid，*Alloteuthis subulata*，in the north-east Atlantic and adjacent waters. Aquat. Living Resour.，22：35－44 (2009b).

Hastie，L. C.，G. J. Pierce，C. Pita，M. Viana，J. M. Smith，S. Wangvoralak. Squid fishing in UK waters. A Report to SEA-FISH Industry Authority. Aberdeen：University of Aberdeen (2009).

Hastie，L. C.，G. J. Pierce，J. Wang，I. Bruno，A. Moreno，U. Piatkowski，J. P. Robin. Cephalopods in the north-east Atlantic：species，biogeography，ecology，exploitation and conservation. Oceanogr. Mar. Biol.，47：111－190 (2009a).

Hatanaka，H. Growth and life span of short-finned squid，*Illex argentinus*，in the waters off Argentina. Bull. Japan. Soc. Sci. Fish.，52：11－17 (1986).

Hatanaka，H. Feeding migration of short-finned squid *Illex argentines* in the waters off Argentina. Nippon Suisan Gakkaishi，54：1343－1349 (1988).

Hatanaka，H.，T. Sato. Outline of Japanese squid fishery in Subareas 3 and 4 in 1979. NAFO SCR Doc. 80/II/8，Ser. No. N040 (1980).

Hatanaka，H.，S. Kawahara，Y. Uozumi. Comparison of life cycles of five ommastrephid squids fished by Japan：*Todarodes pacificus*，*Illex illecebrosus*，*Illex argentinus*，*Nototodarus sloani sloani*，and *Nototodarus sloani gouldi*. NAFO Sci. Coun. Studies，9：59－68 (1985a).

Hatanaka，H.，A. M. T. Lange，T. Amaratunga. Geographical and vertical distribution of shortfinned squid (*Illex illecebrosus*) larvae in the northwest Atlantic. NAFO Sci. Coun. Studies，9：93－99 (1985b).

Hatfield，E. M. C. Post-recruit growth of the Patagonian squid *Loligo gahi* (d'Orbigny). Bull. Mar. Sci.，49：349－361 (1991).

Hatfield，E. M. C. Do some like it hot? Temperature as a possible determinant of variability in the growth of the Patagonian squid，*Loligo gahi* (Cephalopoda，Loliginidae). Fish. Res.，47：27－40 (2000).

Hatfield，E. M. C.，S. X. Cadrin. Geographic and temporal patterns in size and maturity of the longfin inshore squid (*Loligo pealeii*) off the northeastern United States. Fish. Bull.，100：200－213 (2002).

Hatfield，E. M. C.，S. des Clers. Fisheries management and research for *Loligo gahi* in the Falkland Islands. Calif. Coop. Ocean. Fish. Inv. Rep.，39：81－91 (1998).

Hatfield, M. C., R. T. Hanlon, J. W. Forsythe, E. P. M. Grist. Laboratory testing of a growth hypothesis for juvenile squid *Loligo pealeii* (Cephalopoda: Loliginidae). Can. J. Fish. Aquat. Sci., 58: 845 - 857 (2001).

Hatfield, E. M. C., P. G. Rodhouse, J. Porebski. Demography and distribution of the Patagonian squid (*Loligo gahi*, d'Orbigny) during the austral winter. J. Cons. int. Explor. Mer., 46: 306 - 312 (1990).

Hayashi, S. Fishery biological studies of firefly squid, *Watasenia scintillans* (Berry), in Toyama Bay. Bull. Toyama Pref. Fish. Res. Inst., 7: 1 - 128 (1995b).

Hayashi, S. Spawning time of the day of firefly squid, *Watasenia scintillans*, assumed from set net catch. Bull. Toyama Pref. Fish. Res. Inst., 6: 17 - 23 (1995a).

Hendrickson, L. C. Population biology of Northern shortfln squid (*Illex illecebrosus*) in the Northwest Atlantic Ocean and initial documentation of a spawning area. ICES J. Mar. Sci., 61: 252 - 266 (2004).

Hendrickson, L. C. Distribution of Northern shortfln squid (*Illex illecebrosus*) in Subarea 3 based on multi-species bottom trawl surveys conducted during 1995 - 2005. NAFO SCR Doc. 06/45, Ser. No. N5270 (2006).

Hendrickson, L. C. Effects of a codend mesh size increase on size selectivity and catch rates in a small-mesh bottom trawl fishery for longfin inshore squid, *Loligo pealeii*. Fish. Res., 108: 42 - 51 (2011).

Hendrickson, L. C., E. G. Dawe, M. A. Showell. Assessment of Northern shortfln squid (*Illex illecebrosus*) in Subareas 3C4 for 2001. NAFO SCR Doc. 02/56, Ser. No. N4668 (2002).

Hendrickson, L. C., D. R. Hart. An age-based cohort model for estimating the spawning mortality of semelparous cephalopods with an application to per-recruit calculations for the northern shortfln squid, *Illex illecebrosus*. Fish. Res., 78: 4 - 13 (2006).

Hendrickson, L. C., E. M. Holmes. Essential fish habitat source document: northern shortfln squid, *Illex illecebrosus*, life history and habitat characteristics, 2nd Ed. NOAA Tech. Memo. NMFS-NE-191 (2004).

Hendrickson, L. C., M. A. Showell. Assessment of Northern shortfln squid (*Illex illecebrosus*) in Subareas 3C4 for 2012. NAFO SCR Doc. 13/31, Ser. No. N6185 (2013).

Hendrickx, M. E. Diversidad de los macroinvertebrados bentónicos Acompañantes del Camarón en el área del Golfo de California ysu importancia como Recurso Potencial. In: Recursos Pesqueros Potenciales de México: La pesca Acompañante del Camarón, p. 95 - 148. (A. Yañez-Arancibia, Ed.). Progr. Univ. de Alimentos, Inst. Cienc. del Mar y Limnol., UNAM-Inst. Nal. de Pesca (1985).

Herke, S. W., D. W. Foltz. Phylogeography of two squid (*Loligo pealei* and *Loligo plei*) in the Gulf of Mexico and northwestern Atlantic Ocean. Mar. Biol., 140: 103 - 115 (2002).

Hernández-Herrera, A., E. Morales-Bojorquez, M. A. Cisneros-Mata, M. O. Nevarez-Martinez, G. I. Rivera-Parra. Management strategy for the giant squid (*Dosidicus gigas*) Fishery in the GC, Mexico. Calif. Coop. Ocean. Fish. Inv. Rep., 39: 212 - 218 (1998).

Herrera, A., L. Betancourt, M. Silva, P. Lamelas, A. Melo. Coastal fisheries of the Dominican Republic. In: FAO Fisheries and Aquaculture Technical Paper. No. 544. Coastal fisheries of Latin America and the Caribbean, p. 175 - 217 (S. Salas, R. Chuenpagdee, A. Charles, J. C. Seijo, Eds). Rome, Italy: FAO (2011).

Hibberd, T., G. T. Pecl. Effects of commercial fishing on the population structure of spawning southern calamary (*Sepioteuthis australis*). Rev. Fish Biol. Fisher., 17: 207 - 221 (2007).

Hilborn, R., T. A. Branch, B. Ernst, A. Magnusson, C. V. Minte-Vera, M. D. Scheuerell, J. L. Valero. State of the worlds fisheries. Annu. Rev. Environ. Resourc., 28: 359 - 399 (2003).

Hilborn, R., C. Walters. Quantitative Fisheries Stock Assessment. Choice, Dynamics and Uncertainty. Chapman and Hall Press, New York, p. 570 (1992).

Hobday, A. J., J. M. Lough. Projected climate change in Australian marine and freshwater environments. Mar. Freshwater Res., 62: 1000 - 1014 (2011).

Hobday, A. J., A. D. M. Smith, I. C. Stobutzki, C. Bulman, R. Daley, J. M. Dambacher, R. A. Deng, J. Dowdney, M. Fuller, D. Furlani, S. P. Griffiths, D. Johnson, R. Kenyon, I. A. Knuckey, S. D. Ling, R. Pitcher, K. J. Sainsbury, M. Sporcic, T. Smith, C. Turnbull, T. I. Walker, S. E. Wayte, H. Webb, A. Williams, B. S. Wise, S. Zhou. Ecological risk assessment for the effects of fishing. Fish. Res., 108: 372 - 384 (2011).

Hollowed, A. B., J. N. Ianelli, P. A. Livingston. Including predation mortality in stock assessments: a case study for Gulf of Alaska walleye pollock. ICES J. Mar. Sci., 57: 279 - 293 (2000).

Holme, N. A. The biology of *Loligo forbesi* Steenstrup (Mollusca: Cephalopoda) in the Plymouth area. J. Mar. Biol. Assoc. U. K., 54: 481 - 503 (1974).

Hoyle, W. E. Reports on the Cephalopoda. Bull. Museum Comp. Zool. Harvard, 43: 1 - 72 (1904).

Hu, O. Chuugoku no ika tsuri gyogyou—genjou to kongo no tenbou [The squid jigging fishery of China—present situation and future prospect]. In: Surumeika no sekai—shigen, gyogyou, shiyou, p. 293 - 306 [The World of the Japanese Common Squid (Todarodes pacificus) —Resources, Fishery and Utilization]. (T. Arimoto, H. Inada, Eds.), Seizando Shoten Publishing Co., Tokyo (2003) [in Japanese].

Hunsicker, M. E., T. E. Essington, R. Watson, U. R. Sumaila. The contribution of cephalopods to global marine fisheries: can we have our squid and eat them too? Fish Fish., 11: 421 - 438 (2010).

Hunt, J. C. The behavior and ecology of midwater cephalopods from Monterey Bay: submersible and laboratory investigations. PhD thesis, University of California, Los Angeles, USA (1996).

Hurley, G. V. Recent developments in the squid, *Illex illecebrosus* fishery of Newfoundland, Canada. Mar. Fish. Rev., 42 (7 - 8): 15 - 22 (1980).

Ibáñez, C., J. Arguelles, C. Yamashiro, L. Adasme, R. Cespedes, E. Poulin. Spatial genetic structure and demographic inference of the Patagonian squid *Doryteuthis gahi* in the south-eastern Pacific Ocean. J. Mar. Biol. Assoc. U. K., 92: 197 - 203 (2011a).

Ibáñez, C. M., J. Chong, M. C. Pardo-Gandarillas. Relaciones somatométricas y reproductivas del calamar *Loligo gahi* Orbigny, 1835 en bahía Concepción, Chile. Invest. Mar., 33: 211 - 21 (2005).

Ibáñez, C. M., L. A. Cubillos. Seasonal variation in the length structure and reproductive condition of the jumbo squid *Dosidicus gigas* (d'Orbigny, 1835) off central-south Chile. Sci. Mar., 71: 123 - 128 (2007).

Ibáñez, C., L. A. Cubillos, R. Tafur, J. Arg uelles, C. Yamashiro, E. Poulin. Genetic diversity and demographic history of *Dosidicus gigas* (Cephalopoda: Ommastrephidae) in the Humboldt Current System. Mar. Ecol. Progr. Ser., 431: 163 - 171 (2011b).

ICES. Report of the Working Group on Cephalopod Fisheries and Life History (WGCEPH), 9 - 11 March 2010, Sukarrieta, Spain. ICES CM 2010/SSGEF: 09. Copenhagen: International Council for the Exploration of the Sea (2010).

ICES. Report of the Working Group on Cephalopod Fisheries and Life History (WGCEPH), 28 February-03 March 2011, Lisbon, Portugal. ICES CM 2011/SSGEF: 03. Copenhagen: International Council for the Exploration of the Sea (2011).

ICES. Report of the Working Group on Cephalopod Fisheries and Life History (WGCEPH), 27 - 30 March

2012, Cadiz, Spain. ICES Document CM 2012/SSGEF: 04. Copenhagen: International Council for the Exploration of the Sea (2012).

ICES. Report of the Working Group on Cephalopod Fisheries and Life History (WGCEPH), 11-14 June 2013, Caen, France. ICES CM 2013/SSGEF: 13. Copenhagen: International Council for the Exploration of the Sea (2013).

Ichii, T., Kitataiheiyou kaiiki [The North Pacific Ocean sea area]. In: Ika—sono seibutsu kara shouhi made [Squids—From the Animal to Consumption] 3rd ed., p. 195-209 (K. Nasu, T. Okutani, and M. Ogura, (Eds.), (Seizando Shoten: Tokyo (2002) [in Japanese].

Ichii, T., K. Mahapatra, H. Okamura, Y. Okada. Stock assessment of the autumn cohort of neon fiying squid (*Ommastrephes bartramii*) in the North Pacific based on past large-scale high sea driftnet fishery data. Fish. Res., 78: 286-297 (2006).

Igarashi, S. Studies on the mechanization of squid angling fishery IV. Development of an automatic squid angling machine. Bull. Facult. Fish. Hokkaido Univ., 29: 250-258 (1978).

Inada, H. Technological aspects on the present fishing system of squid jigging (the future prospects and problems in squid fisheries). *Nippon Suisan Gakkaishi*, 65: 119-120 (1999) [in Japanese].

Inada, H., M. Ogura. Historical changes of fishing light and its operation in squid jigging fisheries. Rep Tokyo Univ. Fish., 24: 189-207 (1988).

Inamura, O. Hotaruika no hanashi. Uozu: Uozu Printing Co. Ltd. (1994).

Instituto de Pesca. Instituto de Pesca/APTA/SAA/SP, www. pesca. sp. gov. br (2013).

Isahaya, T., T. Takahashi, On one type of squid eggs (No. 5). 1 - Spawning box of the spear squid. Hokusuishi Junpo, 248: 7-8 (1934).

Ish, T., E. J. Dick, P. V. Switzer, M. Mangel. Environment, krill and squid in the Monterey Bay: from fisheries to life histories and back again. Deep Sea Res. Part Ⅱ, 51: 849-862 (2004).

Ishida, S. Oogata ikatsuri gyogyou no rekishi-Souseiki kara genzai made [A history of large vessel jigging fishery-From the initial stage to present]. Japan Squid Fisheries Association, Tokyo (2008) [in Japanese].

Ishii, M., M. Murata Some information on the fishery and the ecology of the squid, *Doryteuthis bleekeri* Keferstein, in the Coastal water of the Shiribeshi District in Hokkaido. Bull. Hokkaido Reg. Fish. Res. Lab., 41: 31-48 (1976).

Ito, K. Studies on migration and causes of stock size fluctuations in the northern Japanese population of spear squid, *Loligo bleekeri*. Bull. Aomori Pref. Fish. Res. Cent., 5: 11-75 (2007) [in Japanese with English abstract].

Ito, K., T. Yanagimoto, Y. Iwata, H. Munehara, Y. Sakurai. Genetic population structure of the spear squid *Loligo bleekeri* based on mitochondrial DNA. Nippon Suisan Gakkaishi, 72: 905-910 (2006).

Iwata, Y., H. Munehara, Y. Sakurai. Dependence of paternity rates on alternative reproductive behaviors in the squid *Loligo bleekeri*. Mar. Ecol. Prog. Ser., 298: 219-228 (2005).

Izuka, T., S. Segawa, T. Okutani. Biochemical study of the population heterogeneity and distribution of the oval squid complexinsouthwesternJapan. Amer. Malac. Bull., 12: 129-135 (1996).

Izuka, T., S. Segawa, T. Okutani, K. Numachi. Evidence on the existence of three species in the oval squid *Sepioteuthis lessoniana* complex in Ishigaki Island, Okinawa, southwestern Japan, by isozyme analyses. Venus, 53: 217-228 (1994).

Jackson, G. D. Advances in defining the life histories of myopsid squid. Mar. Fresh. Res., 55: 357-365

(2004).

Jackson, G. D., H. Choat. Growth in tropical cephalopods: an analysis based on statolith microstructure. Can. J. Fish. Aquat. Sci., 49: 218-228 (1992).

Jackson G. D., M. D. Domeier. The effects of an extraordinary El Niño/La Niña event on the size and growth of the squid *Loligo opalescens* off Southern California. Mar. Biol., 142: 925-935 (2003).

Jackson, G. D., J. W. Forsythe. Statolith age validation and growth of *Loligo plei* (Cephalopoda: Loliginidae) in the north-west Gulf of Mexico during spring/summer. J. Mar. Biol. Ass. U. K., 82 (4): 677-678 (2002).

Jackson, G. D., B. McGrath Steer, S. Wotherspoon, A. J. Hobday. Variation in age, growth and maturity in the Australian arrow squid *Nototodarus gouldi* over time and space-what is the pattern? Mar. Ecol. Prog. Ser., 264: 57-71 (2003).

Jackson, G. D., N. A. Moltschaniwskyj. Spatial and temporal variation in growth rates and maturity in the Indo-Pacific squid *Sepioteuthis lessoniana* (Cephalopoda: Loliginidae). Mar Biol., 140: 747-754 (2002).

Jackson G. D., G. T. Pecl. The dynamics of the summer spawning population of the loliginid squid *Sepioteuthis australis* in Tasmania, Australia-a conveyor belt of cohorts. ICES J. Mar. Sci., 60: 290-296 (2003).

Jackson, G. D., S. Wotherspoon, B. L. McGrath-Steer. Temporal population dynamics in arrow squid *Nototodarus gouldi* in southern Australian waters. Mar. Biol., 146: 975-983 (2005).

Jacobson, L. Essential fish habitat source document: longfin inshore squid, *Loligo pealeii*, life history and habitat characteristics, Second Edition. NOAA Tech. Memo. NMFS-NE-193 (2005).

Jantzen, T. M., J. N. Havenhand. Reproductive behavior in the squid Sepioteuthis australis from South Australia: interactions on the spawning grounds. Biol. Bull., 204: 305-317 (2003).

Japan Large Squid Jigging Boats Association. A history of Japanese large jigging fishery-from founding period to present. Japan Large Squid Jigging Boats Association, p. 606 Tokyo (2008) [in Japanese].

Jatta, G. I cefalopodi viventi nel Golfo di Napoli. Fauna Flora Golf Neaples, monogr. 23 (1986).

Jereb, P., S. Agnesi. Current state of knowledge on exploited cephalopods in the Italian waters. Boll. Malacol., 45 (Suppl. 2009): 111-116 (2009).

Jereb, P., A. L. Allcock, E. Lefkaditou, U. Piatkowski, L. C. Hastie, G. J. Pierce (Eds). Cephalopod biology and fisheries in European waters: species accounts. Co-operative Research Report. Copenhagen: International Council for the Exploration of the Sea (In press).

Jereb, P., S. Ragonese. Sui cefalopodi di scarso o nullo interesse commerciale. Oebalia, 16: 689-692 (1990).

Jereb, P., S. Ragonese. The association of the squid *Illex coindetii* (Cephalopoda) with target species trawled in the Sicilian Channel. Bull. Mar. Sci., 49: 664 (Abstract) (1991).

Jereb, P., S. Ragonese. The Mediterranean teuthofauna: Towards a biogeographical coverage by regional census. II: Strait of Sicily. Boll. Malacol. 30: 161-172 (1994).

Jereb, P., S. Ragonese. An outline of the biology of the squid *Illex coindetii* in the Sicilian Channel (central Mediterranean). J. Mar. Biol. Ass. UK, 75: 373-390 (1995).

Jereb, P., S. Ragonese, A. Arkhipkin, A. Bonanno, M. Gioiello, M. Di Stefano, U. Morara, M. Bascone. Sicilian Channel squid stocks: *Loligo forbesii* Steenstrup, 1856. Project MED 93/010, Final Report, p. 233, 6 App. (1996).

Jereb, P., C. F. E. Roper. Cephalopods of the Indian Ocean. A Review. Part I. Inshore squids (Loliginidae) collected during the International Indian Ocean Expedition. Proc. Biol. Soc. Washington, 119: 91 - 136 (2006).

Jereb, P., C. F. E. Roper (Eds). Cephalopods of the world. An annotated and illustrated catalogue of cephalopod species known to date. Volume 2. Myopsid and Oegopsid Squids. FAO Species Catalogue for Fishery Purposes. No. 4, Vol. 2. Rome, FAO, (2010).

Jereb, P., M. Vecchione, C. F. E. Roper. Family Loliginidae. In: Cephalopods of the world. An annotated and illustrated catalogue of species known to date. Volume 2. Myopsid and Oegopsid Squids. FAO Species Catalogue for Fishery Purposes. No. 4, Vol. 2, p. 38 - 117 (P. Jereb & C. F. E. Roper, Eds.). Rome, Italy: FAO (2010).

JICA (Japan International Cooperation Agency). Field Report. Study on Formulation of Master Plan on Sustainable Use of Fisheries Resources for Coastal Community Development in the Caribbean. Accessed August 1, 2014. http://www.caricom-fisheries.com/Link Click.aspx? fileticket = 73gHxPuo% 2Fh0% 3D&tabid=214 (2010).

Jones, J. B. Environmental impact of trawling on the seabed: a review. New Zeal. J. Mar. Fresh., 26: 59 - 67 (1992).

Jonsson, E. Study of European fiying squid, *Todarodes sagittatus* (Lamarck) occurring in deep waters south of Iceland. ICES Document CM 1998/M: 48. Copenhagen: International Council for the Exploration of the Sea (1998).

Joy, J. B. The fishery biology of *Todarodes sagittatus* in Shetland waters. Journal of Cephalopod Biology, 1: 1 - 19 (1990).

Juanicó, M. Contribuição ao estudo da biologia dos Cephalopoda Loliginidae do Atlantico Sul Ocidental, entre Rio de Janeiro e Mar del Plata. PhD Thesis, Instituto Oceanogr afico, Universidade deSão Paulo, São Paulo, Brazil (1972).

Juanicó, M. Developments in South American squid fisheries. Mar. Fish. Rev., July-August 1980: 10 - 14 (1980).

Juanicó, M. Squid spatial patterns in a two species mixed fisheries off southern Brazil. In: Proceedings of the International Squid Symposium, p. 69 - 79. Boston (1981).

Kahui, V. A. Bioeconomic model for Hooker's sea lion bycatch in New Zealand. Austral. J. Agr. Resour. Econ., 56: 22 - 41 (2012).

Kalnay, E., M. Kanamitsu, R. Kistler, W. Collins. The NCEP/NCAR 40 - year reanalysis project. Bull. Amer. Meteor. Soc. 77: 437 - 471 (1996).

Kaplan, M. B., T. A. Mooney, D. C. McCorckle, A. C. Cohen. Adverse effects of ocean acidification on early development of squid (Doryteuthis pealeii). PLoS ONE, 8 (5): e63714 (2013).

Karnicki Z. S., T. Pintowski, J. Latanowicz. Polish squid industry present state and future. In: The first world cephalopod conference (March 13 - 15 1989, Lisbon, Portugal) p. 80 - 84. London: AGRA Europe Ltd (1989).

Karpov, K. A., G. M. Cailliet. Prey composition of the market squid, *Loligo opalescens* Berry, in relation to depth and location of capture, size of squid, and sex of spawning squid. Calif. Coop. Ocean. Fish. Inv. Rep., 20: 51 - 57 (1979).

Kasahara, S. Descriptions of offshore squid angling in the Sea of Japan, with special reference to the distribution of common squid (*Todarodes pacificus* Steenstrup); and on the techniques for forecasting fishing conditions. Bull. Jap. Sea Reg. Fish. Res. Lab.，29：179－199（1978）.

Kasahara，S. Spear squid fisheries in the Sea of Japan. In：Report of the 2004 Meeting on Squid Resources，p. 110－122（Japan Sea National Fishery Research Institute（JSNFRI），Eds.）. Niigata，Japan，JSNFRI（2004）[in Japanese].

Kashiwada，J.，C. W. Recksiek. Possible morphological indicators of population structure in the market squid，*Loligo opalescens*. Calif. Dep. Fish. Game Fish. Bull.，169：99－112（1978）.

Katağan，T.，A. Salman，H. A. Benli. The cephalopod fauna of the Sea of Marmara. Isr. J. Zool.，39：255－261（1993）.

Kato，M.，I. Mitani. Comparison of catch CPUE，and sea surface temperature in the fishing ground between good and poor fishing years for the squid jigging fishery target new Zealand southern arrow squid *Nototodarus sloanii* in New Zealand waters. Bull. Kanagawa Pref. Fish. Res. Inst.，6：35－45（2001）. [in Japanese]

Katsanevakis，S.，E. Lefkaditou，S. Galinou-Mitsoudi，D. Koutsoubas，A. Zenetos. Molluscan species of minor commercial interest in Hellenic seas：distribution，exploitation and conservation status. Mediter. Mar. Sci.，9：77－118（2008）.

Katsanevakis，S.，C. D. Maravelias，V. Vassilopoulou，J. Haralabous. Boat seines in Greece：landings profiles and identification of potential métiers. Sci. Mar.，74：65－76（2010）.

Katugin，O. N. Commander squid *Berryteuthis magister*（Berry，1913）：intraspecific variation，spatial and taxonomic differentiation. Abstract from the Ph. D. Thesis. Institute of Biology and Soils，Far Eastern Branch of the Russian Academy of Sciences，Vladivostok，Russia（1998）[In Russian].

Katugin，O. N. Intraspecific genetic variation and population differentiation of the squid *Berryteuthis magister* in the North Pacific Ocean. Russian J. Mar. Biol.，25（1）：34－45（1999）.

Katugin，O. N. Patterns of genetic variability and population structure in the North Pacific squids *Ommastrephes bartramii*，*Todarodes pacificus* and *Berryteuthis magister*. Bull. Mar. Sci. 71（1）：383－420（2002）.

Katugin，O. N.，A. M. Berkutova，G. E. Gillespie. Morphometric variation in the gladii of the squid Berryteuthis magister（Berry，1913）from different regions of the North Pacific. In：Mollusks of the Northeastern Asia and Northern Pacific：Biodiversity，Ecology，Biogeography and Faunal History，Abstracts of the Conference. Vladivostok，Russia：62－66（2004）.

Katugin，O. N.，V. V. Kulik. The analysis of stock fluctuations of the commander squid（*Berryteuthis magister*）near the Kuril Islands using deterministic and stochastic approaches. In：Proceedings of the All-Russian Conference dedicated to the 80th Anniversary of KamchatNIRO，176－183（2012）[In Russian].

Katugin，O. N.，V. V. Kulik Forecasting catch per unit effort for the commander squid（*Berryteuthis magister*）near the Kuril Islands in relation to the Aleutian Low. Tr. VNIRO（in press）. [In Russian].

Katugin，O. N.，V. V. Kulik，A. I. Mikhaylov. Validation of statistical significance for the influence of climatic factors on the schoolmaster gonate squid（*Berryteuthis magister*）fishery capacity off the Kuril Islands. Trudi VNIRO，151：81－86（2014）[In Russian with English abstract].

Katugin，O. N.，G. A. Shevtsov，M. A. Zuev，V. D. Didenko，V. V. Kulik，N. S. Vanin. *Berryteuthis magister*（Berry，1913），schoolmaster gonate squid. In：Advances in Squid Biology，Ecology and Fisheries. Part Ⅱ-Oegopsid Squids，p. 1－48（R. Rosa，G. Pierce & R. O'Dor，Eds.）. Nova Science Publishers（2013）.

Kawano，M. Distribution of swordtip squid and its hydrographic condition. Bull. Jpn. Soc. Fish. Oceanog.，

51：244－249（1987）［in Japanese］.

Kawano，M. Characteristics of swordtip squid caught by offshore trawls. Report of Seikai Bock Council on bottom fish，1：37－46（1991）［in Japanese］.

Kawano，M. Study on ecology of *Photololigo edulis* resources in the southwestern Sea of Japan. Bull. Yamaguchi Pref. Gaikai Fish. Exp. Stn.，26：1－25（1997）［in Japanese with English abstract］.

Kawano，M. An egg mass of *Photololigo edulis* found in coastal waters off Yamaguchi Prefecture，southwestern Japan Sea. Bull. Yamaguchi Pref. Fish. Res. Ctr.，4：69－72（2006）［in Japanese with English abstract］.

Kawano，M. Changes in the distribution and abundance of firefly squid，*Watasenia scintillans*，eggs in the southwestern Japan Sea. Bull. Yamaguchi Pref. Fish. Res. Ctr.，5：29－34（2007）.

Kawano，M. Fishing condition of squid angling in waters off Yamaguchi Prefecture in the southwestern Sea of Japan. Report of Surumeika Shigen Hyoka Kyogikai：30－36（2013）［in Japanese］.

Kawano，M.，Y. Ogawa，R. Takeda，H. Yamada，S. Moriwaki. The management of the fisheries resources of *Loligo edulis* in coastal waters of the western Japan Sea. Report on Cooperative Investigations of "Shiroika"，*Loligo edulis*，inhabiting western Japan Sea，2：124－133（1986）.［in Japanese with English abstract］.

Kawano，M.，H. Saitoh. Characteristic changes in fishery biology and fishing situation of *Photololigo edulis* in coastal waters off Yamaguchi Prefecture，southwestern Sea of Japan in recent years. Bull. Yamaguchi Pref. Fish. Res. Ctr.，2：77－85（2004）［in Japanese with English abstract］.

Kawano，M.，M. Tashiro，A. Kobayakawa，S. Akimoto. Swordtip squid in waters off Yamaguchi Prefecture to northwestern Kyushu. Suisan Gijyutsu and Keiei，36：18－33（1990）［in Japanese］.

Kawasaki，K.，S. Kakuma. Biology and fishery of *Thysanoteuthis rhombus* in the waters around Okinawa，southwestern Japan. In：Contributed Papers to International Symposium on Large Pelagic Squids，p. 183－189（T. Okutani，Ed.）. Tokyo，Japan：Japan Marine Fishery Resources Research Center（1998）.

Keyl，F.，J. Arguelles，R. Tafur. Interannual variability in size structure，age，and growth of jumbo squid（*Dosidicus gigas*）assessed by modal progression analysis. ICES J. Mar. Sci.，68：507－518（2011）.

Keyl，F.，M. Wolff，J. Arguelles，L. Mariategui，R. Tafur，C. Yamashiro. A hypothesis on range expansion and spatio-temporal shifts in size-at-maturity of jumbo squid（*Dosidicus gigas*）in the Eastern Pacific ocean. Cal. Coop. Ocean. Fish. Inv. Rep.，49：119－128（2008）.

Khrueniam，U.，N. Suksamrarn. Status of squid trap fishery in the eastern Gulf of Thailand. Tech. Pap.，Mar. Fish. Res. Dev. Bur.，Dept. Fish.（2012）.

Kidokoro，H. Impact of climatic changes on the distribution，migration pattern and stock abundance of the Japanese common squid，*Todarodes pacificus* in the Sea of Japan. Bull. Fish. Res. Agen.，27：95－189（2009）.

Kidokoro，H.，K. Mori，T. Goto，T. Kinoshita. Stock assessment and management method for the Japanese common squid in Japan. Suisankanri Danwakaiho，30：18－35（2003）.

Kidokoro，H.，T. Goto，R. Matsukura. Stock assessment and evaluation for autumn spawning stock of Japanese common squid（fiscal year 2012）. In：Marine fisheries stock assessment and evaluation for Japanese waters（fiscal year 2012），p. 605－635. Tokyo：Fishery Agency and Fisheries Research Agency of Japan（2013）.

Kidokoro，H.，T. Goto，T. Nagasawa，H. Nishida，T. Akamine，Y. Sakurai. Impacts of a climate regime shift on the migration of Japanese common squid（*Todarodes pacificus*）. ICES J. Mar. Sci. 67：1314－

1322 (2010).

Kinoshita, T. Age and growth of loliginid squid, Heterololigo bleekeri. Bull. Sekai Reg. Fish. Res. Lab., 67: 59-68 (1989) [in Japanese with English abstract].

Kitahara, T., N. Hara. An abundance index of immigrants in exploited migratory populations. Nippon Suisan Gakkaishi, 56: 1927-1931 (1990). [in Japanese with English abstract]

Kitaura, J., G. Yamamoto, M. Nishida. Genetic variation in populations of the diamond-shaped squid *Thysanoteuthis rhombus* as examined by mitochondrial DNA sequence analysis. Fish. Sci., 64: 538-542 (1998).

Kitazawa, H. Study on the fisheries biology of *Loligo bleekeri* in the southwestern Japan Sea (part 1). Rep. Shimane Pref. Fish. Exp. Sta., 4: 67-82 (1986) [in Japanese].

Kittivorachate, R. Study on catch and size composition of the economically important invertebrates in the Gulf of Thailand from research vessel "Pramong 2 and 9". Tech. Pap., Invertebr. Sect., Mar. Fish. Div., Dept. Fish. (1980).

Klett, A. Pesquería de calamar gigante *Dosidicus gigas*. In: Estudio del potencial pesquero y acuícola de Baja California Sur. (M. Casas-Valdez, G. Ponce-D ıaz, Eds.). Vol. Ⅰ, 127-149 (1996).

Koganezaki, E. Foreign fishing fleets for neon fiying squid and the states in the North Pacific. Heisei 12 nendo ikarui shigen kenkyuu kaigi houkoku [Report of the 2000 Meeting on Squid Resources]. National Research Institute of Far Seas Fisheries, Shimizu, p. 88-91 (2002) [in Japanese].

Kolator, D. J., D. P. Long. The foreign squid fishery off the northeast United States coast. Mar. Fish. Rev., 41 (7): 1-15 (1979).

Kongprom, A., N. Kulanujaree, U. Augsornpa-ob, K. Thongsila. Stock assessment of mitre squid (*Photololigo chinensis*) and Indian squid (*P. duvaucelii*) in the Gulf of Thailand. Tech. Pap., Mar. Fish. Res. Dev. Bur., Dept. Fish. (2010).

Koslow, J. A., C. Allen. The influence of the ocean environemtn on the abundance of market squid, *Doryteuthis (Loligo) opalescens*, paralarvae in the Southern California bight. Calif. Coop. Ocean. Fish. Inv. Rep., 52: 205-213 (2011).

Krebs, C. J. Ecological methodology, 2nd edition. Benjamin Cummins, Menlo Park, p. 624 (1999).

Krstulović Šifner, S., E. Lefkaditou, N. Ungaro, L. Ceriola, K. Osmani, S. Kavadas, N. Vrgoč, Composition and distribution of the cephalopod fauna in the eastern Adriatic and eastern Ionian Sea. Isr. J. Zool., 51: 315-330 (2005).

Krstulović Šifner, S., M. Peharda, N. Vrgoč, I. Isajlović, V. Dadifi, M. Petrić. Biodiversity and distribution of cephalopods caught by trawling along the northern and central Adriatic Sea. Cah. Biol. Mar., 52: 291-302 (2011).

Krstulović Šifner, S., N. Vrgoč. Population structure, maturation and reproduction of the European squid, Loligo vulgaris, in the central Adriatic Sea. Fish. Res., 69: 239-249 (2004).

Kubodera, T. Ecological studies of pelagic squids in the Subarctic Pacific region. D. Fish. Sci. Thesis. Hokkaido Univ., Hakodate, Japan (1982) [In Japanese].

Kuroiwa, M. Explorations of the Jumbo squid, *Dosidicus gigas*. Resources in the Southeastern Pacific Ocean with notes on the history of jigging surveys by the Japan Marine Fishery Resources Center, p. 89-105. In: Contributed papers to international symposium on large pelagic squid (T. Okutani Ed.). Japan Marine Fishery Resources Research Center, Tokyo. (1998).

Kurosaka, K., T. Yanagimoto, T. Wakabayashi, Y. Shigenobu, Y. Ochi, H. Inada, Population genetic structure of the neon fiying squid *Ommastrephes bartramii* inferred from mitochondrial DNA sequence analysis. Nippon Suisan Gakkaishi, 78: 212 - 219 (2012) [in Japanese].

Lamarck, J. B. Histoire Naturelle des Animaux sans Vertebres. Vol. 1 - 7. Paris (1815 - 1822).

Lange, A. M. T. Historical trends and current status of the squid fisheries off the Northeastern United States. In: Proceedings of the workshop on the squid *Illex illecebrosus*. (N. Balch, T. Amaratunga, R. K. O'Dor, Eds.). Halifax, Nova Scotia: Dalhousie University (1978).

Lange, A. M. T., M. Sissenwine. Biological considerations relevant to the management of squid *Loligo pealeii* and *Illex illecebrosus* of the Northwest Atlantic. Mar. Fish. Rev., 42: 23 - 38 (1980).

Lange, A. M. T., M. Sissenwine. Squid resources of the Northwest Atlantic. In: Advances in assessment of world cephalopod resources, p. 21 - 54. (J. F. Caddy, Ed.). FAO Fisheries Tech. Paper No. 231. Rome, Italy (1983).

Lange, A. M. T., G. Waring. Fishery interactions between long-finned squid (*Loligo pealei*) and butterfish (*Peprilus triacanthus*) off the northeast USA. J. Northw. Atl. Fish. Sci., 12: 49 - 62 (1992).

Lapko, V. V., M. A. Stepanenko, G. M. Gavrilov, V. V. Napazakov, A. M. Slabinskyi, O. N. Katugin, M. M. Raklistova. Composition and biomass of nekton in near-bottom layers in the northwestern Bering Sea in autumn 1998. Izvestiya TINRO (TINRO Proceedings) 126: 145 - 154 (1999) [In Russian, English summary].

Laptikhovsky, V. V. Diurnal vertical migrations of squid *Todarodes angolensis* Adam (Cephalopoda, Ommastrephidae) off Namibia. Okeanologiya, 29: 836 - 839 (1989) [In Russian].

Laptikhovsky, V., J. Pompert, P. Brickle. Fishery discards, management and environmental impact in Falkland Islands fisheries. ICES CM 2006/K (2006).

Laptikhovsky, V. V., A. Salman, B. Onsoy, T. Kata ğ an, T. Systematic position and reproduction of squid of the genus *Alloteuthis* (Cephalopoda: Loliginidae) in the eastern Mediterranean. J. Mar. Biol. Ass. UK, 82: 983 - 985 (2002).

Larcombe, J., G. Begg. Fisheries Status Reports 2007—Status of fish stocks managed by the Australian Government. Australian Government Department of Agriculture, Fisheries and Forestry, Bureau of Rural Sciences (2008).

Larkin, P. A. Concepts and issues in marine ecosystem management. Rev. Fish Biol. Fisher., 6: 139 - 164 (1996).

Lefkaditou, E. Review of Cephalopod fauna in Hellenic waters. In: State of Hellenic Fisheries, p. 62 - 69. Ed. by C. Papaconstantinou, A. Zenetos, V. Vassilopoulou, G. Tserpes. Athens. HCMR Publications. p. 466 (2007).

Lefkaditou, E., A. Adamidou. Beach-seine fisheries in the Thracian Sea. Preliminary results. In: Proceedings of the 5 th Pan-Hel-lenic Symposium of Oceanography and Fisheries, Kavala, Greece, 15 - 18 April 1997, Vol. Ⅱ, p. 21 - 24 (1997) [in Greek, abstract in English].

Lefkaditou, E., N. Bailey, I. Bruno, A. Guerra, L. C. Hastie, P. Jereb, N. Koueta, J. Pereira, G. J. Pierce, J. P. Robin, P. S anchez, I. Sobrino, R. Villanueva, I. G. Young. European cephalopod fisheries and aquaculture. In: Cephalopod biology and fisheries in Europe, p. 43 - 70 (G. J. Pierce, L. Allcock, I. Bruno, P. Bustamante, Á. González, Á. Guerra, P. Jereb, et al., Eds.) ICES Coop. Res. Rep., 303. p. 175 (2010).

Lefkaditou, E., C. Mitilineou, P. Maiorano, G. D'Onghia. Cephalopod species captured by deep-water exploratory trawling in the eastern Ionian Sea. J. Northw. Atl. Fish. Sci., 31: 431 - 440 (2003a).

Lefkaditou，E.，P. Peristeraki，P. Bekas，G. Tserpes，C. Y. Politou，G. Petrakis. Cephalopod distribution in the southern Aegean Sea. Medit. Mar. Sci.，4：79 - 86（2003b).

Lefkaditou，E.，P. Sanchez，A. Tsangidis，A. Adamidou. A preliminary investigation on how meteorological changes may affect beach-seine catches of *Loligo vulgaris* in the Thracian Sea（Eastern Mediterranean). S. Afr. J. Marine Sci.，20：453 - 461（1998).

Lefkaditou，E.，C. S. Tsigenopoulos，C. Alidromiti，J. Haralabous. On the occurrence of *Alloteuthis subulata* in the eastern Ionian Sea and its distinction from the sympatric Alloteuthis media. J. Biol. Res.，Thessaloniki，17：169 - 175（2012).

Leiva，B.，D. Oliva，R. Bahamondes. Pesca de Investigación de Calamar en el Mar territorial y Zona Económica Exclusiva de las Islas Oceánicas de Chile. Instituto de Fomento Pesquero，Chile. p. 55（1993).

Lelli，S.，A. Belluscio，P. Carpentieri，F. Colloca. Ecologia trofica di *Illex coindetii* e *Todaropsis eblanae*（Cephalopoda：Ommastrephidae）nel Mar Tirreno centrale. Biol. Mar. Mediter.，12：531 - 534（2005).

Leos，R. R. The biological characteristics of the Monterey Bay squid catch and the effect of a two-day-per-week fishing closure. Calif. Coop. Ocean. Fish. Inv. Rep.，39：204 - 211（1998).

Leta，H. R. Descripci on de los huevos，larvas y juveniles de *Illex argentinus*（Ommastrephidae）y juveniles de *Loligo brasiliensis*（Loliginidae）en la zona comun de pesca Argentino-Urugauya. Publ. Cient. INAPE，1：1 - 8（1987).

Li，J. Z.，P. M. Chen，X. P. Jia，S. H. Xu. Resource status and conservation Strategy of *Loligo edulis* Hoyle in the northern South China Sea. J. Fish. Sci. Chin.，17：1309 - 1318（2010).

Li，Y.，D. R. Sun. Biological Characteristics and stock changes of *Loligo chinensis* Gray in Beibu Gulf，South China Sea. Hubei Agric. Sci.，50：2716 - 2735（2011).

Liao，C. H.，M. A. Lee，Y. C. Lan，K. T. Lee. The temporal and spatial change in position of squid fishing ground in relation to oceanic features in the northeastern waters of Taiwan. J. Fish. Soc. Taiwan，33：99 - 113（2006).

Link，J. S. Ecological considerations in fisheries management：when does it matter? Fisheries，27：10 - 17（2002).

Link，J. S. Ecosystem-based fisheries management：confronting tradeoffs. Cambridge Univ. Press，Cambridge（2010).

Lipinski，M. R. Food，and feeding of *Loligo vulgaris reynaudii* from St Francis Bay，South Africa. S. Afr. J. mar. Sci.，5：557 - 564（1987).

Lipinski，M. R. Cephalopods and the Benguela ecosystem：trophic relationships and impact. In：Benguela Trophic Functioning，791 - 802（A. I. L. Payne，K. H. Brink，K. H. Mann & R. Hilborn，Eds）. S. Afr. J. mar. Sci.，12（1992).

Lipiński，M. R.，S. Jackson，S. Surface-feeding on cephalopods by procellariiform seabirds in the Benguela region，South Africa. J. Zool.，Lond.，218：549 - 563（1989).

Lipinski，M. R.，M. A. C. Roeleveld，L. G. Underhill. Comparison of the statoliths of *Todaropsis eblanae* and *Todarodes angolensis*（Cephalopoda：Ommastrephidae）in South African waters. In：Recent Advances in Cephalopod Fisheries Biology，p. 263 - 273（T. Okutani，R. K. O'Dor & T. Kubodera，Eds). Tokyo：Tokai University Press（1993).

Lipinski，M. R.，M. A. Soule. A new direct method of stock assessment of the loliginid squid. Rev. Fish Biol. Fish.，17：437 - 453（2007).

Liu，B.，X. Chen，X. Chen，S. Tian，J. Li，Z. Fang，M. Yang. Age，maturation，and population structure of the Humboldt squid *Dosidicus gigas* off the Peruvian Exclusive Economic Zones. Chinese J. Oceanol. Limnol.，31：81－91（2013）.

Liu，B. L.，X. J. Chen，H. J. Lu，Y. Chen，W. G. Qian. Fishery biology of the jumbo fiying squid *Dosidicus gigas* off the Exclusive Economic Zone of Chilean waters. Sci. Mar.，74：687－695（2010）.

Lleonart J.，J. Lloret，S. Touzeau，J. Salat，L. Recasens，F. Sardà（J. M. Fromentin，D. Levi，K. I. Stergiou，S. Tudela Revisors）. Mediterranean fisheries，an overview，Ⅱ SAP meeting，Barcelona，13－17/10/98（1998）.

Lloret，J.，J. Lleonart. Recruitment dynamics of eight fishery species in the northwestern Mediterranean Sea. Sci. Mar.，66（1）：77－82（2002）.

Lo Bianco，S. Notizie biologiche riguardanti specialmente il period di maturita sessuale degli animali del Golfo di Napoli. Mittheilungen aus der Zoologischen Station zu Neapel，19：513－761（1909）.

Loder，J. W.，B. Petrie，G. Gawarkiewicz. The coastal ocean off northwestern North America：a large-scale view. In：The Sea，Vol 11：The Global Coastal Ocean：Regional Studies and Syntheses，105－133（A. R. Robinson & K. H. Brink，Eds）. New York：John Wiley and Sons（1998）.

Løkkeberg，S. Impacts of trawling and scallop dredging on benthic communities. FAO Fish. Tech. Pap. No. 472（2005）.

Lordan，C.，J. Casey. The first evidence of offshore spawning in the squid species Loligo forbesi. J. Mar. Biol. Assoc. U. K.，79：379－381（1999）.

Lordan，C.，M. A. Collins，L. N. Key，E. D. Browne. The biology of the ommastrephid squid，*Todarodes sagittatus*，in the north-east Atlantic. J. Mar. Biol. Assoc. U. K.，81：299－306（2001b）.

Lowry，M. S.，J. V. Carretta. Market squid（*Loligo opalescens*）in the diet of the California sea lions（Zalophus californianus）in souther California（1981－1995）. Calif. Coop. Ocean. Fish. Inv. Rep.，40：196－207（1999）.

Lumare，F. Nota sulla distribuzione di alcuni cefalopodi del mar Tirreno. Boll. Pesca，Piscic. Idrobiol.，25：313－344（1970）.

Lum-Kong，A.，G. J. Pierce，C. Yau. Timing of spawning and recruitment in *Loligo forbesi* Steenstrup（Cephalopoda：Loliginidae）in Scottish waters. J. Mar. Biol. Assoc. U. K.，72：301－311（1992）.

Lyle，J.，C. Green，K. Rowling，M. Steer. Southern calamari Sepioteuthis australis. In：Status of key Australian fish stocks reports 2012，p. 109－113（M. Flood，I. Stobutzki，J. Andrews，G. Begg，W. Fletcher，C. Gardner，J. Kemp，A. Moore，A. O' brien，R. Quinn，J. Roach，K. Rowling，K. Sainsbury，T. Saunders，T. Ward & M. Winning，Eds.）. Canberra，Australia：Fisheries Research and Development Corporation（2012）.

Macewicz，B. J.，J. R. Hunter，N. C. H. Lo，E. L. LaCasella. Fecundity，egg deposition，and mortality of market squid（*Loligo opalescens*）. Fish. Bull.，102：306－327（2004）.

Machias，A.，V. Vassilopoulou，D. Vatsos，P. Bekas，A. Kallianiotis，C. Papaconstantinou，N. Tsimenides. Bottom trawl discards in the northeastern Mediterranean Sea. Fish. Res.，53：181－195（2001）.

Machida，S. Report of the squid survey by the FV Hoyo Maru No. 67 in south eastern Australian waters 1979/1980. Japan Marine Fishery Resource Center，JAMARC，22：1－43（1979）.

Macy，W. K.，J. K. T. Brodziak. Seasonal maturity and size at age of *Loligo pealeii* in waters of southern New England. ICES J. Mar. Sci.，58（4）：852－864（2001）.

Macy，W. K. The application of digital image processing to the aging of long-finned squid，*Loligo pealei*，using the statolith. In：Recent developments in fish otolith research，p. 283－302（D. H. Secor，J. M.

Dean, S. E. Campana, Eds.), Columbia, S. C: University of South Carolina Press (1995).

Malyshev, A. A., P. P. Railko. Oceanologic features associated with formation of commander squid aggregations near the Simushir Island. Abstracts of Communications on Commercial Invertebrates. Moscow, VNIRO: 153-159 (1986). [In Russian].

Mangold-Wirz, K. Biologie des C ephalopodes benthiques et nectoniques de la Mer Catalane. Vie et Milieu, Suppl. 13, 285 (1963).

Mangold, K., S. v. Boletzky. Céphalopodes. In: Fiches FAO d'identification des especès pour les besoins de la pêche (Révision 1). Méditerranée et mer Noire. Zone de pêche 37, Volume 1, Végétaux et Invertébrés, pp. 633-714. Ed. by W. Fischer, M. L. Bauchot, & M. Schneider. p. 760 (1987).

Mannini, P., C. Volpi. Nota sulla presenza e distribuzione dialcuni cefalopodi del Tirreno Settentrionale. Oebalia, 15: 693-701 (1989).

Maragliano, M., M. T. Spedicato. Osservazioni sulla riproduzione e l' accrescimento di *Illex coindetii* (Cephalopoda: Teuthoidea) nel Tirreno meridionale. Biol. Mar., Suppl. Notiz. SIBM, 1: 299 - 300 (1993).

Margalef, R. El Mediterráneo occidental. Omega Edit., Barcelona, 374 (1989).

Mariátegui, L. Pesquería sostenible del calamar gigante *Dosidicus gigas* (Orbigny, 1835) en el mar peruano. Tesis para optar el Grado Acad emico de Doctor en Medio Ambiente y Desarrollo Sostenible, Univ. Nac. Federico Villarreal, Lima-Per ú, 195 (2009).

Mariátegui, L., R. Tafur, O. Morón, P. Ayon. Distribución y captura del calamar gigante *Dosidicus gigas* a bordo de buques calamareros en aguas del Pac ıfico Centro Oriental y en aguas nacionales y adyacentes. Inf. Progr. Inst. Mar Perú, 63: 3-36 (1997).

Mari ategui, L., A. Taipe. Distribución y abundancia relativa delcalamar gigante (*Dosidicus giga* s) en el Perú. Informe Progresivo Inst. Mar Perú, 34: 3-27 (1996).

Marinovic, B. B., D. A. Croll, N. Gong, S. R. Benson, F. P. Chavez. Effects of the 1997 - 1999 El Niño and La Niña events on zooplankton abundance and euphausiids community composition within the Monterey Bay coastal upwelling system. Progr. Oceanogr., 54: 265-277 (2002).

Markaida, U. Food and feeding of jumbo squid *Dosidicus gigas* in the GC and adjacent waters after the 1997-1998 El Niño event. Fish. Res., 79: 16-27 (2006).

Markaida, U., J. J. C. Rosenthal, W. F. Gilly. Tagging studies on the jumbo squid (*Dosidicus gigas*) in the Gulf of California, Mexico. Fish. Bull., 103: 219-226 (2005).

Martínez, P., M. Perez-Losada, A. Guerra, A. Sanjuan. First genetic validation and diagnosis of the short-finned squid species of the genus *Illex* (Cephalopoda: Ommastrephidae). Mar. Biol., 148: 97 - 108 (2005a).

Martínez, P., P. Belcari, A. Sanjuan, A. Guerra. Allozyme analysis of geographical and seasonal variation of *Illex coindetii* (Cephalopoda: Ommastrephidae) from central Mediterranean and Iberian Atlantic. J. Mar. Biol. Assoc. U. K., 85: 177-184 (2005b).

Martins, H. R. Biological studies of the exploited stock of *Loligo forbesi* (Cephalopoda) in the Azores. J. Mar. Biol. Assoc. U. K., 62: 799-808 (1982).

Martins, M. C. Biology of pre-and post-hatching stages of *Loligo vulgaris* Lamarck, 1798 and *Loligo forbesi* Steenstrup, 1856 (Mollusca, Cephalopoda). PhD thesis. Aberdeen: University of Aberdeen (1997).

Martins, R. S., R. de Camargo, M. A. Gasalla. The São Paulo shelf (SE Brazil) as a nursery ground for

Doryteuthis plei (Blainville, 1823) (Cephalopoda, Loliginidae) paralarvae: a Lagrangian particle-tracking Individual-Based Model approach. Hydrobiologia, 725: 57-68 (2014).

Martins, R. S., J. A. A. Perez. Artisanal fish-trap fishery around Santa Catarina Island. During spring/summer: characteristics, species interactions and the influence of the winds on the catches. B. Inst. Pesca, São Paulo, 34: 413-423 (2008).

Martins, R. S., J. A. A. Perez. The ecology of Loliginid squid in shallow waters around Santa Catarina Island, Southern Brazil. Bull. Mar. Sci., 80: 125-146 (2007).

Martins, R. S., J. A. A. Perez, C. A. F. Schetini. The squid *Loligo plei* around Santa Catarina Island, Southern Brazil: Ecology and Interactions with Coastal Oceanographic environment. J. Coast. Res., 38: 1285-1290 (2004).

Martins, R. S., J. A. A. Perez. Occurrence of Loliginid paralarvae around Santa Catarina Island, Southern Brazil. Pan-Am. J. Aquat. Sci., 1: 24-27 (2006).

Massutí, E., O. Reñones. Demersal resource assemblages in the trawl fishing grounds off the Balearic Islands (western Mediterranean). Sci. Mar., 69: 167-181 (2005).

Matsuura, Y. Exploração pesqueira. In: Os ecossistemas brasileiros eos principais macrovetores de desenvolvimento: subsídios ao planejamento da gestão ambiental. Programa nacional do meio ambiente, Brasília, p. 77 - 89. Brasília, Brazil: Ministério do MeioAmbiente, dos Recursos Hídricos e da Amazônia Legal (1995).

May, R. M., J. R. Beddington, C. W. Clark, S. J. Holt, R. M. Laws. Science, 205 (4403): 267 - 277 (1979).

McCoy, F. Prodromus of the zoology of Victoria, or figures and descriptions of the living species of all classes of 1888 the Victorian indigenous animals. Decade, 17: 255-257 (1888).

McGrath Steer, B. L., G. D. Jackson. Temporal shifts in the allocation of energy in the arrow squid, *Nototodarus gouldi*: Sex-specific responses. Mar. Biol., 144: 1141-1149 (2004).

McGrath, B. L., G. D. Jackson. Egg production in the arrow squid *Nototodarus gouldi* (Cephalopoda: Ommastrephidae), fast and furious or slow and steady? Mar. Biol., 141: 699-706 (2002).

McKinna, D., C. Wall, R. Brown, K. Lonie, J. M. Improving efficiency of Southern Squid Jig Fisheries. Fisheries Research and Development Corporation. (2011).

McMahon, J. J., W. C. Summers. Temperature effects on the developmental rate of squid (*Loligo pealei*) embryos. Biol. Bull., (Woods Hole), 141: 561-567 (1971).

Medeiros, R. P., M. Polette, S. C. Vizinho, C. X. Macedo, J. C. Borges. Diagnóstico sócio-econômico e cultural nas comunidades pesqueiras artesanais do litoral centro-norte do estado de Santa Catarina. Not. Téc. FACIMAR, 1: 33-42 (1997).

Medeiros, R. P. Estratégias de pesca e usos dos recursos em umacomunidade de pescadores artesanais da praia do Pantano do Sul (Florianópolis, SC). MSc. Thesis, Universidade Estadual de Campinas, Campinas, Brazil (2001).

Meiyappan, M. M., K. S. Mohamed. Cephalopods. In: Status of Exploited Marine Fishery Resources of India, p. 221-227 (M. Mohan Joseph & A. A. Jayaprakash, Eds.) CMFRI, Cochin (2003).

Meiyappan, M. M., K. S. Mohamed, K. Vidyasagar, K. P. Nair, N. Ramachandran, A. P. Lipton, G. S. Rao, V. Kripa, K. K. Joshi, E. M. Abdussamad, R. Sarvesan, G. P. K. Achari. A review on cephalopod resources, biology and stock assessment in Indian seas. In: Marine Fisheries Research and Management, p. 546-562 (V. N. Pillai & N. G. Menon, Eds.). Kochi, CMFRI (2000).

Meiyappan, M. M., M. Srinath, K. P. Nair, K. S. Rao, R. Sarvesan, G. S. Rao, K. S. Mohamed, K. Vidyasagar, K. S. Sundaram, A. P. Lipton, P. Natarajan, G. Radhakrishnan, K. A. Narasimham, K. Balan, V. Kripa, T. V. Sathianandan. Stock assessment of the Indian squid *Loligo duvauceli* Orbigny. Indian J. Fish., 40: 74-84 (1993).

Melo, Y. C., W. H. H. Sauer. Determining the daily spawning cycle of the chokka squid *Loligo vulgaris* reynaudii off the South African Coast. Rev. Fish Biol. Fish., 17: 247-257 (2007).

Mercer, M. C. Distribution and biological characteristics of the ommastrephid squid *Illex illecebrosus* (LeSueur) on the Grand Bank, St. Pierre Bank and Nova Scotian Shelf (Subareas 3 and 4) as determined by otter-trawl surveys 1970 to 1972. Int. Comm. N. W. Atl. Fish. Res. Doc. 73/79. Ser. No. 3031 (1973a).

Mercer, M. C. Nominal catch of squid in Canadian Atlantic waters Subareas 2 - 4, 1920 - 1968. Int. Comm. N. W. Atl. Fish. Res. Doc. 73/73 (1973c).

Mercer, M. C. Sexual maturity and sex ratios of the ommastrephid squid *Illex illecebrosus* (LeSueur) at Newfoundland (Subarea 3). Int. Comm. N. W. Atl. Fish. Res. Doc. 73/71. Ser. No. 3023 (1973b).

Mhitu, H. A., Y. D. Mgaya, M. A. K. Ngoile. Growth and reproduction of the big fin squid, *Sepioteuthis lessoniana*, in the coastal waters of Zanzibar. Marine science development in Tanzania and Eastern Africa, Zanzibar, Tanzania, 1, 289-300 (2001).

Mikami, T. Labor-saving, automatization and optimization on board work. In: Surumeika no sekai - Shigenm, gyogyou, riyou [World of Japanese common squid-Resource, fisheries and utilization], (T. Arimoto & H. Inada, Eds.). Tokyo: Seizando Shoten. (2003) [in Japanese].

Miki, K. Development of squid jigging fisheries and squid processing industry. In: Surumeika no sekai (World of Japanese common squid). p. 1-91 (T. Arimoto & H. Inada, Eds.). Tokyo: Seizando Shoten. (2003) [in Japanese].

Miki, K., M. Sakai. Amerikaooakaika no ryutu-Peru wo cyuushin ni shite. [Marketing of jumbo fiying squid *Dosidicus gigas*-In case of Peru]. [Report of the 2007 Meeting on Squid Resources]. Hokkaido National Fish. Res. Inst. p. 1-12 (2008) [in Japanese].

Miki, K., T. Wakabayashi. Shigen riyou kouzou [Utilization structure of *Dosidicus gigas* stock], In: Amerika-ooakaika no riyou kakudai ni kannsuru teiann [A proposal for expansion of the utilization]. p. 39-42 (M. Sakai, T. Wakabayashi & N. Hamaji, Eds.), Fish. Res. Agency (2010).

Miki, K., M. Sakai, T. Wakabayashi. Mexico to Chile niokeru amerikaooakaika no kakou ryutu [Processing and Distribution of Jumbo Flying Squid in Mexico and Chile]. Report of the 2010 Meeting on Squid Resources. Japan Sea National Fish. Res. Inst., p. 57-64 (2010) [in Japanese].

Miyahara, K., N. Hirose, G. Onitsuka, S. Gorie. Catch distribution of diamond squid (*Thysanoteuthis rhombus*) off Hyogo Prefecture in the western Sea of Japan and its relationship with seawater temperature, Bull. Jap. Soc. Fish. Oceanogr., 71: 106-111 (2007a).

Miyahara, K., K. Fukui, T. Ota, T. Minami. Laboratory observations on the early life stages of the diamond squid *Thysanoteuthis rhombus*. J. Mollus Stud., 72: 199-205 (2006b).

Miyahara, K., K. Fukui, T. Nagahama, T. Ohtani. First record of planktonic egg masses of the diamond squid, *Thysanoteuthis rhombus* Troschel, in the Sea of Japan. Plankton Benthos Res., 1: 59 - 63 (2006a).

Miyahara, K., T. Ota, J. Hatayama, Y. Mitsunaga, T. Goto, G. Onitsuka. Tagging studies on the diamond squid (*Thysanoteuthis rhombus*) in the western Sea of Japan, Bull. Jap. Soc. Fish. Oceanogr., 72: 30-36 (2008).

Miyahara, K., T. Ota, N. Kohno, Y. Ueta, J. R. Bower. Catch fluctuations of the diamond squid *Thysanoteuthis rhombus* in the Sea of Japan and models to forecast CPUE based on analysis of environmental factors. Fish. Res., 72: 71-79 (2005).

Miyahara, K., T. Ota, S. Gorie, T. Goto. The diamond-squid stock in the Sea of Japan: its status and effective utilization. In: Heisei 18 nendo ikarui shigen kenkyuu kaigi houkoku [Report of the 2006 Meeting on Squid Resources], p. 119 - 121. Niigata, Japan: Japan Sea National Fisheries Research Institute (2007b).

Miyahara, K., T. Ota, T. Goto, S. Gorie. Age, growth and hatching season of the diamond squid *Thysanoteuthis rhombus* estimated from statolith analysis and catch data in the western Sea of Japan. Fish. Res., 80: 211-220 (2006c).

Mohamed, K. S. Estimates of growth, mortality and stock of the Indian squid *Loligo duvauceli* orbigny, exploited off Mangalore Southwest coast of India. B. Mar. Sci., 58: 393-403 (1996).

Mohamed, K. S., G. S. Rao. Seasonal growth, stock-recruitment relationship and predictive yield of the Indian squid *Loligo duvauceli* (Orbigny) exploited off Karnataka coast. Indian J. Fish., 44: 319-329 (1997).

Mohamed, K. S., G. Sasikumar, K. P. S. Koya, V. Venkatesan, V. Kripa, R. Durgekar, M. Joseph, P. S. Alloycious, R. Mani, D. Vijay. The Master of the Arabian Sea-Purple-Back Flying Squid *Sthenoteuthis oualaniensis*. NAIP Booklet. Project Report. CMFRI, COCHIN, Cochin (2011).

Mohamed, K. S., M. Joseph, P. S. Alloycious. Population characteristics and some aspects of the biology of oceanic squid *Sthenoteuthis oualaniensis* (Lesson, 1830). J. Mar. Biol. Assoc. India, 48: 256 - 259 (2006).

Mohan, J. Studies on some aspects of landings utilization and export of commercially important Cephalopods. PhD Thesis, Cochin University of Science and Technology, Kochi, India (2007).

Moltschaniwskyj, N. A., G. T. Pecl. Small-scale spatial and temporal patterns of egg production by the temperate loliginid squid *Sepioteuthis australis*. Mar. Biol., 142: 509-516 (2003).

Moltschaniwskyj, N., G. Pecl, J. Lyle. An assessment of the use of short-term closures to protect spawning southern calamari aggregations from fishing pressure in Tasmania, Australia. Bull. Mar. Sci., 71: 501-514 (2002).

Moltschaniwskyj, N., G. Pecl, J. Lyle, M. Haddon, M. Steer. Population dynamics and reproductive ecology of the southern calamary (*Sepioteuthis australis*) in Tasmania. Tasmanian Aquaculture and Fisheries Institute (2003).

Moltschaniwskyj, N. A., M. A. Steer. Spatial and seasonal variation in reproductive characteristics and spawning of southern calamary (*Sepioteuthis australis*): Spreading the mortality risk. ICES J. Mar. Sci., 61: 921-927 (2004).

Morales, E. Cefalopodos de Cataluna. I. Invest. Pesq., 11: 3-32 (1958).

Morales-Nin, B., J. Moranta, C. García, M. P. Tugores, A. M. Grau, F. Riera, M. Cerdà. The recreational fishery off Majorca Island (western Mediterranean): some implications for coastal resource management. ICES J. Mar. Sci., 62: 727-739 (2005).

Moreno, A. *Alloteuthis* spp. (Cephalopoda: Loliginidae), um recurso natural subexplorado. Aspectos da sua biologia. Diploma thesis. Lisbon: University of Lisbon (1990).

Moreno, A. Aspectos da biologia de *Alloteuthis subulata* e distribução de Alloteuthis spp. Relatorios Cientificos e Técnicos do Instituto Português de Investigação Marítima, 8. Lisbon: Instituto Português de

Investigação Marítima (1995).

Moreno, A., M. Azevedo, J. M. F. Pereira, G. J. Pierce. Growth strategies in the European squid *Loligo vulgaris* from Portuguese waters. Mar. Biol. Res., 3: 49-59 (2007).

Mori, J., Geographical differences between the parasites' infection levels of the neon fiying squid (*Ommastrephes bartrami*) from the North Pacific Ocean (Abstract). Heisei 7 nendo ikarui shigen kenkyuu kaigi houkoku [Report of the 1995 Meeting on Squid Resources]. Contributions to the Fisheries Researches in the Japan Sea Block, No. 36. Japan Sea National Fisheries Research Institute, Niigata, p. 85-86 (1997) [in Japanese].

Moriwaki, S. Annual fluctuations of areas of distribution of *Loligo edulis* in the western Japan Sea. Report on Cooperative Investigations of "Shiroika", *Loligo edulis*, inhabiting western Japan Sea, (2): 12-187 (1986) [in Japanese with English abstract].

Moriwaki, S., Y. Ogawa. Influences of pelagic fishes as prey on the formation of fishing grounds and aatch fluctuations of *Loligo edulis*. Jpn. Soc. Fish. Oceanog., 50: 114-120 (1986) [in Japanese with English abstract].

Moustahfid, H., M. C. Tyrrell, J. S. Link. Accounting explicitly for predation mortality in surplus production models: an approach to longfin inshore squid (*Loligo pealeii*). North Amer. J. Fish. Manage., 29: 1555-1566 (2009a).

Moustahfid, H., W. J. Overholtz, J. S. Link, M. C. Tyrrell. The advantage of explicitly incorporating predation mortality into age-structured stock assessment models: an application for Northwest Atlantic mackerel. ICES J. Mar. Sci., 66: 445-454 (2009b).

Munekiyo, M., M. Kawagishi. Diurnal behaviors of the oval squid, *Sepioteuthis lessoniana* and fishing strategy of a small-sized set net (Preliminary report). In: Recent Advances in Cephalopod Fisheries Biology, p. 283-291 (T. Okutani, R. K. O'dor & T. Kubodera, Eds.). Tokyo, Japan: Tokai University Press (1993).

Munprasit, A. Squid fishing by luring light. SEAFDEC Pap, Mar. Fish. Seminar, Dept. Fish. (1984).

Murata, M. Population assessment, management and fishery forecasting for the Japanese common squid, *Todarodes pacificus*. In: Marine Invertebrate Fisheries: their Assessment and Management, p. 613-636 (J. F. Caddy, Ed.). New York: John Wiley (1989).

Murata, M. Oceanographic environment and distribution and migration of neon fiying squid in driftnet ground in the North Pacific. Japan Sea Block Exp. Res. 17: 144-148 (1990) [in Japanese].

Murata, M. Oceanic resources of squids. Mar. Behav. Physiol., 18: 19-71 (1990).

Murata, M., T. Ishii, H. Araya. The distribution of the oceanic squids, *Ommastrephes bartramii* (Lesueur), *Onychoteuthis borealijaponicus* Okada, *Gonatopsis borealis* Sasaki and *Todarodes pacificus* Steenstrup in the Pacific Ocean off north-eastern Japan. Bull. Hokkaido Reg. Fish. Res. Lab., 41: 1-29 (1976) [In Japanese with English abstract].

Murata, M., Y. Nakamura. Seasonal migration and diel vertical migration of the neon fiying squid, *Ommastrephes bartramii*, in the North Pacific. In: Contributed Papers to International Symposium on Large Pelagic Squids, p. 13-30 (T. Okutani, Ed.), Japan Marine Fishery Resources Research Center: Tokyo (1998).

Murayama, T., H. Kitazawa. The growth and maturation of *Loligo bleekeri* in the Japan Sea. In: Report of the 2004 Meeting on Squid Resources, p. 133-144 (Japan Sea National Fishery Research Institute (JSNFRI), Eds.) Niigata, Japan, JSNFRI (2004) [in Japanese].

Nabhitabhata, J. Life cycle of cultured bigfin squid, *Sepioteuthis lessoniana* Lesson. Phuket Mar. Biol. Cent. Spec. Pub., 16: 83 - 95 (1996).

Nabhitabhata, J., A. Nateewathana, C. Sukhsangchan. Cephalopods. In: Checklist of Mollusca Fauna in Thailand, p. 256 - 277 (J. Nabhitabhata, Compl.). Bangkok, Thailand: Office of Natural Resources and Environmental Policy and Planning (2009).

Nabhitabhata, J., A. Nateewathana. Past and present of records of cephalopod fauna in Thai Waters with species checklist. Trop. Natur. Hist. Suppl., 3: 264 (2010).

Nabhitabhata, J., P. Nilaphat, P. Promboon, C. Jaroongpattananon, G. Nilaphat, A. Reunreng. Performance of simple large-scale cephalopod culture system in Thailand. Phuket Mar. Biol. Cent. Res. Bull., 66: 337 - 350 (2005).

Naef, A. Cephalopoda. Fauna and Flora of the Bay of Naples. Monograph No. 35. Part Ⅰ, Vol. Ⅰ (1 - 2): 1 - 917. Translated by A. Mercado. Ed. by O. Theodor. Israel Program for Scientific Translations Ltd, 1972. IPST Cat. No. 5110/1, 2 (1921/1923).

Nagasawa, K., J. Mori, H. Okamura. Parasites as biological tags of stocks of neon fiying squid (*Ommastrephes bartramii*) in the North Pacific Ocean. In: Contributed Papers to International Symposium on Large Pelagic Squids, p. 49 - 64 (T. Okutani, Ed.), Japan Marine Fishery Resources Research Center: Tokyo (1998).

Nagasawa, K., S. Takayanagi, T. Takami. Cephalopod tagging and marking in Japan, a review. In T. Okutani, R. K. O'Dor & T. Kubodera (eds) Recent Advances in Cephalopod Fisheries Biology, 313 - 330, Tokyo, Tokai University Press. (1993).

Naito, M., K. Murakami, T. Kobayashi, N. Nakayama, J. Ogasawara. Distribution and migration of oceanic squids (*Ommastrephes bartrami*, *Onychoteuthis borealijaponicus*, *Berryteuthis magister* and *Gonatopsis borealis*) in the Western Subarctic Pacific region. Res. Inst. Nor. Pac. Fish., Fac. Fish., Hokkaido Univ., Spec. Vol.: 321 - 337 (1977).

Nakata, I. Squid driftnet fishery. In: Comprehensive report on research on marine mammals in the North Pacific Ocean, relating to Japanese salmon driftnet fisheries, 1984 - 1986, p. 1 - 112 (K. Takagi, ed.). (Document submitted to the International North Pacific Fisheries Commission.), Natl. Res. Inst. Far Sea Fish., Fish. Agency of Japan, Shimizu 424, Japan (1987).

Nakata, J. Long-term changes in catch and biological features of Japanese common squid (*Todarodes pacificus*) in waters off the east coast of Hokkaido. In: Recent Advances in Cephalopod Fisheries Biology, p. 343 - 350 (T. Okutani, R. K. O'Dor, & T. Kubodera, Eds.). Tokyo: Tokai University Press (1993).

Nakaya, H., H. Miyaki, S. Ishikawa. Strange taste component of purpleback fiying squid. In: Report on 1995 Research Cruise of the R/V Shoyo-Maru. Distribution of Purpleback Flying Squid and Tunas in the Indian Ocean, October 1995 - January 1996, p. 209 - 212. Fishery Agency of Japan (1998).

Narasimha-Murthy, L., K. P. Satyen, V. R. Madhu, P. K. Asokan, G. Shubhadeep, D. Shibsankar, B. Rajendra. Cadmium in the purpleback fiying squid *Sthenoteuthis oualaniensis* (Lesson, 1830) along northwest coast of India. J. Mar. Biol. Ass. India., 50: 191 - 195 (2008).

Nashida, K., H. Sakaji. 2012 stock assessment and evaluation for Pacific stock of spear squid (fiscal year 2011). In: Marine Fisheries Stock Assessment and Evaluation for Japanese Waters (*fiscal year* 2011/2012), p. 1720 - 1731 (Fisheries Agency and Fisheries Research Agency of Japan (FA&FRA), Eds.). Tokyo, FA&FRA (2012) [in Japanese].

National Marine Fisheries Service [NMFS], Office of Science and Technology, U. S. Foreign Trade Statistics. Fishery product export data downloaded Oct. 31, 2013 from: http://www. st. nmfs. noaa. gov/commercial-fisheries/foreign-trade/applications/annual-trade-through-specific-us-customs-districts (2013).

Natsukari, Y. SCUBA diving observations on the spawning ground of the squid, *Doryteuthis kensaki* (WAKIYA et ISHIKAWA, 1921) (Cephalopoda: Loliginidae). Venus, 35: 206 - 208 (1976) [in Japanese with English abstract].

Natsukari, Y., N. Komine. Age and growth estimation of the European squid *Loligo vulgaris*, based on statolith microstructure. J. Mar. Biol. Ass. U. K., 72: 271 - 280 (1992).

Natsukari, Y., T. Nakanose, K. Oda. Age and growth of loliginid squid *Photololigo eudlis* (Hoyle, 1885). J. Exp. Mar. Biol. Ecol., 116: 177 - 190 (1988).

Natsukari, Y., Y. Nishiyama, Y. Nakanishi. A preliminary study on the isozymes of the loliginid squid, *Photololigo edulis* (Houle, 1885). Report on Cooperative Investigations of "Shiroika", *Loligo edulis*, inhabiting western Japan Sea, 2: 14 - 151 (1986) [in Japanese with English abstract].

Natsukari, Y., M. Tashiro. Neritic squid resources and cuttlefish resources in Japan. Mar. Behav. Physiol., 18: 149 - 226 (1991).

Nazumi, T. Notes on the fishery and the ecology of the squid, *Thysanoteuthis rhombus* Troschel in the east San'in water. Bull. Hyogo Pref. Fish. Exp. Stat., 15: 15 - 34 (1975) [in Japanese].

Nesis, K. N. Population structure in the squid, *Sthenoteuthis oualaniensis* (Lesson, 1830) (Ommastrephidae), in the western tropical Pacific. Trudy Institute of Oceanology of the Academy of Sciences USSR, 107: 15 - 29 (1977) [In Russian with English abstract].

Nesis, K. N. Short Guide to the Cephalopod Mollusks of the World Ocean. Moscow: Izdatelstvo Legkaya i Pischevaya Promyshlennost (Light and Food Industry Press) (1982) [In Russian].

Nesis, K. N. *Dosidicus gigas*. In: Cephalopod life cycles, Vol. 1, p. 215 - 231 (P. R. Boyle, Ed.). London, Academic Press (1983).

Nesis, K. N. Oceanic cephalopods: distribution, life forms, evolution. Moscow, Nauka Press (1985) [In Russian].

Nesis, K. N. Population structure of oceanic ommastrephids, with particular reference to *Sthenoteuthis oualaniensis*. In: Recent Advances in Cephalopod Fisheries Biology, p. 375 - 383 (T. Okutani, R. K. O'Dor & T. Kubodera, Eds.). Tokyo: Tokai University Press (1993).

Nesis, K. N. Cephalopods of the world. Squids, cuttlefishes, octopuses and allies. TFH Publications, Neptune City, NJ and London (1987).

Nesis, K. N. The gonatid squid *Berryteuthis magister* (Berry, 1913): distribution, biology, ecological connections, and fisheries, In: Contributed Papers to International Symposium on Large Pelagic squids, JAMARC, p. 233 - 249 (T. Okutani, Ed.). Tokyo (1998).

Nevárez-Martínez, M., A. Hernández-Herrera, E. Morales-Bojórquez, A. Balmori Ram ırez, M. A. Cisneros-Mata, R. Morales Azpeitia. Biomass and distribution of the jumbo squid (*Dosidicus gigas* d'Orbigny, 1835) in the Gulf of California, Mexico. Fish. Res., 49: 129 - 140 (2000).

Nevárez-Martínez, M., O. Morales-Bojorquez, E. Cervantes-Valle, C. Santos-Molina, J. P. Lopez-Martinez. Population dynamics of the jumbo squid (*Dosidicus gigas*) in the 2002 - 2008 fishing seasons off Guaymas, Mexico. Fish. Res., 106: 132 - 140 (2010).

Nigmatullin, Ch. M. Biomass, production, role in the World Ocean ecosystem, and fishery potential of squids family Ommastrephidae. In: Ⅵ All-Russian Conference on Commercial Invertebrates, Kaliningrad

(Lesnoye), Sept. 3-6, 2002, Abstracts of Reports, p. 155－157 (G. I. Ivanov & Ch. M. Nigmatullin, eds). Moscow: VNIRO Publishing (1989) [In Russian, with English title].

Nigmatullin, Ch. M. Resources and perspectives of the fisheries of nektonic epipelagic squids in the World Ocean. Abstr. Commun. All-USSR Conf. on reserve food biological resources of the open ocean and the USSR seas, Kaliningrad, March, 1990. Moscow. p. 11－13 (1990) [in Russian, English abstract].

Nigmatullin, Ch. M. Estimation of biomass, production and fishery potential of ommastrephid ssquids in theWorld Ocean and problems of their fishery forecasting. ICES Theme Session on Cephalopod Stocks: Review, Analyses, Assessment, and Sustainable Management. [Abstract]. Available at www. ices. dk (2004).

Nigmatullin, Ch. M. Paradoxical situation on the Argentine squid fishery in 2007: large catch is not always good. In: Collected papers on memory of famous Russian hydrobiologist B. G. Ivanov "Marine commercial invertebrates and algae (biology and fishery)". Trudy VNIRO, 147: 284－298 (2007) (In Russian with English abstract).

Nigmatullin, C. M., A. Arkhipkin. A review of the biology of the diamondback squid, *Thysanoteuthis rhombus* (Oegopsida: Thysanoteuthidae). In: Contributed Papers to International Symposium on Large Pelagic Squids, p. 155－181 (T. Okutani, Ed.). Tokyo, Japan: Japan Marine Fishery Resources Research Center (1998).

Nigmatullin Ch. M., P. Fedulov, A. Z. Sundakov. Review of USSR/Russia cephalopod fishery in 1980－1994. In: The 3rd International Cephalopod Trade conference "Squid 94 Venice" (15－17 November 1994, Venice), p. 1－16. Agra Europe (London) Ltd. (1995).

Nigmatullin, Ch. M., V. V. Laptikhovsky, H. Moustahfid. H. Population biology and fishery of squid *Todarodes sagittatus* (Lamarck) (Cephalopoda: Ommastrephidae) off North-Western Africa. In: Fishery Biological Researches by AtlantNIRO in 1996－1997, p. 72－95 (P. P. Chernyshkov, ed). Kalingrad: Trudy Atlant-NIRO Publishing (1998) [In Russian, with English abstract].

Nigmatullin, C. M., K. N. Nesis, A. I. Arkhipkin. A review of the biology of the jumbo squid *Dosidicus gigas* (Cephalopoda: Ommastrephidae). Fish. Res., 54: 9－19 (2001).

Nigmatullin, Ch. M., V. Laptikhovsky, H. Moustahfid. Brief review on the ecology in the North African population of arrow squid *Todarodes sagittatus* (Cephalopoda, Ommastrephidae). Bull. Mar. Sci., 71: 581－590 (2002).

Nihonkai Hotaruika Shigen Kenkyu Team. Nihonkai ni okeru Hotaruika no Shigenriyoukenkyu. Suisangyou Kankeitiiki Zyuyoushin-gizyutsu Kaihatsusokushin Zigyou Sougou Houkokusyo. (1991).

Nishida, H., I. Uchiyama, K. Hirakawa. Possibility of forecasting the abundance of the firefly squid *Watasenia scintillans* immigrating into Toyama bay, southern Japan sea. Bull. Japan Sea Natl. Fish. Res. Inst., 48: 37－49 (1998).

Nishimura, S. Notes on the occurrence and biology of the oceanic squid, *Thysanoteuthis rhombus* Troschel, in Japan. Publ. Seto Mar. Biol. Lab., 14: 327－349 (1966).

NOAA, NMFS, PIRO. Diamondback Squid (*Thysanoteuthis rhombus*) In: Pelagic squid fishery management under the fishery management plan for the pelagic fisheries of the western Pacific region and the high seas fishing compliance act. p. 470－477. Honolulu, USA: National Oceanic and Atmospheric Administration, National Marine Fisheries Service and Pacific Island Regional Office (2005).

Norman, M., A. Reid. Guide to squid, cuttlefish and octopuses of Australasia. Collingwood, Vic: CSIRO Publishing (2000).

Northeast Fisheries Science Center [NEFSC]. Report of the 29th Northeast Regional Stock Assessment Workshop (29th SAW): Stock Assessment Review Committee SARC) Consensus Summary of Assessments. Northeast Fish. Sci. Cent. Ref. Doc. 99-14 (1999).

Northeast Fisheries Science Center [NEFSC]. Report of the 37th Northeast Regional Stock Assessment Workshop (37th SAW): Stock Assessment Review Committee (SARC) consensus summary of assessments. Northeast Fish. Sci. Cent. Ref. Doc. 3-16 (2003).

Northeast Fisheries Science Center [NEFSC]. 42nd Northeast Regional Stock Assessment Workshop (42nd SAW) Stock Assessment Report Part A: Silver Hake, Mackerel, & Northern Shortfin Squid. Northeast Fish. Sci. Cent. Ref. Doc. 6-9a (2006).

Northeast Fisheries Science Center [NEFSC]. 51st Northeast Regional Stock Assessment Workshop (51st SAW) Assessment Report. Northeast Fish. Sci. Center Ref Doc. p. 856. Available at: http://nefsc. noaa. gov/publications/crd/crd1102/loligo. pdf (2011).

Northridge, S. P. Driftnet fisheries and their impacts on non-target species: a worldwide review. FAO Fisheries Technical Paper No. 320. FAO, Rome, p. 115. (1991).

Nowara, G. B., T. I. Walker. Effects of time of solar day, jigging method and jigging depth on catch rates and size of Gould's squid, *Nototodarus gouldi* (McCoy), in southeastern Australian waters. Fish. Res., 34: 279-288 (1998).

O'Dor, R. K., N. Balch, E. A. Foy, R. W. M. Hirtle, D. A. Johnston, T. Amaratunga. Embryonic development of the squid, *Illex illecebrosus*, and effect of temperature on developmental rates. J. Northwest Atl. Fish. Sci., 3: 41-45 (1982).

O'Dor, R. K., & E. G. Dawe. Chapter 4. *Illex illecebrosus*. In: Squid recruitment dynamics: the genus *Illex* as a model, the commercial *Illex* species and influences of variability, p. (P. G. Rodhouse, E. G. Dawe, R. K. O'Dor, Eds.). FAO Fish. Tech. Paper 376 (1998).

O'Dor, R. K., E. G. Dawe, 2013. Chapter Ⅲ. *Illex illecebrosus*. In: Advances in squid biology, ecology and fisheries. Part Ⅱ Oegopsid squids, p. 73-108 (R. Rosa, G. J. Pierce & R. O'Dor, eds). New York: Nova Science Publishers (2013).

O'Dor, R. K., M. L. Coelho. Big squid, big currents, and big fisheries. In: Recent Advances in cephalopod fisheries biology, p. 385-396 (T. Okutani, R. K. O'Dor & T. Kubodera, Eds.). Tokyo, Japan: Tokai University Press (1993).

Oesterwind, D., R. ter Hofstede, B. Harley, H. Brendelberger, U. Piatkowski. Biology and meso-scale distribution patterns of North Sea Cephalopods. Fish. Res., 106: 141-150 (2010).

Ogawa, Y. Evaluation of the influence of changes in prey abundance on catch fluctuations of "Shiroika", *Loligo edulis*, in coastal waters of the Southwestern Japan Sea. Bull. Jpn. Soc. Fish. Oceanog., 41: 11-16 (1982) [in Japanese with English abstract].

Ogawa, Y., S. Moriwaki, H. Yamada, Y. Okajima. Seasonal changes in locations of fishing grounds for *Loligo edulis* anglers in coastal waters of the southwestern Japan Sea (preliminary report). Report on Cooperative Investigations of "Shiroika", *Loligo edulis*, inhabiting western Japan Sea, 1: 124-133 (1983) [in Japanese with English abstract].

Ogawa, Y., H. Yamada. Distribution of *Loligo edulis* in a shelf region of the southwestern Japan Sea. Bull. Jpn. Soc. Fish. Oceanog., 44: 1-8 (1983) [in Japanese with English abstract].

Ogawara, M., P. Masthawee, A. Munprasit, B. Chokesangaun, Y. Theparunrat. Fishing gear of Thailand. Samut Prakan: Training Department, Southeast Asian Fisheries Development Center (SEAFDEC)

(1986).

Okada, Y. Lures for squids and cuttlefish in Kagoshima Prefecture, Japan. Tokyo: Uchida Rokakuho Shinsha (1978).

Okiyama, M. Nihonkai ni okeru chushinsousei gyorui ikarui maikuro-nekuton no seibutsugaku. Marine Science Monthly, 10: 895 - 890 (1978).

Okutani, T. Guide and keys to squids in Japan. Bull. Tokai Reg. Fish. Res. Lab., 74: 83 - 111 (1973) [in Japanese with English abstract].

Okutani, T. Stock assessment of cephalopod resource fished by Japan. FAO Fish. Tech. Paper No. 173 (1977).

Okutani, T. Calamares de las aguas mexicanas. Breve descripción de los calamares existentes en aguas mexicanas. PESCA. Mexico (1980).

Okutani, T. Todarodes pacificus. In: Cephalopod Life Cycles. 1. Species Accounts, p. 201 - 214 (P. R. Boyle, Ed.). London: Academic Press (1983).

Okutani, T. Evidence of spawning of *Berryteuthis magister* in the northeastern Pacific. Bull. Ocean Res. Inst., Univ. Tokyo, 26: 193 - 200 (1988).

Okutani, T. Cuttlefish and squids of the world in colour. National Cooperative Association of Squid Processors. Japan (1995a).

Okutani, T. Oceanic big squids-Introduction. *Aquabiol.*, 17: 437 - 470 (1995b) [in Japanese].

Okutani, T. Stock assessment of cephalopod resources fished by Japan. FAO Fish. Tech. Pap., 173. 62 pp (1997).

Okutani, T. Biological significance and fisheries potential of large pelagic squids. In: Contributed Papers to International Symposium on Large Pelagic Squids, p. 7 - 12 (T. Okutani, Ed.). Tokyo, Japan: Japan Marine Fishery Resources Research Center (1998).

Okutani, T. Cuttlefishes and squids of the world. Tokyo: Seizando-Shoten Co. Ltd. (2005).

Okutani T., J. A. McGowan. Systematics, distribution and abundance of the epiplanktonic squid (Cephalopoda, Decapoda) larvae of the California Current April, 1954 - March, 1957. Bull. Scripps Inst. Oceanogr., 14: 1 - 90 (1969).

Okutani T., T. Watanabe. Stock assessment by larval surveys of the winter population of *Todarodes pacificus* Steenstrup (Cephalopoda: Ommastrephidae), with a review of early works. Biol. Oceanog. 2: 401 - 431 (1983).

Olyott, L. J. H., W. H. H. Sauer, A. J. Booth. Spatio-temporal patterns in maturation of the chokka squid (*Loligo vulgaris* reynaudii) off the coast of South Africa. ICES J. Mar. Sci., 63: 1649 - 1664 (2006).

Olyott, L. J. H., W. H. H. Sauer, A. J. Booth. Spatial patterns in the biology of the chokka squid, *Loligo vulgaris reynaudii* on the Agulhas Bank, South Africa. Rev. Fish Biol. Fish., 17: 159 - 172 (2007).

Onitsuka, G., N. Hirose, K. Miyahara, T. Ota, J. Hatayama, Y. Mitsunaga, T. Goto. Numerical simulation of the migration and distribution of diamond squid (*Thysanoteuthis rhombus*) in the southwest Sea of Japan. Fish. Oceanogr., 19: 63 - 75 (2010).

Oppian Colluthus Tryphiodorus. Halieuthica. W. Heinemann London, G. P. Putnam's Sons, New York (1928).

Ormseth, O. A. Assessment of the squid stock complex in the Bering Sea and Aleutian Islands. NPMFC Bering Sea and Aleutian Islands SAFE: 1849 - 1886 (2012).

Orsi Relini, L. Field observations of young *Ommastrephes bartrami* in offshore waters in the Ligurian

Sea. Rapports et proces-verbaux des r eunions de la Commission Internationale pour l'Exploration Scientifique de la Mer Méditerranée, 32 (1): 243 (1990).

OrsiRelini, L., A. Mannini, L. Lanteri, E. Beccornia. First record of an egg mass of *Loligo forbesi* (Cephalopoda: Loliginidae) in the Ligurian Sea, with notes about egg laying patterns in southern populations. Boll. Malacol., 45 (Suppl. 2009): 27-33 (2009).

Osako, M., M. Murata. Stock assessment of cephalopod resources in the northwestern Pacific. In: Advances in Assessment of World Cephalopod Resources, p. 55-144 (J. F. Caddy, Ed.), FAO Fish. Tech. Paper No. 231 (1983).

O'Shea, S., K. S. Bolstad, P. A. Ritchie. First records of egg masses of *Nototodarus gouldi* McCoy, 1888 (Mollusca: Cephalopoda: Ommastrephidae), with comments on egg-mass susceptibility to damage by fisheries trawl. N. Z. J. Zool., 31: 161-166 (2004).

O'Sullivan, D., J. M. Cullen. Food of the squid *Nototodarus gouldi* in Bass Strait. Aust. J. Mar. Freshwater Res., 34: 261-285 (1983).

Otero, H. O., S. I. Bezzi, R. Perrotta, J. A. Perez Comas, M. A. Simonazzi, M. A. Renzi. Los recursos pesqueros demersales del mar argentino. Parte 3-Distribuci on, estructura de la poblaci on, biomassa y rendimiento potencial de la polaca, el bacalao austral, la merluza de cola y del calamar. Contrib. Inst. Nac. Invest. Desarrollo Pesq. 383: 28-41 (1981).

Overholtz, W. J., L. D. Jacobson, J. S. Link. An ecosystem approach for assessment advice and biological reference points for the Gulf of Maine-Georges Bank herring complex. North Amer. J. Fish. Manage., 28: 247-257 (2008).

Packard, A. Cephalopods and fish, the limits of convergence. Biol. Rev., 47: 241-307 (1972).

Panjarat, S. Sustainable Fisheries in the Andaman Sea Coast of Thailand. Division for Ocean Affairs and the Law of the Sea Office of Legal Affairs. The United Nations, New York (2008).

Papaconstantinou, C., H. Farrugio. Fisheries in the Mediterranean. Medit. Mar. Sci., 1: 5-18 (2000).

Parfeniuk, A. V., Yu. M. Froerman, A. N. Golub. Particularidades de la distribucion de los juveniles de *Illex argentinus* en el area de la Depresion Argentina. Frente Maritimo, 12: 105-111 (1992).

Patterson, K. R. Life history of Patagonian squid *Loligo gahi* and growth parameter estimates using least square fits to linear and von Bertalanffy models. Mar. Ecol. Progr. Ser., 47: 65-74 (1988).

Pauly, D. Why squids, though not fish, may be better understood by pretending they are. S. Afr. J. Marine Sci., 20: 47-58 (1998).

Pauly, D., V. Christensen, J. Dalsgaard, R. Froese, F. Torres. Fishing down marine food webs. Science, 279 (5352): 860-863 (1998).

Pauly, D., R. Hilborn, T. A. Branch T. A. Does catch reflect abundance? Nature, 494: 303-306 (2013).

Pauly, D., R. Watson, J. Alder. Global trends in world fisheries: impacts on marine ecosystems and food security. Philos. Trans. R. Soc. Lond. B Biol Sci., 360: 5-12 (2005).

Pecl, G. T. Flexible spawning strategies in tropical and temperate Sepioteuthis squids. Mar. Biol., 138: 93-101 (2001).

Pecl, G. T. The in situ relationships between season of hatching, growth and condition of southern calamary, *Sepioteuthis australis*. Mar. Freshwater Res., 55: 429-438 (2004).

Pecl, G. T., G. D. Jackson. The potential impacts of climate change on inshore squid: biology, ecology and fisheries. Rev. Fish Biol. Fisher., 18: 373-385 (2008).

Pecl, G. T., N. A. Moltschaniwskyj. Life history of a short-lived squid (*Sepioteuthis australis*): resource allocation as a function of size, growth, maturation, and hatching season. ICES J. Mar. Sci., 63: 995-1004 (2006).

Pecl, G. T., N. A. Moltschaniwskyj, S. R. Tracey, A. R. Jordan. Inter-annual plasticity of squid life history and population structure: Ecological and management implications. Oecologia, 139: 515-524 (2004a).

Pecl, G. T., M. A. Steer, K. E. Hodgson. The role of hatchling size in generating the intrinsic size-at-age variability of cephalopods: extending the Forsythe Hypothesis. Mar. Freshwater Res., 55: 387-394 (2004b).

Pecl, G. T., S. R. Tracey, J. M. Semmens, G. D. Jackson. Use of acoustic telemetry for spatial management of southern calamari *Sepioteuthis australis*, a highly mobile inshore squid species. Mar. Ecol. Prog. Ser., 328: 1-15 (2006).

Pecl, G. T., S. R. Tracey, L. Danyushevsky, S. Wotherspoon, N. A. Moltschaniwskyj. Elemental fingerprints of southern calamari (*Sepioteuthis australis*) reveal local recruitment sources and allow assessment of the importance of closed areas. Can. J. Fish. Aquat. Sci., 68: 1351-1360 (2011).

Pecl, G. T., T. Ward, Z. Doubleday, S. Clarke, J. Day, C. Dixon, S. Frusher, P. Gibbs, A. Hobday, N. Hutchinson, S. Jennings, K. Jones, X. Li, D. Spooner, R. Stoklosa. Rapid assessment of fisheries species sensitivity to climate change in south east Australia. Climatic Change. DOI 10.1007/s10584-014-1284 (2014).

Peng, Z., Y. Lin, Z. Xufeng, T. Yongguang. The present status and prospect on exploitotion of tuna and squid fishery resources in South China Sea. South China Fish. Sci., 6: 68-74 (2010).

Perdichizzi, A., L. Pirrera, D. Giordano, F. Perdichizzi, B. Busalacchi, A. Profeta, T. Bottari, P. Rinelli. Distribution patterns and population structure of *Illex coindetii* (Cephalopoda: Ommastrephidae) in the southern Tyrrhenian Sea: historical series of 14 years trawl survey. Fish. Res., 109: 342-350 (2011).

Pereira, J. M. F., A. Moreno, M. M. Cunha. Western European squid distribution: a review. ICES Document CM 1998/M: 29. Copenhagen: International Council for the Exploration of the Sea (1998).

Perez, J. A. A. Biomass dynamics of the squid *Loligo plei* and the development of a small-scale seasonal fishery off southern Brazil. Bull. Mar. Sci., 71 (2): 633-651 (2002a).

Perez, J. A. A. Padronização do esforço da pesca de arrasto em Santa Catarina e análise da variação da abundancia da lula *Loligo plei* atrav es da aplicação de modelo linear generalizado. Not. Téc. FACIMAR, 6: 19-31 (2002b).

Perez, J. A. A., D. C. Aguiar, U. C. Oliveira. Biology and population dynamics of the long-finned squid *Loligo plei* (Cephalopoda: Loliginidae) in southern Brazilian waters. Fish. Res., 58: 267-279 (2001a).

Perez, J. A. A., D. C. de Aguiar, J. A. T. Santos. Gladius and statoliths as tools for age and growth studies of the squid *Loligo plei* (Teuthida: Loliginidae) off southern Brazil. Braz. Arch. Biol. Technol., 49 (5): 747-755 (2006).

Perez, J. A. A., M. A. Gasalla, D. C de Aguiar, U. C. Oliveira, C. A. Marques, A. R. G. Tomás. Loligo plei. In: Análise das Principais Pescarias Comerciais da Região Sudeste-Sul do Brasil. Dinamica Populacional das Espécies em Explotação, p. 62-68 (M. C. Cergole, A. O. Avila-da-Silva & C. L. D. B. Rossi-Wongt-schowski, Eds.). São Paulo. Brazil: Série Documentos REVIZEE-SCORE SUL: Ed. Ulhoa Cintra (2005).

Perez, J. A. A., R. S. Martins, J. R. Buratto, J. R. Estrutura e dinamica a pesca artesanal de lulas (Mollusca: Cephalopoda) em Santa Catarina. In: Proceedings of Ⅻ CONBEP, 954-967. Olinda, Brazil:

Sociedade Brasileira de Engenharia de Pesca (1999).

Perez, J. A. A., R. K. O'Dor. 1998. The impact of environmental gradients on the early life inshore migration of the short-finned squid *Illex illecebrosus*. S. Afr. J. Mar. Sci., 20: 293-303 (1998).

Perez, J. A. A., P. R. Pezzuto. Pesca de arrasto de talude do Sudeste e Sul do Brasil: Tendências da Frota Nacional entre 2001 e 2003. Bol. Inst. Pesca. São Paulo, 32: 127-150 (2006).

Perez, J. A. A., P. R. Pezzuto. Valuable shellfish species in the bycatch of shrimp fishery in southern Brazil: spatial and temporal patterns. J. Shellfish Res. 17 (1): 303-309 (1998).

Perez, J. A. A., P. R. Pezzuto, S. H. B. Lucato, W. G. Vale. Frota de arrasto de Santa Catarina. In: Dinâmica das frotas pesqueiras comerciais da região Sudeste-Sul do Brasil, p. 104 - 164 (C. L. D. B. Rossi-Wongtschowski, R. A. Bernardes M. C. Cergole, Eds.). São Paulo, Brazil: Série Documentos REVIZEE-SCORE Sul. São Paulo, Instituto Oceanogr afico, USP (2007).

Perez, J. A. A., P. R. Pezzuto, L. F. Rodrigues, H. Valentini, C. M. Vooren. Relatório da reunião técnica de ordenamento da pesca de arrasto nas regiões sudeste e sul do Brasil. Not. Téc. FACIMAR, 5: 1-34 (2001b).

Perez, J. A. A., T. N. Silva, R. Schroeder, R. Schwartz, R. S. Martins. Biological patterns of the Argentine shortfin squid *Illex argentinus* in the slope trawl fishery off Brazil. Lat. Am. J. Aquat. Res., 37: 409-428 (2009).

Petsalapsri, O., W. Panthakit, S. Boonsuk, C. Sa-nga-ngam. Small scale fisheries in the closed area during spawning and breeding season in the Andaman Sea. Tech. Pap. 18/2013, Andaman Sea Fish. Res. Dev. Cent., Mar. Fish. Res. Dev. Bur., Dept. Fish. (2013).

Pham, C. K., G. P. Carreira, F. M. Porteiro, J. M. Gon, calves, F. Cardigos, H. R. Martins. First description of spawning in a deep-water loliginid squid, *Loligo forbesi* (Cephalopoda: Myopsida). J. Mar. Biol. Assoc. U. K., 89 (1): 171-177 (2009).

Piatkowski, U., V. Hernández-García, M. R. Clarke. On the biology of the European fiying squid *Todarodes sagittatus* (Lamarck, 1798) (Cephalopoda, Ommastrephidae) in the central eastern Atlantic. S. Afr. J. Marine Sci., 20: 375-383 (1998).

Pierce, G. J., L. Allcock, I. Bruno, P. Bustamante, A. F. González, A. Guerra, P. Jereb, E. Lefkaditou, S. Malham, A. Moreno, J. Pereira, U. Piatkowski, M. Rasero, P. S anchez, M. B. Santos, M. Santurt un, S. Seixas, I. Sobrino, R. Villanueva. Cephalopod biology and fisheries in Europe. ICES Cooperative Research Report No. 303. Copenhagen: International Council for the Exploration of the Sea (2010).

Pierce, G. J., N. Bailey, Y. Stradoudakis, A. Newton. Distribution and abundance of the fished population of *Loligo forbesi* in Scottish waters: analysis of research cruise data. ICES J. Mar. Sci., 55: 14-33 (1998).

Pierce, G. J., P. R. Boyle. Empirical modelling of interannual trends in abundance of squid (*Loligo forbesi*) in Scottish waters. Fish. Res., 59: 305-326 (2003).

Pierce, G. J., P. R. Boyle, L. C. Hastie, L. Key. The life history of *Loligo forbesi* (Cephalopoda: Loliginidae) in Scottish waters. Fish. Res., 21: 17-41 (1994c).

Pierce, G. J., P. R. Boyle, L. C. Hastie, M. B. Santos. Diets of squid *Loligo forbesi* and *Loligo vulgaris* in the northeast Atlantic. Fish. Res., 21: 149-164 (1994a).

Pierce, G. J., P. R. Boyle, L. C. Hastie, A. M. Shanks. Distribution and abundance of the fished population of *Loligo forbesi* in UK waters: analysis of fishery data. Fish. Res., 21: 193-216 (1994b).

Pierce G. J., A. Guerra. Stock assessment methods used for cephalopod fisheries. Fish. Res., 21: 255-285

(1994).

Pierce, G. J., L. C. Hastie, A. Guerra, R. S. Thorpe, F. G. Howard, P. R. Boyle. Morphometric variation in *Loligo forbesi* and *Loligo vulgaris*: regional, seasonal, maturity and worker differences. Fish. Res., 21: 127 - 148 (1994e).

Pierce, G. J., J. M. Portela. Fisheries production and market demand. In: Cephalopod Culture p. 41 - 58 (J. Iglesias, L. Fuentes, R. Villanueva, Ed). Dordrecht: Springer (2014).

Pierce, G. J., R. S. Thorpe, L. C. Hastie, A. S. Brierley, A. Guerra, P. R. Boyle, R. Jamieson, P. Avila. Geographic variation in *Loligo forbesi* in the Northeast Atlantic Ocean: analysis of morphometric data and tests of casual hypotheses. Mar. Biol., 119: 541 - 547 (1994d).

Pierce, G. J., V. D. Valavanis, A. Guerra, P. Jereb, L. Orsi-Relini, J. M. Bellido, I. Katara, U. Piatkowski, J. Pereira, E. Balguerias, I. Sobrino, E. Lefkaditou, J. Wang, M. Santurtun, P. R. Boyle, L. C. Hastie, C. D. MacLeod, J. M. Smith, M. Viana, A. F. González, A. F. Zuur. A review of cephalopod-environment interactions in European Seas and other world areas. Hydrobiologia, 612: 49 - 70 (2008).

Pierce, G. J., A. F. Zuur, J. M. Smith, M. B. Santos, N. Bailey, C. S. Chen, P. R. Boyle. Interannual variation in life-cycle characteristics of the veined squid (*Loligo forbesi*) in Scottish (UK) waters. Aquat. Living Resour., 18: 327 - 340 (2005).

Pinchukov, M. A. Oceanic Squids. In: Parin, N. V. & N. P. Novikov. (eds.). Biological Resources of the Indian Ocean. Nauka. Moscow. p. 186 - 194. [in Russian, English abstract] (1989).

PINRO. Polar Research Institute of Fisheries. Underexploited species of fish, invertebrates and algae. http://www. pinro. ru/labs/indexaqua. htm? top=aqua/bio2. htm Accessed on 11. 08. 2014 (2011)

Pliny the Elder. Natural History. Vol. Ⅲ, books 8 - 11. Loeb Classical Library 353. Harvard University Press, Cambridge (1940).

Porteiro, F. M., H. R. Martins. First finding of natural laid eggs from *Loligo forbesi* Steenstrup, 1856 (Mollusca: Cephalopoda) in the Azores. Arquipelago, 10: 119 - 120 (1992).

Porteiro, F. M. The present status of squid fishery (*Loligo forbesi*) in the Azores archipelago. Fish. Res., 21: 243 - 253 (1994).

Porzio, D., J. Phillips, K. Loke, T. Tanaka, C. McKnight, D. Neilson, C. Juhasz, T. Mason, E., Wilkins. Review of selected California fisheries for 2011: ocean salmon, California sheephead, California halibut, longnose skate, petrale sole, California spiny lobster, dungeness crab, garibaldi, white shark, and algal blooms. Calif. Coop. Ocean. Fish. Inv. Rep., 53: 15 - 40 (2012).

Postuma, F. A., M. A. Gasalla. On the relationship between squid and the environment: artisanal jigging for *Loligo plei* at Sãao Sebastião Island (24°S), southeastern Brazil. ICES J. Mar. Sci., 67: 1353 - 1362 (2010).

Potoschi, A., F. Longo. Descrizione della pesca ai molluschi cefalopodi teutoidei nell' arcipelago delle Eolie. Biol. Mar. Medit., 16: 356 - 357 (2009).

Powell, E. N., A. J. Bonner, B. Muller, E. A. Bochenek. Assessment of the effectiveness of scup bycatch-reduction regulations in the *Loligo* squid fishery. J. Environ. Manage., 71: 155 - 167 (2004).

Profeta, A., B. Busalacchi, A. Perdichizzi, D. Giordano. Distribuzione e biologia del cefalopode *Illex coindetii* (Verany, 1839) nel mar Tirreno meridionale. *Biol.* Mar. Mediterr., 15: 348 - 349 (2008).

Prosvirov, E. S., G. D. Vasiliev. New fishing grounds in the South-Western Atlantic. AtlantNIRO Publ., Kaliningrad, Russia (1969) [In Russian].

Quetglas, A., F. Alemany, A. Carbonell, P. Merella, P. S anchez. Some aspects of the biology of *Todar-*

odes sagittatus (Cephalopoda: Ommastrephidae) from the Balearic Sea (western Mediterranean). Sci. Mar., 62: 73-82 (1998).

Quetglas, A., F. Alemany, A. Carbonell, P. Merella, P. S anchez, P. Diet of the European fiying squid *Todarodes sagittatus* (Cephalopoda: Ommastrephidae) in the Balearic Sea (western Mediterranean). J. Mar. Biol. Ass. U. K., 79: 479-486 (1999).

Quetglas, A., A. Carbonell, P. Sánchez. Demersal continental shelf and upper slope cephalopods assemblages from the Balearic Sea (North-western Mediterranean). Biological aspects of some deep sea species Est. Coast. Shelf Sci., 50: 739-749 (2000).

Ragonese, S., M. L. Bianchini. Sulla fattibilità della pesca dei totani tramite "jigging" nel canale di Sicilia (Cephalopoda: Oegopsida). Quad. Istit. Idrobiol. Acquac. Brunelli, 10: 65-79 (1990).

Ragonese, S., P. Jereb. Loligo forbesi Steenstrup 1856 (Cephalopoda: Loliginidae) nel Versante Siciliano del *Mare Pelagico* (Canale di Sicilia): Nota Preliminare sulla Distribuzione, Composizione per Taglia e Biologia Riproduttiva. *Nova Thalassia*, 8: 529-555 (1986).

Ragonese, S., P. Jereb. A large specimen of *Ommastrephes bartramii* (Lesueur, 1821) caught in the southern Tyrrhenian Sea. Oebalia, 16: 741-744 (1990a).

Ragonese, S., P. Jereb. Sulla teutofauna di interesse commerciale nel Canale di Sicilia. Oebalia, 16: 745-748 (1990b).

Railko, P. P. Distribution and some features of biology of the commander squid *Berryteuthis magister* in the Japan Sea. In: Mollusks. Main Results of their Investigations. Abstracts of Communications, p. 128-129. Leningrad: Nauka (1979) [In Russian].

Railko, P. P. Biology and distribution of the commander squid *Berryeuthis magister* in the area off Kurile Islands. In: Taxonomy and Ecology of Cephalopods, p. 97-98 (Ya. I. Starobogatov) Lenin-grad: Zoological Institute of the USSR Academy of Sciences (1983) [In Russian].

Railko, P. P. Methods of distribution density and biomass estimation for commander squid. In: Planning, Organization and Ensuring Fishery Research in the Russian Far Eastern Seas and Northwestern Pacific Ocean, p. 59-60. Vladivostok: TINRO-Centre (2005) [In Russian].

Ramirez, M., A. Klett. Composición de tallas de la captura de calamar gigante en el Golfo de California durante 1981. Transactions CIBCASIO, X: 124-137 (1985).

Rao, G. S. Biology of inshore squid *Loligo duvaucelli* Orbigny, with a note on its fishery off Mangalore. Indian J. Fish., 35: 121-130 (1988).

Rasero, M., A. F. Gonz alez, B. G. Castro, A. Guerra. Predatory relationships of two sympatric squid, *Todaropsis eblanae* and *Illex coindetii* (Cephalopoda: Ommastrephidae) in Galician waters. J. Mar. Biol. Ass. U. K., 76: 73-87 (1996).

Rathjen, W. F. Exploratory squid catches along the continental slope of the Eastern United States. J. Shellfish Res., 1: 153-159 (1981).

Rathjen, W. F. Cephalopod capture methods, an overview. Bull. Mar. Sci., 49: 494-505 (1991).

Rattana-anant, T. Biological studies on *Sepioteuthis lessoniana* Lesson (Cephalopoda; Loliginidae) in the Gulf of Thailand. Invertebr. Sect., Mar. Fish. Div., Dept. Fish. (1978).

Rattana-anant, T. Biological studies on *Sepioteuthis lessoniana* Lesson (Cephalopoda; Loliginidae) in the Gulf of Thailand. Invertebr. Sect., Mar. Fish. Div., Dept. Fish. (1979).

Rattana-anant, T. Biological studies on *Sepioteuthis lessoniana* Lesson (Cephalopoda; Loliginidae) in the Gulf of Thailand. Invertebr. Sect., Mar. Fish. Div., Dept. Fish. (1980).

Raya，C. P. Determinación de la edad y estudio del crecimiento del choco（*Sepia hierredda* Rang，1837），el calamar（*Loligo vulgaris* Lamarck，1798）y el pulpo（*Octopus vulgaris* Cuvier，1797）de la costa Noroccidental Africana. PhD thesis，University of La Laguna，Spain. p. 192（2001）.

Raya，C. P.，Balguerias，E.，Fernández-Núñez M. M.，Pierce，G. J. 1999. On the reproduction and age of the squid *Loligo vulgaris* from the Saharan Bank（north-west African coast）. J. Mar. Biol. Ass. U. K，79：111－120.

Reichow，D.，M. Smith. Microsatellites reveal high levels of gene flow among populations of the California squid *Loligo opalescens*. Mol. Ecol.，10：1101－1109（2001）.

Reiss C. S.，M. R. Maxwell，J. R. Hunter，A. Henry. Investigating environmental effects on population dynamics of *Loligo opalescens* in the Southern California Bight. Calif. Coop. Ocean. Fish. Inv. Rep.，45：87－97（2004）.

Relini，G.，C. De Rossi，T. Piano，A. Zamboni. Osservazioni sui cefalopodi dei fondi strascicabili liguri. Biol. Mar. Medit.，9：792－795（2002）.

Reshef，D. N.，Y. A. Reshef，H. K. Finucane，S. R. Grossman，G. McVean，P. J. Turnbaugh，E. S. Lander，M. Mitzenmacher，P. C. Sabeti. Detecting novel associations in large data sets. Science，334：1518－1524（2011）.

Restrepo，V. R.，G. G. Thompson，P. M. Mace，W. L. Gabriel，L. L. Low，A. D. MacCall，R. D. Methot，J. E. Powers，B. L. Taylor，P. R. Wade，J. F. Witzig. Technical guidance on the use of precautionary approaches to implementing National Standard 1 of the Magnuson-Stevens Fishery Conservation and Management Act. NOAA Tech. Memo. NMFS-F/SPO-31（1998）.

Ria，M.，Rustighi，C.，Casotti，M.，Silvestri，R.，Baino，R. Note sulla distribuzione e biologia di *Loligo vulgaris* e *Loligo forbesi* nelle acque toscane. Biol. Mar. Medit.，12：575－579（2005）.

Riad，R.，H. A. Al Werfaly. Reproductive biology of the squid *Loligo forbesi*（Cephalopoda：Loliginidae）in the Egyptian Mediterranean waters. Egypt. J. Aquat. Biol. & Fish.，18：75－87（2014）.

Rice，J. Food web theory，marine food webs，and what climate change may do to northern marine fish populations. In：Climate change and northern fish populations.（R. J. Beamish，Ed.），Can. Spec. Publ. Fish. Aquat. Sci.，121：561－568（1995）.

Rivard，D.，L. C. Hendrickson，F. M. Serchuk. Yield estimates for short-finned squid（*Illex illecebrosus*）in SA 3－4 from research vessel survey relative biomass indices. NAFO SCR Doc. 98/75，Ser. No. N3068（1998）.

Roa-Ureta，R.，A. I. Arkhipkin. Short-term stock assessment of *Loligo gahi* at the Falkland Islands：sequential use of stochastic biomass projection and stock depletion models. ICES J. Mar. Sci.，64：3－17（2007）.

Roberge，M.，T. Amaratunga. Review of the *Illex* Fisheries in Subareas 3 and 4 with special reference to 1978 and 1979 FLASH data. NAFO SCR Doc. 80/Ⅱ/32. Ser. No. N064（1980）.

Roberts，M. J. Chokka squid（*Loligo vulgaris reynaudii*）abundance linked to changes in South Africa's Agulhas Bank ecosystem during spawning and the early life cycle. ICES J. Mar. Sci.，62：33－55（2005）.

Roberts，M. J. The influence of the environment on chokka squid *Loligo vulgaris reynaudii* spawning aggregations：Steps towards a quantified model. S. Afr. J. Mar. Sci.，20：267－284（1998）.

Roberts，M. J.，M. Barange，M. R. Lipinski，M. R. Prowse. Direct hydroacoustic observations of chokka squid *Loligo vulgaris reynaudii* spawning activity in deep water. S. Afr. J. Mar. Sci.，24：387－393（2002）.

Roberts，M. J.，N. J. Downey，W. H. H. Sauer. The relative importance of shallow and deep shelf spawning habitats for the South African chokka squid (*Loligo reynaudi*). ICES J. Mar. Sci., 69: 563-571 (2012).

Roberts, M. J., W. H. H. Sauer. Environment: the key to understanding the South African chokka squid (*Loligo vulgaris reynaudii*) life cycle and fishery? Antarct. Sci., 6: 249-258 (1994).

Robin, J. P., E. Boucaud-Camou. Squid catch composition in the English Channel bottom trawl fishery: proportion of *Loligo forbesi* and *Loligo vulgaris* in the landings and length-frequencies of both species during the 1993-1994 period. ICES Document CM 1995/K: 36. Copenhagen: International Council for the Exploration of the Sea (1995).

Robin, J. P., V. Denis. Squid stock fluctuations and water temperature: temporal analysis of English Channel Loliginidae. J. Appl. Ecol., 36: 101-110 (1999).

Robin, J. P., V. Denis, J. Royer, L. Challier. Recruitment, growth and reproduction in *Todaropsis eblanae* (Ball, 1841), in the area fished by French Atlantic trawlers. Bull. Mar. Sci., 71: 711-724 (2002).

Rocha, F., B. G. Castro, M. S. Gil, A. Guerra. The diets of *Loligo vulgaris* and *Loligo forbesi* (Cephalopoda: Loliginidae) in Northwestern Spanish Atlantic waters. Sarsia, 79: 119-126 (1994).

Rocha, F., Á. Guerra. Age and growth of two sympatric squid *Loligo vulgaris* and *Loligo forbesi*, in Galician waters (north-west Spain). J. Mar. Biol. Assoc. U. K., 79: 697-707 (1999).

Rocha, F., Á. Guerra, & A. F. González. A review of reproductive strategies in cephalopods. Biol. Rev., 76: 291-304 (2001).

Rocha, F. M., M. Vega. Overview of cephalopod fisheries in Chilean waters. Fish. Res., 60: 151-159 (2003).

Rodhouse, P. G. Managing and forecasting squid fisheries in variable environments. Fish. Res., 54: 3-8 (2001).

Rodhouse, P. G. Population structure of *Martialia hyadesi* (Cephalopoda: Ommastrephidae) at the Antarctic Polar Front and the Patagonian Shelf, South Atlantic. Bull. Mar. Sci., 49: 404-418 (1991).

Rodhouse, P. G. Precautionary measures for a new *Martialia hyadesi* (Cephalopoda, Ommastrephidae) fishery in the Scotia Sea: an ecological approach. CCAMLR Sci., 4: 125-139 (1997).

Rodhouse, P. G. K. Role of squid in the Southern Ocean pelagic ecosystem and the possible consequences of climate change. Deep-Sea Res. Pt. Ⅱ: 95: 129-138 (2013).

Rodhouse, P. G. K., A. I. Arkhipkin, V. Laptikhovsky, Ch. Nigmatullin, C. M. Waluda. *Illex argentinus*, Argentine shortfin squid. In: Rosa, Rui; Pierce, Graham; O'Dor, Ron, (eds.) Advances in Squid Biology, Ecology and Fisheries. Part Ⅱ-Oegopsid squids. New York, Nova Science Publishers, 109-148 (2013).

Rodhouse, P. G., C. D. Elvidge, P. N. Trathan. Remote sensing of the global light fishing fleet: an analysis of interactions with oceanography, other fisheries and predators. Adv. Mar. Biol., 39: 261-303 (2001).

Rodhouse, P. G., E. M. C. Hatfield. Dynamics of growth and and maturation in the cephalopod *Illex argentinus* de Castellanos, 1960 (Teuthoidea: Ommastrephidae). Phil. Trans. Roy. Soc. Lond. B, 329: 229-241 (1990).

Rodhouse, P. G., Ch. M. Nigmatullin. Role as consumers. Phil. Trans. R. Soc. Lond. B., 351: 1003-1022 (1996).

Rodhouse, P. G. K., G. J. Pierce, O. C. Nichols, W. H. H. Sauer, A. I. Arkhipkin, V. V. Laptikhovsky, M. R. Lipinski, J. Ramos, M. Gras, H. Kidokoro, K. Sadayasu, J. Pereira, E. Lefkaditou, C. Pita,

M. Gasalla, M. Haimovici, M. Sakai, N. Downey. Environmental effects on cephalopod population dynamics: implications for management of fisheries. Adv. Mar. Biol., 67: 99-223. (2014).

Rodhouse, P. G., R. C. Swinfen, A. W. A. Murray. Life cycle, demography and reproductive investment in the myopsid squid *Alloteuthis subulata*. Mar. Ecol. Progr. Ser., 45: 245-253 (1988).

Rodrigues, A. R., M. A. Gasalla. Spatial and temporal patterns in size and maturation of *Loligo plei* and *Loligo sanpaulensis* (Cephalopoda: Loliginidae) in southeastern Brazilian waters, between 23°S and 27°S. Sci. Mar., 72 (4): 631-643 (2008).

Roel, B. Stock assessment of the chokka squid *Loligo vulgaris* reynaudii. Ph. D. thesis, University of Cape Town, Cape Town, South Africa (1998).

Roel, B., K. Cochrane, G. Field. Investigation into the declining trend in chokka squid *Loligo vulgaris* reynaudii catches made by South African trawlers. S. Afr. J. Mar. Sci., 22: 121-135 (2000).

Roeleveld, M. A. C., M. R. Lipinski, C. J. Augustyn, B. A. Stewart. The distribution and abundance of cephalopods on the continental slope of the eastern south Atlantic. In: Benguela Trophic Functioning, p. 739-752 (A. I. L. Payne, K. H. Brink, K. H. Mann & R. Hilborn, Eds). S. Afr. J. Mar. Sci., 12 (1992).

Roongratri, M. Biology of bigfin reef squid (*Sepioteuthis lessoniana*) in the eastern coast of the Gulf of Thailand. Tech. Pap. 65, East. Mar. Fish. Dev. Cent., Mar. Fish. Div., Dept. Fish. (1997).

Roper, C. F. E., C. C. Lu. Rhynchoteuthion larvae of ommastrephid squids of the western North Atlantic, with the first description of larvae and juveniles of *Illex illecebrosus*. Proc. Bio. Soc. Washington, 91 (4): 1039-1059 (1979).

Roper, C. F. E., C. Nigmatullin, P. Jereb. Family Ommastrephidae. In: Cephalopods of the world. An annotated and illustrated catalogue of species known to date. Vol. 2. Myopsid and Oegopsid Squids. FAO Species Catalogue for Fishery Purposes. No. 4, Vol. 2, p. 269-347 (P. Jereb & C. F. E. Roper, Eds.). Rome, Italy: FAO (2010).

Roper, C. F. E., M. J. Sweeney. Techniques for fixation, preservation, and curation of cephalopods. Memories of the National Museum of Victoria, 44: 28-47 (1983).

Roper, C. F. E., M. J. Sweeney, F. G. Hochberg. Cephalopodos. In: Guía FAO para la identificación de especies para los fines de la pesca. Pacífico centro-oriental. Volumen Ⅰ. Plantas e invertebrados (W. Fisher, F. Krupp, W. Schneider, C. Sommer, K. E. Carperter & V. H. Niem, Eds.). FAO, Rome. (1995).

Roper, C. F. E., M. J. Sweeney, C. E. Nauen. FAO species Catalogue, Vol. 3. Cephalopods of the world. An annotated and illustrated catalogue of species of interest to fisheries. —FAO Fisheries Synopsis 125: 277 (1984).

Rosa, R., R. O' Dor, G. J. Pierce (Eds). Advances in squid biology, ecology and fisheries. Part Ⅰ. Myopsid squids. New York: Nova Science Publishers, Inc. (2013a).

Rosa, R., G. J. Pierce, R. O'Dor (Eds). Advances in squid biology, ecology and fisheries. Part Ⅱ. Oegopsid squids. New York: Nova Science Publishers, Inc. (2013b).

Rosa, R., C. Yamashiro, M. Markaida, P. Rodhouse, C. Waluda, C. Salinas-Zavala, F. Keyl, R. O' Dor, J. Stewart, W. Gilly. *Dosidicus gigas*, Humboldt Squid. In: Advances in Squid Biology, Ecology and Fisheries Part Ⅱ Oegopsid Squids, p. 169-206 (R. Rosa, R. O' Dor & G. J. Pierce Eds.), New York: Nova Science Publishers, Inc. (2013c).

Rosenberg, A. A., G. P. Kirkwood, J. A. Crombie, J. R. Beddington. The assessment of stocks of annual squid species. Fish. Res. , 8: 335 - 350 (1990).

Rowell, T. W. , F. G. Scattolon. The 1985 fishery and biological characteristics of *Illex illecebrosus* in Subarea 4. NAFO SCR Doc. 86/26, Ser. No. N1140 (1986).

Rowell, T. W. , R. W. Trites. Distribution of larval and juvenile *Illex* (Mollusca, Cephalopoda) in the Blake Plateau region (northwest Atlantic). Vie Milieu, 35: 139 - 147 (1985).

Rowell, T. W. , R. W. Trites, E. G. Dawe. Distribution of short-finned squid (*Illex illecebrosus*) larvae and juveniles in relation to the Gulf Stream frontal zone between Florida and Cape Hatteras. NAFO Sci. Coun. Studies, 9: 77 - 92 (1985b).

Rowell, T. W. , J. H. Young, J. C. Poulard, J. P. Robin. Changes in distribution and biological characteristics of *Illex illecebrosus* on the Scotian shelf, 1980 - 1983. NAFO Sci. Coun. Studies, 9: 11 - 26 (1985a).

Royer, J. , P. Peries, J. P. Robin. Stock assessments of English Channel loliginid squids: updated depletion methods and new analytical methods. ICES J. Mar. Sci. , 59: 445 - 457 (2002).

Rubio, J. , C. Salazar. Prospecci on pesquera del calamar gigante (*Dosidicus gigas*) a bordo del buque japon es Shinko Maru 2. Inf. Inst. Mar Perú. , 103: 3 - 32 (1992).

Sabirov, R. M. , A. V. Golikov, Ch. M. Nigmatullin, P. A. Lubin. Structure of the reproductive system and hectocotylus in males of lesser fiying squid *Todaropsis eblanae* (Cephalopoda: Ommastrephidae), J. Nat. Hist. , 46: 1761 - 1778 (2012).

Sacchi, J. Analysis of economic activities in the Mediterranean: Fishery and aquaculture sectors. Plan Bleu, Valbonne (2011).

Sahlqvişt, P. Southern Squid Jig Fishery. Fishery Status Reports 2006: Status of Fish Stocks Managed by the Australian Government, Bureau of Rural Sciences, 187 - 194 (2007).

Sakai, M. The Southeastern Atlantic Ocean sea area. In: Ikasono seibutsu kara shouhi made [Squids—From the Animal to Consumption] 3rd ed. , p. 168 - 184, (K. Nasu, T. Okutani & M. Ogura, Eds.), Seizando Shoten: Tokyo (2002) [in Japanese] .

Sakai, M. , T. Wakabayashi. The geographical distribution of the fishing grounds of pelagic squid jigging in 2007/2008. National Research Institute of Far Seas Fisheries, No. 22. p. 19 (2010) [in Japanese] .

Sakai, M. , T. Wakabayashi, N. Hamaji. Amerika-ooakaika no riyou kakudai ni kansuru teian [A proposal for expansion of the utilization of the jumbo fiying squid (*Dosidicus gigas*)], Fisheries Research Agency, p. 50 (2010) [in Japanese] .

Sakai, M. , C. Yamashiro, L. Mari ategui, T. Wakabayashi, E. Tello, Y. Kato, R. Tafur, V. Blascovic, E. Torres, M. Sanjinez, P. Ay on, M. Romero, K. Suda, T. Dioses. Crucero de investigaci on conjunta del calamar gigante *Dosidicus gigas* BIC Kaiyo Maru 2011 - 2012 (16 de diciembre del 2011 al 19 de enero de 2012). In: Informe Final Instituto del Mar del Perú/Fisheries Research Agency (FRA) National Research Institute of Far Seas Fisheries/Fisheries Agency of Japan (M. Sakai & C. Yamashiro Eds.). (2013).

Sakurai, Y. , H. Kiyofuji, S. Saitoh, T. Goto, Y. Hiyama. Changes in inferred spawning areas of the *Todarodes pacificus* (Cephalopoda: Ommastrephidae) due to changing environmental conditions. ICES J. Mar. Sci. , 57: 24 - 30 (2000).

Salman, A. , T. , Kata ğ an, H. A. Benli. Bottom trawl teuthofauna of the Aegean Sea. Arch. Fish. Mar. Res. , 45: 183 - 196 (1997).

Sánchez, P. Determinacíon de la edad y de los parámetros del crescimento de *Illex coindetii* (Vérany,

1837) en la mar Catalán (Mediterráneo occidental). Inv. Pesq., 48: 59-70 (1984).

Sánchez, P. Cephalopods from off the Pacific coast of México: biological aspects of the most abundant species. Sci. Mar., 67: 81-90 (2003).

Sánchez, P., A. González, P. Jereb, V. Laptikhovsky, K. Mangold, Ch. M. Nigmatullin, S. Ragonese. *Illex coindetii*. In: Squid Recruitment Dynamics: the Genus *Illex* as a Model, the Commercial *Illex* Species and Influences on Variability, p. 54-76. Ed. By P. G. Rodhouse, E. G. Dawe, R. K. O'Dor. FAO Fish. Tech. Pap., p. 376, 273 (1998).

Sánchez, P., A. Guerra. Bathymetric distribution and aspects of the life history of the loliginid squid *Loligo vulgaris* (Mollusca: Cephalopoda) in the Catalan sea (NW Mediterranean). Iberus, 12 (2): 1-12 (1994).

Sandoval-Castellanos, E., M. Uribe-Alcoce, P. Diaz-Jaimes. Population genetic structure of jumbo squid (*Dosidicus gigas*) evaluated by RAPD analysis. Fish. Res., 83: 113-118 (2007).

Sandoval-Castellanos, E., M. Uribe-Alcocer, P. Diaz-Jaimes. Population genetic structure of the Humboldt squid (*Dosidicus gigas*) inferred by mitochondrial DNA analysis. J. Exp. Mar. Biol. Ecol., 385: 73-78 (2010).

Santora, J. A., J. C. Field, I. D. Schroeder, K. M. Sakuma, B. K. Wells, W. J. Sydeman. Spatial ecology of krill, micronekton and top predators in the central California Current: implications for defining ecologically important areas. Progr. Oceanogr., 106: 154-174 (2012).

Santos, R. A., M. Haimovici. Food and feeding of the short-finned squid *Illex argentinus* (Cephalopoda: Ommastrephidae) off southern Brazil. Fish. Res., 33: 139-147 (1997).

Sartor, P., P. Belcari, A. Carbonell, M. Gonz alez, A. Quetglas, P. S anchez. The importance of cephalopods to trawl fisheries in the western Mediterranean. S. Afr. J. Mar. Sci., 20: 67-72 (1998).

Sarvesan, R. V Cephalopods. In: The Commercial molluscs of India, p. 63-83 (R. V. Nair, & Rao, K. Satyanarayana, Eds.). Mandapam Camp, CMFRI Bulletin 25 (1974).

Sasaki, M. A monograph of the dibranchiate cephalopods of Japanese and adjacent waters. Jour. Fac. Agric. Hokkaido Imp. Univ., 20, suppl. 10: 1-357 (1929).

Sasikumar, G., K. S. Mohamed. Temporal patterns in cephalopod catches and application of non-equilibrium production model to the cephalopod fishery of Karnataka. Indian J. Mar. Sci., 41: 134-140 (2012).

Sato, M. The movement and migration of *Loligo bleekeri* in the northern Japan Sea. In: Report of the 1990 Meeting on Squid Resources and Oceanographic Conditions, p. 49-57 (Tohoku National Fisheries Research Institute (TNFRI), Eds.). Hachinohe, Japan, TNFRI (1990) [in Japanese].

Sato, T., H. Hatanaka. A review of assessment of Japanese distant-water fisheries for cephalopods. In: Advances in assessment of world cephalopod resources (J. F. Caddy, Ed.). FAO Fish. Tech. Pap., 231: 145-180 (1983).

Sauer, W. H. H. The impact of fishing on chokka squid *Loligo vulgaris reynaudii* concentrations on inshore spawning grounds in the South-Eastern Cape, South Africa. S. Afr. J. Mar. Sci., 16: 185-193 (1995).

Sauer, W. H. H., N. J. Downey, M. R. Lipinski, M. J. Roberts, M. J. Smale, J. Glazer, Y. Melo. *Loligo reynaudi*. In: Advances in Squid Biology, Ecology and Fisheries, p. 33-72 (R. Rosa, G. Pierce & R. O'Dor, Eds.). New York, United States of America: Nova Science Publishers, Inc. (2013).

Sauer, W. H. H., W. S. Goschen, A. S. Koorts. A preliminary investigation of the effect of sea temperature fluctuations and wind direction on catches of chokka squid *Loligo vulgaris* reynaudii off the Eastern

Cape, South Africa. S. Afr. J. Mar. Sci., 11: 467-473 (1991).

Sauer, W. H. H., M. R. Lipinski. Histological validation of morphological stages of sexual maturation in chokker squid *Loligo vulgaris* reynaudii D'Orb (Cephalopoda: Loliginidae). S. Afr. J. Mar. Sci., 9: 189-200 (1990).

Sauer, W., M. Lipinski, J. Augustyn. Tag recapture studies of the chokka squid *Loligo vulgaris* reynaudii D'Orbigny, 1845 on inshore spawning grounds on the south-east coast of South Africa. Fish. Res., 45: 283-289 (2000).

Sauer, W. H. H., M. J. Smale, M. R. Lipinski. The location of the spawning grounds, spawning and schooling behaviour of the squid *Loligo vulgaris reynaudii* (Cephalopoda: Myopsida) off the eastern Cape coast, South Africa. Mar. Biol., 114: 97-107 (1992).

Schön, P. An investigation into the influence of the environment on spawning aggregations and jig catches of chokka squid *Loligo vulgaris reynaudii* off the coast of South Africa. PhD Thesis, University of Port Elizabeth, Port Elizabeth, South Africa (2000).

Scofield, W. L. Squid at Monterey. Calif. Dept. Fish Game, 10: 176-182 (1924).

Scovazzi, T. Fisheries in the Mediterranean Sea: the relevant international law provisions. In: The state of Italian marine fisheries and aquaculture, p. 329-344 (S. Cataudella & M. Spagnolo, Eds.). Ministero delle Politiche Agricole, Alimentari e Forestali (MiPAAF), Italy (2011).

Segawa, S. Life history of the oval squid *Sepioteuthis lessoniana* in Kominato and adjacent waters central Honsyu, Japan. J. Tokyo Univ. Fish., 74: 67-105 (1987).

Segawa, S., S. Hirayama, & T. Okutani. Is *Sepioteuthis lessoniana* in Okinawa a single species?. In: Recent Advances in Cephalopod Fisheries Biology, p. 513-521 (T. Okutani, R. K. O'dor & T. Kubodera, Eds.). Tokyo, Japan: Tokai University Press (1993a).

Segawa, S., T. Izuka, T. Tamashiro, T. Okutani. A note on mating and egg deposition by *Sepioteuthis lessoniana* in Ishigaki Island, Okinawa, Southwestern Japan. Venus, 52: 91-106 (1993b).

Senjyu, T. The Japan Sea Intermediate Water; Its Characteristics and Circulation. J. Oceanogr., 55: 111-122 (1999).

Serchuk, F. M., W. F. Rathjen. Aspects of the distribution and abundance of the long-finned squid, *Loligo pealei*, between Cape Hatteras and Georges Bank. Mar. Fish. Rev., 36: 10-17 (1974).

Shaw, P. W., A. I. Arkhipkin, G. J. Adcock, W. J. Burnett, G. R. Carvalho, J. N. Scherbich, P. Villegas. DNA markers indicate that distinct spawning cohorts and aggregations of Patagonian squid, *Loligo gahi*, do not represent genetically discrete subpopulations. Mar. Biol., 144: 961-970 (2004).

Shaw, P. W., G. J. Pierce, P. R. Boyle. Subtle population structuring within a highly vagile marine invertebrate, the veined squid *Loligo forbesi*, demonstrated with microsatellite DNA markers. Mol. Ecol., 8: 407-417 (1999).

Shaw, P. W., L. Hendrickson, N. J. McKeown, T. Stonier, M. J. Naud, W. H. H. Sauer. Discrete spawning aggregations of loliginid squid do not represent genetically distinct populations. Mar. Ecol. Prog. Ser., 408: 117-127 (2010).

Shaw, P. W., L. Hendrickson, N. J. McKeown, T. Stonier, M. J. Naud, W. H. H. Sauer. Population structure of the squid *Doryteuthis* (*Loligo*) *pealeii* on the eastern coast of the USA: Reply to Gerlach et al. (2012). Mar. Ecol. Prog. Ser., 450: 285-287 (2012).

Shaw, R. An economic description and assessment of the squid catching industry in Great Britain, Portugal and Spain. Fish. Res., 21: 287-303 (1994).

Silas，E. G.，M. M. Meiyappan，R. Sarvesan，K. P. Nair，M. Srinath，K. S. Rao. Stock assessment：squids and cuttlefishes at selected centres. CMFRI Bull.，37：71-79（1985a）.

Silas，E. G.，K. S. Rao，R. Sarvesan，K. P. Nair，M. M. Meiyappan. The exploited squid and cuttlefish resources of India：A review. Marine Fisheries Information Service，Technical and Extension Series，34：1-16（1982）.

Silas，E. G.，R. Sarvesan，M. M. Meiyappan，K. P. Nair，K. S. Rao，K. Vidyasagar，Y. Appanasastry，P. V. Sreenivasan，and B. N. Rao. Cephalopod fisheries at selected centres in India. CMFRI Bull.，37：116-128（1985b）.

Sims，D. W.，M. J. Genner，A. J. Southward，S. J. Hawkins. Timing of squid migration reflects North Atlantic climate variability. P. Roy. Soc. Lond. B Bio.，268：2607-2611（2001）.

Siriraksophon，S. The 1 st Workshop on the Assessment of Fishery Stock Status in South and Southeast Asia. Bangkok，Thailand（2009）.

Sissenwine，M. P.，E. W. Bowman. An analysis of some factors affecting the catchability of fish by bottom trawls. ICNAF Res. Bull.，13：81-87（1978）.

Sivashanthini，K.，G. A. Charles，W. S. Thulasitha. Length-weight relationship and growth pattern of *Sepioteuthis lessoniana* lesson 1830（Cephalopoda：Teuthida）from the Jaffna Lagoon，Sri Lanka. J. Biol. Sci.，9：357-361（2009）.

Smith，A. D. M.，D. C. Smith，G. N. Tuck，N. Klaer，A. E. Punt，I. Knuckey，J. Prince，A. Morison，R. Kloser，M. Haddon，S. Wayte，J. Day，G. Fay，F. Pribac，M. Fuller，B. Taylor，L. R. Little.
Experience in implementing harvest strategies in Australia's south-eastern fisheries. Fish. Res.，94：373-379（2008）.

Smith，A. D. M.，E. J. Fulton，A. J. Hobday，D. C. Smith，P. Shoulder. Scientific tools to support the practical implementation of ecosystem-based fisheries management. ICES J. Mar. Sci.，64：633-639（2007）.

Smith，J. M. Growth investment and distribution of the squid *Loligo forbesi*（Cephalopoda：Loliginidae）in northeast Atlantic waters. PhD thesis. Aberdeen：University of Aberdeen（2011）.

Smith，J. M.，C. D. MacLeod，V. Valavanis，L. C. Hastie，T. Valinassab，N. Bailey，M. B. Santos，G. J. Pierce. Habitat and distribution of post-recruit life stages of the squid *Loligo forbesii*. Deep Sea Res. Pt. Ⅱ，95：145-159（2013）.

Smith，P. J.，P. E. Roberts，R. J. Hurst. Evidence for Two Species of Arrow Squid in the New Zealand Fishery. N. Z. J. Mar. Freshwater. Res.，15：247-253（1981）.

Smith，P. J.，R. H. Mattlin，M. A. Roeleveld，T. Okutani. Arrow squids of the genus *Nototodarus* in New Zealand waters：Systematics，biology，and fisheries. N. Z. J. Mar. Freshwater. Res.，21：315-326（1987）.

Smith，T. M.，C. P. Green，C. D. H. Sherman. Patterns of connectivity and population structure of the southern calamary *Sepioteuthis australis* in southern Australia. Mar. Freshw. Res.（2015，in press）.

Snyder，R. Aspects of the biology of the giant form of *Sthenoteuthis oualaniensis*（Cephalopoda：Ommastrephidae）from the Arabian Sea. J. Moll. Std.，64：21-34（1998）.

So. Ge. Mi. SpA，Ente Gestore dei Mercati Agroalimentari all'Ingrosso di Milano，2013. www. mercatimilano. it.

Soeda，J. The migration of the squid；Surume-ika；*Ommastrephes sloani pacificus*（Steenstrup）in the coastal waters of Japan. Scientific Report of Hokkaido Fisheries experimental station，4：1-30（1950）.

Sokimi, W. Giant squid trials in the Cook Islands. SPC Fisheries Newsletter, 141: 9 (2013).

Song, H. T., T. M. Ding, K. D. Xu. The quantity distribution and growth characteristics of *Loligo edulis* in the East China Sea. J. Zhejiang Oce. Univ., 27: 115-118 (2008).

Songjitsawat, A., S. Sookbuntoeng. Catch composition of marine fauna from light luring squid fishing. Tech. Pap. 10, East. Mar. Fish. Dev. Cent., Mar. Fish. Div., Dept. Fish. (1988).

Songjitsawat, A., S. Sookbuntoeng. Experiment on optimal light intensity in squid light luring castnet. Tech. Pap. 6/2001, East. Mar. Fish. Dev. Cent., Mar. Fish. Div., Dept. Fish. (2001).

Soro, S., M. Paolini. *Illex coindetii* (Verany, 1839): aspetti biologici ed evoluzione della popolazione in alto e medio Adriatico. Biol. Mar. Mediter., 1: 213-218 (1994).

Southeast Asian Fisheries Development Center (SEAFDEC). Proceedings of the Third Technical Seminar on Marine Fishery Resources Survey in the South Chine Sea, Area Ⅲ: Western Philipines. Special, paper No. SEC/SP/41. Bangkok: Southeast Asian Fisheries Development Center (2000).

Southeast Asian Fisheries Development Center (SEAFDEC). Southeast Asian fishery statistics. www. fishstat. seafdec. org. Access 15 February 2013 (2013).

SPC (Secretariat of the Pacific Community) Coastal Fisheries Programme. Exploratory squid fishing in Fiji waters, a success. Accessed August 1, 2014. http://www. spc. int/coastfish/en/component/content/article/429-fiji-giant-squid. html.

Speed, T. Mathematics. A correlation for the 21 st century. Science, 334: 1502-1503 (2011).

Squires, H. J. Growth and hypothetical age of the Newfoundland bait squid *Illex illecebrosus* illecebrosus. J. Fish. Res. Board. Canada, 24: 1209-1217 (1967).

Squires, H. J. Squid *Illex illecebrosus* (Lesueur), in the Newfoundland fishing area. J. Fish. Res. Board. Canada, 14: 693-728 (1957).

Srichanngam, S. Age and growth determination and stock identification using statolith microstructure of Indian squid, *Loligo duvauceli*. MSc Thesis, University of Bergen, Bergen, Norway (2010).

Srikum, T., P. Binraman. Collapsible squid trap fisheries in Ban Jao-lhao, Chantaburi Province. Tech. Pap., Mar. Fish. Res. Dev. Bur., Dept. Fish. (2008).

Staaf, D. J., S. Camarillo-Coop, S. H. D. Haddock, A. C. Nyack, J. Payne, C. A. Salinas-Zavala, B. A. Seibel, L. Trueblood, C. Widmer, W. F. Gilly. Natural egg mass deposition by the Humboldt squid (*Dosidicus gigas*) in the Gulf of California, and characteristics of hatchlings and paralarvae. J. Mar. Biol. Assoc. U. K., 88: 759-770 (2008).

Staaf, D. J., R. I. Ruiz-Cooley, C. Elliger, Z. Lebaric, B. Campos, U. Markaida, W. Gilly. Ommastrephid squids *Sthenoteuthis oualaniensis* and *Dosidicus gigas* in the eastern Pacific show convergent biogeographic breaks but contrasting population structures. Mar. Ecol. Prog. Ser., 418: 165-178 (2010).

Stark, K. E., G. D. Jackson, J. M. Lyle. Tracking arrow squid movements with an automated acoustic telemetry system. Mar. Ecol. Prog. Ser., 299: 167-177 (2005).

Starr, R. M., R. E. Thorne. Acoustic assessment of squid stocks. In: Rodhouse, P. G., Dawe, E. G., O'Dor, R. K. (Eds.), Squid Recruitment Dynamics: the Genus *Illex* as a Model, the Commercial *Illex* Species and Influences on Variability, FAO Fisheries Technical Paper No. 376. FAO, Rome, p. 181-198 (1998).

Staudinger, M. D. Seasonal and size-based predation on two species of squid by four fish predators on the Northwest Atlantic continental shelf. Fish. Bull., 104: 605-615 (2006).

Staudinger, M. D., F. Juanes. A size-based approach to quantifying predation on longfin inshore squid (*Lo-*

ligo pealeii) in the northwest Atlantic. Mar. Ecol. Progr. Ser., 399: 225-241 (2010).

Steer, M. A., M. T. Lloyd, W. B. Jackson. Assessing the feasibility of using "by-product" data as a pre-recruit index in South Australia's southern calamary (*Sepioteuthis australis*) fishery. Fish. Res., 88: 42-50 (2007).

Steer, M. A., N. A. Moltschaniwskyj, F. C. Gowland. Temporal variability in embryonic development and mortality in the southern calamary *Sepioteuthis australis*: a field assessment. Mar. Ecol. Progr. Ser., 243: 143-150 (2002).

Steer, M. A., G. T. Pecl, N. A. Moltschaniwskyj. Are bigger calamary *Sepioteuthis australis* hatchlings more likely to survive? A study based on statolith dimensions. Mar. Ecol. Progr. Ser., 261: 175-182 (2003).

Stevenson, J. A. On the behavior of the long-finned squid (*Loligo pealei* (LeSueur)). Can. Field Nat., 48: 4-7 (1934).

Stewart, J. S., E. L. Hazen, D. G. Foley, S. J. Bograd, W. F. Gilly. Marine predator migration range expansion: Humboldt squid *Dosidicus gigas* in the northern California Current System. Mar. Ecol. Progr. Ser., 471: 135-150 (2012).

Stroud, G. D. Squid. Torry Advisory Note No. 77. Aberdeen: Torry Research Station, Ministry of Agriculture, Fisheries and Food (1978).

Sukramongkol, N., S. Promjinda, R. Prommas, Age and Reproduction of Sthenoteuthis oualaniensis in the Bay of Bengal. In: The Ecosystem Based Fishery Management in the Bay of Bengal. Department of Fisheries. 195-205. Thailand (2008).

Sukramongkol, N., K. Tsuchiya, S. Segawa. Age and maturation of *Loligo duvauceli* and *L. chinensis* from Andaman Sea of Thailand. Rev. Fish Biol. Fish., 17: 237-246 (2007).

Summers, W. C. Winter population of *Loligo pealei* in the Mid-Atlantic Bight. Biol. Bull., 137: 202-216 (1969).

Summers, W. C. (*Loligo pealei*), In: Cephalopod Life Cycles, Vol. Ⅰ: Species Accounts. p. 115-142 P. R. Boyle, Ed.). New York, NY: Academic Press, Inc. (1983).

Sun, D. R., Y. Li, X. H. Wang, Y. Z. Wang, Q. E. Wu. Biological characteristics and stock changes of *Loligo edulis* in Beibu Gulf, South China Sea. S. Chin. Fish. Sci., 7: 8-13 (2011).

Sundaram, S., V. D. Deshmukh. Emergence of squid jigging in India. Fish. Chimes, 30: 18-20 (2011).

Sundet, J. A short review on the biology and fishery of the squid *Todarodes sagittatus*. ICES Document CM 1985/K: 44. Copenhagen: International Council for the Exploration of the Sea (1985).

Supongpan, M. Cephalopod resources in the Gulf of Thailand. In: Biology and Culture of Cephalopods, p. 191-220 (J. Nabhitabhata, Ed.). Rayong, Thailand: Rayong Coastal Aquaculture Station (1995).

Supongpan, M. The fisheries biology of Indian squid (*Loligo duvauceli*) in west coast of the Gulf of Thailand. PhD Dissertation, Nagasaki University, Nagasaki, Japan (1996).

Supongpan, M., C. Chotiyaputta, M. Sinoda. Maturity and length frequency distribution of the Indian squid *Loligo duvauceli* caught in the Gulf of Thailand. Nippon Suisan Gakk., 59: 1963-1969 (1993).

Supongpan, M., K. Kongmuag, S. Jittrapong. Bigfin reef squid fisheries in the Gulf of Thailand. Tech. Pap. 1/1988, Mar. Fish. Div., Dept. Fish. (1988).

Supongpan, M., Y. Natsukari. Age and growth determination using statolith increments of Loligo duvauceli in the Gulf of Thailand. Tech. Pap. Bangkok Mar. Fish. Dev. Mar. Fish. Div., 38: 1-14 (1996).

Suppanirun, T., N. Songkeaw, U. Khrueniam, C. Pinputtasin. Reproductive biology of Indian squid,

Photololigo duvaucelii (d'Orbigny, 1835) and mitre squid, *P. chinensis* (Gray, 1849) in the Gulf of Thailand. Tech. Pap., Mar. Fish. Res. Dev. Bur., Dept. Fish. (2011).

Suppapreuk, T., S. Sangchan, K. Loychuen, S. Boonsuk, C. Sanga-ngam. Squid trap fishery in the Andaman Sea of Thailand. Tech. Pap., Andaman Sea Fish. Res. Dev. Cent., Mar. Fish. Res. Dev. Bur., Dept. Fish. (2013).

Suzuki, T. Japanese common squid-*Todarodes pacificus* Steenstrup. Mar. Behav. Physiol., 18: 73 - 109 (1990).

Tafur, R., M. Rabí Reproduction of the jumbo fiying squid, *Dosidicus gigas* (Orbigny, 1835) (Cephalopoda: Ommastrephidae) off Peruvian coasts. Sci. Mar., 61: 33 - 37 (1997).

Tafur, R., P. Villegas, M. Rabi, C. Yamashiro. Dynamics of maturation, seasonality of reproduction and spawning grounds of the jumbo squid *Dosidicus gigas* (Cephalopoda: Ommastrephidae) in Peruvian waters. Fish. Res., 54: 33 - 50 (2001).

Taipe, A, C. Yamashiro, L. Mariategui, P. Rojas, C. Roque. Distribution and concentration of jumbo fiying squid (*Dosidicus gigas*) off the Peruvian coast between 1991 and 1999. Fish. Res., 54: 21 - 32 (2001).

Takahashi, M., H. Furuta. Relationship between fishing grounds and oceanographic structure of *Loligo edulis* and *Loligo edulis* budo in angling fishery of Chikuzenkai, north coastal waters off Fukuoka. Bull. Fukuoka Fish. Exp. Stn., 14: 13 - 21 (1988) [in Japanese].

Takayanagi, S. Changes in growth and maturity of Japanese common squid (*Todarodes pacificus*) related to differences in stock size in the Tsugaru Strait, Northern Japan. In: Recent Advances in Cephalopod Fisheries Biology, p. 545 - 553 (T. Okutani, R. K. O'Dor & T. Kubodera, Eds.). Tokyo: Tokai University Press (1993).

Takeda, R., M. Tanda. *Thysanoteuthis rhombus* Troschel caught in Tajima region of the Japan Sea. In: Heisei 7 nendo ikarui shigen kenkyuu kaigi houkoku [Report of the 1995 Meeting on Squid Resources]. p. 1 - 7. Niigata, Japan: Japan Sea National Fisheries Research Institute (1997).

Takeda, R., M. Tanda. Fishing and migration of *Thysanoteuthis rhombus* Troschel in the Japan Sea. In: Contributed Papers to International Symposium on Large Pelagic Squids, p. 191 - 198 (T. Okutani, Ed.). Tokyo, Japan: Japan Marine Fishery Resources Research Center (1998).

Tashiro, M. Swordtip squid and its fishery in coastal waters of northwestern Kyushu. Nihonkai Block Shigen Kenkyu Shuroku, 1: 81 - 96 (1977) [in Japanese].

Tashiro, M. Broods. Report on a Survey of the Ecology and Stock of Swordtip Squid in the Western Japanese Waters: 22 - 26 (1978) [in Japanese].

Thapanand, T., W. Phetchsuthti. Stock assessment of bigfin reef squid (*Sepioteuthis lessoniana* Lesson) caught by squid trap at Sikao bay, Trang province. Warasan Kan Pramong, 53 (2000).

Thomas, H. J. Some observations on the exploitation and distribution of squid around Scotland. ICES Document CM 1969/K: 29. Copenhagen: International Council for the Exploration of the Sea (1969).

Thomas, H. J. Squid. Scottish Fishery Bulletin, 39: 35 - 39 (1973).

Ti, Z., X. Ma, Z. Wang, G. Lin, F. Xu, Z. Dong, F. Li, D. Lv. Mollusca of Huanghai and Bohai Seas. Beijing: Agricultural Publishing House (1987) [In Chinese].

Tian, S., X. Chen, Y. Chen, L. Xu, X. Dai. Standardizing CPUE of *Ommastrephes bartramii* for Chinese squid-jigging fishery in Northwest Pacific Ocean. Chinese J. Oceanog. Limnol. 27: 729 - 739 (2009).

Tian, Y. Long-term changes in the relative abundance and distribution of spear squid, *Loligo bleekeri*, in relation to sea water temperature in the south-western Japan Sea during the last three decades. GIS/Spatial Analyses in Fishery and Aquatic Sciences，3：27－46（2007).

Tian，Y. Interannual-interdecadal variations of spear squid *Loligo bleekeri* abundance in the southwestern Japan Sea during 1975－2006：impacts of the trawl fishing and recommendations for management under the different climate regimes. Fish. Res.，100：78－85（2009).

Tian，Y. Stock assessment and evaluation for Tsushima Warm Current stock of spear squid（fiscal year 2011). In：Marine Fisheries Stock Assessment and Evaluation for Japanese Waters（fiscal year 2011/2012)，p. 1732－1743（Fisheries Agency and Fisheries Research Agency of Japan（FA & FRA)，Eds.). Tokyo，FA & FRA（2012）[in Japanese].

Tian，Y.，H. Kidokoro，T. Fujino. Interannual-decadal variability of demersal fish community in the Japan Sea：Impacts of climate regime shifts and trawl fishing with implications for ecosystembased management. Fish. Res.，112：140－153（2011).

Tian，Y.，K. Nashida，H. Sakaji. Synchrony in abundance trend of spear squid *Loligo bleekeri* in the Japan Sea and the Pacific Ocean with special reference to the latitudinal differences in response to the climate regime shift. ICES J. Mar. Sci.，70：968－979（2013).

Tokai，T.，Y. Ueta. Estimation of size selectivity for oval squid Sepioteuthis lessoniana in the squid jigging fishery of Tokushima Prefecture，Fish. Sci.，65：448－454（1999).

Tokimura，M. Distribution of demersal fish in winter，1991（report of the results by Kaiho Maru surveys). Report of Seikai Block Council on Demersal Fish，3：15－39（1992）[in Japanese].

Tomás，A. R. G.，M. A. Gasalla，M. H. Carneiro. Dinamica da frota de arrasto-de-portas do Estado de São Paulo. In：Dinamica das frotas pesqueiras comerciais da região Sudeste-Sul do Brasil，p. 41－59（C. L. D. B. Rossi-Wongtschowski，R. A. Bernardes & M. C. Cergole，Eds.). São Paulo，Brazil：Série Documentos REVI-ZEE-SCORE Sul. São Paulo，Instituto Oceanográfico，USP（2007).

Toriyama，M.，H. Sakamoto，H. Horikawa. Relationship between the distribution of spear squid and the environment in Tosa Bay. Fisheries Biology and Oceanography in the South-Western Waters of Japan，3：27－36（1987）[in Japanese].

Triantafillos，L. Population biology of southern calamary，*Sepioteuthis australis*，in Gulf St. Vincent，South Australia. PhD Dissertation，Northern Territory University（2001).

Triantafillos，L. Use of depetion analysis in the Southern Squid Jig Fishery of Australia. Internal report submitted to the Australian Fisheries Management Authority，(2008).

Triantafillos，L.，M. Adams. Allozyme analysis reveals a complex population structure in the southern calamary Sepioteuthis australis from Australia and New Zealand. Mar. Ecol. Progr. Ser. 212：193－209（2001).

Triantafillos，L.，M. Adams. Genetic evidence that the northern calamary，*Sepioteuthis lessoniana*，is a species complex in Australian waters. ICES J. Mar. Sci.，62：1665－1670（2005).

Triantafillos，L.，G. D. Jackson，M. Adams，B. L. McGrath Steer. An allozyme investigation of the stock structure of arrow squid *Nototodarus gouldi*（Cephalopoda：Ommastrephidae）from Australia. ICES J. Mar. Sci.，61：829－835（2004).

Trites，R. W. Physical oceanographic features and processes relevant to *Illex illecebrosus* spawning in the western North Atlantic and subsequent larval distribution. NAFO Sci. Coun. Stud.，6：39－55（1983).

Tryon G. W. Manual of Conchology. Vol. 1：Cephalopoda. Philadelphia（1879).

Tsou，T. S.，J. S. Collie. Predation-mediated recruitment in the Georges Bank fish community. ICES

J. Mar. Sci.，58：994-1001（2001).

Tung，I. On the reproduction of common squid，*Symplectoteuthis oualaniensis*（Lesson）. Rep. Inst. Fish. Biol. Taipei.，3：26-48（1976).

Tursi，A.，G.，D'Onghia. Cephalopods of the Ionian Sea（Mediterranean Sea）. Oebalia，18：25-43（1992).

Uchino，K.，A. Yamasaki，S. Fujita，T. Tojima. Food Habits of the Flatfish，*Hippoglossoides dubius*（Schmidt），in the Sea off Kyoto Prefecture. Bull. Kyoto Inst. Ocean. Fish. Sci.，17：41-45（1994).

Uchiyama，I.，S. Hayashi，Y. Ogawa. Catch fluctuation patterns of firefly squid（*Watasenia scintillans*）in Toyama Bay. Bull. Jpn. Soc. Fish. Oceanogr.，69：271-283（2005).

Uda，M. Nihonkai oyobi sono rinsetsukaiku no kaikyou. J. Imp. Fish. Exp. Sta.，5：57-190（1934).

Ueda，T. Relationship between spawning sites and its water temperatures. Bull. Fukuoka Fisheries Mar. Techno. Res. Cent.，19：61-67（2009）[in Japanese].

Ueno，Y.，M. Sakai. Fish stocks expected to be expanded to the utilization，Pacific saury and neon fiying squid，In：A design to rebuild Japanese fisheries；Issues and improvements to the off-shore fisheries industry，p. 42-64（Y. Ueno，Y. Kumazawa & H. Inada，Eds），Koseisha Koseikaku（2010）[in Japanese].

Ueta，Y.，T. Tokai，S. Segawa. Relationship between year-class Abundance of oval squid *Sepioteuthis lessoniana* and environmental factors off Tokushima Prefecture. *Japan. Fish. Sci.* 65：424-431（1999).

Ueta，Y. Fisheries biological studies of the oval squid，*Sepioteuthis lessoniana* around Tokushima Prefecture. Bull. Tokushima Pref. Fish. Exp. Stn. 1：1-79（2000）[in Japanese with English abstract].

Ueta，Y. Ecology and stock management of oval squid，*Sepioteuthis lessoniana*. Tokyo：Japan Fisheries Resource Conservation Association（2003）[in Japanese].

Ueta，Y.，T. Umino. Challenge to the clarification of secret on oval squid. Tokyo：Seizandou（2013）[in Japanese].

Ungaro，N.，C. A. Marano，R. Marsan，M. Martino，M. C. Marzano，G. Strippoli，A. Vlora. Analysis of demersal species assemblages from trawl surveys in the South Adriatic sea. Aquat. Living Resour.，12：177-185（1999).

Ünsal，İ.，N. Ünsal，M. H. Erk，H. Kabasakal. Demersal cephalopods from the Sea of Marmara，with remarks on some ecological characteristics. Acta Adriat.，40：105-110（1999).

Uozumi，Y. Fishery biology of arrow squids，*Nototodarus gouldi* and *N. sloanii*，in New Zealand waters. Bull. Nat. Res. Inst. Far Seas Fish. 35：1-111（1998).

Uozumi，T.，C. Shiba. Growth and age composition of *Illex argentinus*（Cephalopoda：Oegopsida）based on daily increment counts in statoliths. In：Recent advances in cephalopod fisheries biology，p. 591-605（T. Okutani，R. K. O'Dor & T. Kubodera，Eds.）. Tokai University Press，Tokyo（1993).

Valavanis，V. D.，S. Georgakarakos，D. Koutsoubas，C. Arvanitidis，J. Haralabous. Development of a marine information system for cephalopod fisheries in eastern Mediterranean. Bull. Mar. Sci.，71：867-882（2002).

Valinassab，T.，G. J. Pierce，K. Johannesson，K. Lantern fish（*Benthosema pterotum*）resources as a target for commercial exploitation in the Oman Sea. J. Appl. Ichthyol.，23：573-577（2007).

van Camp，L. M.，K. M. Saint，S. C. Donnellan，J. N. Havenhand，P. G. Fairweather. Polymorphic microsatellite markers for paternity assessment in southern calamari *Sepioteuthis australis*（Cephalopoda：Loliginidae）. Mol. Ecol. Notes，3：654-655（2003).

van Camp, L., S. C. Donnellan, A. R. Dyer, P. Fairweather. Multiple paternity in field-and captive-laid egg strands of *Sepioteuthis australis* (Cephalopoda: Loliginidae). Mar. Freshwater Res., 55: 819 - 823 (2004).

van der Elst, R., B. Everett, N. Jiddawi, G. Mwatha, P. S. Afonso, D. Boulle. Fish, fishers and fisheries of the Western Indian Ocean: their diversity and status. A preliminary assessment. Philosophical Transactions of the Royal Society. A. 363: 263 - 284 (2005).

Vaughn, D. L., C. W. Recksiek. Detection of market squid, *Loligo opalescens*, with echo sounders. Calif. Coop. Ocean. Fish. Inv. Rep., 20: 40 - 50 (1979).

Vaz, S., A. Carpentier, F. Coppin. Eastern English Channel fish assemblages: measuring the structuring effect of habitats on distinct subcommunities. ICES J. Mar. Sci., 64: 271 - 287 (2007).

Vecchione, M. Aspects of the early life history of *Loligo pealei* (Cephalopoda: Myopsida). J. Shellfish Res., 1: 171 - 180 (1981).

Vecchione, M. In-situ observations on a large squid spawning bed in the eastern Gulf of Mexico. Malacologia, 29: 135 - 141 (1988).

Vecchione, M., R. E. Young, U. Piatkowski. Cephalopods of the northern Mid-Atlantic Ridge. Mar. Biol. Res., 6: 25 - 52 (2010).

Vega, M. A., F. J. Rocha, A. Guerra, C. Osorio. Morphological differences between the Patagonian squid *Loligo gahi* populations from the Pacific and Atlantic Oceans. Bull. Mar. Sci., 71: 903 - 913 (2002).

Vega, M. A., F. Rocha, C. Osorio. Morfometr ıa comparada de los estatolitos del calamar *Loligo gahi* d'Orbigny, 1835 (Cephalopoda: Loliginidae) del norte de Per u e islas Falkland. Invest. Mar., 29: 3 - 9 (2001).

Venter, J. D., S. van Wyngaardt, M. R. Lipinski, H. M. Verheye, J. A. Verschoor. Detection of zooplankton prey in squid paralarvae with immunoassay. J. Immunoassay, 20: 127 - 149 (1999).

Verrill, A. E. http://archive. org/search. php? query=creator%3A% 22Verrill. (1879 - 1882).

Viana, M., G. J. Pierce, J. Illian, C. D. MacLeod, N. Bailey, J. Wang, L. C. Hastie. Seasonal movements of veined squid *Loligo forbesii* in Scottish (UK) waters. Aquat. Living Resour., 22: 1 - 15 (2009).

Vibhasiri, A. Present status of squid fisheries of Thailand. Ann. Rep. 1980, Invertebr. Sect., Mar. Fish. Div., Dept. Fish. (1980).

Vibhasiri, A., S. Hayase, S. Shindo. Changes in the stock of invertebrates in the Gulf of Thailand 1972 - 1981. Res. Pap. Ser. 5, Train. Dept., SEAFDEC (1985).

Villa, H., J. Quintela, M. L. Coelho, J. D. Icely, J. P. Andrade. Phytoplankton biomass and zooplankton abundance on the south coast of Portugal (Sagres), with special reference to spawning of *Loligo vulgaris*. Sci. Mar., 61 (2): 123 - 129 (1997).

Villanueva, R. Cephalopods of Namibia: three life strategies in the Benguela system. PhD Thesis, University of Barcelona, Barcelona, Spain (1992).

Villegas, P. Growth, life cycle and fishery biology of *Loligo gahi* (d'Orbigny, 1835) off the Peruvian coast. Fish. Res., 54: 123 - 131 (2001).

Vojkovich, M. The California fishery for market squid (*Loligo opalescens*). Calif. Coop. Ocean. Fish. Inv. Rep., 39: 55 - 60 (1998).

Voss, G. L. Cephalopod resources of the world. FAO Fisheries Circular, No. 49, p. 75 (1973).

Vovk, A. N., Ch. M. Nigmatullin. On biology and fishery of mass abundant Atlantic cephalopods. Trudy

AtlantNIRO, 42: 22 - 56 (1972) [In Russian] .

Wada, Y. , T. Kobayashi. On an iteroparity of the oval squid *Sepioteuthis lessoniana*. Nippon Suisan Gakkaishi, 61: 151 - 158 (1995) [in Japanese with English abstract] .

Wada, Y. On the multiple copulations of the oval squid *Sepioteuthis lessoniana*. Bull. Kyoto Inst. Ocean. Fish. Sci. , 61: 151 - 158 (1993) [in Japanese with English abstract] .

Wakabayashi, T. , S. Wada, Y. Ochi, T. Ichii, M. Sakai, M. Genetic differentiation of the neon fiying squid *Ommastrephes bartramii* between North Pacific and South Atlantic populations. Nippon Suisan Gakkaishi, 78: 198 - 210 (2012) [in Japanese] .

Wakabayashi, T. , T. Yanagimoto, T. Kobayashi. Kokunai de no riyou jittai [Actual condition on the utilization of jumbo fiying squid in Japan] . In: Amerika-ooakaika no riyou kakudai ni kannsuru teiann [A proposal for expansion of the utilization] . p. 36 - 37 (M. Sakai, T. Wakabayashi & N. Hamaji, Eds.), Fish. Res. Agency (2010).

Wakabayashi T. , T. Yanagimoto, M. Sakai, T. Ichii, K. Miki. Identification of squid species for processed foods using mtDNA COI analyses. DNA Polymorphism, 21: 144 - 146 (2009).

Waldron, D. Distribution of *Illex illecebrosus* during the 1977 international fishery on the Scotian Shelf. In: Proceedings of the workshop on the squid *Illex illecebrosus*, p. 4. 1 - 4. 26 (N. Balch, T. Amaratunga & R. K. O'Dor, Eds.). Halifax, Nova Scotia: Dalhousie University (1978).

Waluda, C. M. , G. J. Pierce. Temporal and spatial patterns in the distribution of squid Loligo spp. in United Kingdom waters. S. Afr. J. Mar. Sci. , 20: 323 - 336 (1998).

Waluda C. M. , P. G. Rodhouse, G. P. Podesta, P. N. Trathan. Surface oceanography of the inferred hatching grounds of *Illex argentinus* (Cephalopoda: Ommastreshidae) and influences on recruitment variability. Mar. Biol. 139: 671 - 679 (2001).

Wang, K. Y. , K. Y. Chang, C. H. Liao, M. A. Lee, K. T. Lee. Growth strategies of the swordtip squid, *Photololigo edulis*, in response to environmental changes in the Southern East China Sea—a cohort analysis. Bull. Mar. Sci. , 89: 677 - 698 (2013).

Wang, K. Y. , R. G. Chen, C. H. Liao, K. T. Lee, C. L. Wu, M. A. Lee, K. Y. Chang. Seasonal growth differences of *Uroteuthis edulis* in the southern East China Sea, based on statolith analysis. J. Taiwan Fish. Res. , 19: 1 - 13 (2011) [In Chinese with English abstract] .

Wang, K. Y. , K. T. Lee, C. H. Liao. Age, growth and maturation of swordtip squid (*Photololigo edulis*) in the southern East China Sea. J. Mar. Sci. Technol. Taiwan, 18: 99 - 105 (2010).

Wang, K. Y. , C. H. Liao, K. T. Lee. Population and maturation dynamics of the swordtip squid (*Photololigo edulis*) in the southern East China Sea. Fish. Res. , 90: 178 - 186 (2008).

Wang, Y. G. , X. J. Chen. The resource and biology of economic oceanic squid in the world. Ocean Press, Beijing, p. 79 - 295 (2005) [In Chinese] .

Wang, Y. X. Fishery biological characteristics of swordtip squid *Loligo edulis* in the southern part of the East China Sea. Mar. Fish. , 4: 169 - 172 (2002).

Wangvoralak, S. Life history and ecological importance of the veined squid *Loligo forbesii* in Scottish waters. PhD thesis. Aberdeen: University of Aberdeen (2011).

Wangvoralak, S. , L. C. Hastie, G. J. Pierce. Temporal and ontogenetic variation in the diet of squid (*Loligo forbesii* Streenstrup) in Scottish waters. Hydrobiologia, 670: 223 - 240 (2011).

Waring, G. T. , P. Gerrior, P. M. Payne, B. I. Barry, J. R. Nicolas. Incidental take of marine mammals in foreign fishery activities off the Northeast United States, 1977 - 1988. Fish. Bull. U. S. , 88: 347 - 360

(1990).

Warner, R. R., S. L. Hamilton, M. S. Sheehy, L. D. Zeidberg, B. C. Brady, J. E. Caselle. Geographic variation in natal and early larval trace-elemental signatures in the statoliths of the market squid *Doryteuthis* (formerly *Loligo*) opalescens. Mar. Ecol. Progr. Ser., 379: 109 - 121 (2009).

Watters G. M., R. J. Olson, R. C. Francis, P. C. Fiedler, J. J. Polovina, S. B. Reilly, K. Y. Aydin, C. H. Boggs, T. E. Essington, C. J. Walters, J. F. Kitchell. Physical forcing and the dynamics of the pelagic ecosystem in the eastern tropical Pacific: simulations with ENSO-scale and global-warming climate drivers. Can. J. Fish. Aquat. Sci., 60: 1161 - 1175 (2003).

Watters, G. M., R. J. Olson, J. C. Field, T. E. Essington. Range expansion of the Humboldt squid was not caused by tuna fishing. Proc. Nat. Acad. Sci. U. S. A. 105: E5 (2008).

Whitaker, J. D. A contribution to the biology of Loligo pealei and *Loligo plei* (Cephalopoda, Myopsida) off the southeastern coast of the United States, M. Sc. Thesis, College of Charleston. USA (1978).

Wiborg, K. F. The squid *Todarodes sagittatus* (Lamarck) in the Norwegian coastal waters during the autumn 1977 and spring 1978. ICES C. M. K: 16. Copenhagen: International Council for the Exploration of the Sea (1978).

Wiborg, K. F. Investigations on the squid, *Todarodes sagittatus* (Lamarck) in Norwegian coastal and bank waters in September-December 1984, April and August-September 1985, at Shetland in July 1984, and at the Faroes in August 1985. Fisken Havunders 2: 1 - 8 (1987).

Wiborg, K. F., I. M. Beck. The squid *Todarodes sagittatus* (Lamarck). Distribution and biology in Norwegian waters, August 1982 - June 1983. ICES Document CM 1983/K: 7. Copenhagen: International Council for the Exploration of the Sea (1983).

Wiborg, K. F., I. M. Beck. The squid *Todarodes sagittatus* (Lamarck). Investigations in Norwegian coastal and bank waters, July 1983 - January 1984, and west of the British Isles, March-April 1984. ICES Document CM 1984/K: 20. Copenhagen: International Council for the Exploration of the Sea (1984).

Wiborg, K. F., J. Gjøsæter, I. M. Beck, P. Fossum. Squid *Todarodes sagittatus* (Lamarck) distribution and biology in northern waters, April 1981 - April 1982. ICES Document CM 1982/K: 30. Copenhagen: International Council for the Exploration of the Sea (1982).

Willcox, S., J. Lyle, M. Steer. Tasmanian arrow squid fishery status report 2001. Tasmanian Aquaculture and Fisheries Institute, Hobart (2001).

Wilson, D., R. Curtotti, G. Begg, K. Phillips. Fishery status reports 2008: status of fish stocks and fisheries managed by the Australian Government. Bureau of Rural Sciences & Australian Bureau of Agricultural and Resource Economics, Canberra (2009).

Wilson, T. D., R. Curtotti, G. Begg. Fishery status reports 2009: status of fish stocks and fisheries managed by the Australian Government. Australian Bureau of Agricultural and Resource Economics-Bureau of Rural Sciences, Canberra (2010).

Wing, B. L., R. W. Mercer. Temporary northern range extension of the squid *Loligo opalescens* in southeast Alaska. Veliger, 33: 238 - 240 (1990).

Winstanley R. H., M. A. Potter, A. E. Caton. Australian cephalopod resources. Mem. Natl. Mus. Victoria, Melbourne, 44: 243 - 253 (1983).

Wolf, D. C. Tasmanian Surveys put to good use. Aust. Fish., 32: 6 - 9 (1973).

Woodhams, J., S. Vieira, I. Stobutzki. Fishery status reports 2011. Australian Bureau of Agricultural and Resource Economics and Sciences. (2012).

Worms, J. Aspects de la biologie de *Loligo vulgaris* Lam. liés ála reproduction. Vie Milieu, 30: 263 - 267 (1980).

Worms, J. L'utilisation des prises commercialesen biologie des pêches. Application à l'étude d'une population de *Loligo vulgaris* (Cephalopoda, Teuthoidea) du Golfe du Lion. Thése, 3ème cycle, USTL Montpellier, France, p. 119, 71 figs. (1979).

Wormuth, J. H. The biogeography and numerical taxonomy of the Oegopsid squid family Ommastrephidae in Pacific Ocean. Bull. Scripps Inst. Oceanogr., 23: 1 - 90 (1976).

Wormuth, J. H. Workshop deliberations on the Ommastrephidae: a brief history of their systematics and a review of the systematics, distribution, and biology of the genera *Martialia* Rochebrune and Mabille, 1889, *Todaropsis* Girard, 1890, *Dosidicus* Streenstrup, 1857, *Hyaloteuthis* Gray, 1849, and *Eucleoteuthis* Berry, 1916. Smith. Contr. Zool., 586: 373 - 381 (1998).

Xavier, J. C., A. L. Allcock, Y. Cherel, M. R. Lipinski, G. J. Pierce, P. G. K. Rodhouse, R. Rosa, E. K. Shea, J. M. Strugnell, E. A. G. Vidal, R. Villanueva, A. Ziegler. Future challenges in cephalopod research. J. Mar. Biol. Ass. U. K., doi: 10.1017/S0025315414000782 (2014).

Yakoh, A., P. Kaewmanee, T. Leartkaitratchtna, K. Tesasen, and T. Intharasuwan. Reproductive biology of bigfin reef squid (*Sepioteuthis lessoniana* Lesson, 1830) in the Andaman Sea coast of Thailand. Tech. Pap., Mar. Fish. Res. Dev. Bur., Dept. Fish. (2013).

Yamada, H., M. Kawano, M. Moriwaki, Y. Hori, R. Takeda. Some different types of "Shiroika", *Loligo edulis*, in the coastal waters of the western Japan Sea. Report on Cooperative Investigations of "Shiroika", *Loligo edulis*, inhabiting western Japan Sea, 2: 1 - 18 (1986) [in Japanese with English abstract].

Yamada, H., Y. Ogawa, M. Moriwaki, Y. Okajima. Some biological characteristics in groups of Loligo edulis in the western coastal waters of the Japan Sea. Report on Cooperative Investigations of "Shiroika", *Loligo edulis*, inhabiting western Japan Sea, 1: 29 - 50 (1983) [in Japanese with English abstract].

Yamada, H., M. Tokimura. States of fishery and research of swordtip squid resources in the East China Sea. Report of Ikarui Shigen Gyokaikyo Kento Kaigi: 163 - 181 (1994) [in Japanese].

Yamanaka, H., M. Matsumoto, K. Hatae, H. Nakaya. Studies on components of off-flavor in the muscle of American jumbo squid. Nippon Suisan Gakkaishi, 61: 612 - 618 (1995).

Yamasaki, S., G. Adachi, N. Tanaka, Y. Yuuki, K. Ishida. Chusou Tororu Ami Gyogu Kaihatsu Kenkyu. Rep. Shimane Pref. Fish. Exp. Sta., 3: 67 - 119 (1981).

Yamashita, N., T. Kaga. Stock assessment and evaluation for winter spawning stock of Japanese common squid (fiscal year 2012), In: Marine fisheries stock assessment and evaluation for Japanese waters (fiscal year 2012), p. 571 - 604. Tokyo: Fishery Agency and Fisheries Research Agency of Japan (2013).

Yamashiro, C., L. Mari ategui, J. Rubio, J. Arg uelles, R. Tafur, A. Taipe, M. Rabí. Jumbo fiying squid fishery in Peru, p. 119 - 125. In: Contributed Papers to International Symposium on Large Pelagic Squids (T. Okutani, Ed.) Japan Marine Fishery Resources Research Center, Tokyo (1998).

Yamashiro, C., L. Mariátegui, A. Taipe. Cambios en la distribuci on y concentración del calamar gigante (*Dosidicus gigas*) frente a la costa peruana durante 1991 - 1995. Informe Progresivo Inst. Mar Perú., 52: 3 - 40 (1997).

Yamashita, N., K. Mori. Changes in the fishing conditions of Japanese common squid in the coastal area of the Pacific Ocean, Report of the 2008 Annual Meeting on Squid Resources. 11 - 21 (2009).

Yamrungrueng, A., C. Chotiyaputta. Survey on squid resources from squid traps. Tech. Pap.,

Mar. Fish. Res. Dev. Bur. , Dept. Fish. (2005).

Yatsu, A. The biology of *Sthenoteuthis oualaniensis* and exploitation of the new squid resources. Bull. Far Sea Fishery. , 101: 6 - 9 (1997).

Yatsu, A. , K. Hiramatsu, S. Hayase. Outline of the Japanese squid driftnet fishery with notes on the by-catch. Bull. Int. N. Pac. Fish. Comm. Bull. , 53: 5 - 24 (1993).

Yatsu, A. , F. Kato, F. Kakizoe, K. Yamanaka, K. Mizuno. Distribution and biology of *Sthenoteuthis oualaniensis* in the Indian Ocean-Preliminary results from the research cruise of the R/V Shoyo-Maru in 1995, In: Contributed Papers to the International Symposium on Large Pelagic Squids, p. 145 - 153 (T. Okutani, Ed.). Tokyo: Japan Marine Fishery Resources Research Center (1998a).

Yatsu, A. , S. Midorikawa, T. Shimada, Y. Uozumi. Age and growth of the neon fiying squid, *Ommastrephes bartrami*, in the North Pacific Ocean. Fish. Res. , 29: 257 - 270 (1997).

Yatsu, A. , H. Tanaka, J. Mori. Population structure of the neon fiying squid, *Ommastrephes bartramii*, in the North Pacific. In: Contributed Papers to International Symposium on Large Pelagic Squids, p. 31 - 48 (T. Okutani, Ed.), Japan Marine Fishery Resources Research Center: Tokyo (1998b).

Yeh, S. , I. Tung. Review of Taiwanese pelagic squid fisheries in the North Pacific. Bull. Int. North Pacific Fish. Comm. , 53: 71 - 76 (1993).

Yoda, M. , M. Fukuwaka. Stock assessment and evaluation for swordtip squid (fiscal year 2012). In: Marine fisheries stock assessment and evaluation for Japanese waters (fiscal year 2012/2013), p. 1697 - 1708. Fisheries Agency and Fisheries Research Agency of Japan (2013) [in Japanese].

Yoshikawa, N. Fisheries in Japan. Squid and Cuttlefish. Japan Marine Products Photo Materials Association, Tokyo: 162 (1978).

Young, I. A. G. , G. J. Pierce, H. I. Daly, M. B. Santos, L. N. Key, N. Bailey, J. P. Robin, A. J. Bishop, G. Stowasser, M. Nyegaard, S. K. Cho, M. Rasero, J. M. F. Pereira. Application of depletion methods to estimate stock size in the squid Loligo forbesi in Scottish waters (UK). Fish. Res. , 69: 211 - 227 (2004).

Young, I. A. G. , G. J. Pierce, J. Murphy, H. I. Daly, N. Bailey. Application of the Gómez-Muñoz model to estimate catch and effort in squid fisheries in Scotland. Fish. Res. , 78: 26 - 38 (2006a).

Young, I. A. G. , G. J. Pierce, G. Stowasser, M. B. Santos, J. Wang, P. R. Boyle, P. W. Shaw, N. Bailey, I. Tuck, M. A. Collins. The Moray Firth directed squid fishery. Fish. Res. , 78: 39 - 43 (2006b).

Young, J. W. , Olson, R. J. , Rodhouse, P. G. K. eds. (2013). The role of squid in pelagic ecosystems. Deep Sea Res. Part Ⅱ, 95: 1 - 224.

Young, M. A. , R. G. Kvitek, P. J. Iampietro, C. D. Garza, R. Maillet, R. T. Hanlon. Seafloor mapping and landscape ecology analysis used to monitor variations in spawning site preference and benthic egg mop abundance for the California market squid (*Doryteuthis opalescens*). J. Exp. Mar. Biol. Ecol. , 407: 226 - 233 (2011).

Young, R. E. The systematics and areal distribution of pelagic cephalopods from the seas off southern California. Smith. Contr. Zool. , 97: 1 - 159 (1972).

Young, R. E. , J. Hirota. Review of the ecology of *Sthenoteuthis oualaniensis* near the Hawaiian Archipelago. In: Contributed Papers to International Symposium on Large Pelagic Squids, p. 131 - 143 (T. Okutani, Ed.), Japan Marine Fishery Resources Research Center, Tokyo (1998).

Yuuki, Y. Spawning and growth of *Watasenia scintillans* in the southwestern Japan Sea. Bull. Jpn. Soc. Fish. Oceanogr. , 49: 1 - 6 (1985).

Zeidberg, L. D. Allometry measurements from in situ video recordings can determine the size and swimming speeds of juvenile and adult squid *Loligo opalescens* (Cephalopoda: Myopsida). J. Exp. Biol., 207: 4195－4203 (2004).

Zeidberg, L. D. *Doryteuthis opalescens*, opalescent inshore squid. In: Advances in squid biology, ecology and fisheries Part Ⅰ-Myopsid Squids, p. 159－204 (R. Rosa, R. K. O'Dor & G. J. Pierce, Eds.), Nova Science Publ., New York (2013).

Zeidberg L. D., J. L. Butler, D. Ramon, A. Cossio, K. Stierhoff, A. Henry. In-situ observations of the distribution and abundance of market squid (*Doryteuthis opalescens*) egg beds off California. Mar. Ecol. Evol. Pers., 33: 326－336 (2012).

Zeidberg L. D., W. M. Hamner. Distribution of squid paralarvae, *Loligo opalescens*, (Cephalopoda: Myopsida) in the Southern California Bight in the three years following the 1997－1998 El Niño. Mar. Biol., 141: 111－122 (2002).

Zeidberg L. D., W. M. Hamner, N. P. Nezlin, A. Henry. The fishery of the California market squid, *Loligo opalescens* (Cephalopoda, Myopsida), from 1981－2003. Fish. Bull., 104: 46－59 (2006).

Zeidberg, L. D., G. Isaac, C. L. Widmer, H. Neumeister, W. F. Gilly. Egg capsule hatch rate and uncubation duration of the California market squid, *Doryteuthis* (formerly *Loligo*) opalescens: insights from laboratory manipulations. Mar. Ecol., 32: 468－479 (2011).

Zeidberg, L. D., B. H., Robison. Invasive range expansion by the Humboldt squid, *Dosidicus gigas*, in the eastern North Pacific. Proc. Natl. Acad. Sci. USA, 104: 12948－12950 (2007).

Zeidberg, L. D., B. H. Robison. Reply to Watters et al. Range expansion of the Humboldt squid. Proc. Natl. Acad. Sci. USA, 105: E6 (2008).

Zhang, Z. L., S. Z. Ye, M. J. Hong, C. C. Shen, X. H. Su. Biological characteristics of the Chinese squid (*Loligo chinensis*) in Minnan-Taiwan Shallow fishing ground. J. Fujian Fish., 116: 1－5 (2008).

Zuev, G. V., K. N. Nesis. Biology and primary squid species (1971). In: English Translations of Selected Publications on Cephalopods by Kir N. Nesis, Vol. 2, p. 71－257 (M. J. Sweeney, Compiler). Washington: Smithsonian Institution Libraries (2003).

Zuev, G. V., C. M. Nigmatullin, V. N. Nikol'skii. 1985. Nektonnye Okeanicheskie kal'mary (Nektonic oceanic squids). Agropromizdat, Moscow. p. 224 (1985).

Zumholz, K., U. Piatkowski. Research cruise data on the biology of the lesser fiying squid, *Todaropsis eblanae* in the North Sea. Aquat. Living Resour., 18: 373－376 (2005).

Zúñiga, M. J., L. A. Cubillos, C. Ibáñez. A regular pattern of periodicity in the monthly catch of jumbo squid (*Dosidicus gigas*) along the Chilean coast (2002－2005). Cienc. Mar., 34: 91－99 (2008).

图书在版编目（CIP）数据

全球鱿鱼渔业/（英）亚历山大·阿尔希普金等著；李惠玉，杨林林，徐强强编译.—北京：中国农业出版社，2020.10
ISBN 978-7-109-25374-2

Ⅰ.①全… Ⅱ.①亚… ②李… ③杨… ④徐… Ⅲ.①中国枪乌贼－水产资源－介绍－世界 Ⅳ.①S965.399

中国版本图书馆CIP数据核字（2019）第055721号

全球鱿鱼渔业
QUANQIU YOUYU YUYE

中国农业出版社出版
地址：北京市朝阳区麦子店街18号楼
邮编：100125
责任编辑：王金环　郑珂
版式设计：杨　婧　　责任校对：赵　硕
印刷：中农印务有限公司
版次：2020年10月第1版
印次：2020年10月北京第1次印刷
发行：新华书店北京发行所
开本：787mm×1092mm　1/16
印张：16.5
字数：475千字
定价：100.00元
